高职高专机电系列教材

机床夹具设计
(第3版)

陈旭东　主　编

肖红升　马敏莉
陈广健　马文龙　副主编

清华大学出版社
北京

内 容 简 介

本书是根据"高职高专教育机械制造类专业人才培养目标及规格"的要求，并结合编者在机械制造应用领域多年的教学改革和工程实践经验编写的。

本书以项目、工作任务引领，适应"教、学、做"合一的教学模式。本书的主要内容有工件的定位、工件的夹紧、分度装置设计、典型钻床夹具设计、典型车床夹具设计、典型铣床夹具设计、典型镗床夹具设计、专用夹具的设计方法和现代机床夹具等。

本书可作为高职高专及本科院校机械制造类专业的教学用书，也可作为社会相关从业人员的参考书及培训用书。

本书为"十二五"江苏省高等学校重点教材(编号：2013-1-041)。

本书封面贴有清华大学出版社防伪标签，无标签者不得销售。
版权所有，侵权必究。举报：010-62782989，beiqinquan@tup.tsinghua.edu.cn。

图书在版编目(CIP)数据

机床夹具设计/陈旭东主编. —3版. —北京：清华大学出版社，2022.12（2024.2重印）
高职高专机电系列教材
ISBN 978-7-302-62231-4

Ⅰ. ①机… Ⅱ. ①陈… Ⅲ. ①机床夹具—设计—高等职业教育—教材 Ⅳ. ①TG750.2

中国版本图书馆CIP数据核字(2022)第229763号

责任编辑：陈冬梅
装帧设计：杨玉兰
责任校对：周剑云
责任印制：杨 艳

出版发行：清华大学出版社
网　　址：https://www.tup.com.cn, https://www.wqxuetang.com
地　　址：北京清华大学学研大厦A座　　邮　编：100084
社 总 机：010-83470000　　邮　购：010-62786544
投稿与读者服务：010-62776969, c-service@tup.tsinghua.edu.cn
质量反馈：010-62772015, zhiliang@tup.tsinghua.edu.cn
课件下载：https://www.tup.com.cn, 010-62791865

印 装 者：三河市龙大印装有限公司
经　　销：全国新华书店
开　　本：185mm×260mm　　印 张：24　　字 数：581千字
版　　次：2010年9月第1版　2022年12月第3版　印 次：2024年2月第2次印刷
定　　价：78.00元

产品编号：089431-01

前　言

针对高职高专机械、机电专业人才培养的要求，本书根据典型机械零件的工艺特点和工装设计技术员岗位的工作过程，整合了机床夹具设计理论知识和实践知识，实现了课程内容的综合化。教材内容以项目、工作任务引领，适应"教、学、做"合一的教学模式改革。本书的主要内容有工件的定位、工件的夹紧、分度装置设计、典型钻床夹具设计、典型车床夹具设计、典型铣床夹具设计、典型镗床夹具设计、专用机床夹具的设计方法、现代机床夹具设计等。本书突出工作过程在教材中的主线地位，每一单元均具有示范性、可迁移性及可操作性。本书编写具有以下几个特点。

(1) 根据企业的工作岗位、工作任务，开发设计以工作过程为导向、工学结合的课程体系，具有明显的"职业"特色，实现实践技能与理论知识的整合，将工作环境与学习环境有机地结合在一起。

(2) 体现以工程应用能力的培养为主线、相关知识为支撑的编写思路，注重理论联系实际，突出应用。每一章节都有工作场景的引入和项目任务实施及检查，并且都有拓展实训。在典型机床夹具设计和现代机床夹具设计章节中有生产企业实际的工程实践案例，有利于帮助读者掌握知识、提高解决工程问题的能力。

(3) 按照读者的认知规律和职业成长规律合理编排教材内容，第 1、2 章主要介绍机床夹具设计的基础知识，第 3~7 章主要介绍分度装置和典型机床夹具设计，第 8 章主要介绍专用机床夹具的设计方法，第 9 章介绍现代机床夹具，并在相关章节增加了知识拓展，可根据学时数和不同专业的需要进行取舍。为便于读者自学和巩固所学内容，各章均有相关习题和综合训练。

(4) 突出教材的先进性，介绍了组合夹具、数控夹具等现代机床夹具技术，以缩短学校教育与企业需求之间的距离，更好地满足企业用人的需求。

本书第 2 版已经使用 7 年。编者所在学校和较多兄弟院校将本书作为教材使用，教学效果良好，深受师生广泛好评。为落实教育部办公厅关于印发《"十四五"职业教育规划教材建设实施方案》(教职成厅函〔2021〕3 号)的精神，我们对本书进行了修订改版。

本次修订改版，主要从以下角度着手。

(1) 为贯彻落实习近平总书记关于把立德树人作为教育根本任务的重要指示，我们为本书 9 个章节增加二维码课程思政内容。根据项目学习任务知识的特点，充分提炼思政元素，深入挖掘思政素材，将新时代中国特色社会主义思想、社会主义核心价值观、劳模精神、工匠精神等思政元素科学、合理地融入各教学章节。将思政教育元素和专业知识技术进行润物无声的融合，使价值塑造、知识传授和能力培养三者融为一体，显隐结合、全方位、多角度地将思政教育融入专业教学。

(2) 本次修订融入了机床夹具设计最新标准，增加了数控夹具方面的新内容，吸收了较多的企业管理技术人员、专家担任教材参编人员，纳入地区装备制造业最新的实际机械产品的加工制造典型案例，在典型机床夹具设计和现代机床夹具设计章节中增加了生产企业实际的工程实践案例。

(3) 本次修订注重运用现代信息技术，增加二维码课程资源，使数字资源与纸质教材有机融合，逐步完善动态、共享的课程资源库。修订中增加了课堂 PPT 课件，每章节都配有课堂测验试卷，将课前一课上一课后和每一个环节都赋予全新的体验，实现师生多元实时互动，开展大数据时代的智慧教学。

(4) 本次修订将使用本书过程中师生发现的所有谬误进行了更正，将粗糙度和基准代号标注等都修改为最新标准。修订中将职业岗位要求和职业标准具体化，对项目实施评价体系进一步完善，采取多样化评价方式，从学生学习态度、政治思想表现、遵纪守法、职业素质培养、行为素质、安全环保质量意识等多个角度全面综合评估学生的能力，使学生获得成就感，同时培养学生的团队精神、创新精神和敬业精神。

本书由陈旭东任主编，肖红升、马敏莉、陈广健、马文龙任副主编，张威、阳夏冰、沙莉、沈锋、王建章、吴怡杰、单飞任参编。其中，陈旭东编写第 1、2、4、5、9 章，陈广健编写第 6 章，马敏莉编写第 8 章，肖红升编写第 7 章和附录，智性科技南通有限公司马文龙编写绪论和第 3 章，武汉工业职业技术学院阳夏冰和沙莉老师参与了本书的素材搜集与准备工作，张威老师参与了数字资源的搜集制作工作，南通科技投资集团股份有限公司沈锋、南通柴油机股份有限公司王建章、江苏常州电子有限公司吴怡杰、南通蓝博电子科技有限公司单飞参与了工程实践案例与拓展实训案例的搜集。全书由陈旭东统稿。

习近平总书记强调"要想国家之所想、急国家之所急、应国家之所需，抓住全面提高人才培养能力这个重点，坚持把立德树人作为根本任务，着力培养担当民族复兴大任的时代新人"。我们深感责任重大，内心既有以百倍努力编写好教材，教书育人的光荣使命感，又深知自身能力的不足。本书难免有疏漏和不妥之处，殷切希望读者和各位同仁提出宝贵意见。

编　者

目　录

绪论 1
 0.1 机床夹具在机械加工中的作用 1
 0.2 机床夹具的分类 4
 0.3 机床夹具的组成 6
 0.4 本课程的任务和主要内容 8
 思考与练习 9

第1章　工件的定位 10
 1.1 工作场景导入 10
 1.2 基础知识 11
  1.2.1 工件定位的基本原理 11
  1.2.2 定位设计的基本原则和定位
     元件的基本要求 25
  1.2.3 定位元件设计 27
  1.2.4 定位误差的分析与计算 44
 1.3 回到工作场景 54
  1.3.1 项目分析 54
  1.3.2 项目工作计划 54
  1.3.3 项目实施准备 55
  1.3.4 项目实施与检查 55
  1.3.5 项目评价与讨论 58
 1.4 拓展实训 59
 1.5 知识拓展 62
  1.5.1 工件组合定位的方法 62
  1.5.2 一面二孔定位 63
  1.5.3 一面二孔定位的定位误差 65
  1.5.4 一面二孔定位的设计示例 67
 本章小结 70
 思考与练习 70

第2章　工件的夹紧 80
 2.1 工作场景导入 80
 2.2 基础知识 81
  2.2.1 夹紧装置的组成和基本要求 81
  2.2.2 夹紧力确定的基本原则 83

  2.2.3 基本夹紧机构 91
 2.3 回到工作场景 105
  2.3.1 项目分析 105
  2.3.2 项目工作计划 105
  2.3.3 项目实施准备 106
  2.3.4 项目实施与检查 106
  2.3.5 项目评价与讨论 108
 2.4 拓展实训 110
 2.5 知识拓展 114
  2.5.1 联动夹紧机构 114
  2.5.2 定心夹紧机构 119
  2.5.3 夹具动力装置的应用 124
 本章小结 132
 思考与练习 132

第3章　分度装置设计 138
 3.1 工作场景导入 138
 3.2 基础知识 139
  3.2.1 分度装置的结构和主要
     类型 139
  3.2.2 分度装置的设计 142
  3.2.3 分度装置的应用 145
 3.3 回到工作场景 150
  3.3.1 项目分析 150
  3.3.2 项目工作计划 150
  3.3.3 项目实施准备 151
  3.3.4 项目实施与检查 151
  3.3.5 项目评价与讨论 153
 3.4 拓展实训 154
 3.5 知识拓展 157
  3.5.1 分度精度的评定 157
  3.5.2 分度精度的等级 158
  3.5.3 影响分度精度的因素 158
 本章小结 161
 思考与练习 161

第4章 典型钻床夹具设计 164
4.1 工作场景导入 164
4.2 基础知识 165
4.2.1 钻床夹具的主要类型 165
4.2.2 钻床夹具的设计要点 171
4.2.3 钻床夹具对刀误差 ΔT 的计算 177
4.3 回到工作场景 177
4.3.1 项目分析 177
4.3.2 项目工作计划 178
4.3.3 项目实施准备 178
4.3.4 项目实施与检查 178
4.3.5 项目评价与讨论 182
4.4 拓展实训 183
4.5 工程实践案例 190
本章小结 193
思考与练习 194

第5章 典型车床夹具设计 199
5.1 工作场景导入 199
5.2 基础知识 200
5.2.1 车床夹具的典型结构 200
5.2.2 车床夹具的设计要点 205
5.2.3 车床夹具的加工误差 209
5.3 回到工作场景 211
5.3.1 项目分析 211
5.3.2 项目工作计划 211
5.3.3 项目实施准备 212
5.3.4 项目实施与检查 212
5.3.5 项目评价与讨论 215
5.4 拓展实训 216
5.5 工程实践案例 221
本章小结 224
思考与练习 224

第6章 典型铣床夹具设计 226
6.1 工作场景导入 226
6.2 基础知识 227
6.2.1 铣床夹具的主要类型 227
6.2.2 铣床夹具的设计要点 232
6.3 回到工作场景 236
6.3.1 项目分析 236
6.3.2 项目工作计划 236
6.3.3 项目实施准备 236
6.3.4 项目实施与检查 237
6.3.5 项目评价与讨论 240
6.4 拓展实训 242
6.5 工程实践案例 248
本章小结 250
思考与练习 250

第7章 典型镗床夹具设计 254
7.1 工作场景导入 254
7.2 基础知识 255
7.2.1 镗床夹具的主要类型 255
7.2.2 镗床夹具的设计要点 259
7.3 回到工作场景 266
7.3.1 项目分析 266
7.3.2 项目工作计划 267
7.3.3 项目实施准备 267
7.3.4 项目实施与检查 268
7.3.5 项目评价与讨论 271
7.4 拓展实训 274
7.5 工程实践案例 277
本章小结 280
思考与练习 280

第8章 专用夹具的设计方法 283
8.1 工作场景导入 283
8.2 基础知识 284
8.2.1 夹具设计的基本要求、方法和步骤 284
8.2.2 夹具体的设计 288
8.2.3 夹具总图上尺寸、公差和技术要求的标注 293
8.2.4 工件在夹具上加工的精度分析 295
8.2.5 夹具的制造及工艺性 297

8.3 回到工作场景 301
　8.3.1 项目分析 301
　8.3.2 项目工作计划 301
　8.3.3 项目实施准备 302
　8.3.4 项目实施与检查 302
　8.3.5 项目评价与讨论 311
8.4 拓展实训 313
8.5 知识拓展 318
　8.5.1 概述 318
　8.5.2 夹具计算机辅助设计的类型
　　　　和基本模块 320
　8.5.3 夹具计算机辅助设计的数据库
　　　　和零件的信息描述及输入 321
　8.5.4 夹具结构的数学模型 323
本章小结 324
思考与练习 324

第9章 现代机床夹具 327

9.1 工作场景导入 327
9.2 基础知识 328
　9.2.1 现代机床夹具的发展方向 328
　9.2.2 通用可调夹具 329
　9.2.3 成组夹具 332
　9.2.4 组合夹具 338
　9.2.5 随行夹具和自动化夹具 345
　9.2.6 数控机床夹具 349
9.3 回到工作场景 355
　9.3.1 项目分析 355
　9.3.2 项目工作计划 355
　9.3.3 项目实施准备 356
　9.3.4 项目实施与检查 356
　9.3.5 项目评价与讨论 359
9.4 拓展实训 361
9.5 工程实践案例 363
本章小结 369
思考与练习 370

附录 373

参考文献 374

绪 论

本章要点

- 机床夹具的功用。
- 机床夹具的分类。
- 机床夹具的组成。
- 课程的任务和主要内容。

绪论 PPT

夹具是一种装夹工件的工艺装备,广泛应用于机械制造过程中的切削加工、热处理、装配、焊接和检测等工艺过程。

在金属切削机床上使用的夹具统称为机床夹具。在现代生产中,机床夹具是一种不可缺少的工艺装备,它直接影响着加工的精度、劳动生产率和产品的制造成本等,故机床夹具设计在企业的产品设计和制造以及生产技术准备中占有极其重要的地位。机床夹具设计是一项重要的技术工作。

0.1 机床夹具在机械加工中的作用

在机械加工中,机床夹具的主要功用是实现工件定位和夹紧,使工件加工时相对于机床、刀具有正确的位置,以保证工件的加工精度。现以车床、钻床、铣床所用的夹具为例加以说明。

东芝机床事件

如图 0.1 所示,在车床上加工异形杠杆的 ϕ14H7 孔,要保证此孔的轴线与 ϕ20h7 外圆轴线距离尺寸为(70±0.05)mm、平行度公差为 0.05 mm。其车床夹具的结构如图 0.2 所示。工件以 ϕ20h7、ϕ30 mm 外圆为定位基面,分别在 V 形块 2、可调 V 形块 6 上定位,并用铰链压板 1 和螺钉 5 夹紧。由图 0.2 可以看出,只要严格控制夹具上 V 形块 2 的位置和方向,便能够保证 ϕ14H7 孔的轴线与 ϕ20h7 外圆轴线距离尺寸为(70±0.05)mm 以及平行度公差为 0.05 mm 的要求。

如图 0.3 所示为盖板简图,在钻床上钻 9×ϕ5 mm 孔。其钻床夹具的结构如图 0.4 所示,工件以底面及两侧面分别与夹具体 5 的平面、圆柱销 4、菱形销 7、挡销 6 接触定位。钻模板 1 由圆柱销 4 和菱形销 7 对定并盖在工件上,用压板 3 夹紧,通过钻模板上的钻套 2 引导钻头钻孔,只要控制好钻模板 1 上钻套间的位置及钻套孔与两对定孔的位置,便能够保证 9×ϕ5 mm 孔的尺寸与相互位置的公差要求。

如图 0.5 所示为活塞套零件简图,在铣床上加工活塞套上端 6 mm 的槽,其铣床夹具的结构如图 0.6 所示。工件以 ϕ60H7 孔、端面 A 及下端已加工的 6 mm 槽为定位基准,分别在定位轴 7、夹具体 12 的平面及键 11 上定位。由螺钉 1 推动滑柱 2,经介质(液性塑料)3、滑柱 4、框架 5、拉杆 6、钩 8、压板 9,将 6 个工件同时夹紧。铣刀的位置可由对刀块 10 调整。整个夹具通过两个定位销 14 与铣床工作台的 T 形槽相配而确定其在机床上的位置。显然,此夹具可获得较高的生产率。

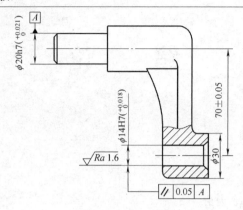

图 0.1 异形杠杆简图

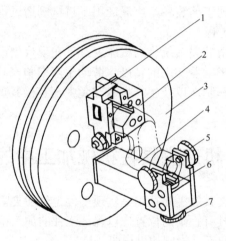

图 0.2 车床夹具

1—铰链压板；2—V形块；3—夹具体；4—支架；5—螺钉；6—可调V形块；7—螺杆

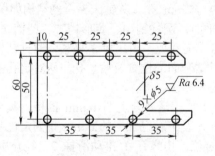

图 0.3 盖板简图

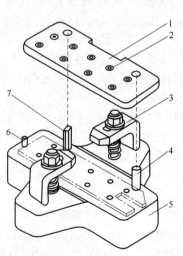

图 0.4 钻床夹具

1—钻模板；2—钻套；3—压板；4—圆柱销；
5—夹具体；6—挡销；7—菱形销

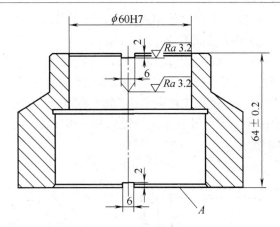

图 0.5 活塞套零件简图

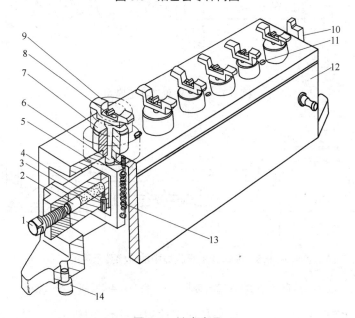

图 0.6 铣床夹具

1—螺钉；2，4—滑柱；3—介质(液性塑料)；5—框架；6—拉杆；7—定位轴；
8—钩； 9—压板；10—对刀块；11—键；12—夹具体；13—弹簧；14—定位销

从上述机床夹具的使用不难看出，机床夹具在零件加工过程中的作用主要有以下六点。

(1) 保证加工精度。用夹具装夹工件时，能稳定地保证加工精度，并减少对其他生产条件的依赖性，故在精密加工中广泛地使用夹具。另外，它还是全面质量管理的一个重要环节。

(2) 提高劳动生产率。使用夹具后，能使工件迅速地定位和夹紧，并能够显著地缩短辅助时间和基本时间，提高劳动生产率。

(3) 改善工人的劳动条件。用夹具装夹工件方便、省力、安全。当采用气压、液压等夹紧装置时，可减轻工人的劳动强度，保证安全生产。

(4) 降低生产成本。在批量生产中使用夹具时，由于劳动生产率的提高和允许使用技术等级较低的工人操作，故可明显地降低生产成本。

(5) 保证工艺纪律。在生产过程中使用夹具，可确保生产周期、生产调度等工艺秩序。例如，夹具设计往往也是工程技术人员解决高难度零件加工的主要工艺手段之一。

(6) 扩大机床工艺范围。这是在生产条件有限的企业中常用的一种技术改造措施。如图 0.7 所示机体中的阶梯孔，如果没有卧式铣镗床和专用设备，可设计一夹具在车床上加工，其加工情况如图 0.8 所示。

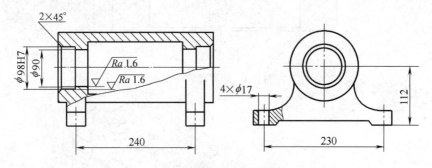

图 0.7　机体镗阶梯孔工序图

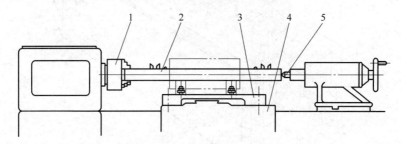

图 0.8　在车床上镗机体中的阶梯孔示意图

1—三爪自定心卡盘；2—镗杆；3—夹具；4—床鞍；5—尾座

夹具安装在车床的床鞍上，通过夹具使工件的内孔与车床主轴同轴，镗杆右端由尾座支承，左端用三爪自定心卡盘夹紧并带动旋转。

0.2　机床夹具的分类

机床夹具的种类繁多，可以从不同的角度对机床夹具进行分类。常用的分类方法有以下几种。

1. 按夹具的使用特点分类

(1) 通用夹具。已经标准化的、可加工一定范围内不同工件的夹具称为通用夹具，如三爪自定心卡盘(见图 0.9(a))、四爪单动卡盘(见图 0.9(b))、机床用平口虎钳(见图 0.10)、万能分度头(见图 0.11)、磁力工作台等。这些夹具已作为机床附件由专门工厂制造供应，只需选购即可。

通用夹具

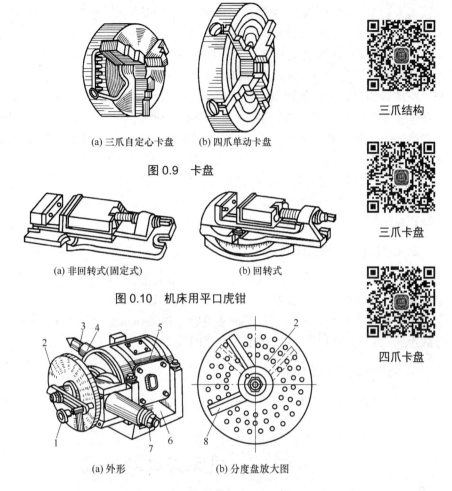

(a) 三爪自定心卡盘　　(b) 四爪单动卡盘

图 0.9　卡盘

(a) 非回转式(固定式)　　(b) 回转式

图 0.10　机床用平口虎钳

(a) 外形　　(b) 分度盘放大图

图 0.11　万能分度头

1—手柄；2—分度盘；3—顶尖；4—主轴；5—回转体；6—基座；7—侧轴；8—分度叉

采用这类夹具可以缩短生产准备周期，减少夹具品种，从而降低生产成本。其缺点是夹具的加工精度不高，生产率也较低，且较难装夹形状复杂的工件，故适用于单件小批量生产。

(2) 专用夹具。专用夹具是指针对某一工件某一工序的加工要求而专门设计和制造的夹具。其特点是针对性极强，没有通用性。在产品相对稳定、批量较大的生产中，常用各种专用夹具，可获得较高的生产率和加工精度。专用夹具的设计、制造周期较长，随着现代多品种、中小批生产的发展，专用夹具在适应性和经济性等方面已产生许多问题。例如，专用夹具无法满足产品柔性化生产的需要，在多品种生产的企业中，约隔 4 年就要更新 80%左右的专用夹具，而夹具的实际磨损量仅为 15%左右。

专用夹具

(3) 可调夹具。可调夹具是指针对通用夹具和专用夹具的缺陷而发展起来的一类新型夹具。对不同类型和尺寸的工件，只需调整或更换原来夹具上的个别定位元件和夹紧元件便可使用。它一般又分为通用可调夹具和成组夹具两种。前者的通用范围比通用夹具更大；后者则是一种专用可调夹具，它按成组原理设计并能加工一组相似的工件，故在多品种、中小批生产中使用有较好的经济效果。

(4) 组合夹具。组合夹具是一种模块化的夹具，标准的模块元件有较高的精度和耐磨性，可组装成各种夹具，夹具用毕即可拆卸，留待组装新的夹具。由于使用组合夹具可缩短生产准备周期，元件能重复多次使用，并具有可减少专用夹具数量等优点，因此组合夹具在单件、中小批多品种生产和数控加工中是一种较经济的夹具。组合夹具也已商品化。

(5) 自动化生产用夹具。自动化生产用夹具主要分自动线夹具和数控机床夹具两大类。自动线夹具有两种：一种是固定式夹具；另一种是随行夹具。加工中心用夹具和柔性制造系统用夹具属数控机床夹具范畴。随着制造的现代化，在企业中数控机床夹具的比例正在增加，以满足数控机床的加工要求。数控机床夹具的典型结构是拼装夹具，它是利用标准模块组装成的夹具。

2. 按夹具使用的机床分类

按夹具使用的机床分类是专用夹具设计所用的分类方法，如车床、铣床、刨床、钻床、镗床、磨床、齿轮加工机床、拉床等夹具。设计专用夹具时，机床的类别、组别、型别和主要参数均已确定。它们的不同点是机床的切削成形运动不同，故夹具与机床的连接方式不同，它们的加工精度要求也各不相同。

3. 按夹紧的动力源分类

夹具按夹紧的动力源可分为手动夹具、气动夹具、液压夹具、气液增力夹具、电磁夹具和真空夹具等。

0.3 机床夹具的组成

1. 机床夹具的基本组成部分

虽然各类机床夹具的结构有所不同，但按主要功能进行分析，机床夹具的基本组成部分有三个，分别是定位元件、夹紧装置和夹具体。这也是夹具设计的主要内容。

夹具的组成

1) 定位元件

定位元件是夹具的主要功能元件之一，它的作用是使工件在夹具中占据正确的位置。通常，当工件定位基准面的形状确定后，定位元件的结构也就基本确定了。如图 0.12 所示，钻后盖上的 $\phi 10$ mm 孔，其钻床夹具如图 0.13 所示。夹具上的圆柱销 5、菱形销 9 和支承板 4 都是定位元件，通过它们使工件在夹具上占据正确的位置，定位元件的定位精度直接影响工件加工的精度。

2) 夹紧装置

夹紧装置也是夹具的主要功能元件之一，它的作用是将工件压紧、夹牢，保证工件在加工过程中受到外力作用时不离开已经占据的正确位置。图 0.13 中的螺杆 8(与圆柱销合成一个零件)、螺母 7 和开口垫圈 6 就起到了上述作用。通常，夹紧装置的结构会影响夹具的复杂程度和性能。夹紧装置的结构类型有很多，设计时应注意选择。

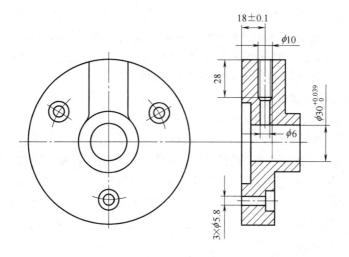

图 0.12 后盖零件钻径向孔的工序图

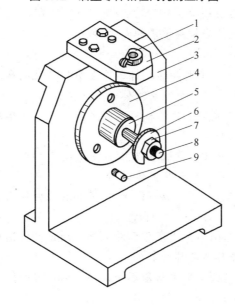

图 0.13 后盖钻床夹具

1—钻套；2—钻模板；3—夹具体；4—支承板；5—圆柱销；6—开口垫圈；7—螺母；8—螺杆；9—菱形销

3) 夹具体

夹具体是夹具的基体骨架，如图 0.13 所示中的夹具体 3，通过它将夹具的所有元件连接成一个整体。常用的夹具体为铸件结构、锻造结构、焊接结构，形状有回转体形和底座形等多种。定位元件、夹紧装置等分布在夹具体的不同位置。

2. 机床夹具的其他组成部分

为满足夹具的其他功能要求，还要为夹具设计其他的元件或装置。

1) 连接元件

根据机床的工作特点，夹具在机床上的安装连接一般有两种形式：一种是安装在机床工作台上，另一种是安装在机床主轴上。连接元件用以确定夹具本身在机床上的位置。如车床夹具所使用的过渡盘、铣床夹具所使用的定位键等，都是连接元件。图 0.13 中的夹具体 3，其底面为安装基面，用于保证钻套 1 的轴线垂直于钻床工作台以及圆柱销 5 的轴线平行于钻床工作台。因此，夹具体可兼作连接元件。

2) 对刀装置与导向装置

对刀装置与导向装置的功能是确定刀具的位置。

对刀装置常见于铣床夹具中，用对刀块可调整铣刀加工前的位置。对刀时，铣刀不能与对刀块直接接触，以免碰伤铣刀的切削刃和对刀块的工作表面。通常，在铣刀和对刀块对刀表面间留有空隙，并且用塞尺进行检查，以调整刀具，使其保持正确的位置。

导向装置主要是指钻模的钻模板、钻套，镗模的镗模支架、镗套。它们能确定刀具的位置，并引导刀具进行切削。图 0.13 中的钻套 1 和钻模板 2 组成导向装置，确定了钻头轴线相对定位元件的正确位置。

3) 其他元件或装置

根据加工需要，有些夹具还会采用分度装置、靠模装置、上下料装置、工业机器人、顶出器和平衡块等，这些元件或装置也需要专门设计。

讨论问题：

① 如图 0.2 所示为加工图 0.1 异形杠杆零件上 $\phi14H7$ 孔的车床夹具，指出此车床夹具的定位元件和夹紧装置分别是哪一个？夹具体是哪一个？

② 如图 0.2 所示为加工图 0.1 异形杠杆零件上 $\phi14H7$ 孔的车床夹具，指出此车床夹具的连接元件是哪一个？

③ 如图 0.4 所示为加工图 0.3 盖板零件上 $9\times\phi5$ mm 孔的钻床夹具，指出此钻床夹具的定位元件和夹紧装置分别是哪一个？夹具体是哪一个？

④ 如图 0.4 所示为加工图 0.3 盖板零件上 $9\times\phi5$ mm 孔的钻床夹具，指出此钻床夹具的导向装置是哪一个？

⑤ 如图 0.6 所示为加工图 0.5 活塞套零件上端 6 mm 槽的铣床夹具，指出定位元件和夹紧装置分别是哪一个？夹具体是哪一个？

⑥ 如图 0.6 所示为加工图 0.5 活塞套零件上端 6 mm 槽的铣床夹具，指出对刀装置是哪一个？连接元件是哪一个？

0.4　本课程的任务和主要内容

1. 本课程的任务

本课程的任务包括下列四项。

(1) 掌握机床夹具的基础理论知识以及设计计算方法，能对机床夹具进行结构和精度分析。

(2) 会查阅有关夹具设计的标准、手册、图册等资料。

(3) 掌握机床夹具设计的方法，具有设计一定复杂程度的夹具的能力。

(4) 掌握现代机床夹具设计的有关知识。

2. 本课程的主要内容

第 1 章主要介绍工件定位的原理、常用的定位方式、定位元件的设计、典型定位方式中定位误差的分析和计算。

第 2 章主要介绍夹紧确定的基本原则，基本夹紧机构、联动夹紧机构、定心夹紧机构的设计和选用，夹具动力装置的应用。

上述两章是教学的重点内容。

第 3 章主要介绍分度装置的结构和分度对定机构的设计。

第 4～7 章主要讲解立式钻床、卧式车床、万能卧式铣床、卧式镗床上所用夹具的结构特点和设计要点。

第 8 章在归纳一般夹具设计的共同规律的基础上，阐述专用夹具的设计方法和步骤，并重点说明在夹具总图上尺寸、公差配合、技术要求的标注和夹具制造保证精度的方法。

第 9 章主要介绍通用可调夹具、成组夹具、组合夹具、随行夹具、自动化夹具和数控机床夹具的结构特点。

思考与练习

一、填空题

1. 机床夹具的基本组成部分有_____、_____和_____。
2. 机床夹具按通用特性可分为_____、_____、_____、_____和_____。
3. 机床夹具一般由_____、_____、_____、_____、_____和_____六部分组成。
4. 按夹具使用的机床分类，主要有_____、_____、_____和_____。

二、简答题

1. 什么是机床夹具？它在机械加工中有何作用？
2. 试举例说明机床夹具的定位功能。
3. 机床夹具由哪六个部分组成？每个组成部分有何作用？
4. 试比较通用夹具、专用夹具、组合夹具、可调夹具的特点及其应用场合。
5. 机床夹具常分为哪些类型？
6. 什么叫专用夹具？

第 1 章　工件的定位

> **本章要点**

- 六点定位原理。
- 常用定位元件限制的自由度。
- 工件定位方式：完全定位、不完全定位、过定位和欠定位。
- 常用定位元件的设计。
- 定位误差的分析和计算。

> **技能目标**

- 根据零件工序加工要求，确定定位方式。
- 根据零件工序加工要求，确定定位方案。
- 掌握定位元件的设计方法。
- 掌握定位误差的分析和计算。

1.1　工作场景导入

【工作场景】

如图 1.1 所示，钢套零件在本工序中需钻 $\phi 5$ mm 的孔，工件材料为 Q235A 钢，批量 $N=2000$ 件。钢套零件的三维图如图 1.2 所示。

【加工要求】

(1) $\phi 5$ mm 孔轴线到端面 B 的距离为 20 ± 0.1 mm。
(2) $\phi 5$ mm 孔对 $\phi 20$H7 孔的对称度为 0.1 mm。
本任务是设计钻 $\phi 5$ mm 孔的钻床夹具定位方案。

高性能航空发动机

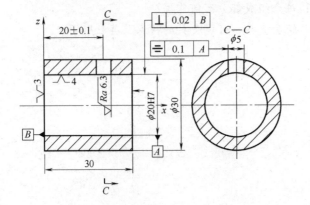

图 1.1　钢套零件钻 $\phi 5$ mm 孔工序图

图 1.2　钢套零件的三维图

【引导问题】

(1) 仔细阅读图 1.1，分析零件加工要求，各工序尺寸的工序基准是什么？
(2) 工件定位与夹紧的概念是什么？分析它们分别是由什么装置实现的？
(3) 六点定位的原理是什么？
(4) 什么是完全定位、不完全定位、过定位和欠定位？
(5) 常用的定位元件有哪些？定位元件限制的自由度是什么？
(6) 定位方案设计的基本原则是什么？定位元件的要求是什么？
(7) 定位误差如何分析和计算？
(8) 企业生产参观实习。
① 生产现场机床夹具的组成是什么？
② 生产现场机床夹具使用的定位元件有哪些？
③ 生产现场机床夹具定位时限制几个自由度？

1.2 基础知识

【学习目标】理解六点定位的原理，分析常用定位元件限制的自由度，确定工件的定位方式，掌握常用定位元件的设计，理解定位方案设计的基本原则，掌握定位误差的分析和计算。

1.2.1 工件定位的基本原理

工件的定位原理PPT

1. 概述

为了达到工件被加工表面的技术要求，必须保证工件在加工过程中的正确位置。夹具保证加工精度的原理是加工需要满足三个条件：①工件在夹具中占据正确的位置；②夹具在机床上的正确位置；③刀具相对夹具的正确位置。显然，工件的定位是极为重要的一个环节。本章就要讨论工件的定位问题。

1) 工件在夹具中定位和夹紧的任务

工件的装夹包括定位和夹紧两个过程。

工件在夹具中定位的任务是：使同一工序中的所有工件都能在夹具中占据正确的位置。一批工件在夹具上定位时，各个工件在夹具中占据的位置不可能完全一致，但各个工件的位置变动量必须控制在加工要求所允许的范围内。

将工件定位后的位置固定下来，称为夹紧。工件夹紧的任务是：使工件在切削力、离心力、惯性力和重力的作用下不离开已经占据的正确位置，以保证机械加工的正常进行。

2) 定位与夹紧的关系

定位与夹紧是装夹工件的两个有联系的过程。在工件定位以后，为了使工件在切削力等的作用下能保持既定的位置不变，通常还需要夹紧工件，将工件紧固，因此它们之间是不相同的。若认为工件被夹紧后，其位置不能移动了，所以也就定位了，这种理解是错误的。此外，还有些装置能使工件的定位与夹紧同时完成，如三爪自定心卡盘等。

3) 定位基准

定位基准的选择是定位设计的一个关键问题。工件的定位基准一旦被确定，则其定位方案也基本上确定了。通常定位基准是在制订工艺规程时选定的。如图 1.3(a)所示，平面 A 和平面 B 靠在支承元件上得到定位，以保证工序尺寸 H 和 h。如图 1.3(b)所示为工件以素线 C、F 为定位基准。定位基准除了可以是工件上的实际表面(轮廓要素面、点或线)外，也可以是中心要素，如几何中心、对称中心线或对称中心平面。如图 1.3(c)所示，定位基准是两个与 V 形块接触的点 D、E 的几何中心 O，这种定位称为中心定位。

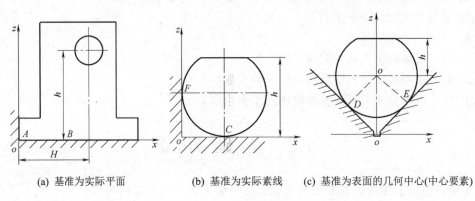

(a) 基准为实际平面　　(b) 基准为实际素线　　(c) 基准为表面的几何中心(中心要素)

图 1.3　定位基准

设计夹具时，从减小加工误差的角度考虑，应尽可能选用工序基准为定位基准，即遵循基准重合原则。当用多个表面定位时，应选择其中一个较大的表面为主要定位基准。

工件的六个自由度

4) 工件的自由度

一个尚未定位的工件，其空间位置是不确定的。如图 1.4 所示，一个未定位的自由物体(双点划线所示长方体)，在空间直角坐标系中，有六个活动可能性，其中三种是移动，三种是转动。习惯上把这种活动的可能性称为自由度，因此，空间任一自由物体都有六个自由度。

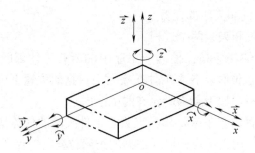

图 1.4　未定位工件的六个自由度

如图 1.4 所示，分别表示物体的六个自由度，同时还规定如下。

(1) 沿 x 轴移动，用 $\vec{x}$ 表示。

(2) 沿 y 轴移动，用 $\vec{y}$ 表示。

(3) 沿 z 轴移动，用 $\vec{z}$ 表示。

(4) 绕 x 轴转动，用 $\vec{x}$ 表示。

(5) 绕 y 轴转动，用 $\vec{y}$ 表示。

(6) 绕 z 轴转动，用 $\vec{z}$ 表示。

六点定位

2. 六点定位原则

工件的定位，就是使工件占据一致的、正确的位置，实质上是限制工件的六个自由度。如图 1.5 所示，在空间直角坐标系的 xoy 平面上布置三个支承点 1、2、3，使工件的底面与三点保持接触，则这三个点就限制了工件的 $\vec{z}$、$\vec{x}$、$\vec{y}$ 三个自由度。同样的道理，在平面 zoy 上布置两个支承点与工件接触，就限制了工件的 $\vec{x}$、$\vec{z}$ 两个自由度。在 zox 面上布置一个支承点与工件接触，就限制了工件的 $\vec{y}$ 一个自由度。

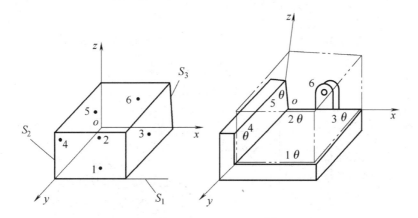

图 1.5 六位支承点分布

注：θ 表示支承点。

在分析工件定位时，通常是用一个支承点限制工件的一个自由度，用合理分布的六个支承点限制工件的六个自由度，使工件的位置完全确定的原则就是"六点定位原则"。

"六点定位原则"是工件定位的基本法则，可应用于任何形状、任何类型的工件，具有普遍意义。在实际定位中，定位支承点并不一定就是一个真正直观的点，因为从几何学的观点分析，成三角形的三个点为一个平面的接触；同样成线接触的定位，则可认为是两点定位。进而也可说明在这种情况下，"三点定位"或"两点定位"仅是指某种定位中数个定位支承点的综合结果，而非某一定位支承点限制了某一自由度。因此，在实际生产时起支承作用的是有一定形状的几何体，这些用于限制工件自由度的几何体即为定位元件。

欲使图 1.6(a)所示的轴类零件在坐标系中取得完全确定的位置，把支承钉按图 1.6(b)所示分布，则支承钉 1、2、3、4 限制了工件的 $\vec{x}$、$\vec{z}$、$\vec{x}$、$\vec{z}$ 四个自由度，支承钉 5 限制了工件的 $\vec{y}$ 自由度，支承钉 6 限制了工件的 $\vec{y}$ 自由度。

欲使图 1.7(a)所示的盘类零件在坐标系中取得完全确定的位置，可把支承钉按图 1.7(b)所示分布，则支承钉 1、2、3 限制了工件的 $\vec{z}$、$\vec{x}$、$\vec{y}$ 三个自由度，支承钉 4、5 限制了工件的 $\vec{x}$、$\vec{y}$ 两个自由度，支承钉 6 限制了工件的 $\vec{z}$ 自由度。

应用六点定位原则时的五个主要问题如下。

(1) 支承点分布必须适当，否则六个支承点限制不了工件的六个自由度。例如，底面上布置的三个支承点不能在一条直线上,且三个支承点所形成的三角形的面积越大越好。侧面上两个支承点所形成的连线不能垂直于三点所形成的平面且两点的连线越长越好。

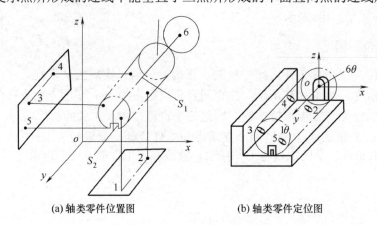

(a) 轴类零件位置图　　　　(b) 轴类零件定位图

图 1.6　轴类零件六点定位

注：θ 表示支承点。

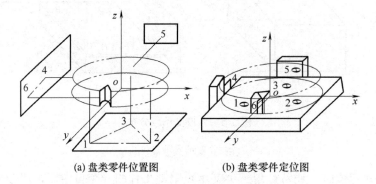

(a) 盘类零件位置图　　　　(b) 盘类零件定位图

图 1.7　盘类零件六点定位

注：θ 表示支承点。

(2) 工件的定位,是工件以定位面与夹具的定位元件的工作面保持接触或配合实现的。一旦工件定位面与定位元件工作面脱离接触或配合,就丧失了定位作用。

(3) 工件定位以后,还要用夹紧装置将工件紧固,因此要区分定位与夹紧的不同概念。

(4) 定位支承点所限制的自由度名称,通常可按定位接触处的形态确定,其特点如表 1.1 所示。注意:定位点分布应该符合几何学的观点。

表 1.1　典型单一定位基准的定位特点

定位接触形态	限制自由度数	自由度类别	特　点
长圆锥面接触	5	三个沿坐标轴方向的自由度； 二个绕坐标轴方向的自由度	可作主要定位基准
长圆柱面接触	4	二个沿坐标轴方向的自由度； 二个绕坐标轴方向的自由度	

续表

定位接触形态	限制自由度数	自由度类别	特 点
大平面接触	3	一个沿坐标轴方向的自由度； 二个绕坐标轴方向的自由度	—
短圆柱面接触	2	二个沿坐标轴方向的自由度	
线接触	2	一个沿坐标轴方向的自由度； 一个绕坐标轴方向的自由度	不可作主要定位基准，只能与主要基准组合定位
点接触	1	一个沿坐标轴方向的自由度或绕坐标轴方向的自由度	

(5) 有时定位点的数量及其布置不一定如表 1.1 所述那样明显直观，如自动定心定位就是这样。如图 1.8 所示是一个内孔为定位面的自动定心定位原理图，工件的定位基准为中心要素圆的中心轴线。从一个截面上看(见图 1.8(b))，夹具有三个点与工件接触，似为三点定位，但实际上，这种定位只消除了 $\bar{x}$ 和 $\bar{z}$ 两个自由度，是两点定位。该夹具采用六个接触点，只限制了工件长圆柱面的 $\bar{x}$、$\bar{z}$、$\hat{x}$、$\hat{z}$ 四个自由度，因此在自动定心定位中应注意这个问题。

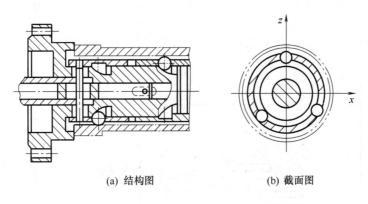

(a) 结构图　　　　　　(b) 截面图

图 1.8　内孔为定位面的自动定心定位原理图

3. 常见定位元件所能限制的自由度

在实际生产中，理论上的定位支承点是用具体的定位元件或找正的方法来实现的。如图 1.9 所示，实现环形工件的六点定位的方法为：以其内孔套在短圆柱销 B 上，并紧靠台阶端面 A，用嵌在键槽中的小销 C 防止其转动。稍加分析就可以得出：一个较大的平面可以限制三个自由度，一个狭长的平面可以限制两个自由度，而一个很小的平面只能限制一个自由度。同理可知，短圆柱表面可以起两点定位作用，而长圆柱表面能起四点定位作用。实际上，直接分析各种定位元件能限制哪几个自由度，以及分析它们的组合限制自由度的情况，对研究定位问题更有实际意义。常用定位元件限制的工件自由度如表 1.2 所示。

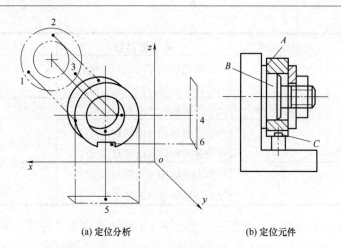

(a) 定位分析　　　　　　(b) 定位元件

图 1.9　圆环工件的定位分析

表 1.2　常用定位元件限制的工件自由度

定位基准	定位简图	定位元件	限制的自由度
大平面		支承钉	$\vec{z}$、$\hat{x}$、$\hat{y}$
		支承板	$\vec{z}$、$\hat{x}$、$\hat{y}$
长圆柱面		固定式 V 形块	
		固定式长套	$\hat{x}$、$\vec{z}$、$\hat{x}$、$\vec{z}$

续表

定位基准	定位简图	定位元件	限制的自由度
长圆柱面		心轴	$\vec{x}$、$\vec{z}$、$\hat{x}$、$\hat{z}$
		三爪自定心卡盘	
长圆锥面		圆锥心轴(定心)	$\vec{x}$、$\vec{y}$、$\vec{z}$ $\hat{x}$、$\hat{z}$
两中心孔		固定顶尖	$\vec{x}$、$\vec{y}$、$\vec{z}$
		活动顶尖	$\vec{y}$、$\vec{z}$
短外圆与中心孔		三爪自定心卡盘	$\vec{y}$、$\vec{z}$
		活动顶尖	$\vec{y}$、$\vec{z}$

续表

定位基准	定位简图	定位元件	限制的自由度
大平面与两外圆弧面	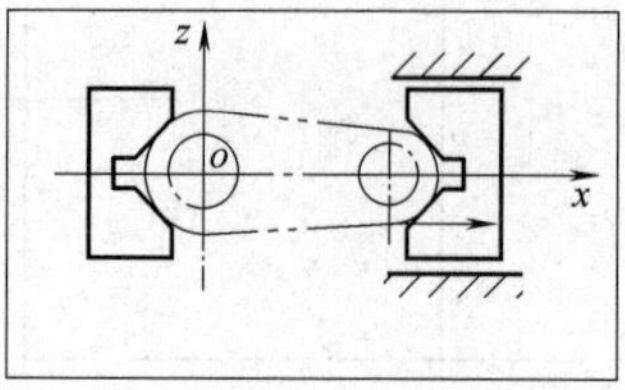	支承板	$\vec{y}$、$\hat{x}$、$\hat{z}$
		短固定式V形块	$\vec{x}$、$\vec{z}$
		短活动式V形块(防转)	$\vec{y}$
大平面与两圆柱孔	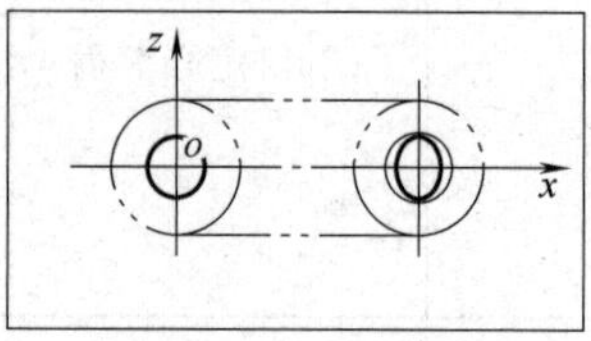	支承板	$\vec{y}$、$\hat{x}$、$\hat{z}$
		短圆柱定位销	$\vec{x}$、$\vec{z}$
		短菱形销(防转)	$\vec{y}$
长圆柱孔与其他	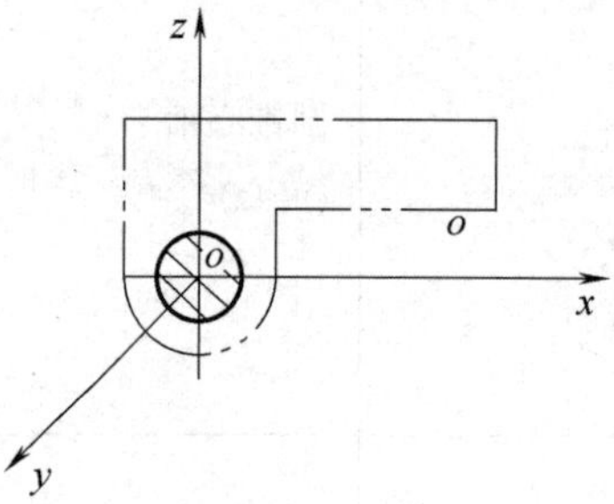	固定式心轴	$\vec{x}$、$\vec{z}$、$\hat{x}$、$\hat{z}$
		挡销(防转)	$\vec{y}$
大平面与短锥孔	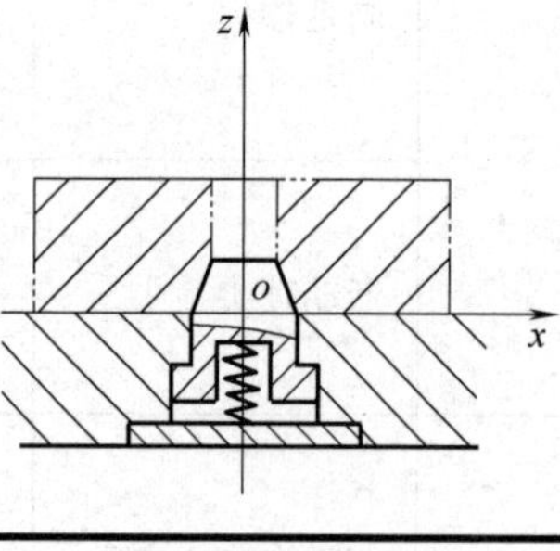	支承板	$\vec{z}$、$\hat{x}$、$\hat{y}$
		活动锥销	$\vec{x}$、$\vec{y}$

4. 限制工件自由度与加工要求的关系(定位方式)

1) 完全定位

图 1.10 所示为工件上的铣键槽，如图 1.10(a)所示，为了保证加工尺寸 Z，需要限制自由度 $\vec{z}$、$\hat{x}$、$\hat{y}$；为了保证加工尺寸 Y，还需要限制自由度 $\vec{y}$、$\hat{z}$；为了保证加工尺寸 X，最后还需要限制自由度 $\vec{x}$。工件在夹具体上的六个自由度完全限制，称为完全定位。当工件在 x、y、z 三个坐标方向上均有尺寸要求或位置精度要求时，一般采用这种定位方式。

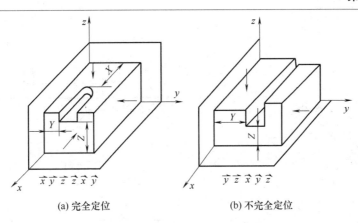

(a) 完全定位　　　　　　　　(b) 不完全定位

图 1.10　工件应限制自由度的确定

2) 不完全定位

如图 1.10(b)所示为工件上的铣通槽，为了保证加工尺寸 Z，需限制 $\vec{z}$、$\hat{x}$、$\hat{y}$ 自由度；为了保证加工尺寸 Y，还需限制 $\vec{y}$、$\hat{z}$ 自由度；由于 x 轴向没有尺寸要求，因此 $\vec{x}$ 自由度不必限制。这种工件没有完全限制六个自由度，但仍然能保证工件加工要求的定位，称为不完全定位。

不完全定位

在工件定位时，以下几种情况一般允许不完全定位。

(1) 加工通孔或通槽时，沿贯通轴的位置自由度可不限制。

(2) 毛坯(本工序加工前)是轴对称时，绕对称轴的角度自由度可不限制。

(3) 加工贯通的平面时，除了可以不限制沿两个贯通轴的位置自由度外，还可以不限制绕垂直加工面轴的角度自由度。

3) 欠定位

在满足加工要求的前提下，采用不完全定位是允许的。但是，应该限制的自由度而没有布置适当的支承点加以限制，这种定位称为欠定位。欠定位在实际生产中是不允许的。如图 1.11 所示，若不设防转定位销 A，则工件 $\vec{x}$ 自由度不能得到限制，工件绕 x 轴回转方向的位置是不确定的，铣出的上方键槽无法保证与下方键槽的位置要求。

4) 过定位(重复定位)

夹具上的定位元件重复限制工件的同一个或几个自由度，这种重复限制工件自由度的定位称为过定位。

过定位

如图 1.12(a)所示为加工连杆孔的正确定位方案。以平面 1 限制 $\vec{z}$、$\hat{x}$、$\hat{y}$ 三个自由度，以短圆柱销 2 限制 $\vec{x}$、$\vec{y}$ 两个自由度，以防转销 3 限制 $\vec{z}$ 一个自由度，属完全定位。但是假如用长圆柱销代替短圆柱销 2，如图 1.12(b)所示，由于长圆柱销限制了 $\vec{x}$、$\vec{y}$、$\hat{x}$、$\hat{y}$ 四个自由度，其中限制的 $\hat{x}$、$\hat{y}$ 与平面 1 限制的自由度重复，因此会出现干涉现象。由于工件孔与端面、长圆柱销与凸台面均有垂直度误差，若长圆柱销刚性很好，将造成工件与底面为点接触而出现定位不稳定，或在夹紧力作用下使工件变形；若长圆柱销刚性不足，则将弯曲而使夹具损坏，这两种情况都是不允许的。

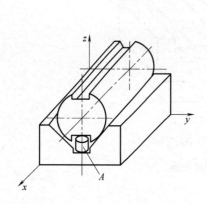

图1.11 用防转销消除欠定位

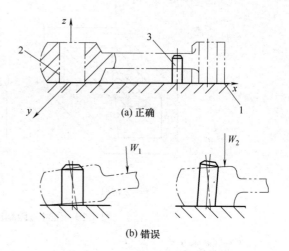

图1.12 连杆的定位简图

1—平面；2—短圆柱销；3—防转销

如图 1.13 所示为镗车床床头箱孔系的定位简图。采用两个短圆柱销 1 限制 $\bar{x}$、$\bar{z}$、$\bar{\bar{x}}$、$\bar{\bar{z}}$四个自由度；止推支承 3 限制 $\bar{y}$ 一个自由度；窄长支承板 2 限制 $\bar{x}$、$\bar{\bar{y}}$ 两个自由度。其中，$\bar{x}$ 是重复限制，若处理不当，会引起工件与两个短圆柱销及窄长支承板接触不良，造成定位不稳或夹紧变形等。

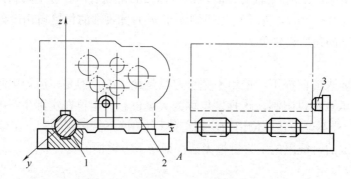

图1.13 镗车床床头箱孔系的定位简图

1—短圆柱销；2—窄长支承板；3—止推支承

由上可知，由于夹具上的定位元件同时重复限制了工件的一个或几个自由度，将会造成工件定位不稳定，降低加工精度，使工件或定位元件产生变形，甚至无法安装和加工。因此，在确定工件的定位方案时，应尽量避免采用过定位。

但是，在夹具设计中，有时也可采用过定位的方案，但必须解决两个问题：一是重复限制自由度的支承之间不能使工件的安装发生干涉；二是因过定位而引起的不良后果，在采取相应措施后仍应保证工件的加工要求。

消除或减小过定位所引起的干涉，一般有如下两种方法。

一种方法是提高定位基准之间以及定位元件工作表面之间的位置精度。如图 1.13 所示,当床头箱的 V 形槽和 A 面经过精加工保证有足够的平行度,夹具上的窄长支承板装配后再经磨削,且与短圆柱销 1 轴线平行,使产生的误差在允许的范围内,经过这样正确的处理后,这种定位方法是可以采用的,而且夹具结构比较简单。

另一种方法是改变定位元件的结构,使定位元件在重复限制自由度的部分不起定位作用。通常可采取下列措施来消除过定位。

(1) 减小接触面积。如图 1.14(a)所示,要求加工平面对 A 面的垂直度公差为 0.04 mm。若用夹具的两个大平面实现定位,即工件的 A 面被限制了 $\vec{x}$、$\vec{y}$、$\vec{z}$ 三个自由度,B 面被限制了 $\vec{z}$、$\hat{x}$、$\hat{y}$ 三个自由度,其中 $\hat{y}$ 自由度被 A、B 面同时重复限制。由图 1.14(a)可见,当工件处于加工位置"Ⅰ"时可保证垂直度要求,而当工件处于加工位置"Ⅱ"时则不能。这种随机的误差造成了定位的不稳定,严重时会引起过定位干涉。如图 1.14(b)所示,把定位的面接触改为线接触,则减去了引起过定位的自由度 $\hat{y}$。

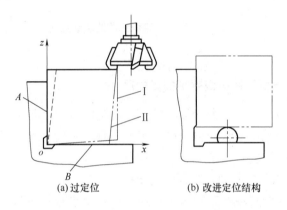

图 1.14 过定位及其消除方法示例之一

(2) 修改定位元件形状,以减少定位支承点。在如图 1.15(a)所示的定位中,支承板和定位销重复限制工件的自由度 $\vec{z}$,可能会出现不能装夹的现象。在如图 1.15(b)所示的定位中,将圆柱定位销改为菱形销,使定位销在干涉部位(z 方向)不接触,减去了引起过定位的自由度 $\vec{z}$。

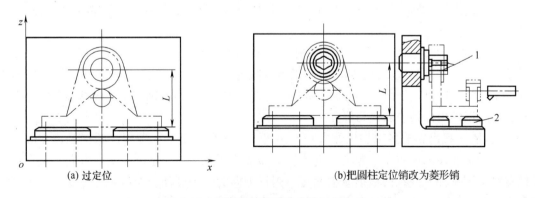

图 1.15 过定位及其消除方法示例之二

1—菱形销;2—支承板

(3) 缩短圆柱面的接触长度。如图 1.12 所示采用短圆柱销。

(4) 设法使过定位的定位元件在干涉方向上能浮动，以减少实际支承点的数目。如图 1.16 所示的可浮动的定位元件，分别在 $\vec{x}$、$\vec{z}$ 和 $\vec{y}$、$\vec{z}$ 方向上浮动，从而消除了过定位。

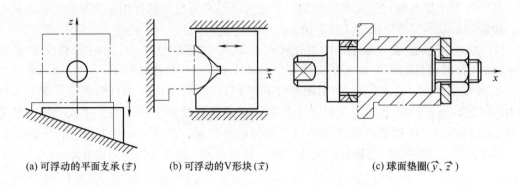

(a) 可浮动的平面支承($\vec{z}$)　　(b) 可浮动的V形块($\vec{x}$)　　(c) 球面垫圈($\vec{y}$、$\vec{z}$)

图 1.16　可浮动定位元件的浮动方向

(5) 拆除过定位元件。

5. 根据加工要求分析工件应该限制的自由度

工件定位时，其自由度可分为以下两种：一种是影响加工要求的自由度，称第一种自由度；另一种是不影响加工要求的自由度，称第二种自由度。为了保证加工要求，所有第一种自由度都必须严格限制，而某一个第二种自由度是否需要限制，要由具体的加工情况(如承受切削力与夹紧力及控制切削行程的需要等)决定。

在夹具设计中，应特别注意限制与工件加工技术要求有关的第一种自由度。分析这类自由度的意义有三点：①说明工件被限制的自由度是与其加工尺寸或位置公差要求相对应的，这些被限制的自由度是必不可少的，可防止发生欠定位；②是分析加工精度的方法之一；③分析这类自由度是定位方案设计的重要依据。

分析自由度的方法如下。

(1) 通过分析，找出该工序所有的第一种自由度。

① 根据工序图，明确该工序的加工要求(包括工序尺寸和位置精度)与相应的工序基准。

② 建立空间直角坐标系。当工序基准为球心时，则取该球心为坐标原点，如图 1.17(a) 所示；当工序基准为线(或轴线)时，则以该直线为坐标轴，如图 1.17(b) 所示；当工序基准为一平面时，则以该平面为坐标面，如图 1.17(c) 所示。这样就确定了工序基准及整个工件在该空间直角坐标系中的理想位置。

③ 依次找出影响各项加工要求的自由度。这时要明确一个前提，即在已建立的坐标系中，加工表面的位置是一定的，若工件某项加工要求的工序基准在某一方向上偏离理想位置时，该项加工要求的数值发生变化，则该方向的自由度便影响该项加工要求，否则便不影响。一般情况下，要对六个自由度逐个进行判断。

④ 把影响所有加工要求的自由度累计起来，便得到该工序的全部第一种自由度。

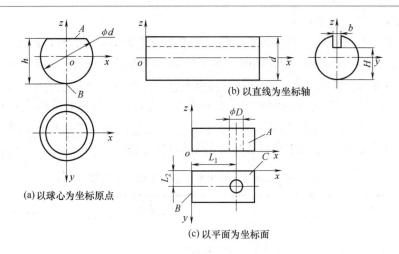

(a) 以球心为坐标原点　　(b) 以直线为坐标轴

(c) 以平面为坐标面

图 1.17　不同类型零件空间直角坐标系的建立

(2) 找出第二种自由度。从六个自由度中去掉第一种自由度，剩下的都是第二种自由度。

(3) 根据具体的加工情况，判断哪些第二种自由度需要限制。

(4) 把所有的第一种自由度与需要限制的第二种自由度结合起来，便是该工序需要限制的全部自由度。

【例 1-1】如图 1.18(a)所示为在长方体工件上铣键槽的工序图，槽宽 W 由刀的宽度保证，确定本工序加工需限制几个自由度。

解：

(1) 找出第一种自由度。

① 明确加工要求与相应的工序基准：工序尺寸 A_1 的工序基准为 T 面；工序尺寸 H_1 的工序基准为 B 面。槽两侧面的垂直度、槽底面的平行度的工序基准也为 B 面。

② 建立空间直角坐标系：以 B 面为 xoy 平面，T 面为 yoz 平面，如图 1.18(b)所示。

③ 分析第一种自由度：影响工序尺寸 A_1 的自由度为 $\vec{x}$、$\hat{y}$、$\hat{z}$；影响工序尺寸 H_1 的自由度为 $\vec{z}$、$\hat{x}$、$\hat{y}$；影响垂直度的自由度为 $\hat{y}$；影响平行度的自由度为 $\hat{x}$、$\hat{y}$。综合起来应该限制的第一种自由度为 $\vec{x}$、$\vec{z}$、$\hat{x}$、$\hat{y}$、$\hat{z}$。

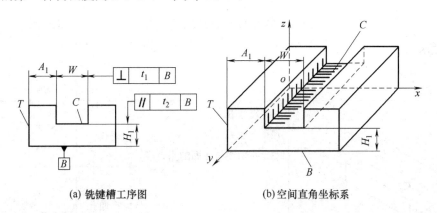

(a) 铣键槽工序图　　(b) 空间直角坐标系

图 1.18　在长方体工件上铣键槽

(2) 找出第二种自由度：$\vec{y}$。

(3) 判断第二种自由度 $\vec{y}$ 是否需要限制：如果为便于控制切削行程，应使一批工件沿 y 轴方向的位置一致，故 $\vec{y}$ 需限制。同时，当工件的一个端面靠在夹具的支承元件上后，有利于承受 y 轴方向的铣削分力，并有利于减少夹紧力。特别需要指出的是，如果不考虑控制切削行程和承受切削力，单从影响加工的精度方面考虑，$\vec{y}$ 自由度可以不限制。

(4) 第一种自由度与需要限制的第二种自由度合起来：在本工序中，六个自由度都要限制。如表 1.3 所示为满足加工精度要求必须限制的自由度。

表 1.3 满足加工精度要求必须限制的自由度

工序简图	加工要求	必须限制的自由度
加工面（平面）	(1) 尺寸 A； (2) 加工面与底面的平行度	$\vec{z}$ $\hat{x}$、$\hat{y}$
加工面（平面）	(1) 尺寸 A； (2) 加工面与下母线的平行度	$\vec{z}$ $\hat{x}$
加工面（槽面）	(1) 尺寸 A； (2) 尺寸 B； (3) 尺寸 L； (4) 槽侧面与 N 面的平行度； (5) 槽底面与 M 面的平行度	$\vec{x}$、$\vec{y}$、$\vec{z}$ $\hat{x}$、$\hat{y}$、$\hat{z}$
加工面（键槽）	(1) 尺寸 A； (2) 尺寸 L； (3) 槽与圆柱轴线平行并对称	$\vec{x}$、$\vec{y}$、$\vec{z}$ $\hat{x}$、$\hat{z}$
加工面（圆孔）	(1) 尺寸 B； (2) 尺寸 L； (3) 孔轴线与底面的垂直度	通孔：$\vec{x}$、$\vec{y}$ $\hat{x}$、$\hat{y}$、$\hat{z}$
		不通孔：$\vec{x}$、$\vec{y}$、$\vec{z}$ $\hat{x}$、$\hat{y}$、$\hat{z}$

续表

工序简图	加工要求		必须限制的自由度
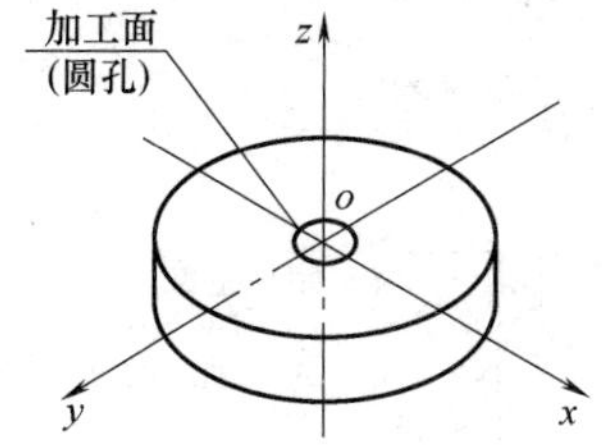 加工面(圆孔)	(1) 孔与外圆柱面的同轴度; (2) 孔轴线与底面的垂直度	通孔	$\vec{x}$、$\vec{y}$ $\hat{x}$、$\hat{y}$
		不通孔	$\vec{x}$、$\vec{y}$、$\vec{z}$ $\hat{x}$、$\hat{y}$
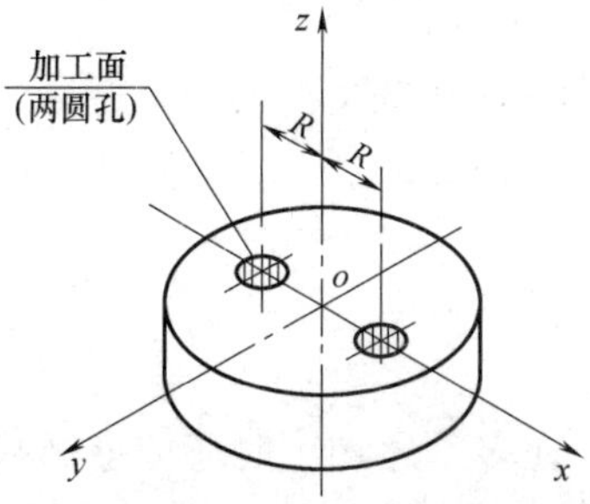 加工面(两圆孔)	(1) 尺寸 R; (2) 以圆柱轴线为对称轴、两孔对称; (3) 两孔轴线垂直于底面	通孔	$\vec{x}$、$\vec{y}$ $\hat{x}$、$\hat{y}$
		不通孔	$\vec{x}$、$\vec{y}$、$\vec{z}$ $\hat{x}$、$\hat{y}$

1.2.2 定位设计的基本原则和定位元件的基本要求

1. 基准及定位副

基准种类很多,这里仅讨论夹具设计中直接涉及的几种基准。

在工件加工的工序图中,用来确定本工序加工表面位置的基准,称为工序基准。可通过工序图上标注的加工尺寸与形位公差来确定工序基准。

定位基准是在加工中用作定位的基准,定位基准的选择是定位设计的一个关键问题。工件的定位基准一旦被确定,则其定位方案也基本上确定了。通常定位基准是在制订工艺规程时选定的。需要注意的是:当工件以回转面(圆柱面、圆锥面、球面等)与定位元件接触(或配合)时,工件上的回转面称为定位基面,其轴线称为定位基准。如图 1.19(a)所示,工件以圆孔在心轴上定位,工件的内孔表面称为定位基面,它的轴线称为定位基准。与此对应,心轴的圆柱面称为限位基面,心轴的轴线称为限位基准。

工件以平面与定位元件接触时,如图 1.19(b)所示,工件上实际存在的面是定位基面,它的理想状态(平面度误差为零)是定位基准。如果工件上的这个平面是精加工过的,形状误差很小,则可认为定位基面就是定位基准。同样,定位元件以平面限位时,如果这个面的形状误差很小,也可以认为限位基面就是限位基准。

工件在夹具上定位时,理论上定位基准与限位基准应该重合,定位基面与限位基面应该接触。

当工件有几个定位基面时,限制自由度最多的定位基面称为主要定位面,相应的限位基面称为主要限位面。为了简便,将工件上的定位基面和与之相接触(或配合)的定位元件的限位基面合称为定位副。在图 1.19(a)中,工件的内孔表面与定位元件心轴的圆柱表面就合称为一对定位副。

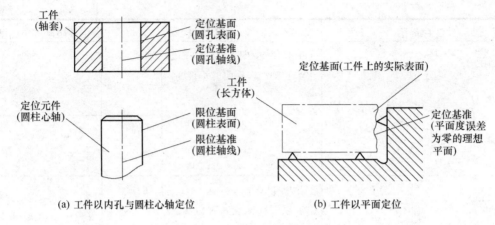

图 1.19 定位基准与限位基准

2. 定位设计的基本原则

为满足夹具设计的要求,定位设计时应遵循以下三项原则。

(1) 遵循基准重合原则,使定位基准与工序基准重合。在多工序加工时还应遵循基准统一原则。

(2) 合理选择主要定位基准。主要定位基准应有较大的支承面以及较高的精度。

(3) 便于工件的装夹和加工,并使夹具的结构简单。

3. 对定位元件的基本要求

1) 足够的精度

由于定位误差的基准位移误差直接与定位元件的定位表面有关,因此,定位元件的定位表面应有足够的精度,以保证工件的加工精度。例如,V 形块的半角公差、V 形块的理论圆中心高度尺寸、圆柱心轴定位圆柱面的圆度、支承板的平面度公差等,都应有足够的制造精度。通常,定位元件的定位表面还应有较小的表面粗糙度值,如 $Ra0.4\ \mu m$、$Ra0.2\ \mu m$、$Ra0.1\ \mu m$ 等。

2) 足够的强度和刚度

通常对定位元件的强度和刚度是不进行校核的,但是在设计时仍应注意定位元件危险断面的强度,以免在使用中损坏。另外,定位元件的刚度也是影响加工精度的因素之一。因此,可用类比法来保证定位元件的强度和刚度,以缩短夹具设计的周期。

3) 耐磨性好

工件的装卸会磨损定位元件的限位基面,导致定位精度下降。定位精度下降到一定程度时,定位元件必须更换,否则,夹具不能继续使用。为了延长定位元件的更换周期,提高夹具的使用寿命,定位元件应有较好的耐磨性。

4) 应协调好与有关元件的关系

在定位设计时,还应处理、协调好与夹具体、夹紧装置、对刀导向元件的关系,有时定位元件还需留出排屑空间等,以方便刀具进行切削加工。

5) 良好的结构工艺性

定位元件的结构应符合一般标准化要求,并应满足便于加工、装配、维修等工艺性要求。通常标准化的定位元件有良好的工艺性,因此设计时应优先选用标准定位元件。

4. 定位符号和夹紧符号的标注

在选定定位基准及确定了夹紧力的方向和作用点后,应在工序图上标注定位符号和夹紧符号。定位符号和夹紧符号已有中华人民共和国机械行业标准(JB/T 5061—2006),可参看附表1。如图1.20所示为典型零件定位符号和夹紧符号的标注。

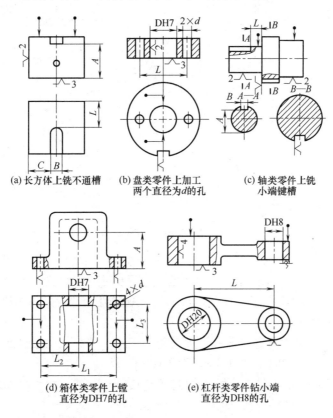

图 1.20　典型零件定位符号和夹紧符号的标注

1.2.3　定位元件设计

定位元件设计包括定位元件的结构、形状、尺寸及布置形式等。工件的定位设计主要取决于工件的加工要求和工件定位基准的形状、尺寸、精度等因素,故在定位元件设计时要注意分析定位基准的形态。

定位元件

1. 工件以平面定位

工件以平面作为定位基准时,所用的定位元件一般可分为基本支承和辅助支承两类。基本支承用来限制工件的自由度,具有独立定位的作用。辅助支承用来加强工件的支承刚性,没有限制工件自由度的作用。

1) 基本支承

基本支承有固定支承、调节支承和自位支承三种形式,它们的尺寸结构已系列化、标准化,可在夹具设计手册中查用,这里主要介绍它们的结构特点及使用场合。

(1) 固定支承。定位元件装在夹具上之后，一般不再拆卸或调节，有支承钉(JB/T 8029.2—1999)与支承板(JB/T 8029.1—1999)两种形式。

① 支承钉。

支承钉一般用于工件的三点支承或侧面支承，其结构有 A 型(平头)、B 型(球头)和 C 型(齿纹)三种，如图 1.21 所示。

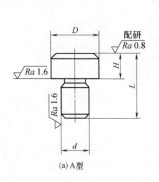
(a) A型

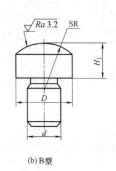
(b) B型

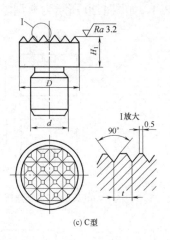
(c) C型

图 1.21 支承钉(JB/T 8029.2—1999)

A 型支承钉与工件的接触面大，常用于定位平面较光滑的工件，即适用于精基准。B 型、C 型支承钉与工件的接触面小，适用于粗基准平面定位。C 型齿纹支承钉的突出优点是定位面间摩擦力大，可阻碍工件移动，加强定位稳定性；缺点是齿纹槽中易积屑，一般常用于粗糙表面的侧面定位。

A、B、C 三种类型的固定支承钉一般用碳素工具钢 T8 经热处理至 55~60HRC。与夹具体采用 H7/r6 过盈配合，当支承钉磨损后，较难更换。如需要更换则应在夹具体与支承钉之间加衬套，如图 1.22 所示。衬套内孔与支承钉采用 H7/js6 过渡配合。

② 支承板。

当支承平面较大且是精基准平面时，往往采用支承板定位，以增加工件的刚性及稳定性。如图 1.23 所示为支承板的类型，分 A 型(光面)和 B 型(凹槽)两种。A 型支承板结构简单，但沉头螺钉清理切屑较困难，一般用于侧面支承。B 型支承板开了斜凹槽，排屑容易，

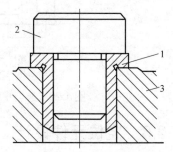

图 1.22 衬套的应用

1—衬套；2—支承钉；3—夹具体

可防止切屑留在定位面上，一般用作水平面支承，利用螺钉与夹具体固定。

支承板一般用 20 钢渗碳淬硬至 55~60HRC，渗碳深度为 0.8~1.2 mm。当支承板尺寸较小时，也可用碳素工具钢。

当要求几个支承钉或支承板在装配后等高时，可采用装配后一次磨削法，以保证它们的限位基面在同一平面内。

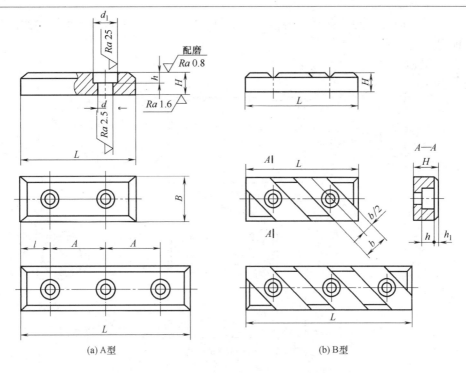

图 1.23　支承板(JB/T 8029.1—1999)

工件以平面定位时，除采用上面介绍的标准支承钉和支承板之外，还可根据工件定位平面的不同形状，设计相应的非标准支承板，如图 1.24 所示。

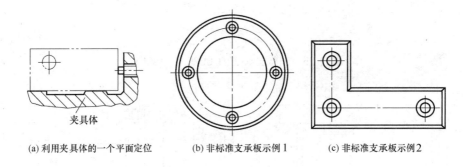

(a) 利用夹具体的一个平面定位　　(b) 非标准支承板示例 1　　(c) 非标准支承板示例 2

图 1.24　其他定位方法和元件

(2) 调节支承。在工件定位过程中，若支承钉的高度需要调整，则可采用如图 1.25 所示的调节支承(JB/T 8026.4—1999)。

如图 1.26(a)所示的工件为砂型铸件，在加工过程中，一般先铣 B 面，再以 B 面定位镗双孔。为了保证镗孔工序有足够和均匀的余量，最好先以毛坯孔为粗基准定位，但装夹不太方便。此时，可将 A 面置于调节支承上，通过调整调节支承的高度来保证 B 面与两毛坯孔中心的距离尺寸 H_1、H_2，以避免镗孔时余量不均匀，甚至余量不够的情况。对于毛坯比较准确的小型工件，有时每批仅调整一次，这样对于一批工件来说，调节支承就相当于固定支承。

在同一夹具上加工形状相似而尺寸不等的工件时，也常采用调节支承。如图 1.26(b)所示,在轴上钻径向孔,对于孔至端面距离不等的几种工件,只要调整支承钉的伸出长度,该夹具即可适用。

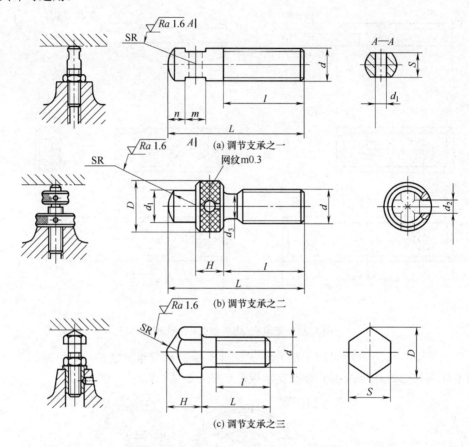

图1.25 调节支承(JB/T 8026.4—1999)

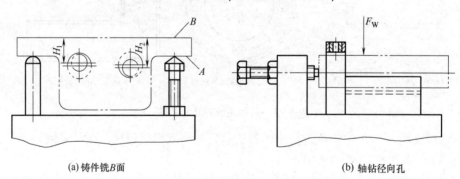

图1.26 调节支承的应用

(3) 自位支承(浮动支承)。在工件定位的过程中,能自动调整位置的支承称为自位支承,或称浮动支承。图1.27(a)和图1.27(b)所示是两点式自位支承,图1.27(c)所示是三点式自位支承。

自位支承的工作特点是:支承点的位置能随着工件定位基面的不同而自动调节,压下定位基面中的一点,其余点便上升,直至各点都与工件接触。接触点数的增加,提高了工件的装夹刚度和稳定性,但其作用仍相当于一个固定支承,只限制工件的一个自由度。使用自位支承可提高工件的刚度,它适用于工件以毛坯面定位或刚性不足的场合。

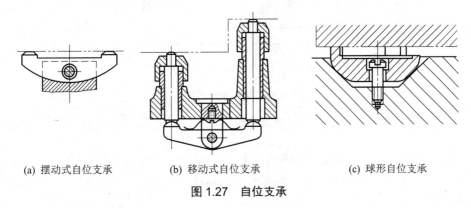

(a) 摆动式自位支承　　(b) 移动式自位支承　　(c) 球形自位支承

图 1.27　自位支承

图 1.28 所示为自位支承的灵活应用,其中,自位支承 1 在 $\bar{y}$ 方向上浮动,自位支承 2 则在 $\bar{x}$ 方向上浮动,故实际限制工件的自由度为 $\bar{z}$、$\bar{x}$、$\bar{y}$。

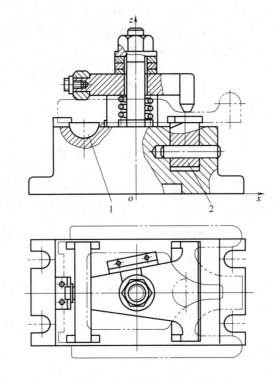

图 1.28　自位支承的应用

1,2—自位支承

2) 辅助支承

辅助支承用来提高工件的装夹刚度和稳定性,没有定位作用。

如图 1.29 所示,工件以内孔及端面定位,钻右端小孔。若右端不设支承,工件装夹后,右边为一悬臂,故刚性差。若在 A 处设置固定支承,则属不可用重复定位,有可能破坏左端的定位,在这种情况下宜在右端设置辅助支承。工件定位时,辅助支承是浮动的(或可调的),待工件夹紧后再进行固定,以承受切削力。

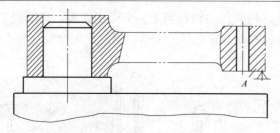

图 1.29 辅助支承的应用

辅助支承有三种形式：螺旋式辅助支承、自动调节式辅助支承和推引式辅助支承，具体如下。

(1) 螺旋式辅助支承。如图 1.30(a)所示，螺旋式辅助支承的结构与调节支承相近，但操作过程不同，前者没有定位作用，后者有定位作用，并且在结构上螺旋式辅助支承不用螺母锁紧。

(2) 自动调节式辅助支承(JB/T 8026.7—1999)。如图 1.30(b)所示，弹簧 1 推动滑柱 2 与工件接触，转动手柄通过顶柱 3 锁紧滑柱 2，使其承受切削力等外力。此结构的弹簧力应能推动滑柱，但不能顶起工件，不会破坏工件的定位。

(3) 推引式辅助支承。如图 1.30(c)所示，工件定位后，推动手轮 4 使滑销 6 与工件接触，然后转动手轮使斜楔 5 开槽部分胀开而锁紧。

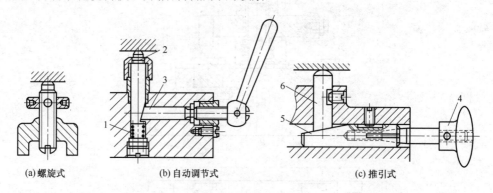

(a) 螺旋式　　　(b) 自动调节式　　　(c) 推引式

图 1.30 辅助支承

1—弹簧；2—滑柱；3—顶柱；4—手轮；5—斜楔；6—滑销

图 1.31 所示为用于铣床夹具中的推引式辅助支承。三个支承钉 2 在工件周边定位后，即可推动手柄 5 使辅助支承 4 上升与工件接触，旋转手柄锁紧，楔块即可使辅助支承 4 支撑工件。操作时以手的感觉控制支撑的状态。

2. 工件以圆柱孔定位

工件以圆柱孔作为定位基面时经常用到以下定位元件。

1) 定位销

图 1.32 所示为定位销的结构。图 1.32(a)所示为固定式定位销(JB/T 8014.2—1999)，图 1.32(b)所示为可换式定位销(JB/T 8014.3—1999)。A 型称圆柱销，B 型称菱形销。其中，菱形销的尺寸如表 1.4 所示。定位销的直径 D 为 3～10 mm 时，为避免在使用中折断，或热处理时淬裂，通常把根部倒成圆角 R，并且夹具体上应有沉孔，使定位销的圆角部分沉入孔内而不影响定位。大批量生产时，为了便于定位销的更换，可采用可换式定位

销。为便于工件装入，定位销的头部有 15°倒角。定位销的有关参数可查阅"夹具标准"或"夹具手册"。

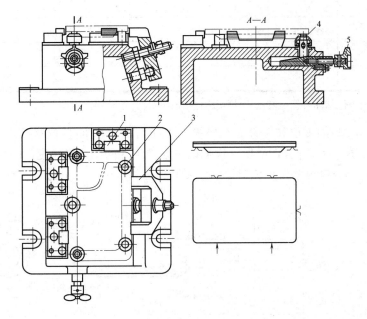

图 1.31 推引式辅助支承在铣床夹具中的应用
1—支承；2—支承钉；3—压板；4—辅助支承；5—手柄

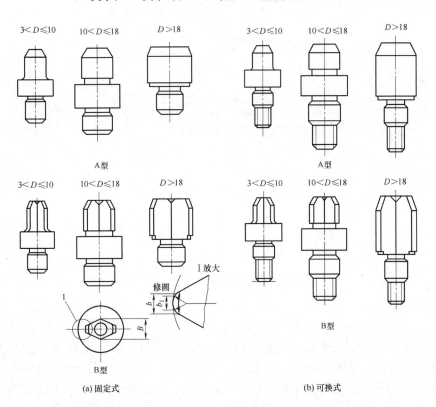

图 1.32 定位销

表 1.4 菱形销的尺寸

D/mm	>3~6	>6~8	>8~20	>20~24	>24~30	>30~40	>40~50
B	$D-0.5$	$D-1$	$D-2$	$D-3$	$D-4$	$D-5$	
b_1	1	2	3			4	5
b	2	3	4	5		6	8

注：D 为菱形销限位基面直径，其余尺寸如图 1.32(a)所示。

对于不便于装卸的部位和工件，在以被加工孔为定位基准(自位基准)的定位中通常采用定位插销，如图 1.33 所示。A 型定位插销可限制工件的两个自由度，B 型(菱形)定位插销可限制工件的一个自由度。定位插销的主要规格 d 为 3 mm、4 mm、……、78 mm。

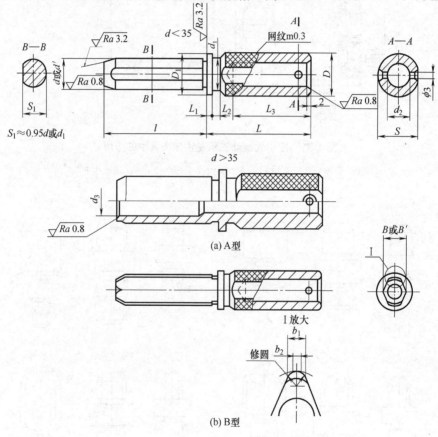

图 1.33 定位插销(JB/T 8015—1999)

2) 定位轴

通常定位轴为专用结构，其主要定位面可限制工件的四个自由度，若再设置防转支承等，即可实现完全定位。图 1.34 所示为钻模所用的定位轴。在图 1.34 中，定心部分 2 通常需要的最小间隙为 0.005 mm，引导部分 3 的倒角为 15°，与夹具体连接部分 1 有多种结构。图 1.35(a)所示为采用骑缝螺钉紧固连接；图 1.35(b)所示为用六角螺钉紧固连接的结构，其具有较高的强度；图 1.35(c)所示的定位轴由圆柱销承受扭矩，并且便于维修。

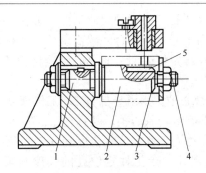

图 1.34 钻模所用定位轴

1—与夹具体连接部分；2—定心部分；3—引导部分；4—夹紧部分；5—排屑槽

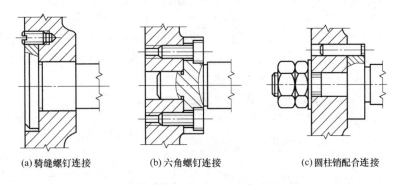

(a) 骑缝螺钉连接　　(b) 六角螺钉连接　　(c) 圆柱销配合连接

图 1.35 定位轴连接部分的设计

定位轴用碳素工具钢 T8A 经热处理至 55~60HRC，也可用优质碳素结构钢 20 经渗碳淬硬至 55~60HRC。

3) 圆柱心轴

图 1.36 所示为常用圆柱心轴的结构形式。

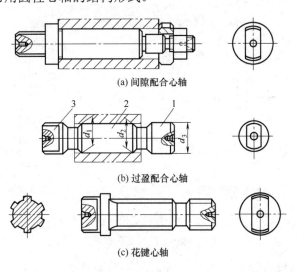

(a) 间隙配合心轴

(b) 过盈配合心轴

(c) 花键心轴

图 1.36 圆柱心轴

1—引导部分；2—工作部分；3—传动部分

图 1.36(a)所示为间隙配合心轴。心轴的限位基面一般按 h6、g6 或 f7 制造,其装卸工件方便,但定心精度不高。为了减少因配合间隙而造成的工件倾斜,工件常用孔和端面联合定位,因此要求工件定位孔与定位端面之间、心轴限位圆柱面与限位端面之间都有较高的垂直度,最好能在一次装夹中加工出来。

图 1.36(b)所示为过盈配合心轴,由引导部分 1、工作部分 2、传动部分 3 组成。引导部分的作用是使工件迅速而准确地套入心轴,其直径 d_3 按 e8 制造,d_3 的基本尺寸等于工件孔的最小极限尺寸,其长度约为工件定位孔长度的 1/2。工作部分的直径按 r6 制造,其基本尺寸等于孔的最大极限尺寸。当工件定位孔的长度与直径之比(简称长径比)$L/d>1$ 时,心轴的工作部分应稍带锥度,这时,直径 d_1 按 r6 制造,其基本尺寸等于孔的最大极限尺寸;直径 d_2 按 h6 制造,其基本尺寸等于孔的最小极限尺寸。这种心轴制造简单,定心准确,不用另设夹紧装置,但装卸工件不便,易损伤工件定位孔,因此,多用于定心精度要求高的精加工。

图 1.36(c)所示为花键心轴,用于加工以花键孔定位的工件。当工件定位孔的长径比 $L/d>1$ 时,工作部分可稍带锥度。设计花键心轴时,应根据工件的不同定心方式来确定定位心轴的结构,其配合可参考上述两种心轴。

心轴在机床上的常用安装方式如图 1.37 所示。

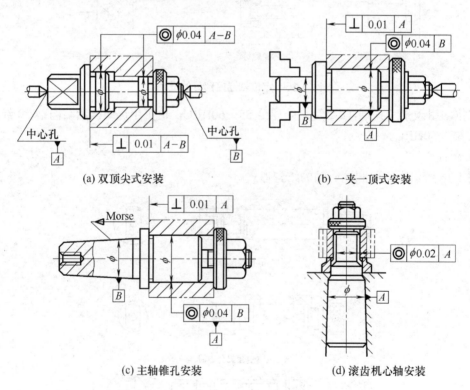

(a) 双顶尖式安装　　　　　　　(b) 一夹一顶式安装

(c) 主轴锥孔安装　　　　　　　(d) 滚齿机心轴安装

图 1.37　心轴在机床上的常用安装方式

注:Morse 表示莫氏锥度。

为保证工件的同轴度要求,设计心轴时,夹具总图上应标注心轴各限位基面之间、限位圆柱面与顶尖孔或锥柄之间的位置精度要求,其同轴度可取工件相应同轴度的 1/2~1/3。

4) 圆锥销

图 1.38 所示为工件以圆孔在圆锥销上定位的示意图，它限制了工件的 $\vec{x}$、$\vec{y}$、$\vec{z}$ 三个自由度。图 1.38(a)所示用于粗定位基面，图 1.38(b)所示用于精定位基面。

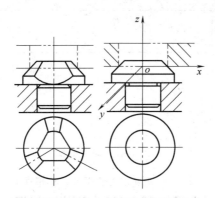

(a) 用于粗定位基面　　(b) 用于精定位基面

图 1.38　圆锥销定位

工件在单个圆锥销上定位容易倾斜，因此，圆锥销一般与其他定位元件组合定位，如图 1.39 所示。图 1.39(a)所示为圆锥—圆柱组合心轴，圆锥部分使工件准确定心，圆柱部分可减少工件倾斜。图 1.39(b)所示以工件底面作为主要定位基面，采用活动圆锥销，只限制 $\vec{x}$、$\vec{y}$ 两个自由度，即使工件的孔径变化较大，也能准确定位。图 1.39(c)所示为工件在双圆锥销上定位，左端为固定圆锥销，限制 $\vec{x}$、$\vec{y}$、$\vec{z}$ 三个自由度；右端为活动圆锥销，限制 $\vec{y}$、$\vec{z}$ 两个自由度。以上三种定位方式均限制工件的五个自由度。

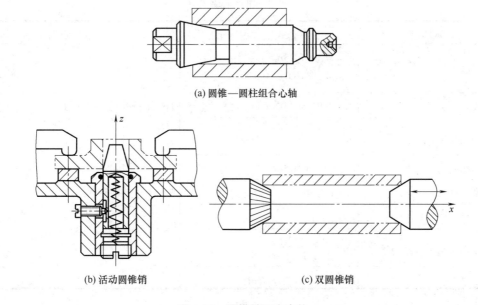

(a) 圆锥—圆柱组合心轴

(b) 活动圆锥销　　(c) 双圆锥销

图 1.39　圆锥销组合定位

5) 锥度心轴(JB/T 10116—1999)

如图 1.40 所示，工件在锥度心轴上定位，并利用工件定位圆孔与心轴限位圆柱面的弹性变形夹紧工件。高精度心轴锥度 K 的推荐值如表 1.5 所示。

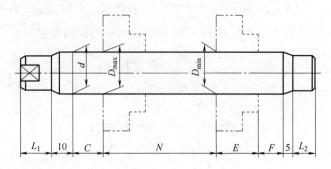

图 1.40 锥度心轴

表 1.5 高精度心轴锥度 K 的推荐值

工件定位孔直径 D/mm	8～25	>25～50	>50～70	>70～80	>80～100	>100
锥度 K	$\dfrac{0.01\text{mm}}{2.5D}$	$\dfrac{0.01\text{mm}}{2D}$	$\dfrac{0.01\text{mm}}{1.5D}$	$\dfrac{0.01\text{mm}}{1.25D}$	$\dfrac{0.01\text{mm}}{D}$	$\dfrac{0.01}{100}$

这种定位方式的定心精度较高，可达 $\phi 0.01\sim 0.02$ mm，但工件的轴向位移误差较大，可用于工件定位孔精度不低于 IT7 的精车和磨削加工，不能加工端面。

锥度心轴的结构尺寸如表 1.6(参考"夹具标准"或"夹具手册")所示。为保证心轴有足够的刚度，心轴的长径比 $L/d>8$ 时，应将工件定位孔的公差范围分成 2～3 组，每组设计一根心轴。

表 1.6 锥度心轴尺寸

计算项目	计算公式及数据/mm	说　明
心轴大端直径	$d = D_{\max} + 0.25\delta_D$ $\approx D_{\max} + (0.01-0.02)$	D：工件孔的基本尺寸； $D_{\max}$：工件孔的最大极限尺寸； $D_{\min}$：工件孔的最小极限尺寸； δ_D：工件孔的公差； E：工件孔的长度； 当 $L/d>8$ 时，应分组设计心轴； 表中结构尺寸均见图 1.40
心轴大端公差	$\delta_d = 0.01-0.005$	
保险锥面长度	$C = \dfrac{d-D_{\max}}{K}$	
导向锥面长度	$F=(0.3\sim 0.5)D$	
左端圆柱长度	$L_1=20\sim 40$	
右端圆柱长度	$L_2=10\sim 15$	
工件轴向位置的变动范围	$N = \dfrac{D_{\max}-D_{\min}}{K}$	
心轴总长度	$L=C+F+L_1+L_2+N+E+15$	

3. 工件以外圆柱面定位

工件以外圆柱面作为定位基面时，工件的定位基准为中心要素，最常用的定位元件有 V 形块、定位套、半圆套和圆锥套等。

1) V 形块

不论定位基面是否经过加工，不论是完整的圆柱面还是局部圆弧面，都可以采用 V 形块定位。V 形块定位的优点是对中性好，即能使工件的定位基准轴线对中在 V 形块两斜面的对称平面上，而不受定位基面直径误差的影响，并且安装方便。因此，当工件以外圆柱面定位时，V 形块是用得最多的定位元件。

图 1.41 所示为常用的 V 形块结构。图 1.41(a)所示用于较短的精基准定位；图 1.42(b)所示用于较长的粗基准(或阶梯轴)定位；图 1.41(c)所示用于两段精基准面相距较远的场合；如果定位元件直径与长度较大，则 V 形块不必做成整体钢件，可采用铸铁底座镶淬火钢垫的方式，如图 1.41(d)所示。

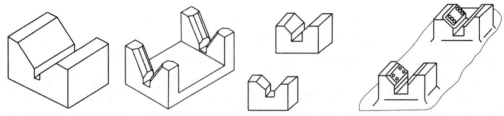

(a) 精基准定位用V形块 (b) 粗基准/阶梯轴定位用V形块 (c) 精基准面相距较远用V形块 (d) 直径与长度较大工件定位用V形块

图 1.41 V 形块

V 形块上两斜面间的夹角 α 一般选用 60°、90° 和 120°，以 90° V 形块应用最广。其中，90° V 形块(JB/T 8018.1—1999)的典型结构和尺寸均已标准化。设计非标准 V 形块时，可参考如图 1.42 所示的有关尺寸进行计算。V 形块的主要参数如下。

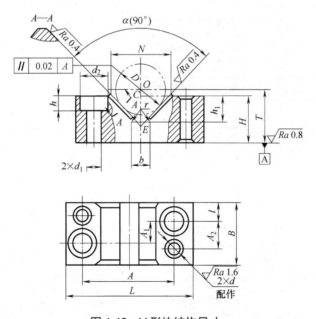

图 1.42 V 形块结构尺寸

D：V 形块的设计心轴直径，为工件定位基面的平均尺寸，其轴线是 V 形块的限位基准。
α：V 形块两限位基面间的夹角，有 60°、90° 和 120° 三种，以 90° 夹角应用最广。
H：V 形块的高度。

T：V 形块的定位高度，即 V 形块的限位基准至 V 形块底面的距离。

N：V 形块的开口尺寸。

设计 V 形块时，D 已确定，H、N 等参数可从参照标准中选取，但 T 必须计算。由图 1.42 可知：

$$T=H+OC=H+(OE-CE)$$

因为：

$$OE = \frac{D}{2\sin\frac{\alpha}{2}}, \quad CE = \frac{N}{2\tan\frac{\alpha}{2}}$$

所以：

$$T = H + \frac{1}{2}\left(\frac{D}{\sin\frac{\alpha}{2}} - \frac{N}{\tan\frac{\alpha}{2}}\right) \tag{1-1}$$

当 $\alpha=90°$ 时： $T=H+0.707D-0.5N$

V 形块有固定式与活动式两种。活动 V 形块(JB/T 8018.4—1999)如图 1.43(a)所示，活动 V 形块的主要规格 N 为 9 mm、14 mm、……、70 mm，与其相配的导板也已标准化(JB/T 8019—1999)。固定 V 形块(JB/T 8018.2—1999)的结构如图 1.43(b)所示。固定式 V 形块在夹具体上的装配一般采用 2～4 个螺钉和两个定位销连接，定位销孔在装配调整后钻铰，然后打入定位销。

如图 1.43(c)所示，活动 V 形块限制工件的 $\bar{z}$ 自由度，其沿 V 形块对称面方向的移动可以补偿工件因毛坯尺寸变化而对定位的影响，同时兼有夹紧的作用。固定 V 形块限制工件的 $\bar{x}$、$\bar{y}$ 两个自由度。

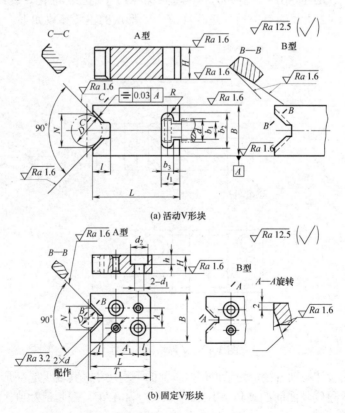

图 1.43　活动 V 形块与固定 V 形块

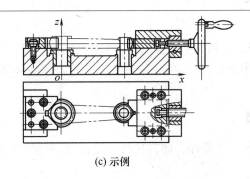

(c) 示例

图 1.43　活动 V 形块与固定 V 形块(续)

2) 定位套

图 1.44 所示为常用的几种定位套，其内孔轴线是限位基准，内孔面是限位基面。为了限制工件沿轴向的自由度，常与端面联合定位。若将端面作为主要限位面时，应控制套的长度，以免夹紧时工件产生不允许的变形。

定位套结构简单、容易制造，但定心精度不高，故只适用于精定位基面。

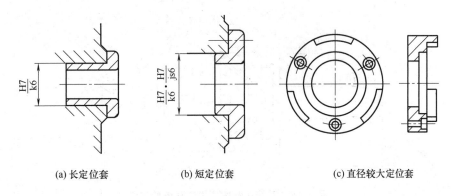

(a) 长定位套　　　(b) 短定位套　　　(c) 直径较大定位套

图 1.44　常用定位套

3) 半圆套

如图 1.45 所示，下面的半圆套是定位元件，上面的半圆套起夹紧作用。这种定位方式主要用于大型轴类零件以及不便于轴向装夹的零件。定位基面的精度不低于 IT8～IT9，半圆套的最小内径应取工件定位基面的最大直径。

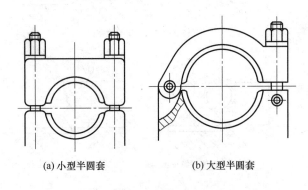

(a) 小型半圆套　　　(b) 大型半圆套

图 1.45　半圆套定位装置

4) 圆锥套

图 1.46 所示为通用的外拨顶尖(JB/T 10117.3—1999)。工件以圆柱面的端部在外拨顶尖的锥孔中定位，锥孔中有齿纹，以便带动工件旋转。顶尖体的锥柄部分插入机床主轴孔中。

4. 工件以特殊表面定位

除了上述以平面和内、外圆柱表面定位外，还经常遇到特殊表面的定位。下面介绍几种典型的特殊定位方法。

1) 工件以导轨面定位

图 1.47 所示为三种燕尾形导轨定位的形式。图 1.47(a)所示为镶有圆柱定位块的结构，图 1.47(b)所示的圆柱定位块位置可以通过修配 A、B 平面达到较高的精度，图 1.47(c)所示采用小斜面定位块，其结构简单。为了减少过定位的影响，工件的定位基面需要经过配合制造(或配磨)。

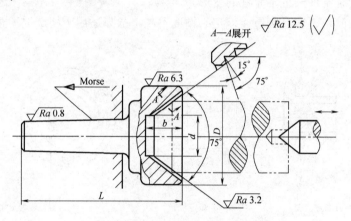

图 1.46 工件在外拨顶尖锥孔中的定位

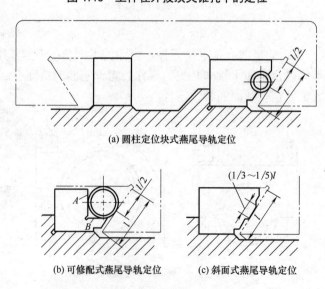

(a) 圆柱定位块式燕尾导轨定位

(b) 可修配式燕尾导轨定位   (c) 斜面式燕尾导轨定位

图 1.47 燕尾形导轨的定位

2) 工件以齿形表面定位

图 1.48 所示为用齿形表面定位的例子。定位元件是三个滚柱。自动定心盘 1 通过滚柱 3 对齿轮 4 进行中心定位。齿面与滚柱的最佳接触点 A、B……均应位于分度圆上。因此，滚柱的直径需经精确的计算。关于齿形定位详见附表 18 和附表 19。

图 1.49 所示为计算滚柱直径 d 及外公切圆直径 D 的简图。通常接触点位置离分度圆的距离为 $(0.5 \sim 0.7)h$。当已知齿数 z、模数 m、分度圆压力角 α_0、齿顶高 h、分度圆上最小齿厚 S_{min}，可以按附表 18 计算出滚柱的计算直径 d_L。由于滚柱直径已标准化，所以设计时可选用邻近的、较小的、标准直径的滚柱。外公切圆直径 D 可按附表 19 计算。

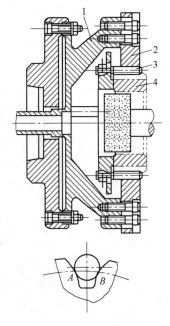
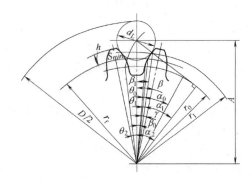

图 1.48　齿形表面定位　　　图 1.49　计算滚柱直径 d 和外公切圆直径 D 的简图

1—自动定心盘；2—卡爪；3—滚柱；4—齿轮

3) 工件以其他特殊表面定位

如图 1.50(a)所示，心轴上有键 4，使工件的键槽定位，可以限制工件绕轴线的转动自由度。如图 1.50(b)所示，工件以螺纹孔定位，心轴体 1 上的螺纹限制工件自由度。图 1.50(c)所示为花键心轴，用于花键孔的定位。

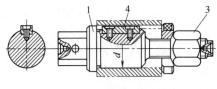

(a) 键槽孔的定位

图 1.50　其他特殊表面的定位

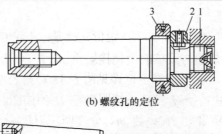

(b) 螺纹孔的定位

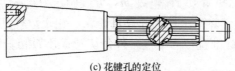

(c) 花键孔的定位

图1.50　其他特殊表面的定位(续)

1—心轴体；2—压环；3—夹紧螺母；4—键

1.2.4　定位误差的分析与计算

1. 定位误差及其产生的原因

1) 定位误差的定义

一批工件逐个在夹具上定位时，由于工件及定位元件存在公差，使得各个工件所占据的位置不完全一致，从而加工后形成的加工尺寸不一致，此为加工误差。这种由定位引起的同一批工件的工序基准在加工尺寸方向上的最大变动量称为定位误差，用ΔD表示。

定位误差研究的主要对象是工件的工序基准和定位基准。工序基准的变动量将影响工件的尺寸精度和位置精度。

2) 定位误差产生的原因

造成定位误差的原因有两个：一是定位基准与工序基准不重合，由此产生基准不重合误差ΔB；二是定位基准与限位基准不重合，由此产生基准位移误差ΔY。

挑战者航天飞机灾难

定位误差的计算PPT

(1) 基准不重合误差ΔB。

图1.51(a)所示为在工件上铣缺口的工序简图，加工尺寸为A和B。图1.51(b)所示为加工示意图，工件以底面和E面定位，C是确定夹具与刀具相互位置的对刀尺寸，在一批工件的加工过程中，C的大小是不变的。

加工尺寸A的工序基准是F，定位基准是E，两者不重合。当一批工件逐个在夹具上定位时，受尺寸$S\pm\delta_S/2$的影响，工序基准F的位置是变动的。F的变动直接影响A的大小，从而造成A的尺寸误差，该误差就是基准不重合误差。

显然，基准不重合误差的大小应等于因定位基准与工序基准不重合而造成的加工尺寸的变动范围。由图1.51(b)可知

$$\Delta B = A_{max} - A_{min} = S_{max} - S_{min} = \delta_S$$

式中：S是定位基准E与工序基准F之间的距离尺寸，称为定位尺寸。

由此可知，当工序基准的变动方向与加工尺寸的方向相同时，基准不重合误差等于定位尺寸的公差，即

$$\Delta B = \delta_S \tag{1-2}$$

当工序基准的变动方向与加工尺寸的方向不一致时，即存在一夹角 α，则基准不重合误差等于定位尺寸的公差在加工尺寸方向上的投影，即

$$\Delta B = \delta_S \cos\alpha \tag{1-3}$$

当基准不重合误差由多个尺寸影响而产生时，应将其在工序尺寸方向上合成。

基准不重合误差的一般计算式为

$$\Delta B = \sum_{i=1}^{n} \delta_i \cos\beta \tag{1-4}$$

式中：δ_i 为定位基准与工序基准间的尺寸链组成环的公差；β 为 δ_i 方向与加工尺寸方向间的夹角。

图 1.51(a)所示加工尺寸 B 的工序基准与定位基准均为底面，其基准重合，所以基准不重合误差 $\Delta B=0$。

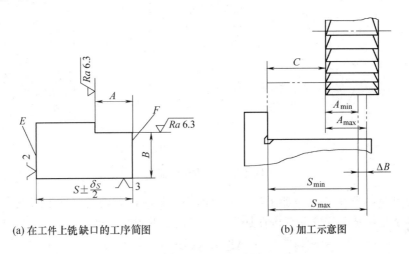

(a) 在工件上铣缺口的工序简图　　(b) 加工示意图

图 1.51　基准不重合误差 ΔB

(2) 基准位移误差 ΔY。

由定位基准的误差或定位支承点的误差造成的定位基准位移，即为工件实际位置对确定位置的理想要素的误差，这种定位误差称为基准位移误差，以 ΔY 表示。

图 1.52(a)所示为在圆柱面上铣槽的工序简图，加工尺寸为 A 和 B。图 1.52(b)所示为加工示意图，工件以内孔 D 在圆柱心轴(直径为 d_0)上定位；O 是心轴轴心，即限位基准；C 是对刀尺寸。

尺寸 A 的工序基准是内孔轴线，定位基准也是内孔轴线，两者重合，故 $\Delta B=0$。但是，由于定位副(工件内孔面与心轴圆柱面)有制造公差和配合间隙，使得定位基准(工件内孔轴线)与限位基准(心轴轴线)不能重合，在夹紧力 F_W 的作用下，定位基准相对于限位基准下移了一段距离。定位基准的位置变动影响到尺寸 A 的大小，从而造成尺寸 A 的误差，该误差就是基准位移误差。

同样，基准位移误差的大小应等于因定位基准与限位基准不重合而造成的加工尺寸的变动范围。

由图 1.52(b)可知，当工件孔的直径为最大(D_{max})、定位销直径为最小(d_{0min})时，定位基

准的位移量 i 为最大($i_{max}=OO_1$)，加工尺寸 A 也最大(A_{max})；当工件孔的直径为最小(D_{min})、定位销直径为最大(d_{0max})时，定位基准的位移量 i 为最小($i_{min}=OO_2$)，加工尺寸 A 也最小(A_{min})。因此

$$\Delta Y = A_{max} - A_{min} = i_{max} - i_{min} = \delta_i$$

式中：i 为定位基准的位移量；δ_i 为一批工件定位基准的变动范围。

由此可知：当定位基准的变动方向与加工尺寸的方向一致时，基准位移误差等于定位基准的变动范围，即

$$\Delta Y = \delta_i \tag{1-5}$$

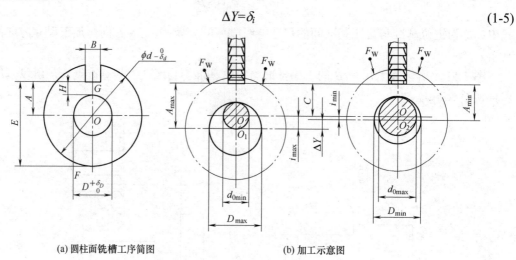

(a) 圆柱面铣槽工序简图　　(b) 加工示意图

图 1.52　基准位移误差

当定位基准的变动方向与加工尺寸的方向不一致时，若两者之间的夹角为 α，则基准位移误差等于定位基准的变动范围在加工尺寸方向上的投影，即

$$\Delta Y = \delta_i \cos\alpha \tag{1-6}$$

2. 定位误差的常用计算方法

1) 误差合成法

造成定位误差的原因是定位基准与工序基准不重合以及定位基准与限位基准不重合，因此，定位误差应是基准不重合误差与基准位移误差的合成。计算时，可先算出 ΔB 和 ΔY，然后将两者合成得到 ΔD。

合成时，若工序基准不在定位基面上(工序基准与定位基面为两个独立的表面)，即 ΔY 与 ΔB 无相关公共变量，则 $\Delta D = \Delta Y + \Delta B$；若工序基准在定位基面上，即 ΔY 与 ΔB 有相关的公共变量，则 $\Delta D = \Delta Y \pm \Delta B$。式中"+""−"号的确定方法如下。

(1) 当定位基面尺寸由小变大(或由大变小)时，分析定位基准的变动方向。

(2) 当定位基面尺寸由小变大(或由大变小)时，假设定位基准的位置不变动，分析工序基准的变动方向。

(3) 两者的变动方向相同时，取"+"号；两者的变动方向相反时，取"−"号。

2) 不同定位方式的基准位移误差的计算方法

(1) 利用圆柱定位销、圆柱心轴定位。

利用圆柱定位销、圆柱心轴定位时，其定位基准为孔的中心线，定位基面为内孔表

面。当圆柱定位销、圆柱心轴与被定位的工件内孔的配合为过盈配合时，不存在间隙，定位基准(内孔轴线)相对定位元件没有位置变化，则基准位移误差 $\Delta Y=0$。

如图 1.53 所示，当定位副为间隙配合时，由于定位副配合间隙的影响，会使工件上内孔中心线(定位基准)的位置发生偏移，其中心偏移量在加工尺寸方向上的投影即为基准位移误差 ΔY。定位基准偏移的方向有两种可能：一是可以在任意方向上偏移；二是只能在某一方向上偏移。

当定位基准在任意方向上偏移时，其最大偏移量即为定位副直径方向的最大间隙，即

$$\Delta Y = X_{max} = D_{max} - d_{0min} = \delta_D + \delta_{d_0} + X_{min} \tag{1-7}$$

式中：X_{max} 为定位副最大配合间隙；D_{max} 为工件定位孔最大直径；d_{0min} 为定位圆柱销或圆柱心轴的最小直径；δ_D 为工件定位孔的直径公差；δ_{d_0} 为定位圆柱销或圆柱心轴的直径公差；X_{min} 为定位所需最小间隙(由设计时确定)。

当基准偏移为单方向时，其移动方向最大偏移量为半径方向的最大间隙，即

$$\Delta Y = \frac{X_{max}}{2} = \frac{D_{max} - d_{0min}}{2} = \frac{\delta_D + \delta_{d_0} + X_{min}}{2} \tag{1-8}$$

当工件用长定位轴定位时，定位的配合间隙还会使工件发生歪斜，并影响工件的平行度要求。如图 1.54 所示，工件除了孔距公差外，还有平行度要求，定位副最大配合间隙 X_{max} 同时会造成平行度误差，即

$$\Delta Y = (\delta_D + \delta_{d_0} + X_{min}) \frac{L_1}{L_2} \tag{1-9}$$

式中：L_1 为加工面长度；L_2 为定位孔长度。

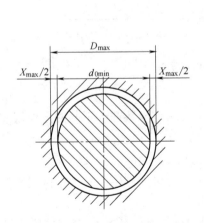
图 1.53 X_{max} 对工件尺寸公差的影响

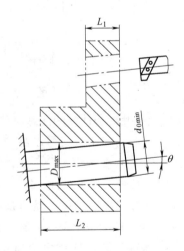
图 1.54 X_{max} 对工件位置公差的影响

工件外圆柱面采用定位套定位，其基准位移误差产生的原因与上述相同，计算方法也与上述方法相同。

(2) 利用平面定位。

工件以平面定位时的基准位移误差计算比较方便。由于工件以平面定位时，其定位基面与定位元件限位基面以平面接触，二者的位置不会发生相对变化，因此基准位移误差为零，即工件以平面定位时 $\Delta Y=0$。

(3) 利用外圆柱面在 V 形块上定位。

工件以外圆柱面在 V 形块上定位时，其定位基准为工件外圆柱面的轴心线，定位基面为外圆柱面。如图 1.55(a)所示，若不计 V 形块的误差而仅计工件基准面的圆度误差时，则其工件的定位中心会发生偏移，产生基准位移误差。由图 1.55(b)可知，仅由于 δ_d 的影响，使工件中心沿 Z 向从 O_1 移至 O_2，即基准位移量为

$$\Delta Y = \delta_i = O_1 O_2 = \frac{d}{2\sin\frac{\alpha}{2}} - \frac{d - \delta_d}{2\sin\frac{\alpha}{2}} = \frac{\delta_d}{2\sin\frac{\alpha}{2}} \tag{1-10}$$

式中：δ_d 为工件定位基准的直径公差；$\alpha/2$ 为 V 形块的半角。

由于 V 形块的对中性好，所以其沿 x 轴方向的位移误差为零。

当 $\alpha = 90°$ 时，V 形块的基准位移误差可由式(1-11)计算：

$$\Delta Y = 0.707\delta_d \tag{1-11}$$

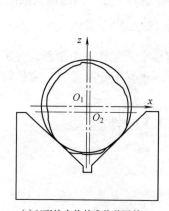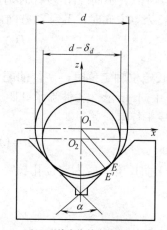

(a) V形块定位基准位移误差　　(b) V形块定位基准位移量计算

图 1.55　V 形块定位的位移误差

3) 定位误差分析和计算的注意事项

(1) 若某工序的定位方案可以对本工序的几个加工精度参数产生不同的定位误差，则应对这几个加工精度参数逐个分析来计算其定位误差。

(2) 采用夹具装夹加工一批工件，并采用调整法加工时才存在定位误差。

(3) 分析计算得出的定位误差值是指加工一批工件时可能产生的最大定位误差范围，而不是指某一个工件的定位误差的具体数值。

(4) 一般情况下分析计算定位误差时，夹具的精度对加工误差的影响较为重要。此外，分析定位方案时，要求先对其定位误差是否影响工序的精度进行预估，在正常加工条件下，一般推荐定位误差占工序允差的 1/3～1/5，此时比较合适。

(5) 定位误差的移动方向与加工方向成一定角度时，应按公式(1-3)、公式(1-4)和公式(1-6)进行折算。

(6) 当定位精度不能满足工件加工要求时，应压缩相关工序要求或改进定位方案。

(7) 选择定位基准应尽可能与工序基准重合，应选取精度高的表面作定位基准。

3. 定位误差计算实例

【例1-2】 图1.56所示为工件铣45°面的定位示意图，求加工尺寸 A 的定位误差。

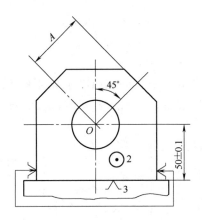

图1.56 定位误差计算示例之一

解：

(1) 定位基准为底面，工序基准为圆孔中心线 O，定位基准与工序基准不重合。两者之间的定位尺寸为 50 mm，其公差为 δ_S=0.2 mm。工序基准的位移方向与加工尺寸方向间的夹角 α 为45°。

根据式(1-3)得

$$\Delta B = \delta_S \cos\alpha = 0.2\cos 45° \text{ mm} = 0.1414 \text{ mm}$$

(2) 工件以平面定位，定位基准与限位基准重合，ΔY=0。

(3) 定位误差 $\Delta D = \Delta B$ = 0.1414 mm。

【例1-3】 如图1.57所示，以 A 面定位加工 ϕ20H8孔，求加工尺寸(40±0.1)mm 的定位误差。

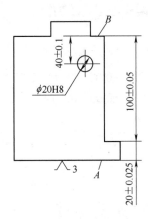

图1.57 定位误差计算示例之二

解：

(1) 工件以平面定位，ΔY=0。

(2) 由图1.57可知，工序基准为 B 面，定位基准为 A 面，故基准不重合。

按式(1-4)得

$$\Delta B = \sum_{i=1}^{n} \delta_i \cos \beta$$
$$= (0.05+0.1)\cos 0°$$
$$= 0.15 \text{(mm)}$$

(3) 定位误差 $\Delta D = \Delta B = 0.15$ mm。

【例 1-4】钻铰图 1.58 所示零件上的 $\phi 10H7$ 孔，工件主要以 $\phi 20H7(^{+0.021}_{0})$ 孔定位，定位轴直径为 $\phi 20^{-0.007}_{-0.016}$，求工序尺寸(50±0.07)mm 及平行度的定位误差。

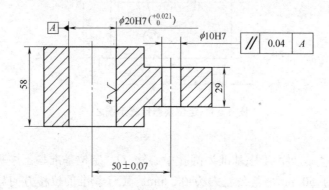

图 1.58 定位误差计算示例之三

解：

1) 工序尺寸(50±0.07) mm 的定位误差

(1) 定位基准为 $\phi 20H7(^{+0.021}_{0})$ 孔的轴线，工序尺寸(50±0.07)mm 的工序基准也为 $\phi 20H7(^{+0.021}_{0})$ 孔的轴线，故定位基准与工序基准重合，即

$$\Delta B = 0$$

(2) 由于定位基准在任意方向偏移，按式(1-7)得

$$\Delta Y = X_{\max}$$
$$= \delta_D + \delta_{d_0} + X_{\min}$$
$$= 0.021 + 0.009 + 0.007$$
$$= 0.037 \text{(mm)}$$

(3) 定位误差 $\Delta D = \Delta Y = 0.037$ mm。

2) 平行度的定位误差

(1) 同理，$\Delta B = 0$

(2) 按式(1-9)得

$$\Delta Y = (\delta_D + \delta_{d_0} + X_{\min}) \frac{L_1}{L_2}$$
$$= (0.021 + 0.009 + 0.007) \times \frac{29}{58}$$
$$= 0.018 \text{(mm)}$$

(3) 影响工件平行度的定位误差为

$$\Delta D = \Delta Y = 0.018 \text{ mm}$$

【例 1-5】钻铰图 1.59(a)所示凸轮上的两小孔(ϕ16 mm)，定位方式如图 1.59(b)所示。定位销直径为 $\phi 22_{-0.021}^{0}$ mm，求加工尺寸(100±0.1)mm 的定位误差。

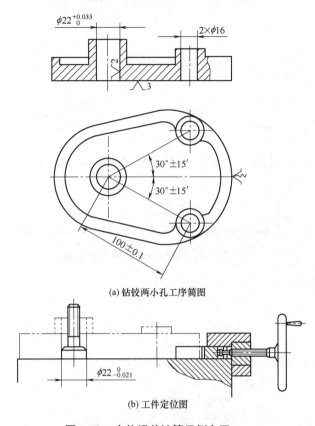

图 1.59 定位误差计算示例之四

解：

(1) 定位基准与工序基准重合，$\Delta B = 0$。

(2) 由于夹紧力的作用，定位基准相对限位基准单方向移动，定位基准的移动方向与加工尺寸方向间的夹角为 30°±15′。根据式(1-6)和式(1-8)得

$$\Delta Y = \frac{X_{\max}}{2} = \frac{D_{\max} - d_{0\min}}{2} = \frac{\delta_D + \delta_{d_0} + X_{\min}}{2}$$

$$= (0.033 + 0.021 + 0)/2 = 0.027 \text{(mm)}$$

$$\Delta Y' = \Delta Y \cos\alpha = 0.027 \cos 30° = 0.02 \text{(mm)}$$

(3) 由于工序基准(孔的轴线)不在定位基面内孔圆柱面上，ΔB 与 ΔY 无相关公共变量，所以

$$\Delta D = \Delta Y + \Delta B = 0.02 + 0 = 0.02 \text{(mm)}$$

【例 1-6】如图 1.60 所示，工件以小端外圆 d_1 用 V 形块定位，V 形块上两斜面间的夹角为 90°，加工 ϕ10H8 孔。已知 $d_1 = \phi 30_{-0.01}^{0}$ mm，$d_2 = \phi 55_{-0.056}^{-0.010}$ mm，$H = (40 \pm 0.15)$mm，同轴度误差 $t = \phi 0.03$ mm，求加工尺寸(40±0.15)mm 的定位误差。

解：

(1) 定位基准是圆柱 d_1 的轴线，工序基准在外圆 d_2 的素线 B 上，两者不重合，定位尺寸是外圆 d_2 的半径，并且考虑两圆的同轴度误差。按式(1-4)得

$$\Delta B = \sum_{i=1}^{n}\delta_i \cos\beta = \left(\frac{\delta_{d_2}}{2}+t\right)\cos 0°$$

$$=\frac{0.046}{2}+0.03$$

$$=0.053(\text{mm})$$

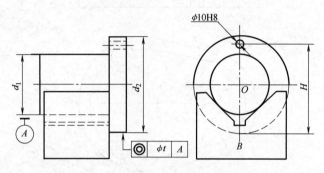

图 1.60　定位误差计算示例之五

(2) 按式(1-11)得

$$\Delta Y = 0.707\delta_{d_1}$$

$$=0.707\times 0.01$$

$$=0.007(\text{mm})$$

(3) 工序基准不在定位基面上，ΔB 与 ΔY 无相关公共变量，所以

$$\Delta D = \Delta B + \Delta Y$$

$$=0.053+0.007$$

$$=0.06(\text{mm})$$

【例 1-7】 图 1.61 所示为铣工件上的键槽。如图 1.62 所示，工件以圆柱面 $d_{-\delta_d}^{0}$ 在 $\alpha=90°$ 的 V 形块上定位，求加工尺寸分别为 A_1、A_2、A_3 时的定位误差。

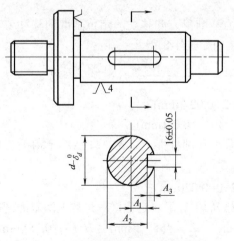

图 1.61　定位误差计算示例之六

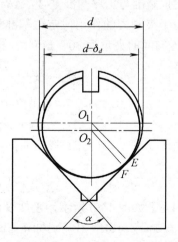

图 1.62　工件在 V 形块定位时的基准位移误差

解:

1) 加工尺寸 A_1 的定位误差

(1) 工序基准是圆柱轴线，定位基准也是圆柱轴线，两者重合，故
$$\Delta B = 0$$

(2) 定位基准相对限位基准有位移，δ_i 与加工尺寸方向一致，按式(1-10)得

$$\Delta Y = \delta_i = O_1O_2 = \frac{d}{2\sin\frac{\alpha}{2}} - \frac{d-\delta_d}{2\sin\frac{\alpha}{2}} = \frac{\delta_d}{2\sin\frac{\alpha}{2}}$$

(3) 由于工序基准(轴线)不在定位基面(圆柱面)上，ΔB 与 ΔY 无相关公共变量，所以

$$\Delta D = \Delta B + \Delta Y = 0 + \frac{\delta_d}{2\sin\frac{\alpha}{2}} = \frac{\delta_d}{2\sin\frac{\alpha}{2}} = 0.707\delta_d \quad (\alpha=90°\text{时})$$

2) 加工尺寸 A_2 的定位误差

(1) 由于工序基准是圆柱下母线，定位基准是圆柱轴线，两者不重合，并且定位尺寸 $S = \left(\frac{d}{2}\right)^{0}_{-\frac{\delta_d}{2}}$，所以：

$$\Delta B = \delta_s = \frac{\delta_d}{2}$$

(2) 同理，按式(1-10)得

$$\Delta Y = \frac{\delta_d}{2\sin\frac{\alpha}{2}}$$

(3) 定位误差的合成。工序基准在定位基面上，当定位基面直径由大变小时，定位基准朝下变动；当定位基面直径由大变小、定位基准不动时，工序基准朝上变动。两者的变动方向相反，取 "−" 号，故

$$\Delta D = \Delta Y - \Delta B = \frac{\delta_d}{2\sin\frac{\alpha}{2}} - \frac{\delta_d}{2} = \frac{\delta_d}{2}\left(\frac{1}{\sin\frac{\alpha}{2}} - 1\right)$$

$$= 0.207\delta_d \quad (\alpha=90°\text{时})$$

3) 加工尺寸 A_3 的定位误差

(1) 同理，定位基准与工序基准不重合时，

$$\Delta B = \delta_s = \frac{\delta_d}{2}$$

(2) 同理，按式(1-10)得

$$\Delta Y = \frac{\delta_d}{2\sin\frac{\alpha}{2}}$$

(3) 定位误差的合成。工序基准在定位基面上，当定位基面直径由大变小时，定位基准朝下变动；当定位基面直径由大变小、定位基准不动时，工序基准也朝下变动。两者的变动方向相同，取 "+" 号，故

$$\Delta D = \Delta Y + \Delta B = \frac{\delta_d}{2\sin\frac{\alpha}{2}} + \frac{\delta_d}{2} = \frac{\delta_d}{2}\left(\frac{1}{\sin\frac{\alpha}{2}} + 1\right)$$

$$=1.207\delta_d \qquad (\alpha=90°\text{ 时})$$

结论：轴在 V 形块上定位时的基准位移误差 $\Delta Y = \dfrac{\delta_d}{2\sin\frac{\alpha}{2}}$，由于 ΔB 与 ΔY 中均包含一个公共变量 δ_d，所以需用合成计算定位误差，根据两者的作用方向取代数和。

1.3 回到工作场景

通过 1.2 节的学习，学生应掌握六点定位原理、常用定位元件限制的自由度、工件的定位方式、常用定位元件设计、定位方案设计的基本原则、定位误差的分析计算等。下面将回到 1.1 节介绍的工作场景，完成工作任务。

1.3.1 项目分析

完成项目任务需要学生掌握机械制图、公差与配合、机械设计基础、金属工艺学等相关专业基础课程，必须对机械加工工艺相关知识有一定的理解，在此基础上还需要掌握如下知识。

(1) 机床夹具作用和分类、专用机床夹具的组成等。
(2) 六点定位原理。
(3) 定位方式(完全定位、不完全定位、过定位、欠定位)。
(4) 定位元件设计。
(5) 定位设计基本原则。
(6) 定位误差分析和计算。

1.3.2 项目工作计划

在项目实训过程中，结合创设情景、观察分析、现场参观、讨论比较、案例对照，评估总结等活动，充分调动学生学习的主动性和积极性，让学生自主地学习、主动地学习。各小组协同制订实施计划及执行情况表，如表 1.7 所示，共同解决实施过程中遇到的困难；要相互监督计划执行与完成情况，保证项目完成的合理性和正确性。

表 1.7 钢套零件钻 ϕ5 mm 孔的钻床夹具定位方案设计计划及执行情况表

序 号	内 容	所用时间	要 求	教学组织与方法
1	研讨任务		看懂钢套零件加工工序图，分析工序基准，明确任务要求，分析任务完成需要掌握的知识	分组讨论，采用任务引导法教学

续表

序号	内容	所用时间	要求	教学组织与方法
2	计划与决策		企业参观实习，项目实施准备，制订项目实施详细计划，学习项目有关的基础知识	分组讨论、集中授课，采用案例法和示范法教学
3	实施与检查		根据计划，学生分组确定钢套零件钻 $\phi 5$ mm 孔的钻床夹具的定位方案等，填写项目实施记录表	分组讨论、教师点评
4	项目评价与讨论		评价任务完成的合理性与可行性；根据企业的要求，评价夹具定位方案设计的规范性与可操作性；在项目实施中评价学生职业素养和团队精神表现	项目评价法、实施评价

1.3.3 项目实施准备

(1) 结合工序卡片，准备钢套零件成品和各工序成品。
(2) 准备常用定位元件模型。
(3) 准备机床夹具设计常用手册和资料图册。
(4) 准备相关的钻床夹具模型。
(5) 组织学生到相似零件的生产车间参观。
说明：工序卡片是机械制造工艺课程内容，学生已学习。

1.3.4 项目实施与检查

(1) 分析钻床夹具模型，掌握钻床夹具的组成。
(2) 结合模型，分组讨论常用定位元件限制的自由度。
(3) 分组讨论加工图 1.63 所示的专用轴以及图 1.64 所示的滑球零件时应限制的自由度。

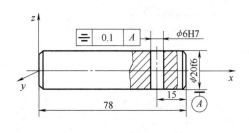

图 1.63 专用轴

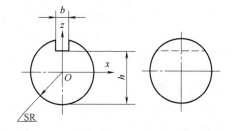

图 1.64 滑球零件

(4) 分组分析并讨论定位方式的选择。
分析图 1.65 所示相关零件能否采用不完全定位，应限制哪些自由度？
分析讨论图 1.66 所示的连杆零件定位以及图 1.67 所示的支架零件定位时各定位元件限制了工件的几个自由度？分别属于哪种定位方式？

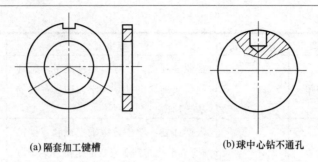

(a) 隔套加工键槽　　　　　　(b) 球中心钻不通孔

图 1.65　加工零件

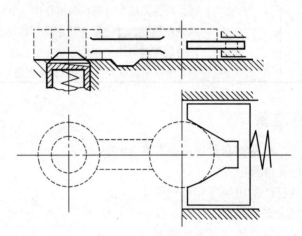

图 1.66　连杆零件定位

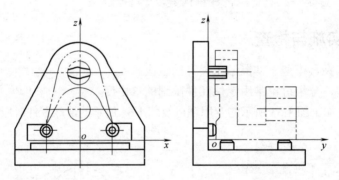

图 1.67　支架零件定位

讨论问题：

① 工件定位时，能否采用不完全定位方式？能否采用欠定位方式？
② 不完全定位方式一般在什么情况下可以采用？
③ 什么是可用重复定位和不可用重复定位(过定位)？
④ 消除过定位的措施有哪些？
⑤ 欠定位对加工有何影响？

(5) 分组讨论钢套零件钻 $\phi5$ mm 孔钻床夹具定位方式和定位方案。

为了保证孔 $\phi5$ mm 对基准孔 $\phi20H7$ 垂直并对该孔中心线的对称度符合要求，应限制钢套零件的 $\bar{y}$、$\hat{y}$、$\hat{z}$ 三个自由度；为了保证尺寸 (20 ± 0.1)mm，应限制钢套零件的 $\bar{x}$ 自由度。由于 ϕ5 mm 孔为通孔，所以孔深度方向的自由度 $\vec{z}$ 可以不加限制；同时，由于本工序加工前钢套零件轴对称，所以轴线方向转动自由度 $\hat{x}$ 可以不限制。

钢套零件钻 ϕ5 mm 孔工序基准为端面 B 及 ϕ20H7 孔的轴线，按基准重合原则，应选 B 基准面及 ϕ20H7 孔为定位基准，定位方案如图 1.68 所示。

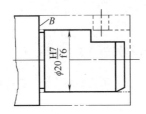

图 1.68 钢套零件钻床夹具定位

心轴限制四个自由度 $\vec{y}$、$\vec{z}$、$\hat{y}$、$\hat{z}$，台阶面限制三个自由度 $\vec{x}$、$\hat{y}$、$\hat{z}$，故重复限制了 $\hat{y}$、$\hat{z}$ 两个自由度。但由于 ϕ20H7 孔的轴线与 B 端面的垂直度 $\delta_\perp = 0.02$ mm，ϕ20H7 与 ϕ20f6 的最小配合间隙 $X_{\min}$=0.02 mm，两者相等，故满足 $\delta_\perp \leqslant X_{\min} + \varepsilon$ 的条件，所以这种定位方式属于可用重复定位方式。

讨论问题：

① 钢套零件钻 ϕ5 mm 孔时，为了保证加工精度要求，应该限制哪几个自由度？

② 钢套零件钻 ϕ5 mm 孔时，如何确定钻床夹具定位方式？

③ 钢套零件钻 ϕ5 mm 孔时，如何确定定位方案？

(6) 分组讨论钢套零件钻 ϕ5 mm 孔钻床夹具定位元件设计。

由定位方案设计可知，钢套零件钻 ϕ5 mm 孔钻床夹具的主要定位基准面是 ϕ20H7 圆孔，内孔定位常用的定位元件是定位销、圆柱心轴、圆锥销和锥度心轴。由钢套零件的特点可确定定位基准面 ϕ20H7 圆孔采用圆柱心轴作为定位元件，限制 $\vec{y}$、$\vec{z}$、$\hat{y}$、$\hat{z}$ 四个自由度。

为了让刀和避免钻孔后的毛刺妨碍工件装卸，应铣平定位圆柱心轴的右上部。端面 B 也是定位基准面，平面常用的定位元件是支承钉和支承板，为了协调与定位元件圆柱心轴的关系，将圆柱心轴台阶面作为支承板限制三个自由度 $\vec{x}$、$\hat{y}$、$\hat{z}$，使得定位元件制造加工更方便。

讨论问题：

① 设计支承钉、支承板时应注意哪些问题？

② 可调支承适用什么样的场合？

③ 提高平面支承刚度的方法有哪些？

④ 常用的内孔定位元件设计应注意哪些问题？

⑤ 定位 V 形块设计应注意哪些问题？

⑥ 如何确定定位元件的主要尺寸和公差？应选择何种材料和热处理方式？

(7) 分析和计算钢套零件钻 ϕ5 mm 孔钻床夹具的定位误差。

加工尺寸(20±0.1)mm 的定位误差 $\Delta D=0$。

对称度 0.1 mm 的定位误差为工件定位孔与定位心轴配合的最大间隙，工件定位孔的尺寸为 ϕ20H7($\phi 20^{+0.021}_{0}$ mm)，定位心轴的尺寸为 ϕ20h7($\phi 20^{-0.020}_{-0.033}$ mm)。

$$\Delta D = X_{\max} = 0.021 + 0.033 = 0.054 \text{(mm)}$$

讨论问题：
① 机床夹具定位误差计算时应注意哪些问题？
② 不同定位方式下如何计算基准位移误差？

1.3.5 项目评价与讨论

项目实施检查与评价的主要内容如表 1.8 所示。

表 1.8 项目实施检查与评价表

任务名称：
学生姓名：　　　学　号：　　　班　级：　　　组　别：

序号	检查内容	检查记录	自评	互评	点评	分值
1	基础知识掌握：六点定位原理是否理解；常用定位元件限制自由度是否明确；定位方式是否了解；定位元件设计知识是否掌握；定位方式设计原则是否掌握；项目讨论题是否正确完成；项目实施表是否认真记录					20%
2	定位方案设计：工序图分析是否正确；定位要求(限制自由度)判断是否正确；定位方式和定位方案选择是否合理；夹具定位元件设计是否合理；项目讨论题是否正确完成；项目实施表是否认真记录					40%
3	定位误差分析和计算：定位误差原因是否明确；定位误差计算方法是否明确；项目定位误差讨论题是否正确完成；项目实施表是否认真记录					20%
4	遵守时间：是否不迟到、不早退，中途不离开现场					5%
5	职业素养　5S：理论教学与实践教学一体化教室布置是否符合 5S 管理要求；设备、电脑是否按要求实施日常保养；刀具、工具、桌椅、模型、参考资料是否按规定摆放；地面、门窗是否干净					5%
6	团结协作：组内是否配合良好；是否积极投入本项目中、积极地完成本任务					5%
7	语言能力：是否积极回答问题；声音是否洪亮；条理是否清晰					5%
总评			评价人：			

说明："5S"管理是生产现场管理方法，指整理、整顿、清扫、清洁、素养。

根据评价结果，提出后续学习的有效措施，并在评价的基础上引导学生对以下几个问题进行进一步讨论。

(1) 假如钢套零件钻 $\phi 5$ mm 孔工序放在键槽加工之后,钻床夹具定位方案设计有何不同?为什么?

(2) 钢套零件钻 $\phi 5$ mm 孔钻床夹具定位圆柱心轴与 $\phi 20H7$ 定位孔配合长度对工件定位有何影响?

(3) 如图 1.69 所示,垫圈零件在本工序中需钻 $\phi 1$ mm 孔,试计算被加工孔的位置尺寸 L_1、L_2、L_3 的定位误差。如果定位误差值较大,定位方案设计不合理,应如何改进?

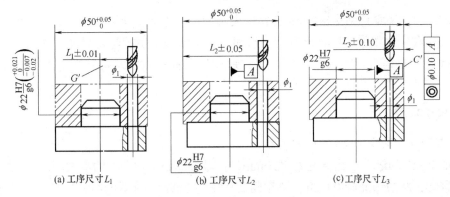

图 1.69 垫圈零件钻 $\phi 1$ mm 孔

1.4 拓 展 实 训

1. 实训任务

拨叉零件工序图如图 1.70 所示。本工序需钻 M10 mm 螺纹的底孔 $\phi 8.4$ mm,孔 $\phi 15.81$ F8、槽 $14.2_0^{+0.1}$ mm 和拨叉槽口 $51_0^{+0.1}$ mm 在前面的工序中已完成。工件材料为 45 钢,毛坯为锻件,生产批量为成批生产,所用设备为 Z525 立钻。

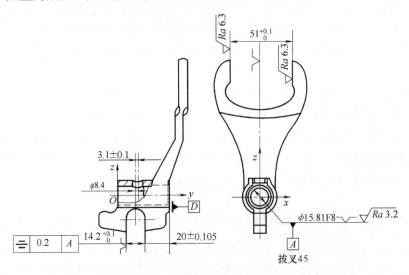

图 1.70 拨叉零件工序图

【加工要求】

(1) $\phi 8.4$ mm 孔中心到槽 $14.2_0^{+0.1}$ mm 的对称中心线的距离要求为 (3.1 ± 0.1)mm。

(2) $\phi 8.4$ mm 孔中心对 $\phi 15.81$ F8 孔的中心径向对称度要求为 0.2 mm。

(3) 孔 $\phi 8.4$ mm 为自由尺寸。

如何设计拨叉零件钻 $\phi 8.4$ mm 孔钻床夹具的定位方案？

2. 实训目的

通过设计拨叉零件钻 $\phi 8.4$ mm 孔钻床夹具的定位方案，使学生进一步对专用夹具的定位方案设计和定位误差分析计算有所理解和体会，增强学生的学习兴趣，提高学生解决工程技术问题的自信心，体验成功的喜悦；通过项目任务教学，培养学生互助合作的团队精神。

3. 实训过程

1) 查阅立式钻床 Z525 的技术参数

立钻 Z525 的最大钻孔直径为 $\phi 25$ mm，主轴端面到工作台面的最大距离 H=700 mm，工作台面尺寸为 375 mm×500 mm，其空间尺寸完全能够满足夹具的布置和加工范围的要求。本工序为单一的孔加工，可采用固定式夹具。

2) 分析讨论工序图

孔 $\phi 8.4$ mm 为自由尺寸，可用麻花钻一次钻削保证。该孔在轴线方向的工序基准是槽 $14.2_0^{+0.1}$ mm 的对称中心线，要求 $\phi 8.4$ mm 孔轴线与槽 $14.2_0^{+0.1}$ mm 的对称中心线的距离为 (3.1 ± 0.1)mm，该尺寸精度通过钻模是完全可以保证的；在径向方向的工序基准是 $\phi 15.81$ F8 孔的中心线，其对称度要求是 0.2 mm。

3) 分析讨论定位要求(应该限制的自由度)

为了保证孔 $\phi 8.4$ mm 对基准孔 $\phi 15.81$ F8 垂直并对该孔中心线的对称度符合要求，应当限制工件的 $\vec{x}$、$\vec{y}$、$\vec{z}$ 三个自由度；为了保证孔 $\phi 8.4$ mm 处于拨叉的对称面内且不发生扭斜，应当限制 $\hat{y}$ 自由度；为了保证孔对槽的位置尺寸(3.1 ± 0.1)mm，还应当限制 $\vec{y}$ 自由度。由于孔 $\phi 8.4$ mm 为通孔，孔深度方向的自由度 $\vec{z}$ 可以不加限制。因此，本夹具应当限制五个自由度。

4) 分析讨论拨叉零件钻 $\phi 8.4$ mm 孔钻床夹具定位方案的设计

工件上的孔 $\phi 15.81$ F8 是已经加工过的孔，并且又是本工序要加工的孔 $\phi 8.4$ mm 的设计基准，按基准重合原则选择它作为主定位基准比较合理。若定位元件采用 $\phi 15.8$ h8 的心轴，则该心轴限制工件的 $\vec{x}$、$\vec{z}$、$\hat{x}$、$\hat{z}$ 四个自由度。将心轴水平放置并保证与钻床主轴垂直和共面，则所钻的孔与基准孔之间的垂直度与对称度就可以保证，其定位精度取决于配合间隙。

为了限制 $\hat{y}$ 自由度，应以拨叉槽口 $51_0^{+0.1}$ mm 为定位基准。这时有两种方案：图 1.71(a) 所示为在叉口的一个槽面上布置一个防转销；图 1.71(b)所示为利用叉口的两侧面布置一个大菱形销，其尺寸采用 $\phi 51$g6。从定位稳定和有利于夹紧的角度考虑，后一种方案较好。

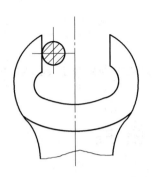
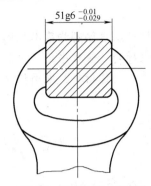

(a) 在叉口的一个槽面上布置防转销　　(b) 利用叉口的两侧面布置菱形销

图 1.71　定位方案分析

为了限制 $\bar{y}$ 自由度，定位元件的布置有如下三种方案。

(1) 以 D 面定位，这时定位基准与设计基准(槽 $14.2_{0}^{+0.1}$ mm 的对称中心线)不重合，设计基准与定位基准之间的尺寸(20±0.105)mm 和 $7.1_{0}^{+0.05}$ mm 所具有的误差必然会反映到定位误差中，其基准不重合误差为 0.26 mm，不能保证(3.1±0.1)mm 的要求。

(2) 以槽口两侧面中的任一面为定位基准，采用圆柱销单面定位。这时，由于设计基准是槽的对称中心线，所以仍属于基准不重合，槽口尺寸变化所形成的基准不重合误差为 0.05 mm。

(3) 以槽口两侧面为定位基准，采用具有对称结构的定位元件(可伸缩的锥形定位销或带有对称斜面的偏心轮等)定位，此时，定位基准与设计基准完全重合，定位间隙也可以消除。

从上述三个方案可知，第一种方案不能保证加工精度；第二种方案具有结构简单、加工精度可以保证的优点；第三种方案定位误差为零，但结构比前两种方案复杂。但从大批量生产的条件来看，虽然第三种方案结构复杂，但却能完成夹紧任务(将在第 2 章中讨论)，因此第三种方案较恰当。

定位和夹紧元件的布置如图 1.72 所示。

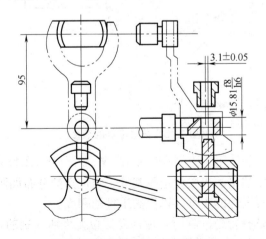

图 1.72　定位和夹紧元件的布置

讨论问题：
① 定位方案设计应遵循哪些基本原则？
② 定位装置设计的一般程序是什么？
③ 定位心轴采用何种材料？采用何种热处理方式？与定位孔 $\phi 15.81$ F8 采用怎样的配合公差？

1.5 知 识 拓 展

1.5.1 工件组合定位的方法

工件以多个定位基准组合定位是很常见的。它们可以是平面、外圆柱面、内圆柱面、圆锥面等的各种组合。工件组合定位时，应注意下列问题。

(1) 合理选择定位元件，实现工件的完全定位或不完全定位，不能发生欠定位，一般要避免过定位。

(2) 按基准重合原则选择定位基准。首先确定主要定位基准，然后再确定其他定位基准。

(3) 在组合定位中，一些定位元件单独使用时限制沿坐标轴方向移动的自由度，而在组合定位时则转化为限制绕坐标轴方向转动的自由度。

(4) 从多种定位方案中选择定位元件时，应特别注意定位元件所限制的自由度与加工精度的关系，以满足加工要求。

图 1.73 所示为拨叉零件铣槽工序的组合定位。它以长圆柱孔、端平面及弧面为定位基准，其中主要定位基准为 $\phi 12^{+0.05}$ mm 孔。此定位方案符合基准重合原则，定位元件为定位轴和可调支承。

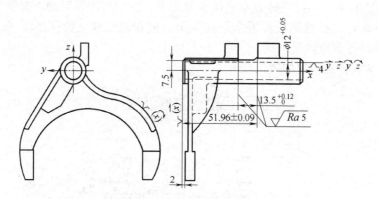

图 1.73 拨叉零件的组合

图 1.74 所示为机体零件定位方案图，铣削 V 形槽 H。工件定位基准为 $\phi 290^{+0.1}$ mm 孔、端平面及平面，其中端平面为主要定位基准。定位点的分布如图 1.74 所示。根据零件的结构特点，夹具还设置了辅助支承，以提高工件的刚度。

从多种定位方案中选择定位元件时，应注意定位元件所限制的自由度与加工精度的关系。如图 1.75 所示，加工工件上的孔 1、2，要求控制尺寸 H、L_1、L_2。图 1.76 所示为两种定位方案，其中，图 1.76(b)所示的定位方案能满足尺寸 H、L_1、L_2 的加工要求。

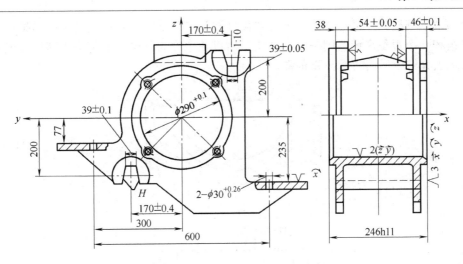

图 1.74 机体零件定位方案图

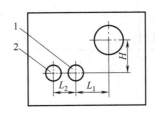

图 1.75 加工实例

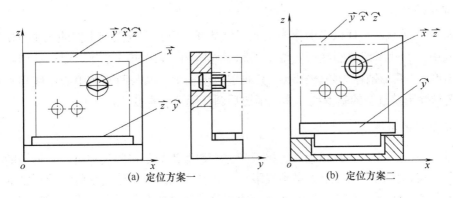

图 1.76 定位方案

1.5.2 一面二孔定位

如图 1.77 所示，要钻连杆盖上的四个定位销孔。按照加工要求，用平面 A 及直径为 $\phi 12_{\ 0}^{+0.027}$ mm 的两个螺栓孔定位。这种一平面两圆孔(简称一面两孔)的定位方式，在箱体、杠杆、盖板等类零件的加工中使用非常广。工件的定位平面一般是加工过的精基面，两定位孔可能是工件上原有的，也可能是专为定位需要而设置的工艺孔。

工件以一面两孔定位时，除了采用相应的支承板外，用于两个定位圆孔的定位元件如

一面二孔定位

果采用两个短圆柱销,沿连心线方向的自由度将被重复限制,则属过定位;如果采用一个短圆柱销和一个短菱形销,则是完全定位,所以在生产实际中一般都采用这种方式定位。下面将重点介绍菱形销的设计和布置。

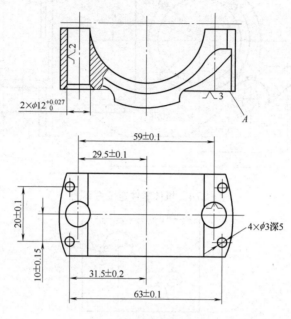

图 1.77 连杆盖工序图

1. 定位方式

如表 1.2 所示,工件以平面作为主要定位基准,用支承板限制工件的三个自由度 $\bar{y}$、$\bar{x}$、$\bar{z}$。其中,一孔用定位圆柱销定位,限制工件的两个自由度 $\bar{x}$、$\bar{z}$,另一孔消除工件的一个自由度 $\bar{y}$。菱形销作为防转支承,其布置应使长轴方向与两销的中心连线相垂直,并应正确选择菱形销直径的基本尺寸和经削边后圆柱部分的宽度。

2. 菱形销的设计

如图 1.78(a)所示,当孔距为最大极限尺寸、销距为最小极限尺寸时,菱形销的干涉点会发生在点 A、B 处。当孔距为最小极限尺寸、销距为最大极限尺寸时,菱形销的干涉点则发生在点 C、D 处,如图 1.78(b)所示。为了满足工件顺利装卸的要求,需控制菱形销直径 d_2 和经削边后的圆柱部分宽度 b。

由图 1.78(c)所示几何关系可知

$$OA^2 - AC^2 = OB^2 - BC^2$$

而 $\quad OA = \dfrac{D_{2\min}}{2} \quad AC = a + \dfrac{b}{2} \quad BC = \dfrac{b}{2}$

$\quad OB = \dfrac{d_{2\max}}{2} = \dfrac{D_{2\min} - X_{2\min}}{2}$

代入 $\quad \left(\dfrac{D_{2\min}}{2}\right)^2 - \left(a + \dfrac{b}{2}\right)^2 = \left(\dfrac{D_{2\min} - X_{2\min}}{2}\right)^2 - \left(\dfrac{b}{2}\right)^2$

得 $\quad b = \dfrac{2D_{2\min} X_{2\min} - X^2_{2\min} - 4a^2}{4a}$

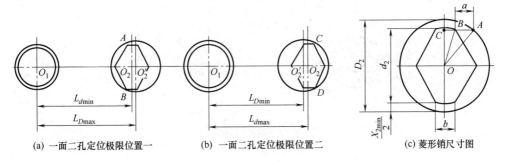

(a) 一面二孔定位极限位置一 (b) 一面二孔定位极限位置二 (c) 菱形销尺寸图

图 1.78 菱形销的设计

由于 $X_{2\min}^2$ 和 $4a^2$ 的数值很小，可忽略不计，所以：

$$b = \frac{D_{2\min} X_{2\min}}{2a}$$

削边销与孔的最小配合间隙为

$$X_{2\min} = \frac{2ab}{D_{2\min}} \tag{1-12}$$

式中：$X_{2\min}$ 为菱形销定位的最小间隙，mm；b 为菱形销圆柱部分的宽度，mm；$D_{2\min}$ 为工件定位孔的最小实体尺寸，mm；a 为补偿量，mm，其中

$$a = \frac{\delta_{LD} + \delta_{Ld}}{2} \tag{1-13}$$

式中：δ_{LD} 为孔距公差，mm；δ_{Ld} 为销距公差，mm。

菱形销最大直径可按式(1-14)求得

$$d_{2\max} = D_{2\min} - X_{2\min} \tag{1-14}$$

目前菱形销已标准化了，即为图 1.32 所示的菱形销，尺寸可查表 1.4，其有关数据可查"夹具标准"或"夹具手册"。

1.5.3 一面二孔定位的定位误差

工件以一面二孔在夹具的一面两销上定位时(见图 1.79)，由于 O_1 孔与圆柱销存在最大配合间隙 $X_{1\max}$，O_2 孔与菱形销存在最大配合间隙 $X_{2\max}$，因此会产生直线位移误差 ΔY_1 和角位移误差 ΔY_2，两者组成基准位移误差 ΔY，即

$$\Delta Y = \Delta Y_1 + \Delta Y_2 \tag{1-15}$$

因 $X_{1\max} < X_{2\max}$，所以直线位移误差 ΔY_1 受 $X_{1\max}$ 的控制。当工件在外力作用下单向位移时，$\Delta Y_1 = X_{1\max}/2$；当工件可在任意方向位移时，$\Delta Y_1 = X_{1\max}$。

如图 1.79(a)所示，当工件在外力的作用下单向移动时，工件的定位基准 $O_1' O_2'$ 会出现转角 $\Delta \beta$，此时

$$\tan \Delta \beta = \frac{X_{2\max} - X_{1\max}}{2L} \tag{1-16}$$

如图 1.79(b)所示，当工件可以在任意方向转动时，定位基准的最大转角为 $\pm \Delta \alpha$，

$$\tan \Delta \alpha = \frac{X_{2\max} + X_{1\max}}{2L} \tag{1-17}$$

工件也可能出现单向转动，转角为 $\pm \Delta \beta$；定位基准的转角会产生角位移误差 ΔY_2，当工件加工尺寸的方向和位置不同时，ΔY_2 也不同。

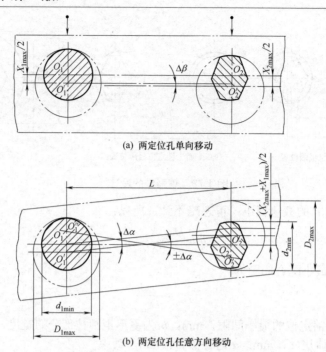

图 1.79 一面二孔定位时定位基准的移动

表 1.9 所示为工件以一面二孔定位时，不同方向、不同位置加工尺寸的基准位移误差的计算公式。

表 1.9 一面二孔定位时基准位移误差的计算公式

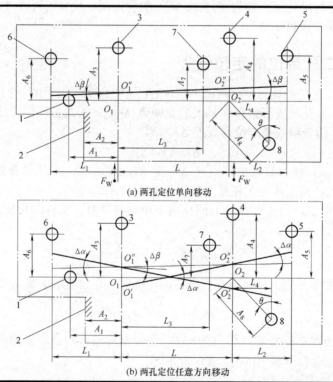

续表

加工尺寸的方向与位置	加工尺寸实例	两定位孔的移动方向	计算公式
加工尺寸与两定位孔连心线平行	A_1、A_2	单向、任意均可	$\Delta Y = \Delta Y_1 = X_{1\max}$
加工尺寸与两定位孔连心线垂直，垂足为 O_1	A_3	单向	$\Delta Y = \Delta Y_1 = \dfrac{X_{1\max}}{2}$
		任意	$\Delta Y = \Delta Y_1 = X_{1\max}$
加工尺寸与两定位孔连心线垂直，垂足为 O_2	A_4	单向	$\Delta Y = \Delta Y_1 = \dfrac{X_{2\max}}{2}$
		任意	$\Delta Y = \Delta Y_1 = X_{2\max}$
加工尺寸与两定位孔连心线垂直，垂足在 O_1 与 O_2 之间	A_7	单向	$\Delta Y = \Delta Y_1 + \Delta Y_2 = \dfrac{X_{1\max}}{2} + L_3 \tan\Delta\beta$
		任意	$\Delta Y = \Delta Y_1 + \Delta Y_2 = X_{1\max} + 2L_3 \tan\Delta\beta$
加工尺寸与两定位孔连心线垂直，垂足在 O_1O_2 延长线上圆柱销一边	A_6	单向	$\Delta Y = \Delta Y_1 - \Delta Y_2 = \dfrac{X_{1\max}}{2} - L_1 \tan\Delta\beta$
		任意	$\Delta Y = \Delta Y_1 + \Delta Y_2 = X_{1\max} + 2L_1 \tan\Delta\alpha$
加工尺寸与两定位孔连心线垂直，垂足在 O_1O_2 延长线上菱形销一边	A_5	单向	$\Delta Y = \Delta Y_1 + \Delta Y_2 = \dfrac{X_{2\max}}{2} + L_2 \tan\Delta\beta$
		任意	$\Delta Y = \Delta Y_1 + \Delta Y_2 = X_{2\max} + 2L_2 \tan\Delta\alpha$
加工尺寸与两定位孔连心线的垂线成一定夹角 θ	A_8	单向	$\Delta Y = (\Delta Y_1 + \Delta Y_2)\cos\theta = \left(\dfrac{X_{2\max}}{2} + L_4 \tan\Delta\beta\right)\cos\theta$
		任意	$\Delta Y = (\Delta Y_1 + \Delta Y_2)\cos\theta = (X_{2\max} + 2L_4 \tan\Delta\alpha)\cos\theta$

注：O_1——圆柱销的中心。

O_2——菱形销的中心。

O_1'、O_1''、O_2'、O_2''——工件定位孔的中心。

L——两定位孔的距离(基本尺寸)。

L_1、L_2、L_3、L_4——加工孔(或加工面)与定位孔的距离(基本尺寸)。

$X_{1\max}$——定位孔与圆柱销之间的最大配合间隙。

$X_{2\max}$——定位孔与菱形销之间的最大配合间隙。

θ——加工尺寸方向与两定位孔连心线的垂线的夹角。

$\Delta\beta$——两定位孔单方向移动时，定位基准(两孔中心连线)的最大转角。

$\Delta\alpha$——两定位孔任意方向移动时，定位基准的最大转角。

1.5.4 一面二孔定位的设计示例

钻连杆盖(见图 1.80)四个定位销孔时的定位方式如图 1.80(a)所示，其设计步骤如下。

1. 确定两定位销的中心距 $L_d \pm \delta_{L_d}/2$

两定位销的中心距的基本尺寸应等于工件两定位孔中心距的平均尺寸,其公差一般为 $\delta_{L_d} = \left(\dfrac{1}{3} \sim \dfrac{1}{5}\right)\delta_{L_D}$。

如图 1.77 所示的连杆盖工序图,两定位孔间距 L_D=(59±0.1)mm。因此两定位销中心距 L_d 的基本尺寸等于 59 mm,公差取 0.04 mm,故销间距 L_d=(59±0.02)mm。

2. 确定圆柱销直径 d_1

圆柱销直径的基本尺寸应等于与之配合的工件孔的最小极限尺寸,其公差带一般取 g6 或 h7。

因连杆盖定位孔的直径为 $\phi 12^{+0.027}_{0}$ mm,故取圆柱销的直径 d_1=12g6($\phi 12^{-0.006}_{-0.017}$ mm)。

3. 确定菱形销的尺寸 b 和 b_1

查表 1.4 可得,b=4 mm,b_1=3 mm。

4. 确定菱形销的直径

(1) 按式 (1-12) 计算 $X_{2\min}$,因 $a=\dfrac{\delta_{L_D}+\delta_{L_d}}{2}$=0.1+0.02=0.12 mm,$b$=4 mm,$D_2 = \phi 12^{+0.027}_{0}$ mm,所以

$$X_{2\min} = \frac{2ab}{D_{2\min}} = \frac{2 \times 0.12 \times 4}{12} = 0.08(\text{mm})$$

采用修圆菱形销时,应以 b 代替 b_1 进行计算。

(2) 按公式 $d_{2\max}=D_{2\min}-X_{2\min}$,可算出菱形销的最大直径 $d_{2\max}$,即

$$d_{2\max}=12-0.08=11.92(\text{mm})$$

(3) 确定菱形销的公差等级。菱形销直径的公差等级一般取 IT6 或 IT7。因为 IT6=0.011 mm,所以 $d_2 = \phi 12^{-0.08}_{-0.091}$ mm。

5. 计算定位误差

连杆盖在本工序中的加工尺寸较多,除了四孔的直径和深度外,还有(63±0.1)mm、(20±0.1)mm、(31.5±0.2)mm 和(10±0.15)mm。其中,(63±0.1)mm 和(20±0.1)mm 没有定位误差,因为它们的大小主要取决于钻套间的距离,与工件定位无关;而(31.5±0.2)mm 和(10±0.15)mm 均受工件定位的影响,有定位误差。

(1) 求加工尺寸(31.5±0.2)mm 的定位误差。

由于定位基准与工序基准不重合,定位尺寸 S=(29.5±0.1)mm,所以

$$\Delta D = \delta_s = 0.2 \text{ mm}$$

由于尺寸(31.5±0.2)mm 的方向与两定位孔连心线平行,根据表 1.9 得

$$\Delta Y = X_{1\max} = 0.027 + 0.017 = 0.044(\text{mm})$$

由于工序基准不在定位基面上,所以

$$\Delta D = \Delta Y + \Delta B = 0.044 + 0.2 = 0.244 \text{(mm)}$$

(2) 求加工尺寸(10±0.15)mm 的定位误差。

由于定位基准与工序基准重合，故 $\Delta B = 0$。

由于定位基准与限位基准不重合，定位基准 O_1O_2 可作任意方向的位移，加工位置在定位孔两外侧，故根据式(1-17)得

$$\tan \Delta \alpha = \frac{X_{2\max} + X_{1\max}}{2L} = \frac{0.118 + 0.044}{2 \times 59} \approx 0.00138$$

根据表 1.9 可知，左边两小孔的基准位移误差为

$$\Delta Y = X_{1\max} + 2L_1 \tan \Delta \alpha$$
$$= 0.044 + 2 \times 2 \times 0.00138$$
$$\approx 0.05 \text{(mm)}$$

右边两小孔的基准位移误差为

$$\Delta Y = X_{2\max} + 2L_2 \tan \Delta \alpha$$
$$= 0.118 + 2 \times 2 \times 0.00138$$
$$\approx 0.124 \text{(mm)}$$

定位误差应取大值，故

$$\Delta D = \Delta Y = 0.124 \text{(mm)}$$

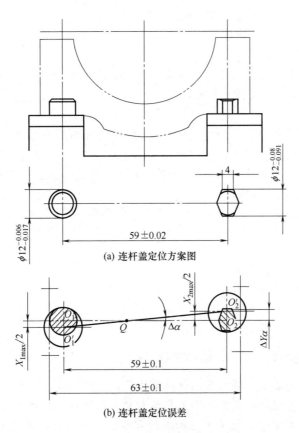

(a) 连杆盖定位方案图

(b) 连杆盖定位误差

图 1.80　连杆盖的定位方式与定位误差

本章小结

本章介绍了六点定位原理、常用定位元件限制的自由度、工件的定位方式(完全定位、不完全定位、欠定位、过定位)、定位元件的设计、定位设计的基本原则、定位误差的分析和计算等基本内容。通过完成钢套零件钻 $\phi 5$ mm 孔钻床夹具的定位方案设计和拨叉零件钻 $\phi 8.4$ mm 孔钻床夹具的定位方案设计两项任务,应达到使学生掌握专用夹具定位设计以及定位误差分析和计算等相关知识的目的,同时增强学生的学习兴趣,提高学生解决工程技术问题的自信心,以及让学生体验成功的喜悦。通过项目任务教学,可以培养学生互助合作的团队精神。在工作实训中要注意培养学生分析问题和解决问题的能力,培养学生查阅"设计手册"和资料的能力,逐步提高学生处理实际工程技术问题的能力。

思考与练习

第一章工件的定位测验试卷

一、填空题

1. 工件的_____个自由度被_____的定位称完全定位。
2. 短圆柱销可限制_____个自由度,短菱形销可限制_____个自由度,圆锥销一般只能限制_____个自由度,长 V 形块限制_____个自由度,短定位套可限制_____个自由度,长圆柱销可限制_____个自由度,锥销一般只能限制_____个自由度,短窄 V 形块限制_____个自由度。
3. 在机床上用夹具装夹工件时,其主要功能是使工件_____和_____。
4. 以平面进行定位的支撑元件有:_____、_____、_____、_____、_____。
5. 主要支承用来限制工件的_____。辅助支承用来提高工件的_____和_____,没有_____作用。
6. 一面两销组合定位中,为避免两销定位时出现_____干涉现象,实际应用中将其中之一做成_____结构。
7. 浮动支承是指_____,三点式自位支承限制工件_____个自由度。
8. 外圆柱面定位常用的定位元件有:_____、_____、_____及各类自动装置等定位元件。
9. 定位误差产生的原因是_____和_____。
10. 设计夹具时,从减小加工误差考虑,应尽可能选用工序基准为定位基准,即遵循所谓_____原则,当用多个表面定位时,应选择其中一个_____表面为主要定位基准。

二、判断题(正确的画"√",错误的画"×")

1. 如果工件被夹紧了,那么它也就被定位了。( )
2. 生产中应尽量避免用定位元件来参与夹紧,以维持定位精度的精确性。( )
3. 工件在夹具中定位,就是根据加工的需要,消除工件的某些自由度。夹具对工件消除自由度是通过对工件位置提供定位点来实现的。( )

4. 三个点可以消除工件的三个自由度。( )
5. 重复定位在生产中是可以出现的。( )
6. 辅助支承可以提高工件的安装刚性，而自位支承则不能。( )
7. 重复定位虽然会给工件的定位带来一些不良的后果，但这种定位方法并不影响工件的装夹。( )
8. 定位就是使工件在夹具中具有确定的相对位置的动作过程。( )
9. 当工件与定位元件保持直线接触时可以消除两个移动自由度。( )
10. 用设计基准作为定位基准，可以避免基准不重合引起的误差。( )
11. 当工件以平面定位时，三点应该不在同一条直线上。( )
12. 夹具的定位误差应该大于工序公差的1/3。( )
13. 用锥度很小的长锥孔定位时，工件插入后就不会转动，所以就消除了六个自由度。( )
14. 零件上有不需要加工的表面，若以此表面定位进行加工，则可使此不加工的表面与加工表面保持正确的相对位置。( )
15. 只用螺钉连接，可以确定V形块的精确位置。( )
16. 工件在夹具中与各定位元件接触，虽然没有夹紧，尚可移动，但是其已取得确定的位置，所以可以认为工件已定位。( )
17. 为了保证加工精度，所有的工件加工时必须消除其全部自由度，即进行完全定位。( )
18. 对已加工平面定位时，为了增加工件的刚度，有利于加工，可以采用三个以上的等高支承块。( )

三、选择题

1. 长V形块对圆柱定位，可限制工件的( )个自由度。
   A. 二　　　　B. 三　　　　C. 四　　　　D. 五
2. V形块属于( )。
   A. 定位元件　　B. 夹紧元件　　C. 导向元件　　D. 连接元件
3. 工件在小锥度芯轴上定位，可限制( )个自由度。
   A. 三　　　　B. 四　　　　C. 五　　　　D. 六
4. 一面二孔定位，如果均用两个圆柱销定位，则该定位属于( )。
   A. 完全定位　　B. 不完全定位　　C. 过定位　　D. 欠定位
5. 工件的一个或几个自由度被不同的定位元件重复限制的定位称为( )。
   A. 完全定位　　B. 欠定位　　C. 过定位　　D. 不完全定位
6. 用两个短V形块对轴类零件定位，限制了工件的( )个自由度。
   A. 四　　　　B. 三　　　　C. 二　　　　D. 五
7. 在车床上以一夹一顶方式进行工件的装夹，如果卡爪夹持工件的长度过长，那么这种定位方式属于( )。
   A. 不完全定位　B. 重复定位　　C. 欠定位　　D. 完全定位
8. ( )是指工件在夹具中定位所采用的基准。
   A. 定位基准　　B. 设计基准　　C. 工序基准　　D. 装配基准
9. 辅助支承在工件定位中( )。
   A. 起定位作用
   B. 不起定位作用，工件夹紧前调整位置

C. 不起定位作用,提高工件装夹的刚度和稳定性
D. 根据情况确定

10. 长圆锥销在工件的定位中可以消除工件的(　　)个自由度。
A. 三　　　　B. 四　　　　C. 五　　　　D. 六

四、简答题

1. 工件在夹具中定位、夹紧的任务是什么?
2. 什么是六点定则?
3. 什么是欠定位?为什么不能采用欠定位?试举例说明。
4. 试分析图 1.81 和图 1.82 中的定位元件限制哪些自由度?是否合理?如何改进?
5. V 形块的限位基准在哪里?V 形块的定位高度怎样计算?

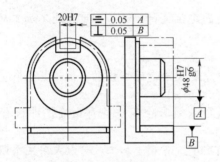

图 1.81　题四(4)图一

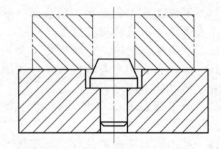

图 1.82　题四(4)图二

6. 试分析图 1.83 中各工件需要限制的自由度、工序基准,选择的定位基准(并用定位符号在图 1.83 上表示)及各定位基准限制哪些自由度。

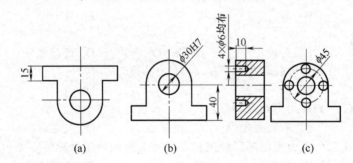

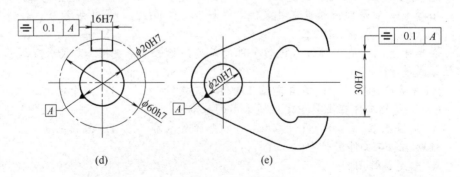

图 1.83　题四(6)图

7. 分析图 1.84 所列定位方案：①指出各定位元件所限制的自由度；②判断有无欠定位或过定位；③对不合理的定位方案提出改进意见。

图 1.84(a)：过三通管中心 o 钻一孔，使孔轴线 ox 与 oz 垂直相交。图 1.84(b)：车外圆，保证外圆内孔同轴。图 1.84(c)：车阶梯外圆。图 1.84(d)：在圆盘零件上钻孔，保证孔与外圆同轴。图 1.84(e)：钻铰连杆零件小头孔，保证其与大头孔之间的距离及两孔的平行度。

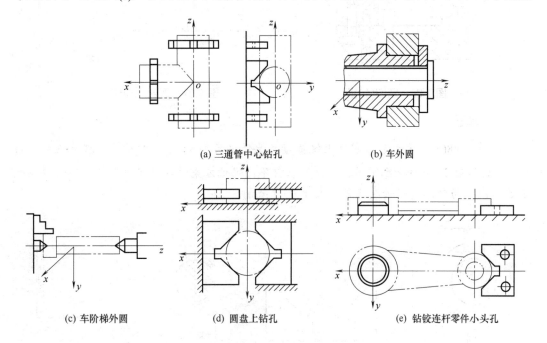

(a) 三通管中心钻孔 (b) 车外圆

(c) 车阶梯外圆 (d) 圆盘上钻孔 (e) 钻铰连杆零件小头孔

图 1.84 题四(7)图

8. 根据六点定位原理，试分析图 1.85(a)和图 1.85(b)所示各定位方案中定位元件所消除的自由度，并分别指出属于哪种定位方式？

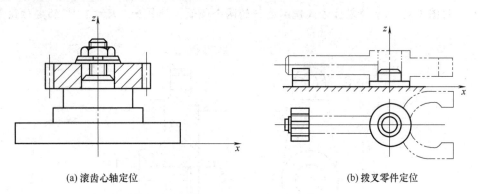

(a) 滚齿心轴定位 (b) 拨叉零件定位

图 1.85 题四(8)图

9. 定位设计的基本原则是什么？定位元件的要求是什么？
10. 试分析图 1.86 所示夹具的定位，并指出消除过定位现象的办法。
11. 造成定位误差的原因是什么？
12. 磨削图 1.87 所示套筒的外圆柱面，以内孔定位，设计所需的小锥度心轴。

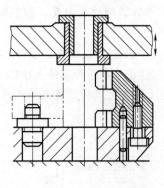

图 1.86 题四(10)图   图 1.87 题四(12)图

五、计算题

1. 在图 1.88(a)所示的套筒零件上铣键槽,要保证尺寸 $54_{-0.14}^{0}$ 及对称度。现有三种定位方案,分别如图 1.88(b)~(d)所示。试计算三种不同定位方案的定位误差,并从中选择最优方案(已知内孔与外圆的同轴度误差不大于 0.02 mm)。

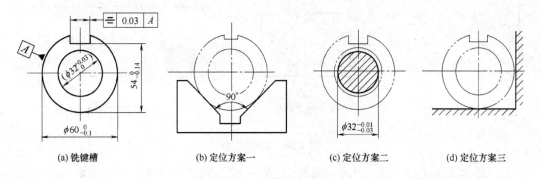

图 1.88 题五(1)图

2. 用图 1.89 所示的定位方式铣削连杆的两个侧面,计算加工尺寸 $12_{0}^{+0.3}$ 的定位误差。

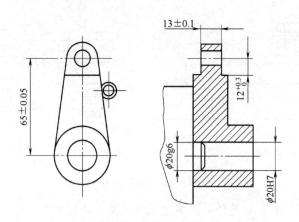

图 1.89 题五(2)图

3. 用图 1.90 所示定位方式在台阶轴上铣削平面,工序尺寸 $A=29_{-0.16}^{0}$ mm,试计算定位误差。

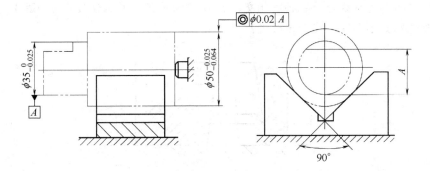

图 1.90 题五(3)图

4. 图 1.91 所示为镗削 $\phi30H7$ 孔时的定位，试计算定位误差。

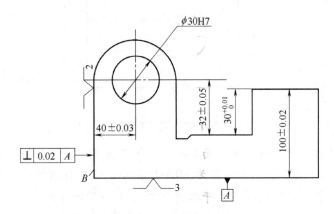

图 1.91 题五(4)图

5. 图 1.92 所示为齿轮坯，内孔和外圆已加工合格，现在车床上用调整法加工内键槽，要求保证尺寸 $H=38.5^{+0.2}_{0}$。试分析采用图 1.92 所示定位方法能否满足加工要求(定位误差不大于工件尺寸公差的 1/3)？若不能满足，应如何改进？忽略外圆与内孔的同轴度误差。已知 $d=\phi80^{0}_{-0.1}$ mm, $D=35^{+0.025}_{0}$ mm。

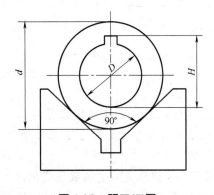

图 1.92 题五(5)图

6. 如图 1.93 所示的零件，锥孔和各平面均已加工好，现在铣床上铣键宽为 b 的键槽，要求保证槽的对称线与锥孔轴线相交，且与 A 面平行，并保证尺寸 h。图 1.93 所示的定位是否合理？如不合理，应如何改进？

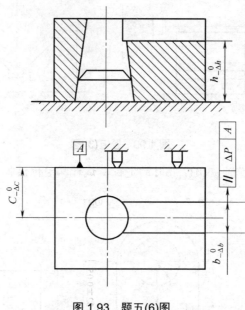

图 1.93 题五(6)图

7. 如图 1.94 所示的工件，用一面二孔定位加工 A 面，要求保证尺寸$(18±0.05)$mm。若两销直径为 $\phi 16_{-0.02}^{-0.01}$ mm，两销中心距为$(80±0.02)$mm。试分析该设计能否满足要求(要求工件安装无干涉现象，定位误差不大于工件加工尺寸公差的 1/2)，若满足不了，提出改进的办法。

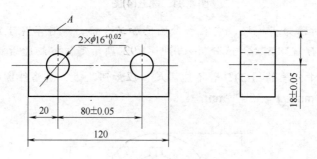

图 1.94 题五(7)图

六、综合题

1. 图 1.95 所示为拨叉零件铣叉口夹具定位装置实例，工件以 $\phi 22H7$ 孔、叉口外缘、叉口一外侧面分别在长圆柱销 1、自位支承 2 和止推销 3 上定位。分析定位元件分别限制哪些自由度？是什么定位方式？

2. 图 1.96 所示为活塞零件镗销孔夹具定位装置实例，工件以 $\phi 95H8$ 止口在定位元件 1 上定位，弹簧控制的摇板 2 靠在两个 $\phi 40$ mm 外圆锥面上，这样可以保证镗销孔壁厚均匀。分析定位元件分别限制哪些自由度？是什么定位方式？

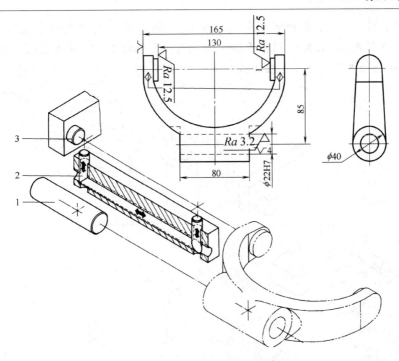

图 1.95 铣叉口带自位支承的定位装置

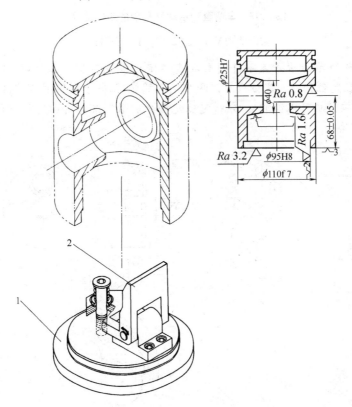

图 1.96 镗活塞销孔带摇板的定位装置

1—定位元件；2—摇板

3. 图 1.97 所示为弯套零件车 $\phi 51$ mm 外圆和端面夹具定位装置实例，工件以 $\phi 77$ mm 外圆和弧面 A、B 处分别在活动 V 形块 1，支承钉 2、3、4 上定位。分析定位元件分别限制哪些自由度？是什么定位方式？

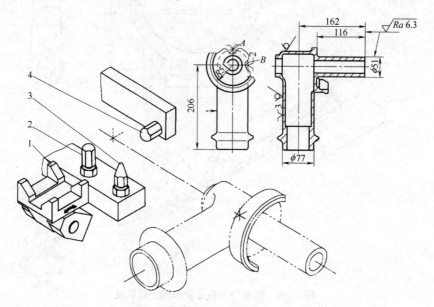

图 1.97　车弯套带活动 V 形块的定位装置

1—活动 V 形块；2，3，4—支承钉

4. 图 1.98 所示为活塞盖零件研磨孔夹具定位装置实例，工件以 $\phi 25H6$ 及端面、$\phi 22$ mm 孔分别在定位销 2、定位板 1、两个小圆锥销(相当于圆锥削边销)3 上定位(带有两个小圆锥销 3 的铰链板可以翻转)。分析定位元件分别限制哪些自由度？是什么定位方式？

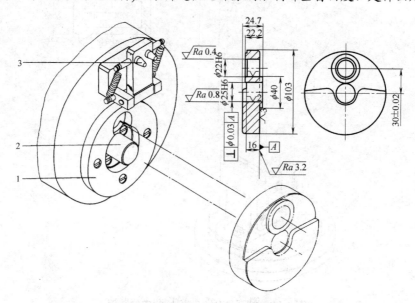

图 1.98　以研磨孔本身定位的定位装置

1—定位板；2—定位销；3—小圆锥销

5. 图 1.99 所示为半轴零件车 $\phi21$ mm 和 $\phi30$H7 mm 孔夹具定位装置实例，工件从侧面装入夹具，使半圆柱面与横向 V 形块 2 接触，轴向拉杆 3 向后移动，由于斜面作用径向外推两个滑柱 4，通过两个杠杆 5 使带有半圆弧的两个定位夹紧元件 1 向中心收拢，工件得到定心并夹紧。分析定位元件分别限制哪些自由度？是什么定位方式？

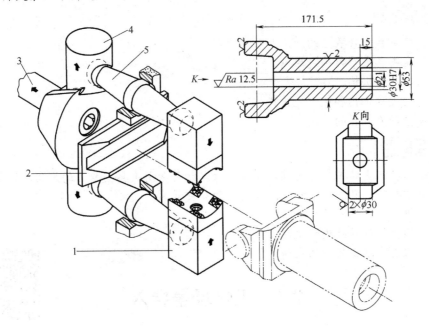

图 1.99 车半轴带定心夹紧的定位装置

1—定位夹紧元件；2—横向 V 形块；3—轴向拉杆；4—滑柱；5—杠杆

第2章 工件的夹紧

本章要点

- 机床夹具夹紧装置的组成和基本要求。
- 机床夹具夹紧力确定原则。
- 基本夹紧机构。
- 联动夹紧机构和定心夹紧机构。
- 夹紧动力装置的应用。

技能目标

- 根据机床夹具夹紧力的确定原则,确定相关专用夹具夹紧力的方向和作用点。
- 通过查阅工具手册,能够计算切削力和夹紧力。
- 掌握夹紧方案的设计方法。
- 掌握夹紧装置结构和元件设计。
- 了解夹紧动力装置的应用。

2.1 工作场景导入

大国重器中国盾构机

【工作场景】

如图 2.1 所示,钢套零件在本工序中需钻 ϕ5 mm 孔,工件材料为 Q235A 钢,批量 N=2000 件。

【加工要求】

(1) ϕ5 mm 孔轴线到端面 B 的距离为(20±0.1)mm。
(2) ϕ5 mm 孔对 ϕ20H7 孔的对称度为 0.1 mm。

第 1 章已完成钢套零件钻 ϕ5 mm 孔的钻床夹具定位方案的设计。

本章的任务是设计钢套零件钻 ϕ5 mm 孔的钻床夹具夹紧方案。

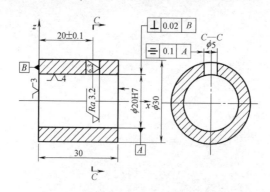

图 2.1 钢套零件钻 ϕ5 mm 孔工序图

【引导问题】

(1) 回忆工件定位与夹紧概念是什么？工件夹紧是由什么装置实现的？
(2) 机床夹具夹紧装置的组成和基本要求是什么？
(3) 夹紧力确定的基本原则是什么？
(4) 基本夹紧机构有哪些？其主要结构特点是什么？
(5) 联动夹紧机构的种类有哪些？其主要结构特点是什么？
(6) 定心夹紧机构的种类有哪些？其主要结构特点是什么？
(7) 夹紧动力装置有哪些？其主要结构特点是什么？
(8) 企业生产现场参观实习。
① 生产现场机床夹具动力装置有哪些？
② 生产现场专用机床夹具气动和液压动力装置组成有哪些？
③ 生产现场专用机床夹具手动夹紧机构的特点是什么？
④ 生产现场螺旋夹紧机构的种类有哪些？其特点是什么？
⑤ 生产现场斜楔夹紧机构和偏心夹紧机构的种类有哪些？其特点是什么？
⑥ 生产现场联动夹紧机构和定心夹紧机构的种类有哪些？其特点是什么？

2.2 基 础 知 识

【学习目标】 了解机床夹具夹紧装置的组成和基本要求，理解夹紧力确定的基本原则，掌握基本夹紧机构的设计方法，了解联动夹紧机构和定心夹紧机构的设计方法，了解夹紧动力装置的应用。

2.2.1 夹紧装置的组成和基本要求

1. 夹紧装置的组成

第二章工件的装夹 PPT

在机械加工过程中，为保持工件定位时所确定的正确加工位置，防止工件在切削力、惯性力、离心力及重力等作用下发生位移和振动，一般机床夹具都应有一个夹紧装置以将工件夹紧。

夹紧装置分为手动夹紧和机动夹紧两类。根据结构特点和功用，典型夹紧装置由三部分组成，即力源装置、中间传力机构和夹紧元件，如图 2.2 所示。

(1) 力源装置，是产生夹紧力的装置，通常是指动力夹紧时所用的气压装置、液压装置、电动装置、磁力装置和真空装置等。图 2.2 中的气缸 1 便是动力夹紧中的一种气压装置。手动夹紧时的力源由人力保证，它没有力源装置。

(2) 中间传力机构，是介于力源和夹紧元件之间的机构，通过它将力源产生的夹紧力传给夹紧元件，然后由夹紧元件最终完成对工件的夹紧。一般中间传力机构可以在传递夹紧力的过程中，改变夹紧力的方向和大小，根据需要也可具有一定的自锁性能。图 2.2 中的斜楔 2 便是中间传力机构。

(3) 夹紧元件，是实现夹紧的最终执行元件，通过它和工件直接接触而完成夹紧工件，图 2.2 中的压板 4 就是夹紧元件。对于手动夹紧装置而言，夹紧机构由中间传力机构和夹紧元件组成。

以上夹紧装置各组成部分的相互关系如图 2.3 所示。

夹紧装置的组成

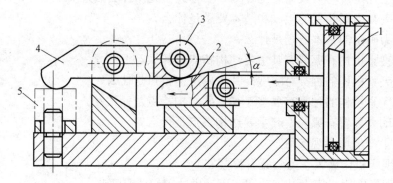

图 2.2　夹紧装置的组成

1—气缸；2—斜楔；3—滚子；4—压板；5—工件

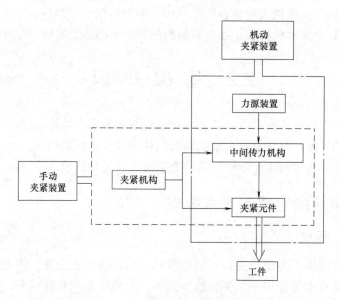

图 2.3　夹紧装置组成的框图

2. 夹紧装置设计的基本要求

夹紧装置设计的好坏不仅关系到工件的加工质量，而且对提高生产效率、降低加工成本以及创造良好的工作条件等诸方面都有很大的影响，所以设计的夹紧装置应满足下列基本要求。

(1) 夹紧过程中，不改变工件定位后占据的正确位置。

(2) 夹紧力的大小要可靠、适当，既要保证工件在整个加工过程中位置稳定不变、振动小，又要使工件不产生过大的夹紧变形。

(3) 夹紧装置的自动化和复杂程度应与生产纲领相适应，在保证生产率的前提下，其结构要力求简单，以便于制造和维修。

(4) 夹紧装置的操作应当方便、安全、省力。

2.2.2 夹紧力确定的基本原则

确定夹紧力的方向、作用点和大小时,要分析工件的结构特点、加工要求、切削力和其他外力作用工件的情况,以及定位元件的结构和布置方式。

1. 夹紧力的方向

(1) 夹紧力的方向应有助于定位稳定,应朝向主要限位面。

对工件只施加一个夹紧力,或施加几个方向相同的夹紧力时,夹紧力的方向应尽可能朝向主要限位面。

如图 2.4(a)所示,支座零件需镗的孔与左端面有一定的垂直度要求,因此,工件以孔的左端面与定位元件的 A 面接触,限制三个自由度;以底面与 B 面接触,限制两个自由度;夹紧力朝向主要限位面 A,这样做有利于保证孔与左端面的垂直度要求。如果夹紧力改为朝向 B 面,由于工件左端面与底面的夹角误差,夹紧时将破坏工件的定位,影响孔与左端面的垂直度要求。

如图 2.4(b)所示,夹紧力朝向主要限位面——V 形块的 V 形面,使工件的装夹稳定可靠。如果夹紧力改朝向 B 面,则由于工件圆柱面与端面的垂直度误差,所以夹紧时工件的圆柱面可能离开 V 形块的 V 形面,这不仅破坏了定位,影响加工要求,而且加工时工件容易振动。

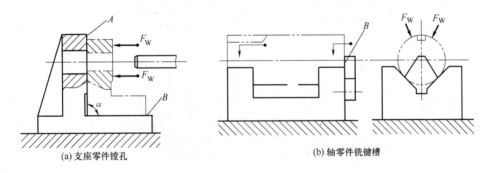

(a) 支座零件镗孔　　　　(b) 轴零件铣键槽

图 2.4　夹紧力朝向主要限位面

对工件施加几个方向不同的夹紧力时,朝向主要限位面的夹紧力应是主要夹紧力。

(2) 夹紧力的方向应有利于减小夹紧力。如图 2.5 所示为工件在夹具中加工时常见的几种受力情况。在图 2.5(a)中,夹紧力 F_W、切削力 F 和重力 G 同向时,所需的夹紧力最小;图 2.5(d)为需要由夹紧力产生的摩擦来克服切削力和重力,故需要的夹紧力最大。

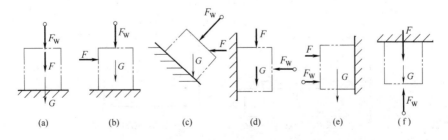

(a)　　(b)　　(c)　　(d)　　(e)　　(f)

图 2.5　夹紧力方向与夹紧力大小的关系

实际生产中，满足 F_W、F 及 G 同向的夹紧机构并不多，故在机床夹具设计时要根据各种因素辩证分析、恰当处理。图 2.6 所示为最不理想的状况，夹紧力 F_W 比$(F+G)$大很多，但由于工件小、重量轻，钻小孔时切削力也小，因而此种结构仍是实用的。

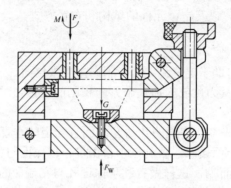

图 2.6　夹紧力与切削力、重力反向的钻模

(3) 夹紧力的方向应是工件刚度较高的方向。如图 2.7 所示，薄套件径向刚度差而轴向刚度好，采用图 2.7(b)所示方案可避免工件发生严重的夹紧变形。

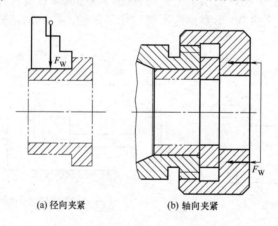

(a) 径向夹紧　　　　(b) 轴向夹紧

图 2.7　夹紧力方向与工件刚性的关系

2. 夹紧力的作用点

(1) 夹紧力的作用点应落在定位元件的支承范围内。如图 2.8 所示，夹紧力的作用点落到了定位元件的支承范围之外，夹紧时将破坏工件的定位，因此是错误的。

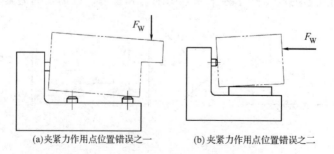

(a)夹紧力作用点位置错误之一　　(b)夹紧力作用点位置错误之二

图 2.8　夹紧力作用点的位置不正确

(2) 夹紧力的作用点应选在工件刚度较高的部位。如图 2.9(a)、图 2.9(c)所示,工件的夹紧变形最小;如图 2.9(b)、图 2.9(d)和图 2.9(e)所示,夹紧力作用点的选择会使工件产生较大的变形。

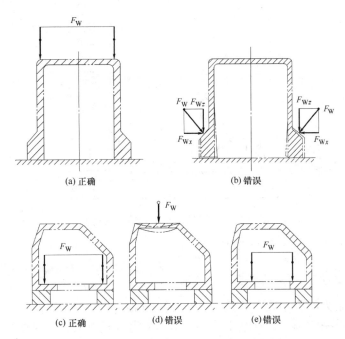

图 2.9　作用点应在工件刚度高的部位

(3) 夹紧力的作用点应尽量靠近加工表面。作用点靠近加工表面,可减小切削力对该点的力矩和减少振动。如图 2.10 所示,因 $M_1 < M_2$,故在切削力大小相同的条件下,图 2.10(a)和图 2.10(c)所用的夹紧力较小。

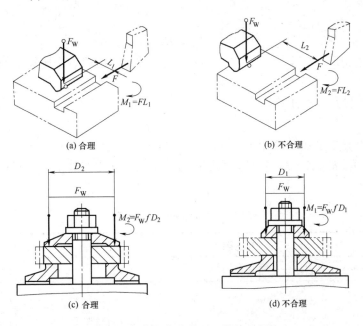

图 2.10　作用点应靠近工件加工部位

当作用点只能远离加工面,造成工件装夹刚度较差时,应在靠近加工面附近设置辅助支承,并施加辅助夹紧力 F_{W1}(见图2.11),以减小加工振动。

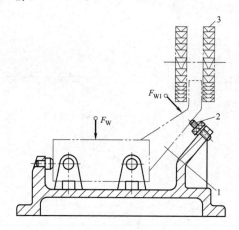

图 2.11　增设辅助支承和辅助夹紧力

1—工件；2—辅助支承；3—铣刀

3. 夹紧力的大小

理论上,夹紧力的大小应与作用在工件上的其他力(力矩)相平衡；而实际上,夹紧力的大小还与工艺系统的刚度、夹紧机构的传递效率等因素有关,计算很复杂。因此,实际设计中常采用估算法、类比法和试验法来确定所需的夹紧力。

当采用估算法确定夹紧力的大小时,为简化计算,通常将夹具和工件看成一个刚体。根据工件所受切削力、夹紧力(大型工件应考虑重力、惯性力等)的作用情况,找出加工过程中对夹紧最不利的状态,按静力平衡原理计算出理论夹紧力,最后再乘以安全系数作为实际所需的夹紧力。

即

$$F_{WK} = KF_W \tag{2-1}$$

式中：F_{WK} 为实际所需夹紧力, N；F_W 为在一定条件下,由静力平衡算出的理论夹紧力, N；K 为安全系数。

安全系数 K 按式(2-2)计算：

$$K=K_0K_1K_2K_3 \tag{2-2}$$

各种因素的安全系数如表 2.1 所示。通常情况下,取 $K=1.5\sim2.5$。当夹紧力与切削力方向相反时,取 $K=2.5\sim3$。各种典型切削方式所需夹紧力的静平衡方程式可参看"夹具手册"。

表2.1　各种因素的安全系数

考虑因素		系数值
基本安全系数 K_0(考虑工件材质、余量是否均匀)		1.2～1.5
加工性质系数 K_1	粗加工	1.2
	精加工	1.0

续表

考虑因素		系数值
刀具钝化系数 K_2		1.1~1.3
切削特点系数 K_3	连续切削	1.0
	断续切削	1.2

下面将介绍夹紧力估算的实例。

【例 2-1】 如图 2.12 所示,估算铣削时所需的夹紧力。

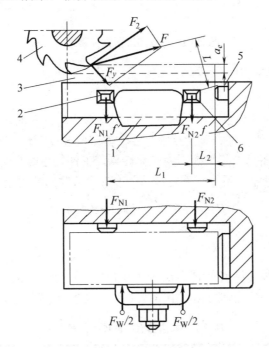

图 2.12 铣削加工所需夹紧力

1—压板;2,6—导向支承;3—工件;4—铣刀;5—止推支承

解:

当铣削到切削深度最大时,引起工件绕止推支承 5 翻转为最不利的情况,其翻转力矩为 FL;而阻止工件翻转的支承 2、6 上的摩擦力矩为 $F_{N1}fL_1 + F_{N2}fL_2$,工件重力及压板与工件间的摩擦力可以忽略不计。

当 $F_{N2}=F_{N1}=F_W/2$ 时,根据静力平衡条件并考虑安全系数,得

$$FL = \frac{F_W}{2}fL_1 + \frac{F_W}{2}fL_2$$

$$F_{WK} = \frac{2KFL}{f(L_1+L_2)}$$

式中:f 为工件与导向支承间的摩擦系数。

【例 2-2】 如图 2.13 所示,求车削时所需的夹紧力。

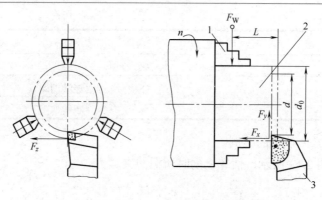

图 2.13 车削加工所需夹紧力

1—三爪自定心卡盘；2—工件；3—车刀

解：

工件用三爪自定心卡盘夹紧，车削时受切削分力 F_z、F_x、F_y 的作用。主切削力 F_z 形成的切削转矩为 $F_z(d/2)$，使工件相对卡盘顺时针转动；F_z 和 F_y 还一起以工件为杠杆，力图搬松卡爪；F_x 与卡盘端面反力相平衡。为简化计算，工件较短时只考虑切削转矩的影响。根据静力平衡条件并考虑安全系数，需要每一个卡爪实际输出的夹紧力为

$$F_z \frac{d}{2} = 3F_n f \frac{d_0}{2} \quad (\text{当 } d \approx d_0 \text{ 时})$$

$$F_W = \frac{K' F_z}{3f}$$

当工件的悬伸长 L 与夹持直径 d 之比 $L/d > 0.5$ 时，F_y 等力对夹紧的影响不能忽略，可乘以修正系数 K' 补偿，K' 值按 L/d 的比值可在如表 2.2 所示的范围内选取。

表 2.2 补偿值 K' 选择范围表

L/d	0.5	1.0	1.5	2.0
K'	1.0	1.5	2.5	4.0

常见的各种夹紧形式所需的夹紧力及摩擦系数，见"机床夹具手册"。

4. 减少夹紧变形的方法

工件在夹具中夹紧时，夹紧力通过工件传至夹具的定位装置，造成工件及其定位基面和夹具变形。如图 2.14 所示为工件夹紧时弹性变形产生的圆度误差 Δ 和工件定位基面与夹具支承面之间接触变形产生的加工尺寸误差 Δy。由于弹性变形计算复杂，故在夹具设计中不宜作定量计算，主要是采取各种措施来减少夹紧变形对加工精度的影响。

(1) 合理确定夹紧力的方向、作用点和大小。

如图 2.15 所示为增加夹紧力作用点的例子。图 2.15(a) 中三点夹紧工件的径向变形 ΔR 是六点夹紧的 10 倍。图 2.15(b) 是在薄壁工件 1 与 3 个压板 3 之间增设一递力垫圈 2，变集中力为均布力，以减小工件径向变形。

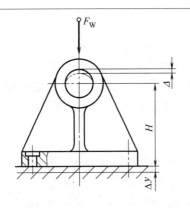

图 2.14 工件夹紧变形示意图

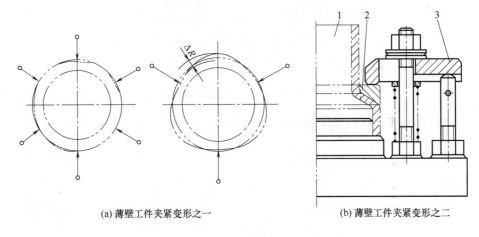

(a) 薄壁工件夹紧变形之一　　　　(b) 薄壁工件夹紧变形之二

图 2.15 作用点数目与工件变形的关系

1—工件；2—递力垫圈；3—压板

(2) 在可能条件下采用机动夹紧，并使各接触面上所受的单位压力相等。

如图 2.16 所示，工件在夹紧力 F_W 的作用下，各接触面处压力不等，接触变形不同，从而造成定位基准面倾斜。当以三个支承钉定位时，如果夹紧力作用在 $2L/3$ 处，则可使每个接触面都承受相同大小的夹紧力，或采用不同的接触面积，使单位面积上的压力相等，均可避免工件倾斜现象。

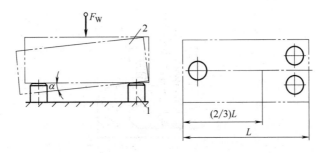

图 2.16 夹紧力作用点的设置

1—支承钉；2—工件

(3) 提高工件和夹具元件的装夹刚度。

① 对于刚度差的工件,应采用浮动夹紧装置或增设辅助支承。如图 2.17 所示为浮动夹紧实例,因工件形状特殊,刚度低,右端薄壁部分若不夹紧,势必产生振动。由于右端薄壁受尺寸公差的影响,其位置不固定,因此,必须采用浮动夹紧才不会引起工件变形,确保工件有较高的装夹刚度。如图 2.18 所示为通过增设辅助支承达到强化工件刚度的目的。

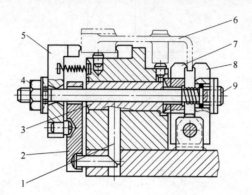

图 2.17 浮动式螺旋压板机构

1—滑柱;2—杠杆;3—套筒;4—螺母;5—压板;6—工件;7,8—浮动卡爪;9—拉杆

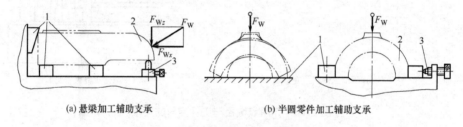

(a) 悬梁加工辅助支承　　　　(b) 半圆零件加工辅助支承

图 2.18 设置辅助支承强化工件刚度

1—固定支承;2—工件;3—辅助支承

② 改善接触面的形状,提高接合面的质量。如提高接合面硬度,降低表面粗糙度值,必要时经过预压等。

此外,在夹紧装置结构设计时,也要注意减小或防止夹具元件变形对加工精度的影响。如图 2.19 所示,工件与夹具体仅受纯压力的作用,避免了弯曲力导致变形对夹紧系统的影响。

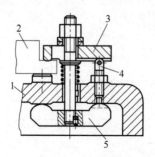

图 2.19 夹紧力对夹具体变形的影响

1—夹具体;2—工件;3—压板;4—可调支承;5—平衡杠杆

2.2.3 基本夹紧机构

夹紧机构的种类虽然很多,但其结构大都以斜楔夹紧机构、螺旋夹紧机构和偏心夹紧机构为基础,这3种夹紧机构合称为基本夹紧机构。

1. 斜楔夹紧机构

图 2.20 所示为几种用斜楔夹紧机构夹紧工件的实例。图 2.20(a)所示是在工件上钻相互垂直的 $\phi 8\ \text{mm}$、$\phi 5\ \text{mm}$ 两组孔。工件装入后,锤击斜楔大头,夹紧工件。加工完毕后,锤击斜楔小头,松开工件。由于用斜楔直接夹紧工件的夹紧力较小,且操作费时,所以在实际生产中应用不多,多数情况下是将斜楔与其他机构联合起来使用。

斜楔夹紧机构

图 2.20(b)所示是将斜楔与滑柱合成一种夹紧机构,一般用气压或液压驱动。图 2.20(c)所示是由端面斜楔与压板组合而成的夹紧机构。

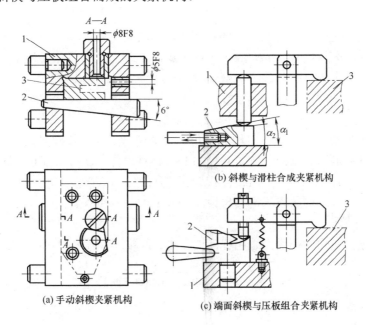

图 2.20 斜楔夹紧机构

1—夹具体;2—斜楔;3—工件

1) 斜楔的夹紧力

如图 2.21(a)所示是在外力 F_Q 作用下斜楔的受力情况。建立静平衡方程式:

$$F_1 + F_{Rx} = F_Q$$

其中:

$$F_1 = F_W \tan \varphi_1,\quad F_{Rx} = F_W \tan(\alpha + \varphi_2)$$

所以:

$$F_W = \frac{F_Q}{\tan \varphi_1 + \tan(\alpha + \varphi_2)}$$

式中：F_W 为斜楔对工件的夹紧力；α 为斜楔升角；F_Q 为加在斜楔上的作用力；φ_1 为斜楔与工件间的摩擦角；φ_2 为斜楔与夹具体间的摩擦角。

设 $\varphi_1=\varphi_2=\varphi$，当 α 很小时($\alpha \leqslant 10°$)，可用下式作近似计算：

$$F_W = \frac{F_Q}{\tan(\alpha + 2\varphi)}$$

2) 斜楔自锁条件

图 2.21(b)所示是作用力 F_Q 撤去后斜楔的受力情况。从图 2.21(b)中可以看出，要自锁，必须满足下式：

$$F_1 > F_{Rx}$$

因为：

$$F_1 = F_W \tan\varphi_1 \quad F_{Rx} = F_W \tan(\alpha - \varphi_2)$$

代入上式得

$$F_W \tan\varphi_1 > F_W \tan(\alpha - \varphi_2)$$

即

$$\tan\varphi_1 > \tan(\alpha - \varphi_2)$$

由于 φ_1、φ_2、α 都很小，$\tan\varphi_1 \approx \varphi_1$，$\tan(\alpha-\varphi_2) \approx \alpha-\varphi_2$，上式可化简为

$$\varphi_1 > \alpha - \varphi_2$$

或

$$\alpha < \varphi_1 + \varphi_2$$

因此，斜楔的自锁条件是：斜楔的升角小于斜楔与工件、斜楔与夹具体之间的摩擦角之和。一般钢件接触面的摩擦因数 $f=0.1\sim0.15$，故得摩擦角 $\varphi=\arctan(0.1\sim0.15)=5°43'\sim8°30'$，而相应的升角 $\alpha=11°\sim17°$，保证自锁可靠。手动夹紧机构一般取 $\alpha<6°\sim8°$。用气压或液压装置驱动的斜楔不需要自锁，可取 $\alpha=15°\sim30°$。

3) 增力比计算

斜楔的夹紧力与原始作用力之比称为增力比 i_F，即

$$i_F = \frac{F_W}{F_Q} = \frac{1}{\tan\varphi_1 + \tan(\alpha+\varphi_2)}$$

在不考虑摩擦影响时，理想增力比 i_F' 为

$$i_F' = \frac{1}{\tan\alpha}$$

当夹紧装置有多个增力机构时，其总增力比 i_{F_i} 为

$$i_{F_i} = i_{F_1} \cdot i_{F_2} \cdots \cdots i_{F_n}$$

4) 夹紧行程

工件所要求的夹紧行程 h 与斜楔相应移动的距离 S 之比称为行程比 i_S。由图 2.21(c)可知

$$i_S = \frac{h}{S} = \tan\alpha$$

因 $i_F'=1/i_S$，故斜楔理想增力倍数等于夹紧行程的缩小倍数。因此，选择升角 α 时，必须同时考虑增力比和夹紧行程两方面的问题。

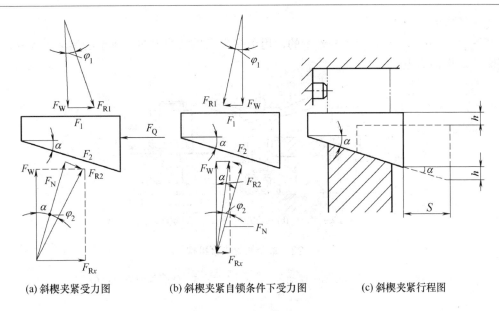

(a) 斜楔夹紧受力图　　(b) 斜楔夹紧自锁条件下受力图　　(c) 斜楔夹紧行程图

图 2.21　斜楔受力分析

5) 斜楔夹紧机构的设计要点

设计斜楔夹紧机构的主要工作内容为确定斜楔的斜角 α 和夹紧机构所需的夹紧力，其设计步骤如下。

(1) 确定斜楔的斜角 α。斜楔的斜角 α 与斜楔的自锁性能和夹紧行程有关，因此，确定 α 值时，可视具体情况而定。一般主要从确保夹紧机构的自锁条件出发来确定 α 的大小，即取 $\alpha \leqslant 6° \sim 8°$；但要求斜楔有较大的夹紧行程时，为提高夹紧效率，可将斜楔的斜面做成如图 2.20(b)所示的斜角分别为 α_1 和 α_2 的两段。前段采用较大的斜角 α_1，以保证有较大的行程；后段采用较小的斜角 α_2，以确保自锁，$\alpha_2 \leqslant 6° \sim 8°$。

(2) 计算作用力 F_Q。由斜楔夹紧力的公式可计算出作用力 F_Q，即
$$F_Q = F_W \tan(\alpha + 2\varphi)$$

2. 螺旋夹紧机构

采用螺杆做中间传力元件的夹紧机构称为螺旋夹紧机构。螺旋夹紧机构的结构简单，容易制造，而且由于螺旋升角小，螺旋夹紧机构的自锁性能好，夹紧力和夹紧行程都较大，是手动夹具上用得最多的一种夹紧机构。

1) 单个螺旋夹紧机构

如图 2.22 所示是直接用螺钉或螺母夹紧工件的机构，称为单个螺旋夹紧机构。

在图 2.22(a)中，夹紧时螺钉头直接与工件表面接触，螺钉转动时，可能损伤工件表面，或带动工件旋转。为此，在螺钉头部装上如图 2.23 所示的摆动压块。当摆动压块与工件接触后，由于压块与工件间的摩擦

单个螺栓夹具

力矩大于压块与螺钉间的摩擦力矩，所以压块不会随螺钉一起转动。如图 2.22(c)所示为用球面带肩螺母夹紧的结构。螺母和工件 4 之间加球面垫圈 6，可使工件受到均匀的夹紧力

并避免螺杆弯曲。

在图 2.23 中，A 型的端面是光滑的，用于夹紧已加工的表面；B 型的端面有齿纹，用于夹紧毛坯粗糙的表面。

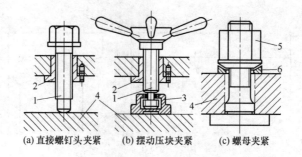

图 2.22　单个螺旋夹紧机构

1—螺钉、螺杆；2—螺母套；3—摆动压块；4—工件；5—球面带肩螺母；6—球面垫圈

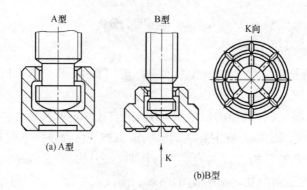

图 2.23　摆动压块

夹紧动作慢、工件装卸费时是单个螺旋夹紧机构的另一个缺点。如图 2.22(c)所示，装卸工件时，要将螺母拧上拧下，费时费力。克服这一缺点的办法很多，如图 2.24 所示就是常见的几种方法。

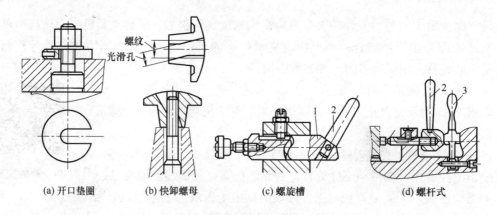

图 2.24　快速螺旋夹紧机构

1—夹紧轴；2，3—手柄

如图2.24(a)所示使用了开口垫圈。如图2.24(b)所示采用了快卸螺母。在图2.24(c)中，夹紧轴 1 上的直槽连着螺旋槽，先推动手柄 2，使摆动压块迅速靠近工件，继而转动手柄，夹紧工件并自锁。在图2.24(d)中，手柄 2 推动螺杆沿直槽方向快速接近工件，后将手柄 3 拉至图示位置，再转动手柄 2 带动螺母旋转，因手柄 3 的限制，螺母不能右移，致使螺杆带着摆动压块往左移动，从而夹紧工件。松夹时，只要反转手柄 2，稍微松开后即可推开手柄 3，为手柄 2 的快速右移让出空间。

螺旋夹紧是斜楔夹紧的一种变型，螺杆实际上就是绕在圆柱表面上的斜楔，所以它的夹紧力计算与斜楔夹紧相似。图2.25 所示为夹紧状态下螺杆的受力示意图。施加在手柄上的原始力矩 $M=F_Q L$，工件对螺杆产生反作用力 F_W'（其值即等于夹紧力）和摩擦力 F_2，F_2 分布在整个接触面上，计算时可看成集中作用于当量摩擦半径 r' 的圆周上。r' 的大小与端面接触形式有关，其计算方法如图2.26 所示。螺母对螺杆的反作用力有垂直于螺旋面的正压力 F_N 及螺旋上的摩擦力 F_1，其合力为 F_{R1}，此力分布于整个螺旋接触面，计算时认为其作用于螺旋中径处。为了便于计算，将 F_{R1} 分解为水平方向分力 F_{RX} 和垂直方向分力 F_W（其值与 F_W' 相等）。

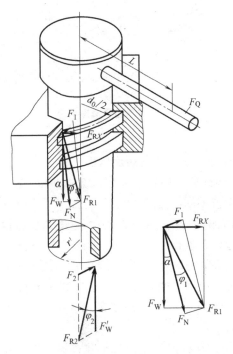

图2.25 螺杆的受力示意图

根据力矩平衡条件得

$$F_Q L = F_2 r' + F_{RX} \frac{d_0}{2}$$

因为

$$F_2 = F_W' \tan\varphi_2 \qquad F_{RX} = F_W \tan(\alpha+\varphi_1)$$

代入上式得

$$F_W = \frac{F_Q L}{\frac{d_0}{2}\tan(\alpha+\varphi_1) + r'\tan\varphi_2}$$

式中：F_W 为夹紧力；F_Q 为作用力；L 为作用力臂；d_0 为螺纹中径；α 为螺纹升角；φ_1 为螺纹处摩擦角；φ_2 为螺杆端部与工件间的摩擦角；r' 为螺杆端部与工件间的当量摩擦半径。

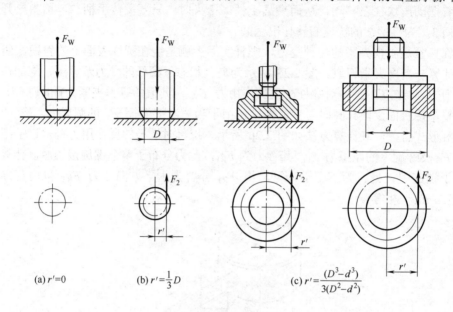

图 2.26 当量摩擦半径

2) 螺旋压板机构

夹紧机构中，结构形式变化最多的是螺旋压板机构。如图 2.27 所示是常用螺旋压板机构的五种典型结构。如图 2.27(a)和图 2.27(b)所示，两种机构的施力螺钉位置不同，图 2.27(a)夹紧力 F_W 小于作用力 F_Q，主要用于夹紧行程较大的场合，图 2.27(b)可通过调整压板的杠杆比 $1/L$，实现增大夹紧力和夹紧行程的目的。如图 2.27(c)所示是铰链压板机构，主要用于增大夹紧力场合。如图 2.27(d)所示是螺旋钩形压板机构，其特点是结构紧凑、使用方便，主要用于安装夹紧机构的位置受限的场合。如图 2.27(e)所示为自调式压板，它能适应工件高度在 0～100 mm 范围内变化，而无须进行调节，其结构简单、使用方便。

螺栓压板压紧方式

上述各种螺旋压板机构的结构尺寸均已标准化，设计者可参考有关国家标准和"夹具设计手册"进行设计。

3) 设计螺旋压板夹紧机构时应注意的问题

(1) 当工件在夹压方向上的尺寸变化较大时，如被夹压表面为毛面，则应在夹紧螺母与压板之间设置球面垫圈，并使垫圈孔与螺杆间保持足够大的间隙，以防止夹紧工件时由于压板倾斜而使螺杆弯曲。

(2) 压板的支承螺杆的支承端应做成圆球形，另一端用螺母锁紧在夹具体上。并且螺杆高度应可调，以使压板有足够的活动余地，适应工件夹压尺寸的变化以及防止支承螺杆松动。

(3) 当夹紧螺杆或支承螺杆与夹具体接触端必须移动时,应避免与夹具体直接接触,应在螺杆与夹具体间增设用耐磨材料制作的垫块,以免夹具体被磨损。

以上要求的具体应用如图 2.27(a)和图 2.27(b)所示。

(4) 应采取措施防止夹紧螺杆转动。如图 2.27(a)、图 2.27(b)和图 2.27(d)所示,夹紧螺杆用锁紧螺母锁紧在夹具体上,以防止其转动。其他的防转措施可参阅各种夹具图册。

(5) 夹紧压板应采用弹簧支承,以利于装卸工件。

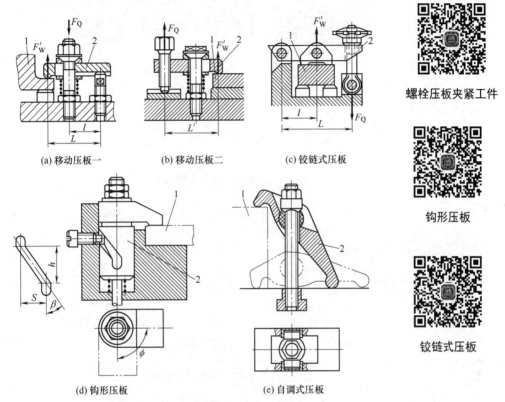

图 2.27 典型螺旋压板夹紧机构

1—工件;2—压板

【例 2-3】螺旋压板设计示例。如图 2.28 所示为法兰盘零件,材料为 HT200,要求在其上加工 $4×\phi26H11$ 孔。

解:根据工艺规程,本工序是最后一道机加工工序,采用钻模分两个工步加工,即先钻 $\phi24$ mm 孔,后扩至 $\phi26H11$ 孔。

(1) 定位方案。为保证加工要求,工件以 A 面作主要定位基准,用支承板限制三个自由度,以短销与 $\phi32^{+0.025}_{\ 0}$ mm 孔配合限制两个自由度,工件绕 z 的自由度可以不限制,如图 2.29(a)所示。

(2) 夹紧机构。根据夹紧力方向和作用点的选择原则,拟定的夹紧方案如图 2.29(a)所示。考虑到生产类型为中批生产,夹具的夹紧机构不宜复杂,钻削扭矩较大,为保证夹紧可靠安全,拟采用螺旋压板夹紧机构。参考类似的夹具资料,针对工件夹压部位的结构,为便于装卸工件,选用两个 A16×80JB/T 8010.1—1999 移动压板置于工件两侧(见图 2.29(a)),

能否满足要求,则需计算夹紧力。

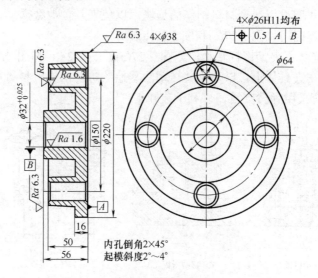

图 2.28 法兰盘零件

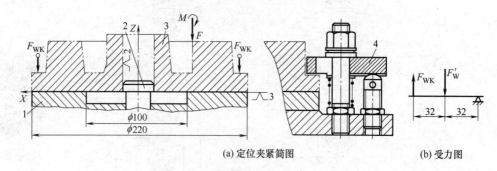

(a) 定位夹紧简图 (b) 受力图

图 2.29 法兰盘夹紧方案

1—支承板;2—定位销;3—工件;4—移动压板

钻 $\phi24$ mm 孔所需夹紧力比扩孔的大,所以只需计算钻孔条件下的夹紧力。由图 2.29(a)可知,加工 $\phi24$ mm 孔时,钻削轴向力 F 与夹紧力 F_W 同向,作用于定位支承板上;钻削扭矩 M 则使工件转动。为防止工件转动,夹具夹紧机构应有足够的摩擦力矩。

根据工件的材料,钻头直径 $d_0=24$ mm,进给量 $f=0.3$ mm/r,由切削用量手册可查出钻削扭矩 $M=46.205$ N·m,钻削轴向力 $F=3924$ N。

钻削时,两压板与工件接触处的摩擦力矩可忽略不计。因钻 $\phi24$ mm 孔最不利的加工位置为钻透瞬间的位置,此时钻削轴向力 F 突然反向,故不将其作为对夹紧的有利因素考虑。按静力平衡并考虑安全系数可知,每个压板实际应输出的夹紧力为

$$F_{WK} = \frac{KM}{2fr'}$$

式中:M 为钻削扭矩;F_{WK} 为每个压板实际输出的夹紧力;f 为摩擦系数,$f=0.15$;K 为安全系数,$K=2$;r' 为当量摩擦半径。其中,$r' = \frac{1}{3}\left(\frac{D^3 - D_1^3}{D^2 - D_1^2}\right)$,$D$ 为工件外圆直径,

D=0.22 mm;D_1 为支承板孔直径,D_1=0.10 mm。

将已知数值代入上式:

$$F_{WK} = \frac{2 \times 46.205}{2 \times 0.15 \times \frac{1}{3}\left(\frac{0.22^3 - 0.1^3}{0.22^2 - 0.1^2}\right)} N = 3678N$$

由图 2.29(b)所示的杠杆比可知,螺母的夹紧力应为 3678×2N=7356N。由表 2.3 查得,当手柄长为 190 mm、手柄作用力 F_Q 为 100N 时,M16 螺母的夹紧力 F_W' 为 8000N。由于 F_{WK}=7356N＜F_W'=8000N,因此 M16 螺栓能满足夹紧要求。

表 2.3 螺母的夹紧力

形式	简 图	螺纹公称直径 d/mm	螺纹中径 d_2/mm	手柄长度 L/mm	手柄上的作用力 F_Q/N	产生的夹紧力 F_W/N
带柄螺母		8	7.188	50	50	2060
		10	9.026	60	50	2990
		12	10.863	80	80	3540
		16	14.701	100	100	4210
		20	18.376	140	100	4700
用扳手的六角螺母		10	9.026	120	45	3570
		12	10.863	140	70	5420
		16	14.701	190	100	8000
		20	18.376	240	100	8060
		24	22.052	310	150	13 030
蝶形螺母		4	3.545	8	10	130
		5	4.480	9	15	178
		6	5.350	10	20	218
		8	7.188	12	30	296
		10	9.026	17	40	450

注:d_1 表示螺母支承端面的外径。

M16 螺杆的强度足够,其校核公式如下。

$$d \geqslant 2c\sqrt{\frac{F_W'}{\Pi \sigma_b}}$$

式中：d 为外螺纹公称直径；F'_w 为外螺纹承受的轴向力；c 为系数，普通螺纹 $c=1.4$；σ_b 为抗拉强度，45 钢 $\sigma_b=600 \text{ N/mm}^2$。

3. 偏心夹紧机构

用偏心件直接或间接夹紧工件的机构，称为偏心夹紧机构。偏心件有圆偏心和曲线偏心两种类型，其中，圆偏心机构因结构简单、制造容易而得到广泛的应用。如图 2.30 所示是几种常见偏心夹紧机构的应用实例。图 2.30(a)和图 2.30(b)用的是圆偏心轮，图 2.30(c)用的是偏心轴，图 2.30(d)用的是偏心叉。

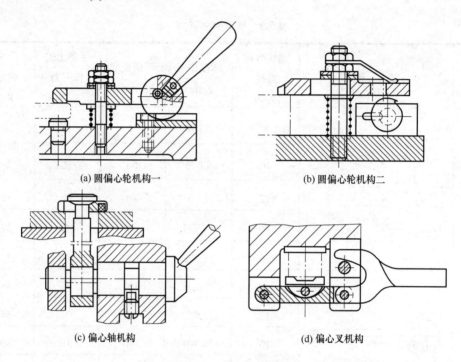

图 2.30 偏心夹紧机构

偏心夹紧机构的优点是操作方便、夹紧迅速，缺点是夹紧力和夹紧行程都较小。偏心夹紧机构一般用于切削力不大、振动小、没有离心力影响的加工中。

1) 圆偏心轮的工作原理

如图 2.31 所示是圆偏心轮直接夹紧工件的原理图。在图 2.31 中，O_1 是圆偏心轮的几何中心，R 是它的几何半径，O_2 是偏心轮的回转中心，O_1O_2 是偏心距。

偏心夹紧　　　偏心压紧

若以 O_2 为圆心，r 为半径画圆(虚线圆)，便把偏心轮分成了三个部分。其中，虚线部分是"基圆盘"，半径 $r=R-e$；另外两部分是两个相同的弧形楔。当偏心轮绕回转中心 O_2 顺时针转动时，相当于一个弧形楔逐渐楔入"基圆盘"与工件之间，从而夹紧工件。

2) 圆偏心轮的夹紧行程及工作段

如图 2.31(a)所示，当圆偏心轮绕回转中心 O_2 转动时，设轮周上任意点 x 的回转角为 φ_x，回转半径为 r_x。以 φ_x、r_x 为坐标轴建立直角坐标系，再将轮周上各点的回转角与回转半径——对应地计入此坐标系中，便得到了圆偏心轮弧形楔的展开图，如图2.31(b)所示。

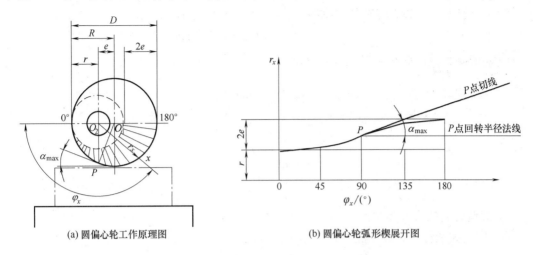

(a) 圆偏心轮工作原理图　　　(b) 圆偏心轮弧形楔展开图

图 2.31　圆偏心轮直接夹紧工件的工作原理图

由图 2.31 可知，当圆偏心轮从 0°回转到 180°时，其夹紧行程为 $2e$。轮周上各点升角不等，升角是变量，P 点的升角最大（$\alpha_{\max}$）。根据解析几何，P 点的升角等于 P 点的切线与 P 点回转半径法线间的夹角。

按照上述原理，在图 2.31(a) 中，过 P 点分别作 O_1P、O_2P 的垂线，便可得到 P 点的升角。

因为
$$\alpha_{\max} = \angle O_1PO_2$$
$$\sin \alpha_{\max} = \sin \angle O_1PO_2 = \frac{O_1O_2}{O_1P}$$

而
$$O_1O_2 = e, \quad O_1P = \frac{D}{2}$$

代入上式得
$$\sin \alpha_{\max} = \frac{2e}{D}$$

圆偏心轮的工作转角一般小于 90°，因为转角太大，不仅操作费时，而且也不安全。工作转角范围内的那段轮周称为圆偏心轮的工作段。常用的工作段是 $\varphi_x=45°\sim135°$ 或 $\varphi_x=90°\sim180°$。在 $\varphi_x=45°\sim135°$ 范围内，升角大，夹紧力较小，但夹紧行程大（$h\approx1.4e$）；在 $\varphi_x=90°\sim180°$ 范围内，升角由大到小，夹紧力逐渐增大，但夹紧行程较小（$h=e$）。

3) 圆偏心轮的自锁条件

由于圆偏心轮的弧形楔夹紧与斜楔夹紧的实质相同，因此，圆偏心轮的自锁条件应与斜楔的自锁条件相同，即
$$\alpha_{\max} \leqslant \varphi_1 + \varphi_2$$

式中：$\alpha_{\max}$ 为圆偏心轮的最大升角；φ_1 为圆偏心轮与工件间的摩擦角；φ_2 为圆偏心轮与回

转轴之间的摩擦角。

为安全起见，不考虑转轴处的摩擦，将 φ_2 忽略不计，则

$$\alpha_{\max} \leqslant \varphi_1, \quad \tan\alpha_{\max} \leqslant \tan\varphi_1$$

因 $\sin\alpha_{\max} = \dfrac{2e}{D}$，而 $\alpha_{\max}$ 很小可近似得

$$\sin\alpha_{\max} \approx \tan\alpha_{\max}, \quad \tan\alpha_{\max} = \dfrac{2e}{D}$$

代入上式得

$$\dfrac{2e}{D} \leqslant f$$

当 $f=0.1$ 时，$\dfrac{D}{e} > 20$；当 $f=0.15$ 时，$\dfrac{D}{e} \geqslant 14$。

4) 圆偏心轮的设计步骤

(1) 确定夹紧行程。偏心轮直接夹紧工件时，

$$h = T + S_1 + S_2 + S_3$$

式中：T 为工件夹压表面至定位面的尺寸公差；S_1 为装卸工件所需的间隙，一般取 $S_1=0.3$ mm；S_2 为夹紧装置的压移量，一般取 $S_2=(0.3\sim0.5)$mm；S_3 为夹紧行程储备量，一般取 $S_3=(0.1\sim0.3)$mm。

偏心轮不直接夹紧工件时：

$$h = K(T + S_1 + S_2 + S_3)$$

式中：K 为夹紧行程系数，其值取决于偏心夹紧机构的结构。

(2) 计算偏心距。

用 $\varphi_x = 90°\sim180°$ 作为工作段时：$e=0.7h$。

用 $\varphi_x = 45°\sim135°$ 作为工作段时：$e=h$。

(3) 按自锁条件计算 D。

$f=0.1$ 时，$D=20e$；$f=0.15$ 时，$D=14e$。

(4) 圆偏心轮的结构已标准化，有关技术要求、参数可查阅 GB/T 2191～2194—1991。如图 2.32 所示为几种常用的偏心轮结构，可供设计时参考。

4. 铰链夹紧机构

1) 类型及主要参数

铰链夹紧机构是由铰链杠杆组合而成的一种增力机构，其结构简单，增力倍数较大，但无自锁性能。它常与动力装置(气缸、液压缸等)联用，在气动铣床夹具中应用较广，也用于其他机床夹具。

如图 2.33 所示，在连杆右端铣槽，工件以 $\phi52$ mm 外圆柱面、侧面及右端底面分别在 V 形块、可调螺钉和支承座上定位，采用气压驱动的双臂单向作用铰链夹紧机构夹紧工件。

如图 2.34 所示为铰链夹紧机构的五种基本类型。图 2.34(a)为单臂铰链夹紧机构(Ⅰ型)，图 2.34(b)为双臂单向作用的铰链夹紧机构(Ⅱ型)，图 2.34(c)为双臂单向作用带移动柱塞的铰链夹紧机构(Ⅲ型)，图 2.34(d)为双臂双向作用的铰链夹紧机构(Ⅳ型)，图 2.34(e)为双臂双向作用带移动柱塞的铰链夹紧机构(Ⅴ型)。

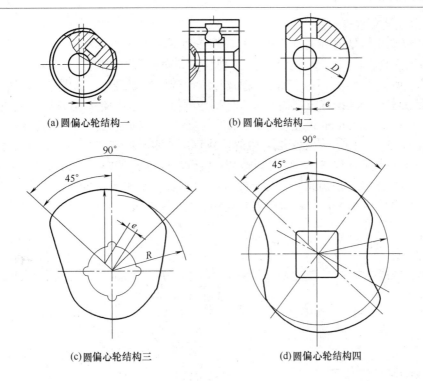

图 2.32　标准圆偏心轮的结构

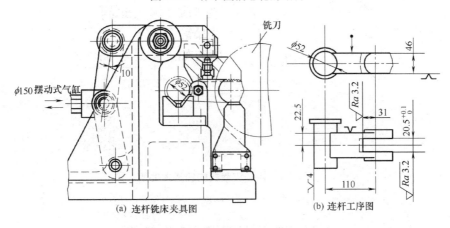

图 2.33　双臂单向作用铰链夹紧的铣床夹具

铰链夹紧机构的主要参数如图 2.34(a)所示。

(1) α_0 为铰链臂的起始行程倾斜角。

(2) S_0 为受力点的行程，即为气缸活塞的行程 x_0。

(3) α_j 为铰链臂夹紧时的起始倾斜角。

(4) i_F 为铰链机构的增力比。

(5) S_C 为夹紧端 A 的储备行程。

(6) S_1 为装卸工件的空行程。

(7) S_2+S_3 为夹紧行程。

(8) α_c 为铰链臂的夹紧储备角。

2) Ⅰ型铰链夹紧机构的有关计算

Ⅰ型铰链夹紧机构的有关设计的计算与步骤如下。

(1) 根据夹紧机构设计要求初步确定Ⅰ型铰链夹紧机构的结构尺寸。

(2) 确定所需的夹紧行程、气缸行程及相应铰链臂的倾斜角。如图 2.34(a)所示,当机构处于夹紧状态时,铰链臂末端离其极限位置应保持一个最小储备量 S_C,否则机构可能失效。一般认为 $S_C>0.5$ mm 比较合适,但又不宜过大,以免过分影响增力比;也可直接取夹紧储备角 $\alpha_c=5°\sim10°$,由表 2.4 中的公式算出。夹紧终点的行程包括两部分:一部分为便于装卸工件的空行程 S_1,另一部分为夹紧行程 S_2+S_3,其中 S_2 用来补偿系统的受力变形,一般取 $S_3=(0.05\sim0.15)$mm。根据 S_2+S_3,可由表 2.4 中的公式算出铰链臂夹紧时的起始倾斜角 α_j,再根据 S_1 和 α_j 算出铰链臂的起始行程倾斜角 α_0。

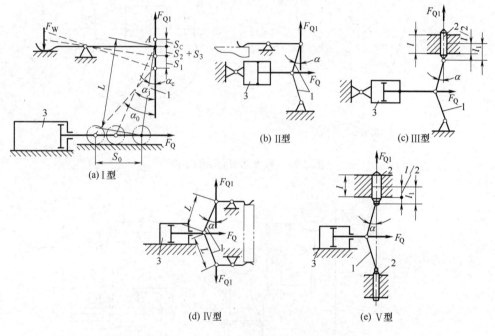

图 2.34 铰链夹紧机构的基本类型

1—铰链臂;2—柱塞;3—气缸

表 2.4 Ⅰ型铰链夹紧机构主要参数的计算

计算参数	计算公式	计算参数	计算公式
α_c	$\alpha_c=5°\sim10°$	F_W	$F_W=i_F F_Q$
S_C	$S_C=L(1-\cos\alpha_c)$	α_0	$\alpha_0=\arccos\dfrac{L\cos\alpha_j-S_1}{L}$
α_j	$\alpha_j=\arccos\dfrac{L\cos\alpha_c-(S_2+S_3)}{L}$		
i_F	$i_F=\dfrac{1}{\tan(\alpha_j+\beta)+\tan\varphi_1}$	S_0	$S_0=L(\sin\alpha_0-\sin\alpha_c)$
		X_0	$X_0=S_0$

注:β 为铰链臂的摩擦角;$\tan\varphi_1$ 为滚子支承面的当量摩擦系数;L 为铰链臂两头铰接点之间的距离;i_F 为增力比。

(3) 计算 I 型铰链夹紧机构 A 端的竖直分力 F_{Q1} 或原始作用力 F_Q。增力比由表 2.4 中的公式算出，然后根据预定的原始作用力 F_Q 乘以 i_F 计算出 F_{Q1}，再与夹紧机构所需要的竖直分力 F_{Q1}' 比较，$F_{Q1} > F_{Q1}'$ 方可。如果 $F_{Q1} < F_{Q1}'$，可以增大原始作用力 F_Q(如增大气缸直径)或修改夹紧机构的结构参数，也可以根据 F_{Q1}' 除以 i_F 算出原始作用力 F_Q。

(4) 计算动力装置的结构尺寸。根据原始作用力 F_Q，计算动力气缸的直径；根据确定的铰链臂的起始行程倾斜角 α_0 和夹紧储备角 α_c，按表 2.4 中的公式算出受力点的行程 S_0(气缸活塞的行程 x_0)。

2.3 回到工作场景

通过 2.2 节的学习，学生应了解了机床夹具夹紧装置的组成和基本要求，掌握了夹紧力确定的基本原则、基本夹紧机构的结构特点和设计方法等。下面将回到 2.1 节介绍的工作场景中，完成工作任务。

2.3.1 项目分析

完成项目任务需要学生掌握机械制图、公差与配合、机械设计基础和金属工艺学等相关专业基础课程，必须对机械加工工艺相关知识有一定的理解，在此基础上还需要掌握如下知识。

(1) 机床夹具夹紧装置的组成。
(2) 机床夹具夹紧装置的基本要求。
(3) 夹具夹紧力的确定原则。
(4) 基本夹紧机构的相关知识。

2.3.2 项目工作计划

在项目实训过程中，结合创设情境、观察分析、现场参观、讨论比较、案例对照、评估总结等活动，充分调动学生学习的主动性和积极性，让学生自主地学习、主动地学习。各小组协同制订实施计划及执行情况表，如表 2.5 所示，共同解决实施过程中遇到的困难；要相互监督计划执行与完成的情况，保证项目完成的合理性和正确性。

表 2.5 钢套零件钻 ϕ5 mm 孔的钻床夹具夹紧方案设计计划及执行情况表

序 号	内 容	所用时间	要 求	教学组织与方法
1	研讨任务		看懂钢套零件加工工序图，分析工序基准，明确任务要求，分析任务完成需要掌握的知识	分组讨论，采用任务引导法教学
2	计划与决策		企业参观实习，项目实施准备，制订项目实施详细计划，学习有关项目的基础知识	分组讨论、集中授课，采用案例法和示范法教学

续表

序号	内容	所用时间	要求	教学组织与方法
3	实施与检查		根据计划，学生分组确定钢套零件钻 $\phi 5$ mm 孔的钻床夹具的夹紧方案等，填写项目实施记录表	分组讨论、教师点评
4	项目评价与讨论		评价任务完成的合理性与可行性；根据企业的要求，评价夹具夹紧方案设计的规范性与可操作性；在项目实施中评价学生的职业素养和团队精神	项目评价法、实施评价

2.3.3 项目实施准备

(1) 结合工序卡片，准备钢套零件成品和各工序成品。
(2) 准备常用的基本夹紧机构模型。
(3) 准备联动夹紧机构和定心夹紧机构的图片和模型。
(4) 准备常用动力装置的图片和模型。
(5) 准备手动夹紧机构常用工具。
(6) 准备机床夹具设计常用手册和资料图册。
(7) 准备相似零件生产现场参观。

2.3.4 项目实施与检查

(1) 根据典型机床夹具模型，分析讨论夹紧装置的组成和基本要求。
(2) 确定钢套零件钻 $\phi 5$ mm 孔的钻床夹具夹紧装置的动力来源。

夹紧装置动力源主要有手动夹紧和机动夹紧两类。专用机床夹具采用手动夹紧还是机动夹紧与生产类型直接有关，另外还要考虑工件的特点和现有的生产条件等。钻 $\phi 5$ mm 孔的钻床夹具由于工件加工数量只有 2000 件，生产批量较小，宜用简单的手动夹紧装置。如果生产数量较大，则可以采用气压和液压夹紧装置等。

讨论问题：
① 机床夹具动力装置有哪些？
② 气压装置的特点是什么？主要组成部分有哪些？
③ 液压装置的特点是什么？主要组成部分有哪些？
④ 手动夹紧机构设计和操作要注意什么问题？

(3) 分组讨论如图 2.35(a)和图 2.35(b)所示夹紧力的方向和作用点，判断其合理性及如何改进。

(4) 确定钢套零件钻 $\phi 5$ mm 孔的钻床夹具夹紧装置的夹紧力方向和作用点。

钢套零件钻 $\phi 5$ mm 孔的钻床夹具夹紧力方向的确定应结合定位方案设计进行考虑。如果采用端面和内孔，则用圆柱心轴定位，钢套的轴向刚度比径向刚度好，夹紧力方向应朝向限位台阶端面；如果采用外圆，则用 V 形块定位，夹紧力方向应朝向主要限位基面 V 形块的斜面。钢套零件钻 $\phi 5$ mm 孔的钻床夹具夹紧力的作用点也应根据前面所述的夹紧力确定的基本原则来确定。

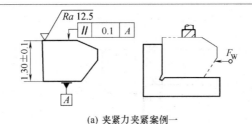

(a) 夹紧力夹紧案例一

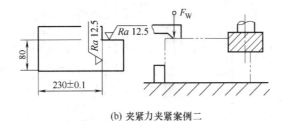

(b) 夹紧力夹紧案例二

图 2.35　夹紧力的方向和作用点

讨论问题：
① 夹紧力方向的确定原则是什么？
② 夹紧力作用点的确定原则是什么？
③ 钢套零件钻 $\phi 5$ mm 孔的钻床夹具的主要定位面是什么？
④ 钢套零件钻 $\phi 5$ mm 孔的钻床夹具的夹紧力方向和作用点如何确定？

(5) 确定钢套零件钻 $\phi 5$ mm 孔的钻床夹具夹紧装置的夹紧力大小。
① 根据切削力实验计算公式计算出钻削力和钻削扭矩。
② 按静力学原理求出工件受力平衡所需要的夹紧力 F_W。
③ 求出实际夹紧力。

$$F_{WK}=K \cdot F_W (K 为安全系数)$$

讨论问题：
① 钢套零件钻 $\phi 5$ mm 孔的钻削力和钻削扭矩的计算公式是什么(查阅"金属切削手册")？
② 安全系数如何确定？

(6) 确定钢套零件钻 $\phi 5$ mm 孔的钻床夹具夹紧方案。
如果工件批量小，则宜用简单的手动夹紧装置。如图 2.36 所示的夹紧方案为带开口垫圈的螺旋夹紧机构，使工件装卸迅速、方便。

讨论问题：
① 钢套零件钻 $\phi 5$ mm 孔的钻床夹具夹紧装置的方案如何确定？
② 克服单个螺旋夹紧机构夹紧动作慢、工件装卸费时的方法有哪些？
③ 螺旋压板夹紧机构的类型有哪些？
④ 螺旋夹紧机构夹紧力的计算公式是什么？
⑤ 什么是单个螺旋夹紧机构？为什么在螺纹头部装上摆动压块？
⑥ 斜楔夹紧机构的类型有哪些？斜楔夹紧机构的特点是什么？
⑦ 偏心夹紧机构常见的结构有哪些？圆偏心轮的设计步骤是什么？

⑧ 联动夹紧机构设计的要点有哪些？常用定心夹紧机构的形式有哪些？

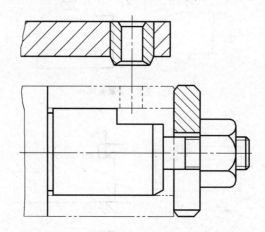

图 2.36　钢套零件钻孔的夹具夹紧方案

(7) 确定夹紧元件的主要尺寸。

首先根据实际夹紧力的大小和强度条件，确定螺纹的公称直径，主要保证所需实际夹紧力小于相应规格螺旋夹紧力即可；然后查阅相关手册和标准，确定开口垫圈的尺寸。

讨论问题：
① 如何确定夹紧元件的主要尺寸？选择什么材料和热处理方式？
② 在夹紧装置设计时如何查阅相关手册和资料以及如何选用国家标准？
③ 夹紧装置减少夹紧变形的方法有哪些？

2.3.5　项目评价与讨论

项目实施检查与评价的主要内容如表 2.6 所示。

表 2.6　任务实施检查与评价表

任务名称：

学生姓名：　　　学号：　　　班级：　　　组别：

序号	检查内容	检查记录	自评	互评	点评	分值
1	基础知识掌握：夹具夹紧装置的组成和基本要求是否了解；夹紧力确定的基本原则是否掌握；基本夹紧机构的特点和设计方法是否掌握；联动夹紧机构和定心夹紧机构是否了解；夹具动力装置应用是否了解；项目讨论题是否正确完成；项目实施表是否认真记录					20%
2	夹紧方案设计：夹紧力的大小和方向确定是否合理；夹紧力大小估算是否正确；夹紧方案设计是否合理；项目讨论题是否正确完成；项目实施表是否认真记录					40%

续表

序号	检查内容		检查记录	自评	互评	点评	分值
3	夹紧元件设计：夹紧元件结构是否合理，夹紧元件的材料确定是否合理；夹紧元件的尺寸公差确定是否合理；是否掌握查阅手册资料能力；项目实施表是否认真记录						20%
4	职业素养	遵守时间：是否不迟到、不早退，中途不离开现场					5%
5		5S：理论教学与实践教学一体化教室布置是否符合 5S 管理要求；设备、电脑是否按要求实施日常保养；刀具、工具、桌椅、模型、参考资料是否按规定摆放；地面、门窗是否干净					5%
6		团结协作：组内是否配合良好；是否积极地投入本项目中，积极地完成本任务					5%
7		语言能力：是否积极地回答问题；声音是否洪亮；条理是否清晰					5%
总评：			评价人：				

根据评价结果，提出后续学习的有效措施，并在评价的基础上引导学生进一步讨论以下几个问题。

(1) 钢套零件钻 $\phi 5$ mm 孔的钻床夹具定位方案如果采用外圆用 V 形块定位，夹紧装置该如何设计？

(2) 如果钢套零件的生产数量较大，钢套零件钻 $\phi 5$ mm 孔的钻床夹具采用机动夹紧装置将如何设计？

(3) 分析如图 2.37 所示夹紧装置实例的工作过程，它是什么类型的夹紧机构？

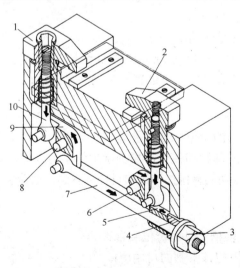

图 2.37 夹紧装置实例

1，2—钩形压板；3—拧紧螺母；4—滑套；5—连接块；6—轴；7—螺栓；8—轴；9—连接口；10—螺栓

2.4 拓展实训

1. 实训任务

拨叉零件图如图 2.38 所示。本工序需在拨叉上铣槽,是最后一道机加工工序。工件材料为 HT250,毛坯为铸件。生产批量为成批生产,所用设备为 X61 卧式铣床。

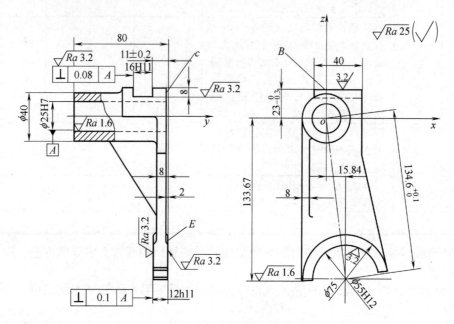

图 2.38 拨叉零件简图

【加工要求】

(1) 槽宽 16H11,槽深 8 mm。
(2) 槽侧面与 ϕ25H7 孔轴线的垂直度为 0.08 mm。
(3) 槽侧面与 E 面的距离为(11±0.2)mm,槽底面与 B 面平行。

如何设计拨叉零件铣槽夹具的定位装置和手动夹紧装置?

2. 实训目的

通过拨叉零件铣槽夹具的定位装置和夹紧装置的设计,使学生进一步对专用夹具的定位方案和夹紧方案设计有所理解和体会,增强学生的学习兴趣,提高学生解决工程技术问题的自信心,使学生体验成功的喜悦;通过项目任务教学,培养学生互助合作的团队精神。

3. 实训过程

1) 分析讨论拨叉零件铣槽夹具的定位装置设计

(1) 分析讨论定位要求(应该限制的自由度)。

从加工的要求考虑,在工件上铣通槽,沿 x 轴的位置自由度 $\vec{x}$ 可以不受限制,但为了承受切削力,简化定位装置结构,$\vec{x}$ 还是要限制。工序基准为 ϕ25H7、E 面和 B 面。

(2) 分析讨论拨叉零件铣槽夹具定位基面和定位元件。

现拟定三个定位方案，如图 2.39 所示。

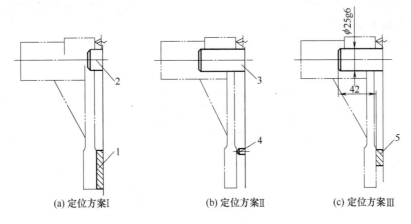

图 2.39　定位方案分析

1—支承板；2—短销；3—长销；4—支承钉；5—长条支承板

如图 2.39(a)所示，工件以 E 面作为主要定位面，用支承板 1 限制 3 个自由度 $\vec{y}$、$\vec{x}$、$\vec{z}$，用短销 2 与 ϕ25H7 孔配合限制两个自由度 $\vec{x}$、$\vec{z}$。为了提高工件的装夹刚度，在 c 处加一辅助支承。由于垂直度为 0.08 mm 的工序基准是 ϕ25H7 孔轴线，而工件绕 x 轴的角度自由度 $\vec{x}$ 由 E 面限制，定位基准与工序基准不重合，所以不利于保证槽侧面与 ϕ25H7 孔轴线的垂直度。

如图 2.39(b)所示，以 ϕ25H7 孔作为主要定位基面，用长销 3 限制工件的四个自由度 $\vec{x}$、$\vec{z}$、$\vec{x}$、$\vec{z}$，用支承钉 4 限制一个自由度 $\vec{y}$，在 C 处也放一辅助支承。由于 $\vec{x}$ 由长销限制，定位基准与工序基准重合，所以有利于保证槽侧面与 ϕ25H7 孔轴线的垂直度。但这种定位方式不利于工件的夹紧，因为辅助支承不能起定位作用，辅助支承上与工件接触的滑柱必须在工件夹紧后才能固定，当首先对支承钉 4 施加夹紧力时，由于其端面的面积太小，所以工件极易歪斜变形，夹紧也不可靠。

如图 2.39(c)所示，用长销限制工件的 4 个自由度 $\vec{x}$、$\vec{z}$、$\vec{x}$、$\vec{z}$，用长条支承板 5 限制两个自由度 $\vec{y}$、$\vec{z}$，$\vec{z}$ 被重复限制，属重复定位。因为 E 面与 ϕ25H7 孔轴线的垂直度为 0.1 mm，而工件刚性较差，0.1 mm 在工件的弹性变形范围内，因此属于可用重复定位。

比较上述三种方案，图 2.39(c)所示的方案较好。

按照加工要求，工件绕 y 轴的自由度 $\vec{y}$ 必须限制，限制的办法如图 2.40 所示。挡销放在如图 2.40(a)所示位置时，由于 B 面与 ϕ25H7 孔轴线的距离($23_{-0.3}^{0}$ mm)较近，尺寸公差又大，因此防转效果差，定位精度低；挡销放在如图 2.40(b)所示位置时，由于距离 ϕ25H7 孔轴线较远，因此防转效果较好，定位精度较高，并且能承受切削力所引起的转矩。

讨论问题：

① 设计拨叉零件铣槽夹具定位方案时为什么以 ϕ25H7 孔作为主要定位基面？

② 在拨叉零件铣槽夹具定位方案设计中，$\vec{z}$ 自由度被重复限制，属过定位，过定位在一般情况下应避免，在什么情况下可以采用过定位？

③ 在拨叉零件铣槽夹具定位方案的设计中，辅助支承起什么作用？操作顺序是什么？

2) 根据确定的定位方案分析计算定位误差

除槽宽 16H11 由铣刀保证外，本工序的主要加工要求是槽侧面与 E 面的距离为 $(11±0.2)$mm 及槽侧面与 ϕ25H7 孔轴线的垂直度为 0.08 mm，其他要求未注公差，因此只要计算上述两项加工要求的定位误差即可。

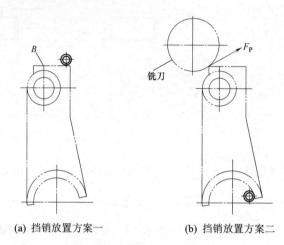

(a) 挡销放置方案一　　　　　　(b) 挡销放置方案二

图 2.40　挡销的位置

(1) 加工尺寸$(11±0.2)$mm 的定位误差。

采用如图 2.39(c)所示定位方案时，由图 2.38 可知尺寸$(11±0.2)$mm 的工序基准为 E 面，定位基准 E 面及 ϕ25H7 孔均影响该项误差。当考虑 E 面为定位基准时，定位基准与工序基准重合，$\Delta B=0$，基准位移误差 $\Delta Y=0$，因此定位误差 $\Delta D_1=0$。

当考虑 ϕ25H7 为定位基准时，定位基准与工序基准不重合，基准不重合误差为 E 面相对 ϕ25H7 孔的垂直度误差，即 $\Delta B=0.1$ mm；由于长销与定位孔之间存在最大配合间隙 $X_{\max}$，会引起工件绕 z 轴的角度偏差 $±\Delta\alpha$。取长销配合长度为 40 mm，直径为 ϕ25g6($\phi25_{-0.025}^{-0.009}$ mm)，定位孔为 ϕ25H7($\phi25_{0}^{+0.025}$ mm)，则定位孔单边转角偏差(见图 2.41(a))为

$$\tan\Delta\alpha = \frac{X_{\max}}{2\times 40} = \frac{0.025+0.025}{2\times 40} = 0.000\,625$$

此偏差将引起槽侧面对 E 面的偏斜，而产生尺寸$(11±0.2)$mm 的基准位移误差，由于槽长为 40 mm，所以：

$$\Delta Y = 2\times 40 \times 0.000\,625 \text{ mm} = 0.05 \text{ mm}$$

因工序基准与定位基面无相关的公共变量，所以：

$$\Delta D_2 = \Delta Y + \Delta B = (0.05+0.1)\text{mm} = 0.15 \text{ mm}$$

在分析加工尺寸精度时，应计算影响大的定位误差 ΔD_2，此项误差略大于工件公差 $\delta_K(0.4 \text{ mm})$的 1/3，需经精度分析后确定是否合理。

(2) 槽侧面与 ϕ25H7 孔轴线垂直度的定位误差。

由于定位基准与工序基准重合，所以 $\Delta B=0$。

由于孔轴配合存在最大配合间隙 $X_{\max}$，所以存在基准位移误差。定位基准可绕 x 轴产生两个方向的转动，其单方向的转角如图 2.41(b)所示：

$$\tan\Delta\alpha = \frac{X_{\max}/2}{40} = \frac{0.025+0.025}{2\times 40} = 0.000\,625$$

此处槽深为 8 mm，所以基准位移误差为
$$\Delta Y = 2 \times 8 \tan \Delta \alpha = 2 \times 8 \times 0.000\,625 = 0.01 \text{ mm}$$
故
$$\Delta D = \Delta Y = 0.01 \text{ mm}$$
由于定位误差只有垂直度要求(0.08 mm)的 1/8，故此装夹方案的定位精度满足要求。

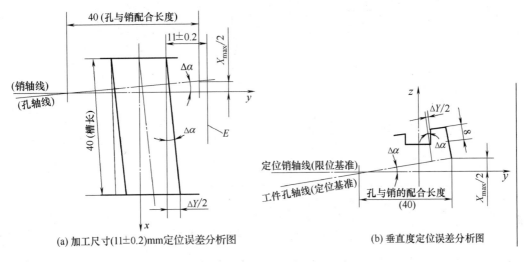

(a) 加工尺寸(11±0.2)mm定位误差分析图　　(b) 垂直度定位误差分析图

图 2.41　铣拨叉槽时的定位误差

3) 分析讨论拨叉零件铣槽夹具夹紧装置的设计

前面已经提到，首先必须对长条支承板施加夹紧力，然后固定辅助支承的滑柱。由于支承板离加工表面较远，铣槽时的切削力又大，故需在靠近加工表面的地方再增加一个夹紧力。此夹紧力作用在如图 2.42(a)所示的位置时，由于工件该部位的刚性差，夹紧变形大，因此，应用螺母与开口垫圈夹压在工件圆柱的左端面，如图 2.42(b)所示。拨叉此处的刚性较好，夹紧力更靠近加工表面，工件变形小，夹紧也可靠。在支承板上方的夹紧机构采用钩形压板，可使结构紧凑，操作也方便。

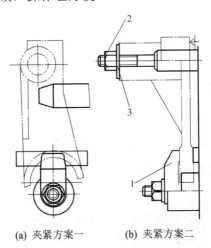

(a) 夹紧方案一　　(b) 夹紧方案二

图 2.42　夹紧方案分析

1—钩形压板；2—螺母；3—开口垫圈

综合以上分析，拨叉铣槽的装夹方案应如图 2.43 所示。装夹时，先拧紧钩形压板 1，再固定滑柱 5，然后插上开口垫圈 3，拧紧螺母 2。

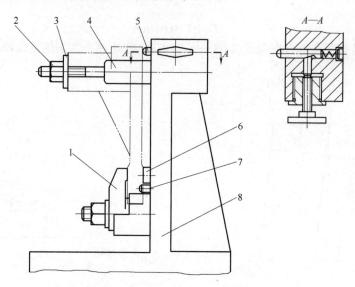

图 2.43　拨叉铣槽夹具的装夹方案

1—钩形压板；2—螺母；3—开口垫圈；4—长销；
5—滑柱；6—长条支承板；7—挡销；8—夹具体

讨论问题：

① 在拨叉零件铣槽夹具夹紧装置的设计中，如果在靠近加工表面的地方不增加一个夹紧力，这对零件加工精度有何影响？

② 拨叉零件铣槽夹具的夹紧装置采用钩形压板，能不能采用其他螺旋压板机构？

③ 拨叉零件铣槽夹具的夹紧装置若采用机动夹紧，该如何设计？

④ 拨叉零件铣槽夹具的夹紧力如何估算？

2.5　知识拓展

2.5.1　联动夹紧机构

利用一个原始作用力实现单件或多件的多点、多向同时夹紧的机构，称为联动夹紧机构。由于该机构能有效地提高生产率，因此在自动线和各种高效夹具中得到了广泛应用。

1. 联动夹紧机构的主要形式及其特点

1）单件联动夹紧机构

单件联动夹紧机构大多用于分散的夹紧力作用点或夹紧力方向差别较大的场合。按夹紧力的方向来分，单件联动夹紧有三种方式。

(1) 单件同向联动夹紧。如图 2.44(a)所示为浮动压头。通过浮动柱 2 的水平滑动协调浮动压头 1、3 实现对工件的夹紧。如图 2.44(b)所示为联动钩形压板夹紧机构。它通过薄膜气缸 9 的活塞杆 8 带动浮动盘 7 和三个钩形压板 5，可使工件 4 得到快速转位松夹。钩形压板下部的螺母头及活塞杆的头部都以球面与浮动盘相连接，并在相关的长度和直径方向上留有足够的间隙，使浮动盘充分浮动以确保可靠地联动。

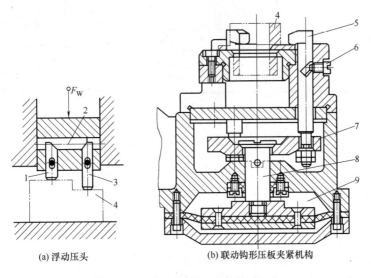

图 2.44　单件同向多点联动夹紧机构

1，3—浮动压头；2—浮动柱；4—工件；5—钩形压板；6—螺钉；7—浮动盘；8—活塞杆；9—薄膜气缸

(2) 单件对向联动夹紧。如图 2.45 所示为单件对向联动夹紧机构。当液压缸中的活塞杆 3 向下移动时，通过双臂铰链使浮动压板 2 相对转动，最后将工件 1 夹紧。

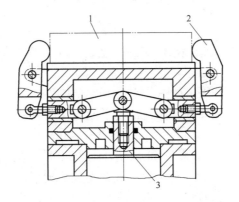

图 2.45　单件对向联动夹紧机构

1—工件；2—浮动压板；3—活塞杆

(3) 互垂力或斜交力的联动夹紧。如图 2.46(a)所示为双向浮动四点联动夹紧机构。由于摇臂 2 可以转动并与摆动压块 1、3 铰链连接，因此，当拧紧螺母 4 时，便可从两个相互垂直的方向上实现四点联动夹紧。如图 2.46(b)所示为通过摆动压块 1 实现斜交力两点联动夹紧的浮动压头。

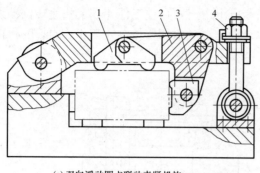 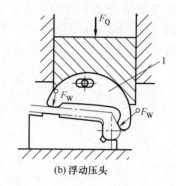

(a) 双向浮动四点联动夹紧机构　　　　　　(b) 浮动压头

图 2.46　互垂力或斜交力联动夹紧机构

1，3—摆动压块；2—摇臂；4—螺母

2) 多件联动夹紧机构

多件联动夹紧机构多用于中、小型工件的加工，按其对工件施力方式的不同，一般分为如下几种形式。

(1) 平行式多件联动夹紧。如图 2.47(a)所示为浮动压板机构对工件平行夹紧的实例。由于压板 2、摆动压块 3 和球面垫圈 4 可以相对转动，均是浮动件，故旋动螺母 5 即可同时平行夹紧每个工件。如图 2.47(b)所示为液性介质联动夹紧机构。密闭腔内的不可压缩液性介质既能传递力，又能起到浮动环节的作用。旋紧螺母 5 时，液性介质推动各个柱塞 7，使它们与工件全部接触并夹紧。

从上述可知，各个夹紧力相互平行，理论上分配到各工件上的夹紧力应相等，即

$$F_{Wi} = \frac{F_W}{n}$$

式中：F_W 为夹紧机构产生的总夹紧力；F_{Wi} 为理论上每个工件承受的夹紧力；n 为同时被夹紧的工件数量。

由于工件有尺寸公差，如采用如图 2.47(c)所示的刚性压板 2，则各工件所受的夹紧力就不能相同，甚至有些工件夹不住。因此，为了能均匀地夹紧工件，平行夹紧机构也必须有浮动环节。

(2) 连续式多件联动夹紧。如图 2.48 所示，七个工件 1 以外圆及轴肩在夹具的可移动 V 形块 2 中定位，用螺钉 3 夹紧。V 形块 2 既是定位、夹紧元件，又是浮动元件，除左端第一个工件外，其他工件也是浮动的。在理想条件下，各工件所受的夹紧力 F_{Wi} 均为螺钉输出的夹紧力 F_W。实际上，在夹紧系统中，各环节的变形、传递力过程中均存在摩擦能耗，当被夹工件数量过多时，有可能导致末件夹不牢或者首件被夹坏的结果。此外，由于工件定位误差和定位夹紧件的误差依次传递、逐个积累，造成夹紧力方向的误差很大，故连续式夹紧适用于工件的加工面与夹紧力方向平行的场合。

(3) 对向式多件联动夹紧。如图 2.49 所示，两对向压板 1、4 利用球面垫圈及间隙构成了浮动环节。当旋动偏心轮 6 时，迫使压板 4 夹紧右边的工件，与此同时拉杆 5 右移使压板 1 将左边的工件夹紧。这类夹紧机构可以减小原始作用力，但相应地增加了对机构夹紧行程的要求。

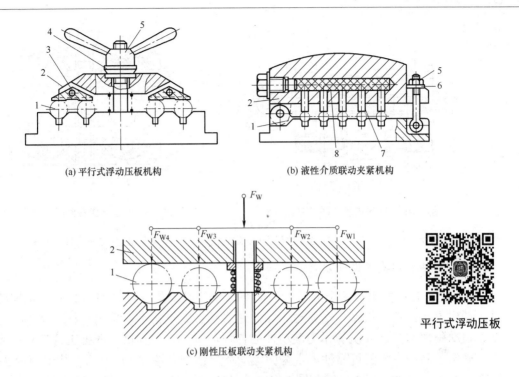

(a) 平行式浮动压板机构　　(b) 液性介质联动夹紧机构

(c) 刚性压板联动夹紧机构

图 2.47　平行式多件联动夹紧机构

1—工件；2—刚性压板；3—摆动压块；4—球面垫圈；5—螺母；6—垫圈；7—柱塞；8—液性介质

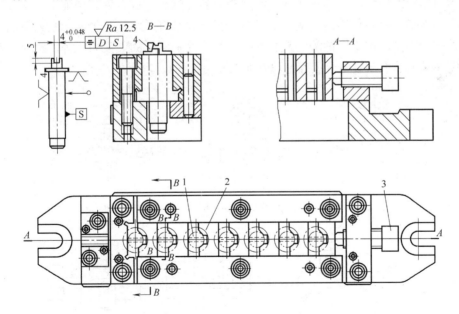

图 2.48　连续式多件联动夹紧机构

1—工件；2—V 形块；3—螺钉；4—对刀块

(4) 复合式多件联动夹紧。凡将上述多件联动夹紧方式合理组合构成的机构，均称为复合式多件联动夹紧。如图 2.50 所示为平行式和对向式组合的复合式多件联动夹紧的实例。

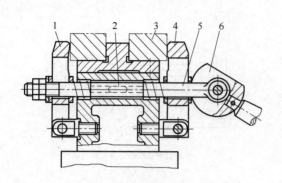 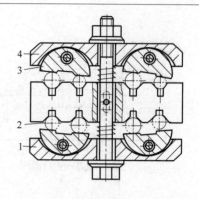

图 2.49　对向式多件联动夹紧机构　　　　图 2.50　复合式多件联动夹紧机构

1，4—压板；2—键；3—工件；5—拉杆；6—偏心轮　　1，4—压板；2—工件；3—摆动压块

2. 联动夹紧机构的设计要点

(1) 联动夹紧机构在两个夹紧点之间必须设置必要的浮动环节，并具有足够的浮动量，动作灵活，符合机械传动原理。如前述联动夹紧机构中，采用滑柱、球面垫圈、摇臂、摆动压块和液性介质等作为浮动件的各种环节，它们补偿了同批工件尺寸公差的变化，确保了联动夹紧的可靠性。常见的浮动环节结构如图 2.51 所示，其中图 2.51(a)和图 2.51(b)为两点式，图 2.51(c)和图 2.51(d)为三点式，图 2.51(e)和图 2.51(f)为多点式。

(2) 适当地限制被夹工件的数量。在平行式多件联动夹紧中，如果工件数量过多，在一定原始力作用的条件下，作用在各工件上的夹紧力就小，或者为了保证工件有足够的夹紧力，需无限增大原始作用力，从而给夹具的强度、刚度及结构等带来一系列问题。对连续式多件联动夹紧，由于摩擦等因素的影响，各工件上所受的夹紧力不等，距原始作用力越远，则夹紧力越小，故要合理确定同时被夹紧的工件数量。

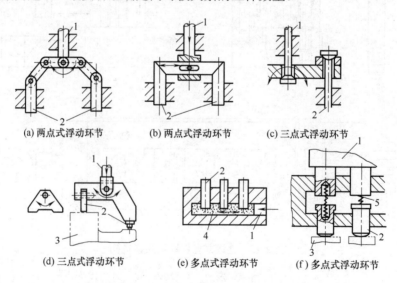

图 2.51　浮动环节的结构类型

1—动力输入端；2—输出端；3—工件；4—液性介质；5—弹簧

(3) 联动夹紧机构的中间传力杠杆应力求增力,以免使驱动力过大;并要避免采用过多的杠杆,力求结构简单紧凑,提高工作效率,保证机构可靠地工作。

(4) 设置必要的复位环节,保证复位准确,松夹装卸方便。如图 2.52 所示,在两拉杆 4 上装有固定套环 5,松夹时,联动杠杆 6 上移,就可借助固定套环 5 强制拉杆 4 向上,使压板 3 脱离工件,以便装卸。

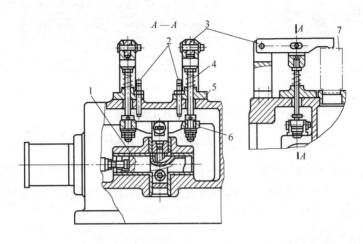

图 2.52 强行松夹的结构

1—斜楔滑柱机构;2—限位螺钉;3—压板;4—拉杆;5—固定套环;6—联动杠杆;7—工件

(5) 要保证联动夹紧机构的系统刚度。一般情况下,联动夹紧机构所需总夹紧力较大,故在结构形式及尺寸设计时必须予以重视,特别要注意一些递力元件的刚度。如图 2.52 中的联动杠杆 6 的中间部位受较大弯矩,其截面尺寸应设计大一些,以防止夹紧后发生变形或损坏。

(6) 正确处理夹紧力方向和工件加工面之间的关系,避免工件在定位、夹紧时的逐个积累误差对加工精度的影响。在连续式多件夹紧中,工件在夹紧力方向必须没有限制自由度的要求。

2.5.2 定心夹紧机构

当工件被加工面以中心要素(轴线、中心平面等)为工序基准时,为使基准重合以减少定位误差,就必须采用定心夹紧机构。定心夹紧机构具有定心和夹紧两种功能。

定心夹紧机构按其定心作用原理来分有两种类型:一种是依靠传动机构使定心夹紧元件同时做等速移动,从而实现定心夹紧,如螺旋式、杠杆式、楔式等;另一种是依靠定心夹紧元件本身做均匀的弹性变形(收缩或胀力),从而实现定心夹紧,如弹簧筒夹、膜片卡盘、波纹套、液性塑料等。下面将介绍常用的几种结构。

1. 螺旋式定心夹紧机构

如图 2.53 所示,旋动有左、右螺纹的双向螺杆 6,使滑座 1、5 上的 V 形块钳口 2、4 做对向等速移动,从而实现对工件的定心夹紧;反之,便可松开工件。V 形块钳口可按工件的需要更换，定心精度可借助调节杆 3 实现。

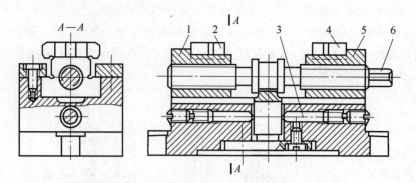

图 2.53 螺旋式定心夹紧机构

1，5—滑座；2，4—V 形块钳口；3—调节杆；6—双向螺杆

这种定心夹紧机构的优点是：结构简单，工作行程大，通用性好。其缺点是：定心精度不高，一般为 $\phi 0.05 \sim \phi 0.1$ mm。该机构主要用于粗加工或半精加工过程中需要行程大而定心精度要求不高的工件。

2. 杠杆式定心夹紧机构

如图 2.54 所示为车床用的气压定心卡盘，气缸通过拉杆 1 带动滑套 2 向左移动时，三个钩形杠杆 3 同时绕轴销 4 摆动，收拢位于滑槽中的三个夹爪 5 而将工件定心夹紧。夹爪的张开靠拉杆右移时装在滑套 2 上的斜面推动。

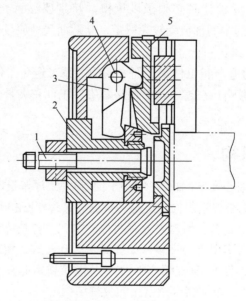

图 2.54 杠杆作用的定心卡盘

1—拉杆；2—滑套；3—钩形杠杆；4—轴销；5—夹爪

这种定心夹紧机构具有刚度高、动作快、增力比大、工作行程也比较大(随结构尺寸不

同,行程为 3~12 mm)等特点,其定心精度较低,一般约为 $\phi 0.1$ mm。它主要用于工件的粗加工。由于杠杆机构不能自锁,所以这种机构自锁要靠气压或其他装置,其中采用气压的较多。

3. 楔式定心夹紧机构

如图 2.55 所示为机动的楔式夹爪自动定心机构。当工件以内孔及左端面在夹具上定位后,气缸通过拉杆 4 使六个夹爪 1 左移,由于本体 2 上斜面的作用,夹爪左移的同时向外胀开,将工件定心夹紧;反之,夹爪右移时,在弹簧卡圈 3 的作用下使夹爪收拢,将工件松开。

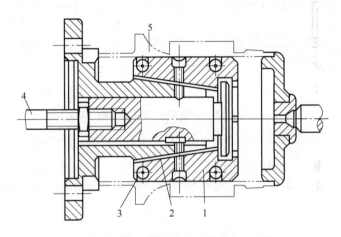

图 2.55 机动的楔式夹爪自动定心机构

1—夹爪;2—本体;3—弹簧卡圈;4—拉杆;5—工件

这种定心夹紧机构的结构紧凑且传动准确,定心精度一般可达 $\phi 0.02 \sim \phi 0.07$ mm,比较适用于工件以内孔作定位基面的半精加工工序。

4. 弹簧筒夹式定心夹紧机构

弹簧筒夹式定心夹紧机构常用于安装轴套类工件。如图 2.56(a)所示为用于装夹工件以外圆柱面为定位基面的弹簧夹头。旋转螺母 4 时,锥套 3 内锥面迫使弹簧筒夹 2 上的簧瓣向心收缩,从而将工件定心夹紧。如图 2.56(b)所示是用于工件以内孔为定位基面的弹簧心轴。因工件的长径比 $L/d \geqslant 1$,故弹簧筒夹 2 的两端各有簧瓣。旋转螺母 4 时,锥套 3 的外锥面向心轴 5 的外锥面靠拢,迫使弹簧筒夹 2 的两端簧瓣向外均匀胀开,从而将工件定心夹紧。反向转动螺母,带退锥套,便可卸下工件。

弹簧筒夹定心夹紧机构的结构简单、体积小,操作方便迅速,因而应用十分广泛。其定心精度可稳定在 $\phi 0.04 \sim \phi 0.1$ mm,高的可达 $\phi 0.01 \sim \phi 0.02$ mm。为保证弹簧筒夹正常工作,工件定位基面的尺寸公差应控制在 0.1~0.5 mm 范围内,故一般适用于精加工或半精加工场合。

5. 膜片卡盘定心夹紧机构

如图 2.57 所示,工件以大端面和外圆为定位基面,在十个等高支柱 6 和膜片 2 的十个夹爪上定位。首先顺时针旋动螺钉 4 使楔块 5 下移,并推动滑柱 3 右移,迫使膜片 2 产生弹性变形,十个夹爪同时张开,以放入工件。逆时针旋动螺钉,使膜片恢复弹性变形,十个夹爪同时收缩将工件定心夹紧。夹爪上的支承钉 1 可以调节,以适应直径尺寸不同的工件。支承钉每次调整后都要用螺母锁紧,并在所用的机床上对 10 个支承钉的工作面进行加工(夹爪在直径方向上应留有 0.4 mm 左右的预张量),以保证基准轴线与机床主轴回转轴线的同轴度。

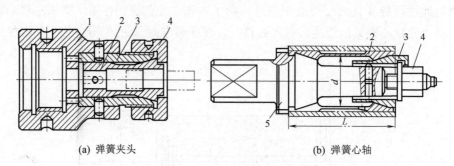

(a) 弹簧夹头 (b) 弹簧心轴

图 2.56 弹簧夹头和弹簧心轴

1—夹具体;2—弹簧筒夹;3—锥套;4—螺母;5—心轴

膜片卡盘定心机构具有工艺性好、通用性好、定心精度高(一般为 $\phi 0.005 \sim \phi 0.01$ mm)、操作方便迅速等特点,但它的夹紧力较小,故常用于滚动轴承零件的磨削或车削加工工序。

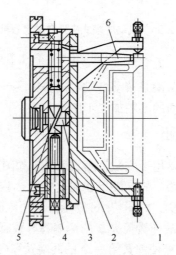

图 2.57 膜片卡盘定心夹紧机构

1—支承钉;2—膜片;3—滑柱;4—螺钉;5—楔块;6—支柱

6. 波纹套定心夹紧机构

波纹套定心夹紧机构的弹性元件是一个薄壁波纹套。如图 2.58 所示为用于加工工件外圆及右端面的波纹套定心心轴。如图 2.58(a)所示为松开状态,拧动螺母 1 通过垫圈 3 使波纹套 2 轴向压缩,同时套筒外径因变形而增大,从而使工件得到精确的定心夹紧,如图 2.58(b)所示。波纹套 2 及支承圈 5 可以更换,以适应孔径不同的工件,扩大心轴的通用性。

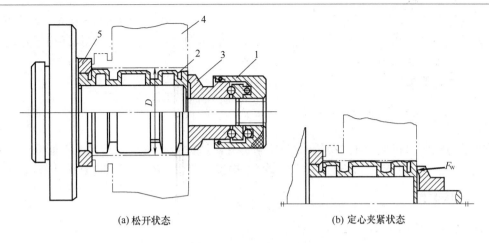

(a) 松开状态　　　　　　　　(b) 定心夹紧状态

图 2.58　波纹套定心心轴

1—螺母；2—波纹套；3—垫圈；4—工件；5—支承圈

波纹套定心夹紧机构的结构简单、装夹方便、使用寿命长，定心精度可达 $\phi 0.005\sim \phi 0.01$ mm，适用于定位基准孔 $D>20$ mm，且公差等级不低于 IT8 级的工件，在齿轮、套筒类等工件的精加工工序中应用较多。

7. 液性塑料定心夹紧机构

如图 2.59 所示为液性塑料定心夹紧机构的两种结构，其中，图 2.59(a)是工件以内孔为定位基面，图 2.59(b)是工件以外圆为定位基面，虽然两者的定位基面不同，但其基本结构与工作原理是相同的。起直接夹紧作用的薄壁套筒 2 压配在夹具体 1 上，在所构成的容腔中注满液性塑料 3。当将工件装到薄壁套筒 2 上之后，旋进加压螺钉 5，通过滑柱 4 使液性塑料流动并将压力传到各个方向上，薄壁套筒的薄壁部分在压力的作用下产生径向均匀的弹性变形，从而将工件定心夹紧。图 2.59(a)中的限位螺钉 6 用于限制加压螺钉的行程，防止薄壁套筒超负荷而产生塑性变形。

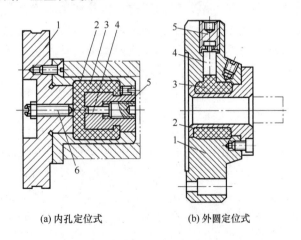

(a) 内孔定位式　　　　　　(b) 外圆定位式

图 2.59　液性塑料定心夹紧机构

1—夹具体；2—薄壁套筒；3—液性塑料；4—滑柱；5—螺钉；6—限位螺钉

液性塑料定心夹紧机构的定心精度一般为 0.01 mm，最高可达 0.005 mm。由于薄壁套筒的弹性变形不能过大，一般径向变形量 $\varepsilon=(0.002\sim0.005)D$。因此，它只适用于定位孔精度较高的精车、磨削和齿轮加工等精加工工序。

薄壁套筒的结构尺寸和材料、热处理等可以从"夹具手册"中查到。

2.5.3 夹具动力装置的应用

对于力源来自机械、电力等的机动夹紧装置，统称为夹具动力装置。下面介绍常用动力装置的特点及一般应用情况，对于具体的结构设计可参阅有关机床夹具设计资料。

1. 气压装置

1) 气压装置的组成

气压装置系统如图 2.60 所示，它包括三个组成部分：气源、控制部分和执行部分。

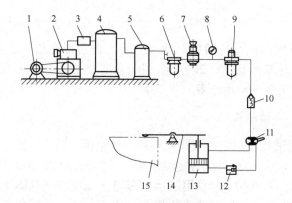

图 2.60 气压装置系统

1—电动机；2—空气压缩机；3—冷却器；4—储气罐；5—过滤器；6—分水滤气器；7—调压阀；8—压力表；9—油雾器；10—单向阀；11—配气阀；12—调速阀；13—气缸；14—压板；15—工件

气压装置的执行部分主要是气缸，它们通常直接装在机床夹具上与夹紧机构相连。气缸是将压缩空气的工作压力转换为活塞的移动，以驱动夹紧机构实现对工件的夹紧。它的种类很多，按活塞的结构可分为活塞式和膜片式两大类；按安装方式可分为固定式、摆动式和回转式等；按工作方式还可分为单向作用气缸和双向作用气缸。

(1) 如图 2.61 所示为固定式活塞式气缸，由缸体 1、缸盖 2 与缸盖 4、活塞 6 和活塞杆 3 组成。活塞在压缩空气的推动下做往复直线运动，从而实现夹紧和松开。

各种气缸的结构参数和推力(或拉力)可从"机床夹具设计手册"中查到。

(2) 回转式活塞式气缸：它用于做回转运动的夹具，如车、磨用夹具等。如图 2.62 所示为采用回转气缸的车床气动卡盘，它由卡盘 1、回转气缸 6 和导气接头 8 三个部分组成。卡盘以其过渡盘 2 安装在主轴 3 前端的轴颈上，回转气缸则通过连接盘 5 安装在主轴末端，活塞 7 和卡盘 1 用拉杆 4 相连。加工时，卡盘和回转气缸随主轴一起旋转，导气接头不转动。

导气接头的结构如图 2.63 所示。支承心轴 1 右端固定在气缸盖 8 上，壳体 2 通过滚动轴承 5 和滚动轴承 7 装配在支承心轴的轴颈上，支承心轴随气缸和轴承内圈一起转动，壳体 2 则静止不动。当压缩空气从管接头 3 输入，经环形槽和孔道 b 进入气缸右腔时，活塞向左移动并带动钩形压板压紧工件。此时左腔废气经由孔道口和环形槽从管接头 4 的管道至配气阀排入大气中。反之，当配气阀手柄换位时，压缩空气经由管接头 4、环形槽和孔道 a 进入左腔，工件松夹，气缸右腔废气便从管接头 3 经配气阀排出。

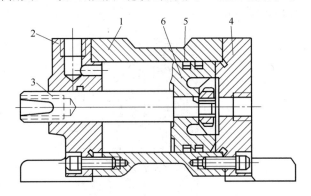

图 2.61　固定式活塞式气缸

1—缸体；2，4—缸盖；3—活塞杆；5—密封圈；6—活塞

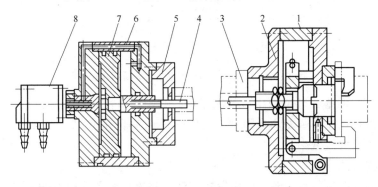

图 2.62　气动卡盘

1—卡盘；2—过渡盘；3—主轴；4—拉杆；5—连接盘；6—回转气缸；7—活塞；8—导气接头

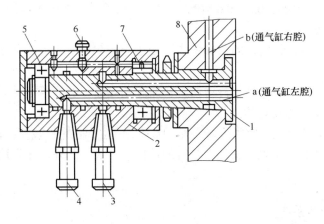

图 2.63　导气接头

1—支承心轴；2—壳体；3，4—管接头；5，7—滚动轴承；6—油孔螺塞；8—气缸盖

回转式气缸必须密封可靠,回转灵活。导气接头的壳体与心轴之间应有 0.007~0.015 mm 的间隙,以保证导气接头中的运动会获得充分润滑,不会因摩擦发热而咬死。

(3) 薄膜式气缸:如图 2.64 所示为单向作用薄膜式气缸。当压缩空气从接头 1 进入气缸作用在薄膜 5 和托盘 4 上时,推杆 6 右移夹紧工件;松夹时靠弹簧 2 和弹簧 3 的弹力推动托盘左移,废气仍从接头 1 排出。

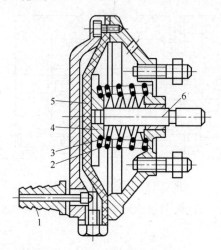

图 2.64 单向作用薄膜式气缸

1—接头;2,3—弹簧;4—托盘;5—薄膜;6—推杆

薄膜式气缸与活塞式气缸相比,其优点是:结构简单,容易制造,不需密封装置,成本较低。其缺点是:受薄膜变形量限制,工作行程一般不超过 30~40 mm;推力也小,并随着夹紧行程的增大而减小。

2) 气压装置的特点

气压装置以压缩空气为力源,应用比较广泛,与液压装置比较有如下优点。

(1) 动作迅速,反应快。气压为 0.5 MPa 时,气缸活塞速度为 1~10 m/s,夹具每小时可连续松夹上千次。

(2) 工作压力低(一般为 0.4~0.6 MPa),传动结构简单,对装置所用材料及制造精度要求不高,制造成本低。

(3) 空气黏度小,在管路中的损失较少,便于集中供应和远距离输送,易于集中操纵或程序控制等。

(4) 空气可就地取材,容易保持清洁,管路不易堵塞,也不会污染环境,具有维护简单、使用安全、可靠、方便等特点。

气压装置的主要缺点是:空气压缩性大,夹具的刚度和稳定性较差;在产生相同原始作用力的条件下,因工作压力低,其动力装置的结构尺寸大;此外,还有较大的排气噪声。

2. 液压装置

1) 液压泵站油路系统

当在几台非液压机床上使用液压夹具并采用集中泵站供油方式时,可以看到液压夹具的优越性。但是,它存在着工件夹紧后或更换时不需要供应液压油,而其他机床却需要液压泵连续供油,从而造成虚耗大量电能、油温急剧上升、液压油容易变质等问题。为此,可采用单机配套的高压小流量液压泵站。

如图 2.65(a)所示是 YJZ 型液压泵站外形图。如图 2.65(b)所示为其油路系统,油液经滤油器 12 进入柱塞泵 8,通过单向阀 7 与快换接头 3 进入夹具微型液压缸 1。电接点压力表 6 用于显示液压系统的工作压力,溢流阀 4 的作用是防止系统过载,电磁卸荷阀 10 兼有卸荷、换向、保压的作用。

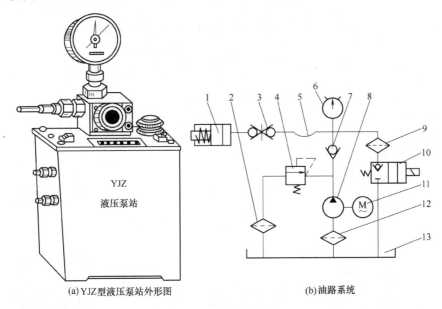

图 2.65　YJZ 型液压泵站

1—夹具微型液压缸;2,9,12—滤油器;3—快换接头;4—溢流阀;5—高压软管;
6—电接点压力表;7—单向阀;8—柱塞泵;10—电磁卸荷阀;11—电动机;13—油箱

液压泵站输出的液压油油压高(最高工作压力为 16～32 MPa),工作液压缸直径尺寸小,如图 2.66 所示。这种微型液压缸可直接安装在机床工作台或夹具体上。如图 2.67(a)所示为通过 T 形槽安装在工作台上,如图 2.67(b)所示为液压缸安装在夹具体孔中并用螺钉紧固,如图 2.67(c)所示为液压缸直接旋入夹具体螺纹孔中。

液压泵站可按实际需要购买。微型液压缸的参数和尺寸可查阅"机床夹具设计手册"。

2) 液压装置的特点

液压装置的优点如下。

(1) 液压油油压高、传动力大,在产生同样原始作用力的情况下,液压缸的结构尺寸比气压的小 3～4 倍。

(2) 油液的不可压缩性使夹紧刚度高、工作平稳、可靠。

(3) 液压传动噪声小,劳动条件比气压的好。

其缺点如下:油压高容易漏油,要求液压元件的材质和制造精度高,故夹具成本较高。

3. 气液增压装置

为了综合利用气压和液压装置的优点,在不需增设液压装置的条件下,可在非液压机床上采用气液联动的增压装置。

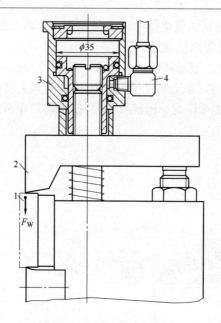

图 2.66 微型液压缸

1—工件；2—压板；3—液压缸；4—管接头

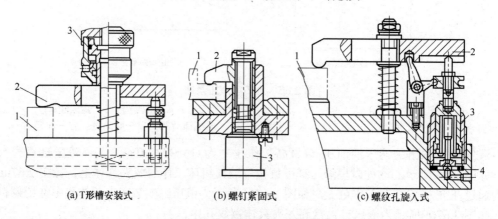

(a) T形槽安装式　　(b) 螺钉紧固式　　(c) 螺纹孔旋入式

图 2.67 微型液压缸的安装形式

1—工件；2—压板；3—微型液压缸；4—夹具体

1) 气液增压工作原理

气液增压夹紧的动力来源仍是压缩空气，液压起增压作用。其工作原理如图 2.68 所示。压缩空气进入气缸 A 室，推动活塞 1 左移。增力液压缸 B 与工作液压缸是接通的。当活塞 1 左移时，活塞杆就推动 B 室内的油增压进入工作液压缸而夹紧工件。

按工件被夹紧后的平衡条件，气缸与增力液压缸之间的平衡方程式为

$$\frac{\prod D_1^2}{4} p_1 = \frac{\prod d^2}{4} p$$

则

$$p = \frac{D_1^2}{d^2} p_1 \cdot \eta$$

式中：p 为输出油压，即增力液压缸的油压；p_1 为压缩空气的气压；D_1 为气缸的直径；d 为增力液压缸直径；η 为总效率，一般为 0.8～0.85。

作用在工作液压缸上的推力为

$$F = \frac{\prod D^2}{4} \cdot p \cdot \eta = \frac{\prod D^2}{4} \cdot \left(\frac{D_1^2}{d^2}\right) \cdot p_1 \cdot \eta$$

式中：F 为工作液压缸活塞上的推力；D 为工作液压缸的直径。

由上式可知，气液增压装置的增压比为

$$i_p = \frac{p}{p_1} = \left(\frac{D_1}{d}\right)^2$$

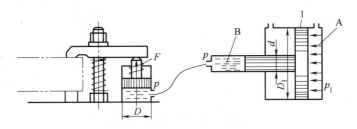

图 2.68　气液增压原理

1—活塞

2) 气液增压装置的特点

(1) 其油压可达 9.8～19.6 MPa，不需要增加机械增力机构就能产生很大的夹紧力，使夹具结构简化、传动效率提高和制造成本降低。

(2) 气液增压装置已被制成通用部件，可用各种方式灵活、方便地与夹具组合使用。

4. 电动装置

电动装置是以电动机带动夹具中的夹紧机构，对工件进行夹紧的一种方式。最常用的是少齿差行星减速电动卡盘。电动卡盘工作时需要低转速、大扭矩。借助行星减速机构可以将电动机的高转速、小扭矩变成符合电动卡盘需要的低转速、大扭矩功能。

如图 2.69 所示为电动三爪自定心卡盘。它可由三爪自定心卡盘改装而成，即在卡盘体内装上一套少齿差行星机构。电动机的动力通过胶木齿轮 1 和齿轮 2 传至传动轴 3。在传动轴 3 的前端装有偏心轴 6，其上装有两个相互偏心的齿轮 7 和齿轮 8，通过每个齿轮上面的八个孔，套在固定于定位板 4 上的八个销子 5 上。偏心轴 6 转动时，齿轮 7 和齿轮 8 不能自转而只能做平行运动，并带动内齿轮 9 转动。内齿轮 9 的端面与大锥齿轮啮合，从而带动卡爪定心夹紧或松开工件。

这种电动卡盘的特点是：传动平稳，无噪声，具有普通三爪自定心卡盘的通用性。

5. 磁力装置

磁力装置按其磁力的来源，可分为永磁式和电磁式两类。永磁式是由永久磁铁产生吸力将工件夹紧，如常见的标准通用永磁工作台，它的优点是不消耗电能，经久耐用，但吸力没有电磁式的大。

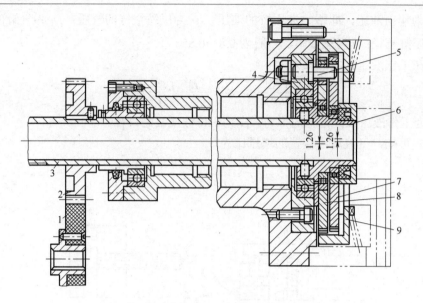

图 2.69 电动三爪自定心卡盘

1—胶木齿轮；2—齿轮；3—传动轴；4—定位板；5—销子；6—偏心轴；7,8—齿轮；9—内齿轮

如图 2.70 所示为车床用感应式电磁卡盘。当线圈 1 通上直流电后，在铁心 2 上产生磁力线，避开隔磁体 5 使磁力线通过工件和导磁体定位件 6 形成闭合回路，如图 2.70 中虚线所示。工件被磁力吸在盘面上。断电后，磁力消失，取下工件。

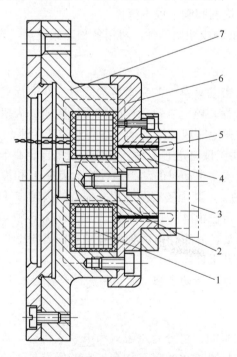

图 2.70 车床用感应式电磁卡盘

1—线圈；2—铁心；3—工件；4—导磁体定位件；5—隔磁体；6—导磁体定位件；7—夹具体

磁力夹紧主要适用于薄件加工和高精度的磨削,它具有结构简单紧凑、安全可靠、夹紧动作迅速等特点。

6. 真空装置

真空装置是利用封闭腔内的真空度吸紧工件,实质上是利用大气压力来压紧工件。如图 2.71 所示是其工作原理图。图 2.71(a)是未夹紧状态,夹具体上有橡皮密封圈 B,工件放在密封圈上,使工件与夹具体形成密闭腔 A,然后通过孔道 C 用真空泵抽出腔内空气,使密闭腔形成一定的真空度,在大气压力作用下,工件定位基准面与夹具支承面接触(见图 2.71(b))并获得一定的夹紧力。夹紧力的计算公式如下:

$$F_W = s(p_a - p_0) - F_m$$

式中:F_W 为夹紧力,N;s 为空腔 A 的有效面积,即为密封圈 B 所包容的面积,mm^2;p_a 为大气压强,0.1 MPa;p_0 为腔内剩余压强,一般为 0.01~0.05 MPa;F_m 为橡胶密封圈的反作用力,N。

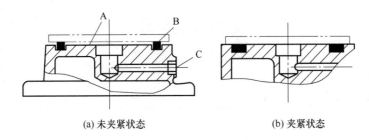

图 2.71 真空夹紧原理

如图 2.72 所示为真空夹紧装置的系统图,它由电动机 1、真空泵 2、真空罐 3、空气滤清器 4、操纵阀 5、真空夹具 6 等组成。其中,真空罐 3 经常处于真空状态,当它与夹具密闭腔接通后,迅速使腔内形成真空,夹紧工件。真空罐的容积应比夹具密闭腔的容积大 15~20 倍。

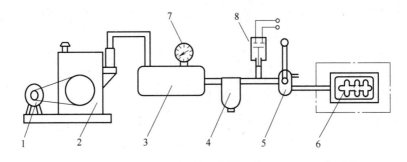

图 2.72 真空夹紧装置的系统图

1—电动机;2—真空泵;3—真空罐;4—空气滤清器;
5—操纵阀;6—真空夹具;7—真空表;8—紧急断路器

系统中还安装了紧急断路器 8,它与机床电动机的电路联锁。当真空度低于规定值时,紧急断路器将电路切断,停止机床运转,以防发生事故。

真空装置的特点是压力均匀,单位有效面积上的压力只有 6~8 N/cm^2,因此仅适用于加工刚度低、大而薄或需要均匀夹紧而又不能采用磁力夹紧的工件。

本 章 小 结

本章介绍了机床夹具夹紧装置的组成和基本要求、夹紧力确定的基本原则、基本夹紧机构(斜楔夹紧机构、螺旋夹紧机构、偏心夹紧机构和铰链夹紧机构)等基本内容。在知识拓展一节中介绍了联动夹紧机构、定心夹紧机构以及夹紧动力装置的应用等内容。学生通过完成钢套零件钻 $\phi5$ mm 孔钻床夹具的夹紧方案设计以及拨叉零件铣槽夹具的定位装置、手动夹紧装置设计两项工作任务，应达到掌握专用夹具夹紧装置设计的相关知识的目的，并且巩固第 1 章所学习的工件定位方面的知识。通过项目任务教学，培养学生互助合作的团队精神。在工作实训中要注意培养学生分析问题和解决问题的能力，培养学生查阅"机床夹具设计手册"和资料的能力，逐步提高学生处理实际工程技术问题的能力。

思 考 与 练 习

第二章工件的夹紧
测验试卷

一、填空题

1. 基本夹紧机构是指_____、_____、_____、_____以及它们的组合。
2. 夹紧力三要素的设计原则为_____、_____和_____。
3. 典型夹紧机构包括_____、_____和_____三部分。
4. 定心夹紧机构有各种类型，而就其基本动作原理而言，主要有两种类型，即_____和_____。
5. 定心夹紧机构是指_____在实行对工件夹紧的过程中，同时完成对工件的定位，即对工件的_____和_____同时完成。
6. 生产中应用最普遍的夹紧机构是_____夹紧机构，增力机构是_____夹紧机构。
7. 在夹紧装置中，要使_____转换为_____，须通过夹紧机构才能实现。
8. 偏心夹紧机构的偏心件一般有_____和_____两种类型。
9. 典型螺旋夹紧机构的两种典型结构形式为_____和_____。
10. 常用动力装置有_____、_____、_____、_____、_____和_____。

二、判断题(正确的画"√"，错误的画"×")

1. 夹紧力的方向应尽可能和切削力、工件重力垂直。( )
2. 斜楔夹紧机构中有效夹紧力为主动力的 10 倍。( )
3. 弹簧筒夹式定心夹紧机构利用的是斜面原理。( )
4. 生产中应尽量避免用定位元件来参与夹紧，以维持定位精度的精确性。( )
5. 夹紧装置中中间传力机构可以改变夹紧力的方向和大小。( )

6. 斜楔夹紧机构自锁条件：斜楔的升角大于斜楔与工件、斜楔与夹具体之间的摩擦角之和。　　　　　　　　　　　　　　　　　　　　　　　　　　　　（　）
7. 斜楔理想增力倍数等于夹紧行程的增大培数。　　　　　　　　　　（　）
8. 联动夹紧机构在两个夹紧点之间必须设置必要的浮动环节。　　　　（　）

三、选择题

1. 夹紧力的方向应尽量垂直于主要定位基准面，同时应尽量与(　　)方向一致。
   A. 退刀　　　　B. 振动　　　　C. 换刀　　　　D. 切削
2. 在生产中得到广泛应用的夹紧机构为(　　)。
   A. 斜楔夹紧机构　B. 偏心夹紧机构　C. 螺旋夹紧机构　D. 自定心夹紧机构
3. 斜楔夹紧机构的自锁条件为：其楔升角应(　　)斜楔与工件间的摩擦角、斜楔与夹具体间摩擦角之和。
   A. 大于　　　　B. 小于　　　　C. 等于
4. 夹具设计中，夹紧装置夹紧力的作用点应尽量(　　)工件要加工的部位。
   A. 远离　　　　B. 靠近　　　　C. 远、近皆可
5. 圆偏心夹紧机构是依靠偏心轮在转动的过程中，轮缘上各工作点距回转中心不断(　　)的距离来逐渐夹紧工件的。
   A. 减少　　　　B. 增大　　　　C. 保持不变

四、简答题

1. 试述夹紧装置的组成及各组成部分之间的关系。
2. 夹紧装置设计的基本要求是什么？确定夹紧力的方向和作用点的准则有哪些？
3. 试举例说明减少夹紧变形的主要方法。
4. 比较斜楔、螺旋、圆偏心夹紧机构的特点及其应用。
5. 什么叫偏心率？如何选择偏心率？
6. 分析如图 2.73 所示的夹紧力方向和作用点，并判断其合理性及如何改进？

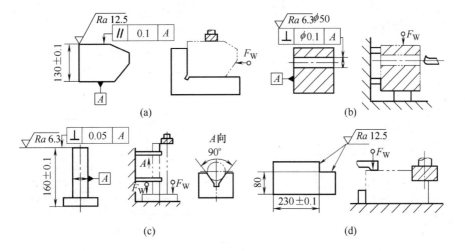

图 2.73　题四(6)图

7. 分析如图 2.74 所示的螺旋压板夹紧机构有无缺点？若有缺点应如何改进？

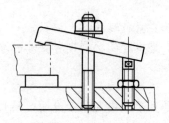

图 2.74　题四(7)图

8. 指出如图 2.75 所示各定位、夹紧方案及结构设计中不正确的地方，并提出改进意见。

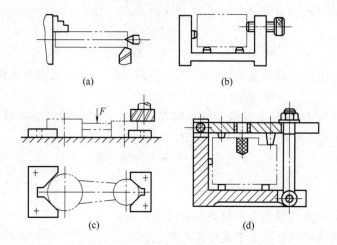

图 2.75　题四(8)图

9. 分析如图 2.76 所示零件加工时必须限制的自由度，选择定位基准和定位元件，并在图中画出；确定夹紧力作用点的位置和方向，并用规定的符号在图中标出。

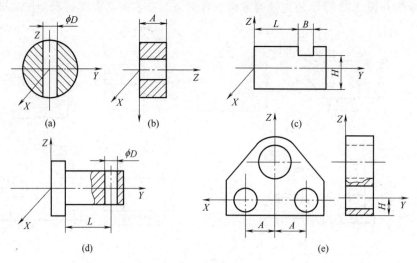

图 2.76　题四(9)图

10. 如图 2.77 所示的联动夹紧机构是否合理？为什么？若不合理，试绘出正确的结构。

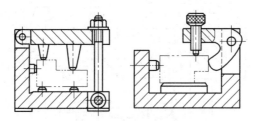

图 2.77 题四(10)图

11. 设计联动夹紧机构时主要应注意哪些问题？
12. 举例说明定心夹紧机构的工作原理。
13. 试述各类典型定心夹紧机构的特点及主要适用范围。
14. 气压装置主要由哪些部分组成？它有什么特点？
15. 试述机床夹具用液压泵站的工作原理及特点。
16. 试述电动三爪自定心卡盘的结构构成及其工作的基本原理。
17. 试述真空夹紧装置工作的原理及真空夹紧装置的特点。

五、计算题

1. 一手动斜楔夹紧机构(见图 2.78)，已知参数如表 2.7 所示，试求出工件的夹紧力 F_W 并分析其自锁性能。

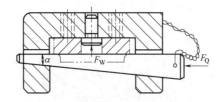

图 2.78 题五(1)图

表 2.7 题五(1)

斜楔升角 α	各面间摩擦系数 f	原始作用力 F_Q/N	夹紧力 F_W/N	自锁性能
6°	0.1	100		
8°	0.1	100		
15°	0.1	100		

2. 夹具结构示意如图 2.79 所示，已知切削力 F_P=4400 N(垂直夹紧力方向)，试估算所需的夹紧力 F_W 及气缸产生的推力 F_Q。已知 α=6°，f=0.15，d/D=0.2，l=h，L_1=L_2。

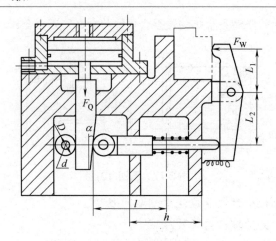

图 2.79 题五(2)图

六、综合题

1. 分析如图 2.80 所示夹紧机构实例 1 的工作过程,它们是什么类型的夹紧机构?

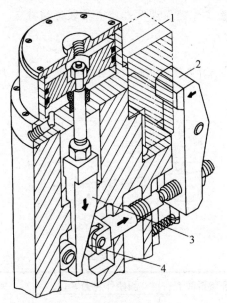

图 2.80 夹紧机构实例 1

1—气缸活塞;2—压板;3—楔块;4—滚子

2. 分析如图 2.81 所示夹紧机构实例 2 的工作过程,它们是什么类型的夹紧机构?

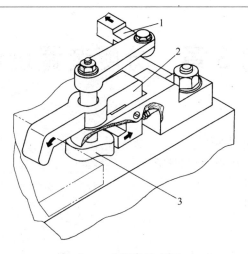

图 2.81　夹紧机构实例 2

1—连杆；2—回转压板；3—双向偏心轮

3. 分析如图 2.82 所示夹紧机构实例 3 的工作过程，它们是什么类型的夹紧机构？

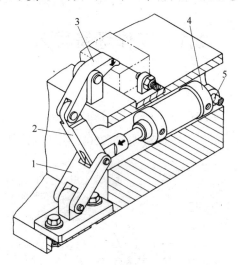

图 2.82　夹紧机构实例 3

1，2—铰链臂；3—压板；4—气缸；5—轴

第3章 分度装置设计

本章要点

- 分度装置的结构和类型。
- 分度对定机构及控制机构的设计。
- 分度装置的应用。
- 分度精度的分析。

技能目标

- 根据加工要求选择分度装置的类型。
- 掌握典型的分度装置的应用。
- 掌握分度装置的结构和设计方法。
- 掌握分度式专用机床夹具的设计。

3.1 工作场景导入

磨刀制造

【工作场景】

如图 3.1 所示,法兰盘零件在本工序中钻 4×ϕ10 mm 孔。孔 $\phi82_0^{+0.027}$ mm 和端面等其他表面在前面工序中已加工完成。工件材料为 HT250,毛坯为铸件,中批量生产。

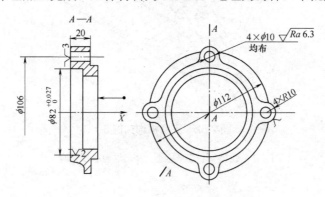

图 3.1 法兰盘零件工序图

【加工要求】

(1) 4×ϕ10 mm 孔为自由尺寸,保证一次钻削加工。

(2) 4×ϕ10 mm 孔轴线在直径为 ϕ106 mm 的圆周上均匀分布。

(3) 保证 4×ϕ10 mm 孔轴线在 R10 mm 的圆弧面中间,并且 4×ϕ10 mm 孔轴线与端面垂直。

本任务设计法兰盘零件钻 4×ϕ10 mm 孔钻床夹具的装夹方案和分度装置。

第 3 章 分度装置设计

【引导问题】

(1) 仔细阅读图 3.1,分析零件的加工要求以及各工序尺寸的工序基准。
(2) 回忆已学过的工件定位和夹紧方面的知识有哪些?
(3) 分度装置的种类有哪些?分度装置的主要结构有哪些?
(4) 分度对定机构和控制机构有哪些?
(5) 分析通用回转分度装置和端齿盘分度装置的结构。
(6) 企业生产参观实习。
① 生产现场分度式机床夹具使用的特点是什么?
② 生产现场机床夹具分度装置有哪些?
③ 生产现场机床夹具分度装置采用哪些对定机构?
④ 生产现场机床夹具分度装置的操作顺序如何?
⑤ 生产现场机床夹具分度装置是如何保证分度精度要求的?

分度装置设计

3.2 基 础 知 识

【学习目标】 了解分度装置的结构和主要类型,掌握分度对定机构和控制机构的设计,了解通用回转分度装置和端齿盘分度装置的结构。

3.2.1 分度装置的结构和主要类型

1. 概述

在机械加工中经常会有工件的多工位加工,如刻度尺的刻线、叶片液压泵转子叶片槽的铣削、齿轮和齿条的加工、多线螺纹的车削以及其他等分孔或等分槽的加工等。这类工件一次装夹后,需要在加工过程中进行分度,即在完成一个表面的加工以后,依次使工件随同夹具的可动部分转过一定的角度或移动一定的距离,然后对下一个表面进行加工,直至完成全部加工内容,具有这种功能的装置称为分度装置。

分度装置能使工件加工的工序集中,故广泛地用于车削、钻削、铣削等加工中。图 3.2 所示为各类需分度加工的工件简图。

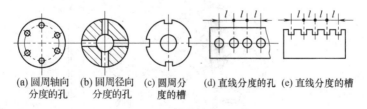

(a) 圆周轴向分度的孔 (b) 圆周径向分度的孔 (c) 圆周分度的槽 (d) 直线分度的孔 (e) 直线分度的槽

图 3.2 常见的等分表面

图 3.3 所示为带有回转分度装置的车床夹具,可车削柱塞泵分度圆盘上的七个等分孔,如图 3.4 所示。工件以端面和 $\phi 108_{-0.050}^{-0.015}$ mm 外圆在定位盘 6 上定位,由两块压板 4 夹紧。本体 3 上的对定销 2 借助弹簧 1 的作用插入分度盘 5 的槽中,以确定工件的加工位置。分度盘 5 的槽数与工件的孔数相等。分度时,用扳手带动销 16、转体 17 做逆时针回

转，转体17上的凸轮面便推动对定销2从分度盘5中退出。同时，装在转体17上的棘爪10从棘轮9上滑过，并嵌入下一个棘轮凹槽中，然后再将转体17按顺时针方向回转，转体上的棘爪10拨动棘轮9和转轴7转过一个角度。此时转体上的凸轮面已移开，对定销2在弹簧1的作用下重新插入分度盘的下一个分度槽中，从而完成一次分度。转体由端面楔块12、13锁紧，使定位稳定、可靠。此分度装置结构紧凑，操作方便，转体每正反向转动一次，便可完成分度程序。

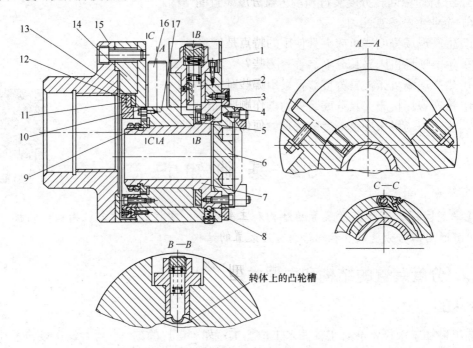

图3.3 带有回转分度装置的车床夹具

1—弹簧；2—对定销；3—本体；4—压板；5—分度盘；6—定位盘；7—转轴；8—钢球；
9—棘轮；10—棘爪；11—盘；12，13—端面楔块；14—圆盘；15—过渡盘；16—销；17—转体

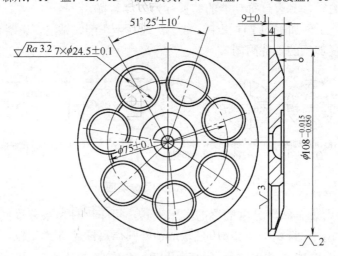

图3.4 柱塞泵分度圆盘

2. 分度装置的类型

常见的分度装置有以下两大类。

(1) 回转分度装置。它是一种对圆周角分度的装置，又称圆分度装置，用于工件表面圆周分度孔或槽的加工。

(2) 直线分度装置。它是一种对直线方向上的尺寸进行分度的装置，其分度原理与回转分度装置相同。

这里重点介绍回转分度装置，用以说明一般分度装置的设计方法。

回转分度装置的种类繁多，一般可按下述形式设计。

(1) 按分度盘和对定销相对位置的不同，可分两种基本形式：轴向分度(见图 3.5(a))和径向分度(见图 3.5(b))。对于轴向分度，对定销 4 的运动方向与分度盘 3 的回转轴线平行，其分度装置的结构较紧凑；对于径向分度，对定销 4 的运动方向与分度盘 3 的回转轴线垂直，由于分度盘的回转直径较大，故能使分度误差相应减小，因此常用于分度精度较高的场合。

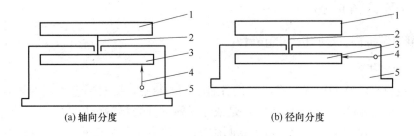

图 3.5　回转分度装置的基本形式

1—回转工作台；2—转轴；3—分度盘；4—对定销；5—夹具体

(2) 按分度盘回转轴线分布位置的不同，可分为立轴式、卧轴式和斜轴式三种。一般可按机床类型以及工件被加工面的位置等具体条件设计。

(3) 按分度装置工作原理的不同，可分为机械分度、光学分度等类型。机械分度装置结构简单，工作可靠，应用广泛。光学分度装置的分度精度较高，如光栅分度装置的分度精度可达±10″，但由于对工作环境的要求较高，故在机械加工中的应用受到限制。

(4) 按分度装置的使用特性，可分为通用和专用两大类。在单件生产中，使用通用分度装置有利于缩短生产的准备周期，降低生产成本；在中、小批生产中，常将通用分度装置与专用夹具联合使用，从而简化专用夹具的设计和制造。通用分度装置的分度精度较低，如 FW80 型万能分度头，采用速比 1：40 的蜗杆、蜗轮副，分度精度为 1′，故只能满足一般需要。在成批生产中，则广泛使用专用分度装置，以获得较高的分度精度和生产效率。

3. 分度装置的结构

回转分度装置由固定部分、转动部分、分度对定机构及控制机构、抬起锁紧机构以及润滑系统组成。

(1) 固定部分。固定部分是分度装置的基体，其功能相当于夹具体。它通常采用经过时效处理的灰铸铁制造，精密基体则可选用孕育铸铁。孕育铸铁具有较好的耐磨性、吸振性和刚度。

(2) 转动部分。转动部分包括回转盘、衬套和转轴等。回转盘通常用 45 钢经淬火至 40~45HRC，或 20 钢经渗碳淬火至 58~63HRC 加工制成。转盘工作平面的平面度公差为 0.01 mm，端面的圆跳动公差为 0.01~0.015 mm，工作面对底面的平行度公差为 0.01~0.02 mm。轴承的间隙一般应在 0.005~0.008 mm 之间，以减小分度误差。

(3) 分度对定机构及控制机构。分度对定机构由分度盘和对定销组成。其作用是在转盘转位后，使其相对于固定部分定位。分度对定机构的误差会直接影响分度的精度，因此是分度装置的关键部分。设计时应根据工件的加工要求，合理选择分度对定机构的类型。

(4) 抬起锁紧机构。分度对定后，应将转动部分锁紧，以增强分度装置工作时的刚度。大型分度装置还需设置抬起机构。

(5) 润滑系统。润滑系统是指由油杯等组成的系统。其功能是减少摩擦面的磨损，使机构操作灵活。当使用滚动轴承时，可直接用润滑脂润滑。

3.2.2 分度装置的设计

1. 分度对定机构及控制机构的设计

1) 分度对定机构

分度对定机构的结构形式较多，它们各有不同的特点，并且适合不同的场合。

(1) 钢球对定。如图 3.6(a)所示，它是依靠弹簧的弹力将钢球压入分度盘锥形孔中实现分度对定的。钢球可用 0~1 级精度的标准滚珠。分度盘上的分度锥形孔可用钻头锪出，锥角 α 为 90°或 120°，深度应小于钢球的半径。钢球对定结构简单，在径向、轴向分度中均有应用，常用于切削负荷小且分度精度较低的场合，也可作为分度装置的预分度对定。

(2) 圆柱销对定。如图 3.6(b)所示，圆柱销对定主要用于轴向分度。分度盘一般采用 45 钢经调质制成，在坐标镗床上镗出的分度孔中镶有经淬硬的衬套，圆柱销用 T7A 优质工具钢经淬火至 53~58HRC 制成，采用 H7/g6 间隙配合。其优点是结构简单、制造方便；缺点是分度精度较低，一般为±1′~±10′。

(3) 菱形销对定。如图 3.6(c)所示，由于菱形销能补偿分度盘分度孔的中心距误差，故结构工艺性良好。其应用特性与圆柱销对定相同。

(4) 圆锥销对定。如图 3.6(d)所示，它常用于轴向分度，圆锥角 α 一般为 10°。其特点是圆锥面能自动定心，故分度精度较高，但结构上对防尘有较高的要求。

(5) 双斜面楔形槽对定。如图 3.6(e)所示，双斜面楔形槽对定的优点是斜面能自动消除结合面的间隙，故有较高的分度精度。其缺点是分度盘的制造工艺较复杂，槽面需经磨削加工。分度盘的材料及热处理可按不同的情况选择：小尺寸分度盘用 T7A、T8A 优质工具钢经淬火至 55~60HRC；大尺寸的分度盘用 20 钢或 20Cr 经渗碳淬硬至 50~60HRC。分度盘的槽形角取 20°或 30°。在条件允许的情况下，可用精度为 4~5 级的圆柱正齿轮代替分度盘。

(6) 单斜面楔形槽对定。如图 3.6(f)所示，斜面产生的分力能使分度盘始终反靠在平面上。在图 3.6(f)中，面 N 为分度对定的基准，只要其位置固定不变，就能使分度装置获得很高的分度精度。这种分度对定机构常用于高精度的径向分度，分度精度可达到±10″左右。

(7) 正多面体对定。正多面体是具有精确角度的基准器件。图3.6(g)所示为正六面体对定，能做2、3、6等分。其特点是制造容易、刚度高、分度精度较高，但分度数不宜多。多面体可用20钢渗碳淬火至58～63HRC，再经磨削加工制成。

(8) 滚柱对定。如图3.6(h)所示，这种结构由圆盘3、套环2和精密滚柱1装配而成，相间排列的滚柱构成分度槽。为提高分度盘的刚度，在滚柱与圆盘、套环之间应填充环氧树脂。对定销端部制成10°锥角，此时分度精度较高。

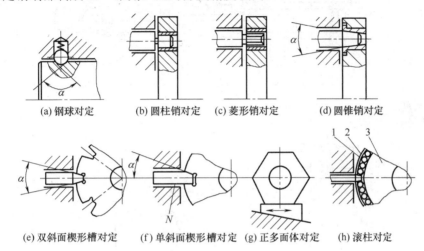

图3.6 分度对定机构

1—精密滚柱；2—套环；3—圆盘

2) 控制机构

图3.7(a)所示为结构已标准化的JB/T 8021.1—1999手拉式定位器。将捏手5向外拉，即可将对定销1从分度盘衬套2的孔中拨出。当横销4脱离槽B后，可将捏手转过90°，使横销4搁在导套3的面A上，此时即可转位分度。本机构结构简单，工作可靠，主要参数d为8 mm、10 mm、12 mm、15 mm四种。图3.7(b)所示为JB/T 8021.2—1999枪柱式定位器。转动手柄7，利用对定销6上的螺旋槽E的作用，可移动对定销。此机构操纵方便，主要参数d为12 mm、15 mm、18 mm。图3.7(c)所示为齿轮齿条式操纵机构。转动小齿轮9，即可移动对定销8进行分度。此机构操作方便、工作可靠。

2. 抬起及锁紧机构的设计

在分度转位之前，为了使转盘转动灵活，特别对于较大规格的转台，需将回转盘稍微抬起；在分度结束后，则应将转盘锁紧，以增强分度装置的刚度和稳定性。为此可设置抬起锁紧装置。

图3.8(a)所示为弹簧式抬起锁紧机构，顶柱2通过弹簧1把转盘3抬起，转盘3转位后可用锁紧圈4和锥形圈5锁紧。

图3.8(b)所示为偏心式抬起锁紧机构，转动圆偏心轴9，经滑动套11，轴承7把回转盘6抬起。反向转动圆偏心轴，经螺钉12、滑动套11和螺纹轴8，即可将回转盘锁紧。

图 3.8(c)所示为最大型分度转盘，用液体静压抬起。压力油经油口 C、油路系统 16、油孔 B，在静压槽 D 处产生静压，抬起转盘 19；回油经油口 A 和回油系统 15 排出。静压使转盘抬起 0.1 mm。转盘 19 由锁紧装置 18 锁紧。

图 3.8(d)和图 3.8(e)所示为用于小型分度盘的锁紧机构。

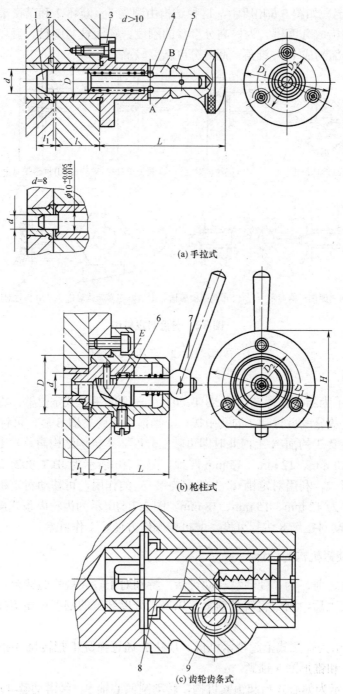

图 3.7 分度对定的操纵机构

1，6，8—对定销；2—衬套；3—导套；4—横销；5—捏手；7—手柄；9—小齿轮

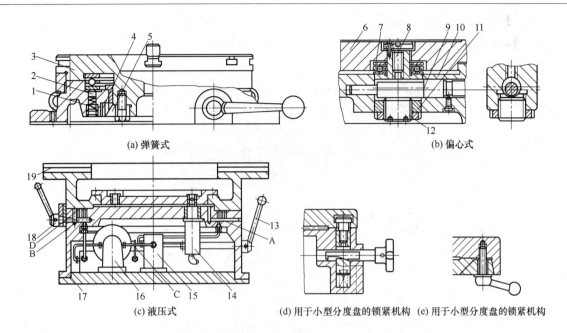

图 3.8 抬起锁紧机构

1—弹簧；2—顶柱；3—转盘；4—锁紧圈；5—锥形圈；6—回转盘；7—轴承；
8—螺纹轴；9—圆偏心轴；10、17—转台；11—滑动套；12—螺钉；13—手柄；
14—液压缸；15—回油系统；16—油路系统；18—锁紧装置；19—转盘

3.2.3 分度装置的应用

1. 通用回转分度装置

分度头的结构

1) 典型结构

(1) 立轴式通用回转台。图 3.9 所示为一种立轴式通用回转台的典型结构。转盘 1 和转轴 4 由螺钉及销子连接，可在转台体 2 中转动。对定销 10 的下端有齿条与齿轮套 12 啮合。分度时，逆时针转动手柄 8，通过螺杆轴 7 上的挡销(见 B—B 剖面)带动齿轮套 12 转动，使对定销 10 从分度衬套 9 中退出。转盘转位后，再使对定销 10 在弹簧 11 的作用下插入另一分度衬套孔中，从而完成一次分度。顺时针转动手柄 8，由于螺杆轴的轴向作用将弹性开口锁紧圈 6 收紧，并带动锥形圈 5 向下将转盘锁紧。

(2) 卧轴式通用回转台。图 3.10 所示为卧轴式通用回转台的典型结构。转盘 6 与转轴 9 连接，可在转台体 7 的衬套中回转。分度时可将手柄 5 向松开方向转动，此时偏心轴 4 使移动轴 2、半圆键 1、转轴 9 和转盘 6 右移，使转盘与转台体之间产生适当的回转间隙。在转盘松开的瞬间，偏心轴 4 上的挡销 13 便带动转动套 12、拨杆 11(见 B—B 视图)，使菱形销 14 从转盘的分度衬套 15 中退出。转盘转位后，菱形销再插入下一个分度孔中，此时将手柄 5 向锁紧方向扳动，则偏心轴将转盘锁紧。

2) 通用回转台的规格及应用

(1) 立轴式通用回转台。立轴式通用回转台常用于钻床或铣床，回转台已标准化、系列化，转盘直径有 ϕ250 mm、ϕ300 mm、ϕ450 mm 等几种规格，常按 2、3、4、6、12 等分分度。转盘的工作台面可直接装夹工件或安装专用夹具。

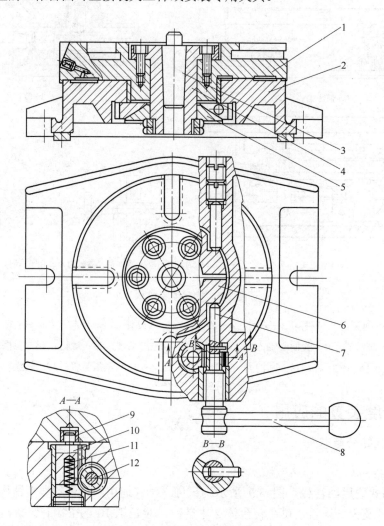

图 3.9　立轴式通用回转台

1—转盘；2—转台体；3—销；4—转轴；5—锥形圈；6—锁紧圈；
7—螺杆轴；8—手柄；9—分度衬套；10—对定销；11—弹簧；12—齿轮套

(2) 卧轴式通用回转台。卧轴式通用回转台按中心高可分成两类：一类用于一般立式钻床，其中心高为 180 mm，转盘直径有 ϕ250 mm、ϕ350 mm 等几种规格，其分度孔数可按需要镗出；另一类用于摇臂钻床。当联合使用专用夹具时，可增设一个支架，以提高夹具的刚度和稳定性。回转台的分度精度为±1′。

图 3.11 所示为与回转台联合使用的专用夹具，夹具上有基准 A_1、A_2、A_3，以便与回转台连接，通过装入 T 形槽的 T 形螺栓将夹具的耳座紧固即可使用。

第 3 章 分度装置设计

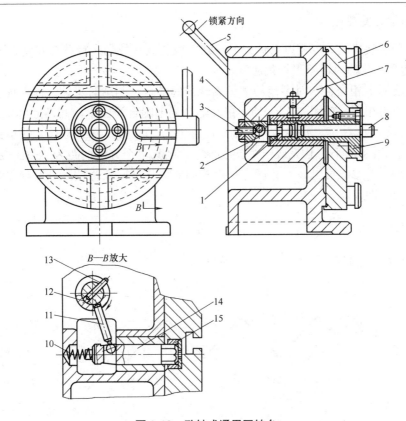

图 3.10　卧轴式通用回转台

1—半圆键；2—移动轴；3—螺钉；4—偏心轴；5—手柄；6—转盘；7—转台体；8—定位销；
9—转轴；10—弹簧；11—拨杆；12—转动套；13—挡销；14—菱形销；15—分度衬套

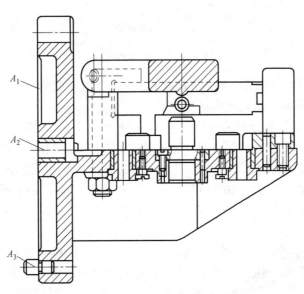

图 3.11　与回转台联合使用的钻模

2. 端齿盘分度装置

端齿盘分度装置的分度精度可达±1″～10″或更高，故为一种精密分度装置。

1) 端齿盘分度的"误差平均效应"

端齿盘实际上相当于一对多齿的尖齿离合器的啮合。制造时工艺上需保证上齿盘的所有齿形与下齿盘相同。在图 3.12(a)所示的端齿盘局部啮合简图中，假设上齿盘为一齿，下齿盘的单个间距为 $A+\Delta_1$、$A+\Delta_2$、…，则分度误差为 Δ_1、Δ_2、…。若将上齿盘改为两齿，并由图 3.12(b)所示从 Ⅰ 至 Ⅱ 完成一个分度程序，则其单个分度间距为 $A+(\Delta_1+\Delta_2)/2$，单个分度误差为$(\Delta_1+\Delta_2)/2$。可见，在分度盘精度相同的条件下，齿盘实际分度误差为单个分度误差的平均值，即

$$\Delta\alpha = \frac{\sum_{i=z}\Delta\alpha_i}{z}$$

式中：$\Delta\alpha_i$ 为单个分度误差，(″)；z 为端齿盘齿数。

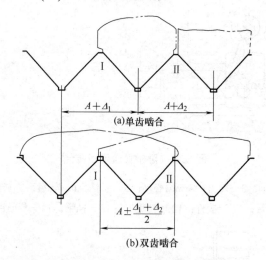

图 3.12　误差平均效应

端齿盘就是利用单个分度误差的平均效应来提高分度精度的。

2) 端齿盘分度装置的结构及特点

图 3.13 所示的端齿盘分度装置中，齿形为三角形的上齿盘 10 为整体式结构，下齿盘 8 固定在底座 11 上。分度时，将手柄 4 按顺时针方向转动，扇形齿轮 3 便带动齿轮螺母 2 转动。由于齿轮螺母轴向固定，因此使移动轴(有外螺纹)上升，通过轴承内座圈 9 将上齿盘抬起，两齿盘脱开，上齿盘 10 便可回转分度。分度完毕后，将手柄 4 反转即可将上、下齿盘重新啮合并锁紧。

端齿盘分度装置的特点如下。

(1) 分度精度高，分度精度的重复性和持久性好。一般机械分度装置的精度随着分度装置的磨损将逐渐降低，但立式端齿盘在使用过程中却相当于上、下齿盘在连续不断地对研，因此使用越久，上、下齿盘的啮合越好，分度精度的重复性和持久性也就越好。

(2) 分度范围大。端齿盘的齿数可任意确定，以适应各种分度需要。例如，齿数为 360 齿的端齿盘，最小分度值为 1″。

(3) 刚度好。上、下齿盘啮合无间隙且能自动定心,整个分度盘形成一个刚度良好的整体。

(4) 结构紧凑,使用方便。

(5) 端齿盘的加工工艺较复杂,制造成本较高。端齿盘对防尘和锁紧也有较高的要求。

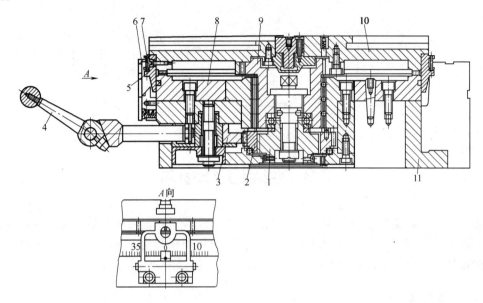

图 3.13 端齿盘分度装置

1—移动盘;2—齿轮螺母;3—扇形齿轮;4—手柄;5—刻度值;6—定位器;
7—定位销;8—下齿盘;9—轴承内座圈;10—转盘(上齿盘);11—底座

3) 端齿盘的基本参数

齿形为三角形的端齿盘的基本参数如图 3.14 所示。齿数 z 可根据分度要求,即最小分度值 α 来设计,因此可得

$$z = \frac{360°}{\alpha}$$

常见的齿数有 240、300、360、480 等。

端齿盘的直径 D 由齿形大小和齿数确定。

端齿盘齿形角 θ 取 60°和 90°两种。齿宽 B 一般按大端的齿顶宽表示,其尺寸要适当,如过宽,则易引起齿顶互碰。设计时可参考有关标准。为了保证齿宽方向良好的啮合,必须正确计算齿根角 β 和加工时分度盘的斜角 γ。

图 3.14(b)所示为弹性齿,它有更高的分度精度。

用作端齿盘的材料,应具有高耐磨性、尺寸稳定性和良好的工艺性。能满足上述要求的材料有:合金工具钢 CrWMn,合金结构钢 38CrMoAlA、40Cr、20Cr,铬轴承钢 GCr15 等。端齿盘的齿形经铣齿、磨齿、对研等工序加工后,其齿面接触面积大于 90%以上,齿的表面粗糙度 Ra 小于 0.1 mm。目前,已有厂家将端齿盘进行系列化生产并供应市场,故设计时可根据需要选用。

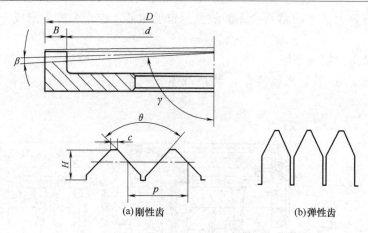

图 3.14 端齿盘的基本参数

3.3 回到工作场景

通过第 1、2 章的学习,学生应该掌握了专用机床夹具定位和夹紧方案的确定和设计原则。通过 3.2 节的学习,应该掌握了分度装置的种类和结构,掌握了分度对定机构和控制机构设计的要点。下面将回到 3.1 节所介绍的工作场景中,完成工作任务。

3.3.1 项目分析

完成项目任务需要学生掌握机械制图、公差与配合、机械设计基础、金属工艺学等相关专业基础课程,必须对机械加工工艺的相关知识有一定的了解,在此基础上还需要掌握如下知识。

(1) 专用机床夹具设计的定位原理和夹紧机构。
(2) 分度装置的种类和结构。
(3) 分度装置分度对定机构和控制机构的设计。

3.3.2 项目工作计划

在项目实训过程中,结合创设情境、观察分析、现场参观、讨论比较、案例对照、评估总结等活动,充分调动学生学习的主动性和积极性,让学生自主地学习、主动地学习。各小组协同制订实施计划及执行情况表,如表 3.1 所示,共同解决实施过程中遇到的困难;要相互监督计划的执行与完成情况,保证项目完成的合理性和正确性。

表 3.1 法兰盘零件钻 $4\times\phi10$ mm 孔钻床夹具的装夹方案和分度装置设计项目的计划及执行情况表

序 号	内 容	所用时间	要 求	教学组织与方法
1	研讨任务		看懂零件加工工序图,分析工序基准,明确任务要求,分析任务完成需要掌握的知识	分组讨论,采用任务引导法教学

续表

序号	内容	所用时间	要求	教学组织与方法
2	计划与决策		企业参观实习，项目实施准备，制订项目实施详细计划，学习与项目有关的基础知识	分组讨论、集中授课，采用案例法和示范法教学
3	实施与检查		根据计划，分组确定法兰盘零件钻 4×ϕ10 mm 孔钻床夹具的定位方案、夹紧方案、分度装置等，填写项目实施记录表	分组讨论，教师点评
4	项目评价与讨论		评价任务完成的合理性与可行性；根据企业的要求，评价夹具装夹方案和分度装置设计的规范性与可操作性；项目实施过程中评价学生的职业素养和团队精神的表现	项目评价法，实施评价

3.3.3 项目实施准备

(1) 结合工序卡片，准备法兰盘零件成品和工序成品。
(2) 准备常用定位元件和夹紧装置模型。
(3) 准备分度装置机构模型。
(4) 准备机床夹具设计的常用手册和资料图册。
(5) 准备相似的零件生产现场进行参观。

3.3.4 项目实施与检查

(1) 根据分度式机床夹具模型，分析讨论分度装置的结构和组成。
(2) 分组分析讨论法兰盘零件钻 4×ϕ10 mm 孔钻床夹具的定位方案设计。
① 分析并讨论定位要求(应该限制的自由度)。

法兰盘零件在本工序中钻 4×ϕ10 mm 孔，为了保证加工精度的要求，应该限制五个自由度，即 $\vec{y}$、$\vec{z}$、$\hat{x}$、$\hat{y}$、$\hat{z}$。由于 4×ϕ10 mm 孔是通孔，因此 $\vec{x}$ 自由度可以不限制。

② 分析并讨论法兰盘零件钻孔分度钻床夹具的定位方案和定位元件。

如图 3.15 所示，工件以端面和 $\phi 82_{0}^{+0.027}$ mm 孔及四个 R10 mm 的圆弧面之一在回转台 7 和活动 V 形块 10 上定位。逆时针转动手柄 11，使活动 V 形块 10 转到水平位置，在弹簧力的作用下，卡在 R10 mm 的圆弧面上，限制工件绕轴线的自由度。

讨论问题：
① 在法兰盘零件钻 4×ϕ10 mm 孔钻床夹具定位方案中，定位元件分别限制哪些自由度？
② 在法兰盘零件钻 4×ϕ10 mm 孔钻床夹具定位方案中，定位元件的主要尺寸和公差如何确定？
③ 活动 V 形块 10 主要起什么作用？它的操作顺序是什么？

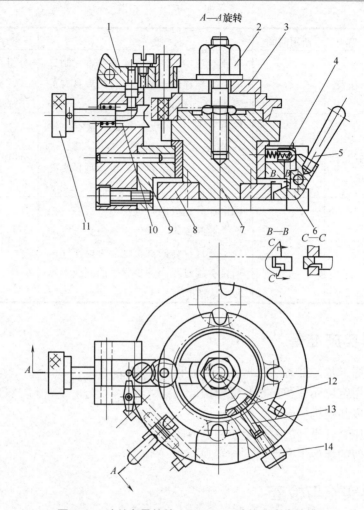

图 3.15 法兰盘零件钻 4×φ10 mm 孔的分度式钻模

1—铰链式钻模板；2—螺母；3—开口垫圈；4—弹簧销；5，11—手柄；6—对定爪；7—回转台；8—分度盘；9—夹具体；10—活动V形块；12—锁紧块；13—滑柱；14—锁紧螺钉

(3) 分组分析并讨论法兰盘零件钻 4×φ10 mm 孔钻床夹具的夹紧装置设计。

如图 3.15 所示，通过螺母 2 和开口垫圈 3 压紧工件，采用铰链式钻模板 1，以便于装卸工件。

讨论问题：

① 法兰盘零件钻 4×φ10 mm 孔钻床夹具的夹紧装置是什么类型的夹紧装置？能不能采用其他类型的夹紧装置？

② 法兰盘零件钻 4×φ10 mm 孔钻床夹具的夹紧装置中，夹紧螺母 2 的螺纹直径如何确定？

③ 开口垫圈便于快速装卸工件，能不能采用其他快速装卸机构？

(4) 分组分析并讨论法兰盘零件钻 4×φ10 mm 孔钻床夹具的分度装置设计。

如图 3.15 所示，钻完一个孔后，拧松锁紧螺钉 14，使滑柱 13、锁紧块 12 与回转台 7 松开，拉出手柄 11 并旋转 90°，使活动 V 形块 10 脱离工件，向上推动手柄 5 使对定爪 6

脱开分度盘 8，转动回转台 7，对定爪 6 在弹簧销 4 的作用下自动插入分度盘 8 的下一个槽中，实现分度对定；然后拧紧锁紧螺钉 14，通过滑柱 13、锁紧块 12 锁紧回转台 7，便可钻削第二个孔。依同样方法加工其他孔。

讨论问题：

① 法兰盘零件钻 4×ϕ10 mm 孔钻床夹具的分度装置采用什么类型？

② 法兰盘零件钻 4×ϕ10 mm 孔钻床夹具的分度装置的对定机构和锁紧机构分别是什么？如何操作使用？

③ 法兰盘零件钻 4×ϕ10 mm 孔钻床夹具的分度装置的对定机构中分度盘 8 的主要尺寸和公差如何确定？

④ 图 3.15 中的法兰盘零件钻 4×ϕ10 mm 孔钻床夹具的分度装置有何不足之处？

3.3.5 项目评价与讨论

该项任务实施检查与评价的内容如表 3.2 所示。

根据评价结果，提出后续学习的有效措施，并在评价的基础上引导学生进一步讨论以下几个问题。

(1) 法兰盘零件钻 4×ϕ10 mm 孔钻床夹具能不能采用立轴式通用回转台进行分度加工？

(2) 图 3.16 所示为分度与对定联合操纵机构，分析该机构的工作原理。

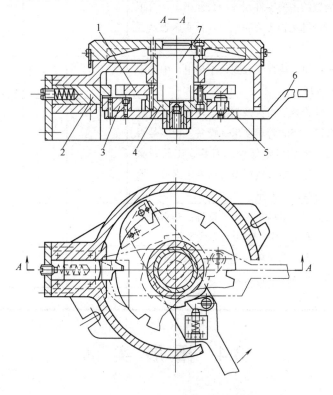

图 3.16　分度与对定联合操纵机构

1—分度盘；2—对定销；3—凸块；4—棘轮；5—棘爪；6—方柄；7—转轴

表 3.2 任务实施检查与评价表

任务名称：
学生姓名：　　　　学　号：　　　　班　级：　　　　组　别：

序号	检查内容		检查记录	自评	互评	点评	分值
1	定位方案设计：工序图分析是否正确；定位要求(限制自由度)判断是否正确；定位方案设计是否合理；定位元件设计是否合理；项目讨论题是否正确完成；项目实施表是否认真记录						25%
2	夹紧方案设计：夹紧方案确定是否合理；夹紧元件设计是否规范；项目讨论题是否正确完成；项目实施表是否认真记录						25%
3	分度装置设计：分度装置的类型和结构是否了解；分度装置对定机构及控制机构是否理解；分度装置抬起及锁紧机构是否理解；法兰盘零件钻 4×ϕ10 mm 孔钻床夹具的分度装置设计是否合理；分度装置的主要零件尺寸和公差确定是否正确；项目讨论题是否正确完成；项目实施表是否认真记录						30%
4	职业素养	遵守时间：是否不迟到、不早退，中途不离开现场					5%
5		5S：理论教学与实践教学一体化教室布置是否符合 5S 管理要求；设备、电脑是否按要求实施日常保养；刀具、工具、桌椅、模型、参考资料是否按规定摆放；地面、门窗是否干净					5%
6		团结协作：组内是否配合良好；是否积极地投入本项目中、积极地完成本任务					5%
7		语言能力：是否积极地回答问题；声音是否洪亮；条理是否清晰					5%
总　评：				评价人：			

3.4 拓展实训

1. 实训任务

图 3.17 所示为曲柄板零件工序简图。曲柄板零件需钻通孔 5×ϕ5.2 mm 以及同轴线上沉孔 5×ϕ11 mm、深 3.5 mm。工件材料为 45 钢，毛坯为锻件，年产量 2000 件。

【加工要求】

(1) 5×φ5.2 mm 通孔和 5×φ11 mm 同轴线沉孔在直径为 φ80 mm 的圆周上以 4×45°均匀分布。

(2) 保证 5×φ5.2 mm 通孔和 5×φ11 mm 同轴线沉孔的轴线与底面垂直，沉孔深 3.5 mm。

如何设计曲柄板零件钻 5×φ5.2 mm 通孔和 5×φ11 mm 同轴线沉孔分度式钻床夹具的定位、夹紧装置和分度装置？

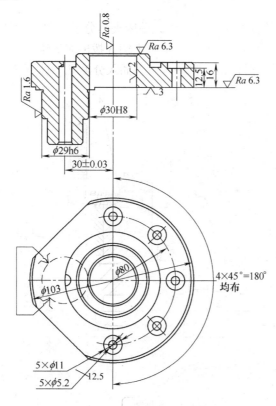

图 3.17　曲柄板零件工序简图

2. 实训目的

通过曲柄板零件钻 5×φ5.2 mm 通孔和 5×φ11 mm 同轴线沉孔分度式钻床夹具的定位、夹紧装置和分度装置的设计，使学生进一步对专用机床夹具的定位和夹紧装置的设计以及分度装置的设计等有所理解和体会，增强学生的学习兴趣，提高学生解决工程技术问题的自信心，使学生体验成功的喜悦；通过项目任务教学，培养学生互助合作的团队精神。

3. 实训过程

(1) 分析并讨论曲柄板零件分度式钻床夹具定位装置的设计。

① 分析并讨论定位要求(应该限制的自由度)。

曲柄板零件在本工序中钻通孔 5×φ5.2 mm 和同轴线沉孔 5×φ11 mm、深 3.5 mm，为了保证加工精度的要求，应该限制六个自由度，即 $\vec{x}$、$\vec{y}$、$\vec{z}$、$\hat{x}$、$\hat{y}$、$\hat{z}$。

② 分析并讨论曲柄板零件分度式钻床夹具的定位方案和定位元件。

如图 3.18 所示，工件以 ϕ30H8 孔、端面和 ϕ29h6 外圆在分度盘 1 的 ϕ30f7 外圆、三个支承钉 7 和活动 V 形块 4 上定位。三个支承钉 7 相当于一个面限制一个移动和两个转动自由度，分度盘 1 的 ϕ30f7 外圆限制两个移动自由度，活动 V 形块 4 限制轴向转动自由度，属完全定位。

(2) 分组分析并讨论曲柄板零件分度式钻床夹具夹紧装置的设计。

如图 3.18 所示，通过插入开口垫圈 3、拧螺母 2 夹紧工件，采用铰链式钻模板，以便于装卸工件。

(3) 分组分析并讨论曲柄板零件分度式钻床夹具分度装置的设计。

如图 3.18 所示，钻完第一个孔后，抬起手柄 6 拨出对定销 5，转动分度盘 1，当下一个分度孔与对定销对准时，对定销在弹簧作用下插入分度孔，即可钻第二个孔，依此类推。

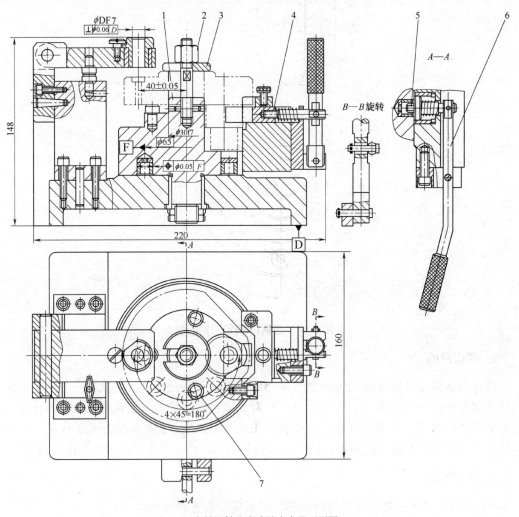

(a) 立轴回转分度式钻床夹具平面图

图 3.18　曲柄板零件钻孔立轴回转分度式钻床夹具

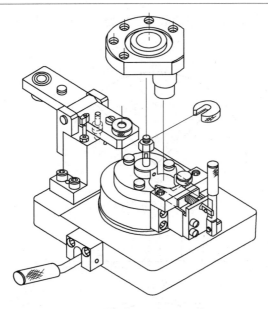

(b) 立轴回转分度式钻床夹具三维图

图 3.18　曲柄板零件钻孔立轴回转分度式钻床夹具(续)

1—分度盘；2—螺母；3—开口垫圈；4—活动 V 形块；5—对定销；6—抬起手柄；7—支承钉

讨论问题：

① 曲柄板零件分度式钻床夹具的分度装置采用什么类型？

② 曲柄板零件分度式钻床夹具的分度装置的对定机构和控制机构分别是什么？如何操作使用？

③ 曲柄板零件分度式钻床夹具的分度装置的分度盘 1 中的衬套如何拆卸维修？

④ 曲柄板零件分度式钻床夹具的分度装置有何不足之处？

3.5　知 识 拓 展

3.5.1　分度精度的评定

分度精度是指分度误差的大小。圆分度精度一般用单个分度误差和总分度误差来评定。

(1) 单个分度误差。单个分度误差是指两个分度的实际数值与理论数值之间的代数差。如图 3.19(a)所示，第 Ⅰ 分度间距的单个分度误差为 $ab \sim a'b'$。这里的一个分度为一个分度间距，即指两条相邻格线之间的量值。间距值应换算成相应的角度值，即

$$\Delta \alpha = \frac{412.6 \Delta}{d}$$

式中：$\Delta \alpha$ 为分度角度误差；Δ 为分度线值误差；d 为分度盘计算直径。

(2) 总分度误差。总分度误差是指在规定的区间内，正分度位置偏差与负分度位置偏差的最大绝对值之和。图 3.19(b)所示为在 360° 范围内总分度误差曲线波幅 RS 所示的数值。

图 3.19(c)所示为一种简单的测量分度误差的方法。在回转台上放置与分度数相应的多

面体标准量块 2，先测量第一面并将读数 a、b 处调整至相同，然后依次测出其余面 a、b 处的读数差值，即为分度误差。

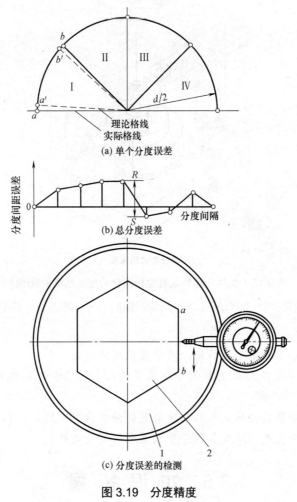

图 3.19 分度精度

1—转盘；2—多面体标准量块

3.5.2 分度精度的等级

分度精度的等级尚无统一标准，一般可分为以下几种。

(1) 超精密级，分度误差为±0.1″～0.5″(最小分度误差为±0.1″，最大分度误差为 0.5″)。

(2) 精密级，分度误差为±1″～±10″(最小分度误差为±1″，最大分度误差为±10″)。

(3) 普通级，分度误差为±1′～±10′(最小分度误差为±1′，最大分度误差为±10′)。

3.5.3 影响分度精度的因素

影响分度精度的主要因素有：分度盘本身的误差、分度盘相对于回转轴线的径向圆跳动所造成的附加误差、对定误差和有关元件的误差等。

下面以圆柱销对定机构为例计算分度误差。

1. 直线分度误差

如图 3.20 所示,影响分度误差的主要因素如下。

(1) X_1,对定销与分度套的最大间隙。

(2) X_2,对定销与固定套的最大间隙。

(3) e,分度套内外圆的同轴度。

(4) 2δ,分度盘两相邻孔距的公差值。

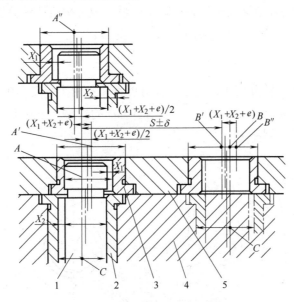

(a) 影响分度误差的主要因素

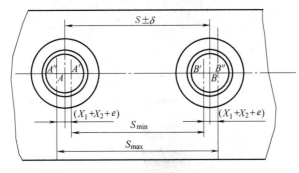

(b) 直线分度误差图

图 3.20 直线分度误差

1—圆柱对定销;2—固定套;3—分度套;4—底座;5—分度盘

固定套中心 C 在对定过程中位置不变,当圆柱对定销 1 与固定套 2 右边接触、与 A 孔分度套 3 左边接触时,分度盘 A 孔中心向右偏移到 A',其最大偏移量为 $(X_1+X_2+e)/2$。同理,当圆柱对定销 1 与固定套 2 左边接触、与 A 孔分度套 3 右边接触时,分度盘 A 孔中心

向左偏移到 A''，其最大偏移量为 $(X_1+X_2+e)/2$。因此 A 孔对定时，最大偏移量 $A'A''=(X_1+X_2+e)$。同理，其相邻的 B 孔对定时，最大偏移量 $B'B''=(X_1+X_2+e)$。分度盘 A、B 两孔间还存在孔距公差 2δ。

由图 3.20(b) 可得出 A、B 两孔的最小分度距离为

$$S_{\min}=S-(\delta+X_1+X_2+e)$$

其最大分度距离为

$$S_{\max}=S+(\delta+X_1+X_2+e)$$

因此，直线分度误差为

$$\Delta F=S_{\max}-S_{\min}=2(\delta+X_1+X_2+e)$$

由于影响分度误差的各项因素都是独立随机变量，故可按概率法叠加得

$$\Delta F=2\sqrt{\delta^2+X_1^2+X_2^2+e^2}$$

2. 回转分度误差

如图 3.21 所示，在回转分度中，对定销在分度盘相邻两个分度套中对定的情况与直线分度相似，其分度误差受 $\Delta F=2\times\sqrt{\delta^2+X_1^2+X_2^2+e^2}$ 的影响，此外还受分度盘回转轴与轴孔之间最大间隙 X_3 的影响。

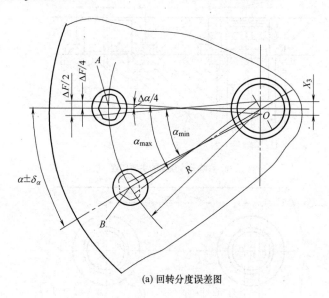

(a) 回转分度误差图

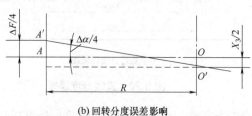

(b) 回转分度误差影响

图 3.21 回转分度误差

回转分度误差 $\Delta\alpha$ 可根据图 3.21(a) 和图 3.21(b) 中的几何关系求出

$$\Delta\alpha=\alpha_{\max}-\alpha_{\min}$$

$$\Delta\alpha/4 = \arctan\frac{\Delta F/4 + X_3/2}{R}$$

$$\Delta\alpha = 4\arctan\frac{\Delta F + 2X_3}{4R}$$

由于

$$\Delta F = 2\sqrt{\delta^2 + X_1^2 + X_2^2 + e^2}$$

故

$$\Delta\alpha = 4\arctan\frac{\sqrt{\delta^2 + X_1^2 + X_2^2 + e^2} + X_3}{2R}$$

式中：$\Delta\alpha$ 为回转分度误差；$\alpha_{\max}$ 为相邻两孔的最大分度角；$\alpha_{\min}$ 为相邻两孔的最小分度角；ΔF 为菱形销在分度套中的对定误差；$2\delta_\alpha$ 为分度盘相邻两孔的角度公差，其中，2δ 为 $2\delta_\alpha$ 在分度套中心处所对应的弧长，$2\delta = \frac{2\delta_\alpha \pi R}{180°}$；$X_3$ 为分度盘回转轴与轴承间的最大间隙；R 为回转中心到分度套中心的距离。

本 章 小 结

本章介绍了分度装置的结构及主要类型、分度对定机构及控制机构的设计、抬起锁紧机构的设计、分度装置的应用、分度精度的分析等基本内容。学生通过完成法兰盘零件钻 $4\times\phi10$ mm 孔钻床夹具的装夹方案和分度装置的设计，以及曲柄板零件分度式钻床夹具的定位、夹紧装置和分度装置的设计两项工作任务，应达到掌握专用机床夹具分度装置的设计等相关知识的目的，并巩固工件定位和夹紧等相关知识。同时，在工作实训中要注意培养学生分析问题和解决问题的能力，培养学生查阅设计手册和资料的能力，逐步提高学生处理实际工程技术问题的能力。

思 考 与 练 习

第三章分度装置设计测验试卷

一、填空题

1. 常见的分度装置有_____和_____两大类。
2. 按分度盘和对定销相对位置不同，可分为_____和_____两种基本形式。
3. 按分度盘回转轴线及分布位置的不同，可分为_____、_____和_____三种。
4. 按分度装置工作原理的不同，可分为_____、_____等类型。
5. 按分度装置的使用特性，可分为_____、_____两大类。
6. 回转分度装置由_____、_____、_____、_____和_____等组成。
7. 圆分度精度一般用_____和_____来评定。
8. 分度精度的等级有_____、_____和_____三种。

二、简答题

1. 试述分度装置的功用和类型。
2. 回转分度装置由哪几部分组成?各组成部分有何功用?
3. 径向分度与轴向分度各有何优缺点?
4. 试比较常用分度对定机构的分度精度及应用范围。
5. 什么是单个分度误差?什么是总分度误差?影响分度精度的因素有哪些?
6. 为什么端齿盘可以获得较高的分度精度?
7. 试分析图 3.13 所示端齿盘分度装置的结构。
8. 通用回转台的规格有哪些?它们的应用范围是什么?

三、计算题

图 3.18 所示为曲柄板零件钻孔立轴回转分度式钻床夹具。已知对定销 5 与分度套的配合尺寸为 $\phi 10 \dfrac{H7}{g6}$,对定销与固定套的配合尺寸为 $\phi 20 \dfrac{H7}{g6}$,分度盘转轴处的配合尺寸为 $\phi 30 \dfrac{H7}{g6}$,转轴轴线到分度套轴线的半径为 $R=32.5$ mm,分度套的位置度为 $\phi 0.05$ mm。试计算分度装置的分度误差。

四、综合题

1. 图 3.22 所示为加工扇形工件上三个径向孔的回转分度式钻模。试分析钻模定位装置、夹紧装置和分度装置的结构。

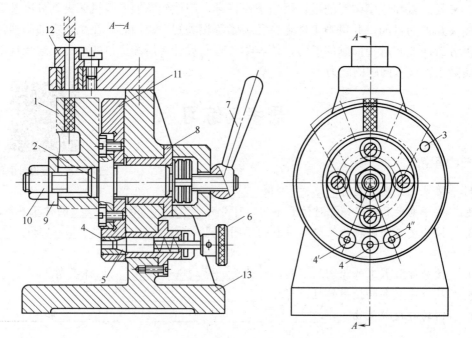

图 3.22 回转分度式钻模

1—工件;2—定位销轴;3—挡销;4—定位套;5—分度对定销;6—把手;
7—手柄;8—衬套;9—开口垫圈;10—螺母;11—分度盘;12—钻模套;13—夹具体

2. 有如图 3.23 所示零件,试设计钻模的轴向分度装置。

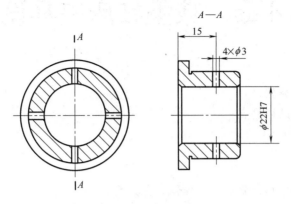

图 3.23　题四(2)图

第 4 章 典型钻床夹具设计

本章要点

- 钻床夹具的类型。
- 钻床夹具的设计要点。
- 钻模对刀误差ΔT的计算。

技能目标

- 根据零件工序加工要求，选择钻床夹具类型。
- 根据零件工序加工要求，确定定位方案。
- 根据零件特点和生产类型等要求，确定夹紧方案。
- 根据零件加工工序特点和生产类型等要求，确定导向方案。

大国工匠王伟

钻孔夹具

4.1 工作场景导入

【工作场景】

如图 4.1 所示，摇臂零件在本工序中需钻 $\phi14$ mm 孔。工件材料为 45 钢，毛坯为锻件，中批量生产。

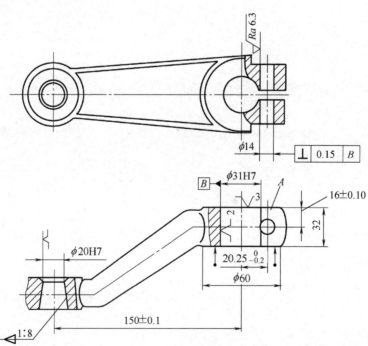

图 4.1 摇臂零件工序图

【加工要求】

(1) $\phi14$ mm 孔轴线到端面 A 的距离为(16 ± 0.10)mm。

(2) $\phi14$ mm 孔轴线到 $\phi31H7$ mm 孔轴线的距离为 $20.25_{-0.2}^{0}$ mm。

(3) $\phi14$ mm 孔对 $\phi31H7$ 孔的垂直度为 0.15 mm。

本任务设计摇臂零件钻 $\phi14$ mm 孔钻床夹具。

【引导问题】

(1) 仔细阅读图 4.1，分析零件加工要求以及各工序尺寸的工序基准是什么？
(2) 回忆已学过的工件定位和夹紧方面的知识有哪些？
(3) 钻床夹具种类有哪些？如何选择钻床夹具的类型？
(4) 钻床夹具的钻套和钻模板该如何选择和设计？
(5) 企业生产参观实习。
① 生产现场钻床夹具有哪些类型？
② 生产现场各种类型钻床夹具的使用特点是什么？
③ 生产现场钻床夹具的定位装置有哪些？
④ 生产现场钻床夹具的夹紧装置有哪些？
⑤ 生产现场固定式钻床夹具与机床工作台该如何安装？
⑥ 在立式钻床上安装固定式钻模是如何进行的？

4.2 基 础 知 识

第四章典型钻床夹具设计 PPT

【学习目标】了解钻床夹具的主要类型，掌握钻床夹具钻套的选择和设计，掌握钻床夹具钻模板的选择和设计，了解钻床夹具对刀误差 ΔT 的计算。

4.2.1 钻床夹具的主要类型

在钻床上进行孔的钻、扩、铰、锪以及攻螺纹时用的夹具，称为钻床夹具，俗称钻模。钻模上均设置钻套和钻模板，用以引导刀具。钻模主要用于加工中等精度、尺寸较小的孔或孔系。使用钻模可提高孔及孔系间的位置精度，且结构简单、制造方便，因此钻模在各类机床夹具中所占的比重最大。

钻模的类型很多，有固定式、回转式、移动式、翻转式、盖板式和滑柱式等。

1. 固定式钻模

固定式钻模

在使用的过程中，固定式钻模在机床上的位置是固定不动的。其主要用于立式钻床上加工直径大于 10 mm 的单孔，或在摇臂钻床上加工较大的平行孔系。

在立式钻床上安装钻模时，一般先将装在主轴上的定尺寸刀具(精度要求高时用心轴)伸入钻套中，以确定钻模的位置，然后将其紧固。这种加工方式对钻孔精度的要求较高。

立柱式钻模

固定式钻模如图 4.2 所示。如图 4.2(a)所示是零件加工孔的工序图，ϕ68H7 孔与两端面已经加工完。本工序需加工 ϕ12H7 孔，要求孔中心至 N 面的距离为(15 ± 0.1)mm；与 ϕ68H7 孔轴线的垂直度公差为 0.05 mm，对称度公差为 0.1 mm。据此，采用如图 4.2(b)所示的固定式钻模来加工工件。加工时选定工件以端面 N 和 ϕ68H7 孔的内圆表面为定位基面，分别在定位法兰 4，即 ϕ68h6 短外圆柱面和端面 N' 上定位，限制了工件五个自由度。工件安装后，扳动手柄 8 借助圆偏心凸轮 9 的作用，通过拉杆 3 与转动开口垫圈 2 夹紧工件。反方向扳动手柄 8，拉杆 3 在弹簧 10 的作用下松开工件。为保证零件在本工序中的加工要求，在制定零件加工工艺规程和设计夹具时，应采取以下措施。

斜轴式钻模

钻模

(1) $\phi12\text{H}7(^{+0.016}_{0})$ 孔的尺寸精度与表面粗糙度用钻、扩、铰工艺方法和一定精度等级的铰刀保证。

(2) 孔的位置尺寸(15 ± 0.1)mm 由夹具上定位法兰 4 的限位端面 N' 至快换钻套 5 的中心线之间的距离尺寸(15 ± 0.025)mm 保证。

(3) 对称度公差 0.1 mm 和垂直度公差 0.05 mm 由夹具的相应制造精度来保证(见图 4.2(b)上相应的技术要求)。

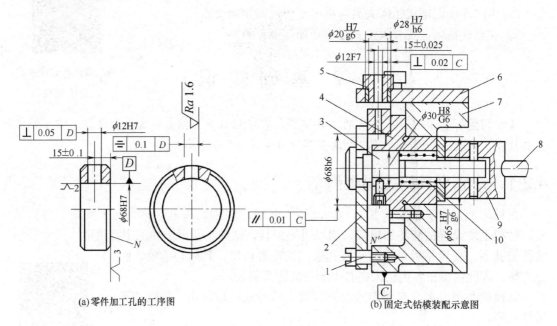

(a)零件加工孔的工序图　　　(b)固定式钻模装配示意图

图 4.2　固定式钻模

1—螺钉；2—转动开口垫圈；3—拉杆；4—定位法兰；5—快换钻套；
6—钻模板；7—夹具体；8—手柄；9—圆偏心凸轮；10—弹簧

2. 回转式钻模

加工同一圆周上的平行孔系、同一截面内径向孔系或同一直线上的等距孔系时，钻模上应设置分度装置。带有回转式分度装置的钻模称为

立式回转钻模

回转式钻模，它有立轴回转、卧轴回转和斜轴回转三种基本形式。

如图 4.3 所示为卧轴回转式分度钻模的结构，用来加工工件上的三个径向均布孔。在转盘 6 的圆周上有三个径向均布的钻套孔，其端面上有三个对应的分度锥孔。钻孔前，对定销 2 在弹簧力的作用下插入分度锥孔中，反转手柄 5，螺套 4 通过锁紧螺母使转盘 6 锁紧在夹具体上。钻孔后，正转手柄 5 将转盘松开，同时螺套 4 上的端面凸轮将对定销拔出，然后进行分度，直至对定销重新插入第二个锥孔，然后锁紧进行第二个孔的加工。

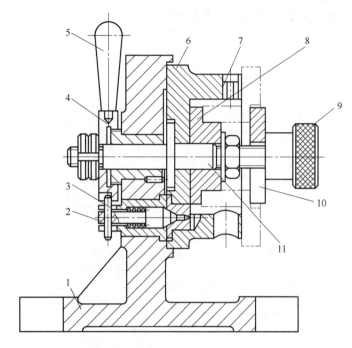

图 4.3 卧轴回转式分度钻模的结构

1—夹具体；2—对定销；3—横销；4—螺套；5—手柄；6—转盘；7—钻套；
8—定位件；9—滚花螺母；10—开口垫圈；11—转轴

3. 移动式钻模

移动式钻模用于钻削中、小型工件同一表面上的多个孔。移动式钻模平面图如图 4.4 所示，三维图如图 4.5 所示，用于加工连杆大、小头上的孔。工件以端面及大、小头圆弧面作为定位基面，在定位套 12 和定位套 13、固定 V 形块 2 及活动 V 形块 7 上定位。先通过手轮 8 推动活动 V 形块 7 压紧工件，然后转动手轮 8 带动螺钉 11 转动，压迫钢球 10，使两片半月键 9 向外胀开而锁紧。V 形块带有斜面，使工件在夹紧分力的作用下与定位套贴紧。通过移动钻模，使钻头分别在两个钻套 4、5 中导入，从而加工工件上的两个孔。

移动式钻模

4. 翻转式钻模

翻转式钻模主要用于加工中、小型工件分布在不同表面上的孔。如

用专门托架的
翻转钻模

图 4.6 所示为加工一个套类零件的 12 个螺纹底孔所用的翻转式钻模。工件以端面 M 和内孔 $\phi30H8$ 分别在夹具定位件 2 上的限位面 M' 和 $\phi30g6$ 圆柱销上定位,限制工件的五个自由度,用削扁开口垫圈 3、螺杆 4 和手轮 5 对工件压紧,翻转六次加工圆周上的六个径向孔,然后将钻模翻转为轴线竖直向上,即可加工端面上的六个孔。

翻转式钻模的结构比较简单,但每次钻孔都需找正钻套相对钻头的位置,所以辅助时间较长,而且翻转费力。因此,其适用于夹具与工件总质量不大于 10kg、工件上钻制的孔径小于 $\phi8\sim\phi10$ mm、加工精度要求不高的场合。

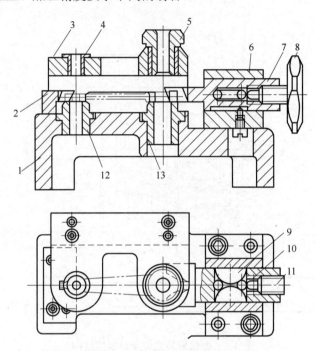

图 4.4 移动式钻模平面图

1—夹具体;2—固定 V 形块;3—钻模板;4,5—钻套;6—支座;7—活动 V 形块;
8—手轮;9—半月键;10—钢球;11—螺钉;12,13—定位套

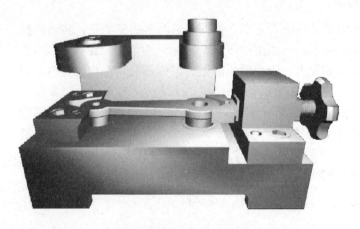

图 4.5 移动式钻模三维图

5. 盖板式钻模

盖板式钻模的特点是：定位元件、夹紧装置及钻套均设在钻模板上，钻模板在工件上装夹。它常用于床身、箱体等大型工件上的小孔加工。加工小孔的盖板式钻模，因钻削力矩小，有时可不设置夹紧装置。因夹具在使用时经常搬动，故一般盖板式钻模所产生的重力不宜超过100N。为了减轻重量，可在盖板上设置加强肋而减小其厚度、设置减轻窗孔或用铸铝件。

盖板式钻模板

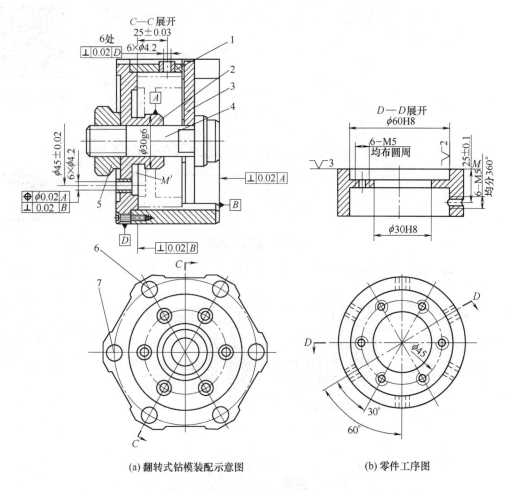

(a) 翻转式钻模装配示意图　　(b) 零件工序图

图 4.6　翻转式钻模

1—夹具体；2—定位件；3—削扁开口垫圈；4—螺杆；5—手轮；6—销；7—沉头螺钉

盖板式钻模结构简单、制造方便、成本低廉、加工孔的位置精度较高，在单件、小批生产中也可使用，因此应用广泛。

如图 4.7 所示是为加工车床溜板箱上的孔系而设计的盖板式钻模。工件在圆柱销 2、削边销 3 和三个支承钉 4 上定位。由于必须经常搬动，故需要设置把手或吊耳，并尽可能减轻其重量。如图 4.7 所示，在不重要处挖出三个大圆孔以减少质量。

6. 滑柱式钻模

滑柱式钻模是带有升降钻模板的通用可调夹具,如图 4.8 所示。钻模板 4 上除可安装钻套外,还装有可以在夹具体 3 的孔内上下移动的滑柱 1 及齿条滑柱 2,借助齿条的上下移动,可对安装在底座平台上的工件进行夹紧或松开操作。钻模板上下移动的动力有手动和气动两种。

为保证工件的加工与装卸,当钻模板夹紧工件或升至一定高度后应能自锁。

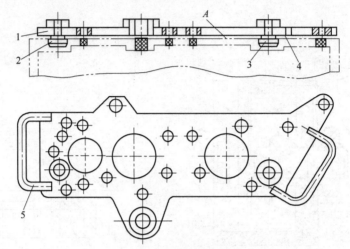

盖板式钻模板加工

图 4.7　盖板式钻模

1—盖板；2—圆柱销；3—削边销；4—支承钉；5—把手

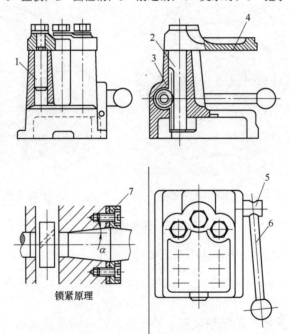

锁紧原理

图 4.8　滑柱式钻模的通用结构

1—滑柱；2—齿条滑柱；3—夹具体；4—钻模板；5—齿轮轴；6—手柄；7—套环

图 4.8 右下角所示为圆锥锁紧机构的工作原理图。齿轮轴 5 的左端制成螺旋齿，与滑柱上的螺旋齿条相啮合，其螺旋角为 45°。轴的右端制成双向锥体，锥度为 1∶5，与夹具体 3 及套环 7 上的锥孔相配合。当钻模板下降夹紧工件时，在齿轮轴上产生轴向分力使锥体锁紧在夹具体的锥孔中实现自锁。当加工完毕后，钻模板上升到一定的高度，轴向分力使另一段锥体楔紧在套环 7 的锥孔中，将钻模板锁紧，以免钻模板因本身自重而下降。

滑柱式钻模适用于钻铰中等精度的孔和孔系，操作方便、迅速，其通用结构已标准化、系列化，可向专业厂家购买，使用部门仅需设计定位、夹紧和导向元件，从而缩短设计制造周期。滑柱式钻模的结构尺寸，可查阅"夹具手册"。

如图 4.9 所示为滑柱钻模的应用实例，可用它加工杠杆类零件上的孔。工序简图如图 4.9 右下方所示，孔的两端面已经加工，工件在支承 1 的平面、定心夹紧套 3 的二锥爪和防转定位支架 2 的槽中定位。钻模板下降时，通过定心夹紧套 3 使工件定心夹紧。支承 1 上的三锥爪仅起预定位的作用。

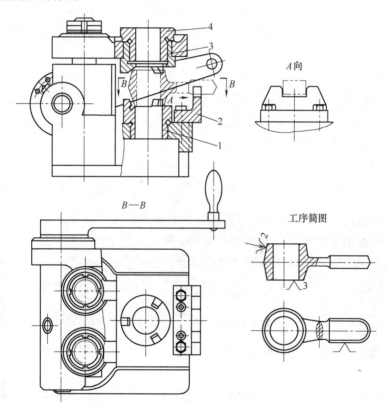

图 4.9　加工杠杆类零件的滑柱钻模

1—支承；2—防转定位支架；3—定心夹紧套；4—钻套

4.2.2　钻床夹具的设计要点

1. 钻模类型的选择

钻模的类型很多，在设计钻模时，首先要根据工件的形状尺寸、重量、加工要求和批量来选择钻模的结构类型。选择时应注意以下几点。

(1) 在立式钻床上加工直径小于 10 mm 的小孔或孔系、钻模重量小于 15kg 时，一般采用移动式普通钻模。

(2) 在立式钻床上加工直径大于 10 mm 的单孔、或在摇臂钻床上加工较大的平行孔系、或钻模重量超过 15kg 时，加工精度要求高，一般采用固定式普通钻模。

(3) 翻转式钻模适用于加工中、小型工件，包括工件在内所产生的总重力不宜超过 100N。

(4) 对于孔的垂直度和孔距要求不高的中、小型工件，有条件时宜优先采用滑柱钻模。

(5) 对于钻模板和夹具体为焊接式的钻模，因焊接应力不能彻底消除，精度不能长期保持，故一般在工件孔距公差要求不高(大于±0.1 mm)时才采用。

(6) 床身、箱体等大型工件上的小孔的加工一般采用盖板式钻模。

2. 钻套

钻套是钻模上特有的元件，用来引导刀具，以保证被加工孔的位置精度以及提高工艺系统的刚度。

1) 钻套类型

钻套可分为标准钻套和特殊钻套两大类。其中，已列入国家标准的钻套称为标准钻套，其结构参数、材料、热处理等可查阅相关"夹具标准"或"夹具手册"。标准钻套又分为固定钻套、可换钻套和快换钻套三种。

(1) 固定钻套(JB/T 8045.1—1999)如图 4.10(a)和图 4.10(b)所示，分为 A 型和 B 型两种，钻套安装在钻模板或夹具体中，其配合为 $\frac{H7}{n6}$ 或 $\frac{H7}{r6}$。固定钻套结构简单，钻孔精度高，适用于单一钻孔工序和小批生产，结构尺寸查阅"机床夹具设计手册"。

(2) 可换钻套(JB/T 8045.2—1999)如图 4.10(c)所示。当工件为单一钻孔工步、大批量生产时，为便于更换磨损的钻套，选用可换钻套。钻套与衬套(JB/T 8045.4—1999)之间采用 $\frac{F7}{m6}$ 或 $\frac{F7}{k6}$ 配合，衬套与钻模板之间采用 $\frac{H7}{n6}$ 配合。当钻套磨损后，可卸下螺钉(JB/T 8045.5—1999)，更换新的钻套。螺钉能防止钻套加工时转动及退刀时脱出。衬套的结构尺寸可查阅"机床夹具设计手册"。

可换钻套

(3) 快换钻套(JB/T 8045.3—1999)如图 4.10(d)所示。当工件需钻、扩、铰多工步加工时，为能快速更换不同孔径的钻套，应选用快换钻套。更换钻套时，将钻套缺口转至螺钉处，即可取出钻套。削边的方向应考虑刀具的旋转方向，以免钻套自动脱出。快换钻套的结构尺寸可查阅"机床夹具设计手册"。

快换钻套

因工件的形状或被加工孔的位置需要而不能使用标准钻套时，需自行设计钻套，这种钻套称为特殊钻套。常见的特殊钻套如图 4.11 所示。如图 4.11(a)所示为加长钻套，在加工凹面上的孔时使用。为减少刀具与钻套的摩擦，可将钻套引导高度 H 以上的孔径放大。如图 4.11(b)所示为斜面钻套，用于在斜面或圆弧面上钻孔，排屑空间的高度 $h<$

0.5 mm，可增加钻头刚度，避免钻头引偏或折断。如图 4.11(c)所示为小孔距钻套，用定位销确定钻套的方向。如图 4.11(d)所示为兼有定位与夹紧功能的钻套，钻套与衬套之间一段为圆柱间隙配合，一段为螺纹连接，钻套下端为内锥面，具有对工件定位、夹紧和引导刀具三种功能。

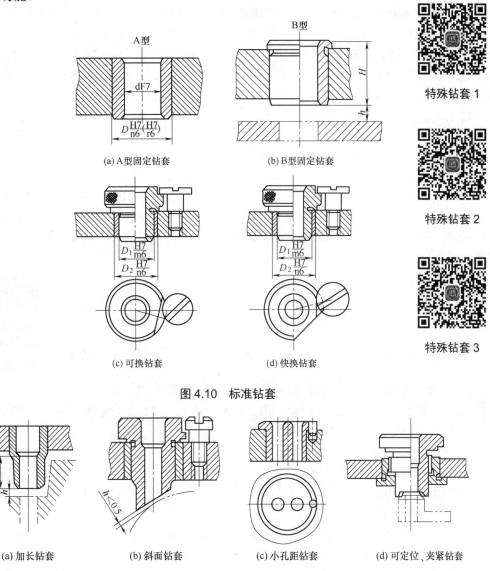

图 4.10　标准钻套

图 4.11　特殊钻套

2) 钻套的尺寸、公差及材料

一般钻套导向孔的基本尺寸取刀具的最大极限尺寸，钻孔时其公差取 F7 或 F8，粗铰孔时公差取 G7，精铰孔时公差取 G6。若被加工孔为基准孔(如 H7、H9)时，钻套导向孔的基本尺寸可取被加工孔的基本尺寸，钻孔时其公差取 F7 或 F8，铰 H7 孔时取 F7，铰 H9 孔时取 E7。若刀具用圆柱部分导向(如接长扩孔钻、铰刀等)时，可采用 $\dfrac{H7}{f7(g6)}$ 配合。

钻套的高度 H 增大时,则导向性能好,刀具刚度提高,加工精度高,但钻套与刀具的磨损加剧。一般取 $H=1\sim 2.5d$。

排屑空间 h 是指钻套底部与工件表面之间的空间。增大 h 值,排屑方便,但刀具的刚度和孔的加工精度都会降低。钻削易排屑的铸铁时,常取 $h=(0.3\sim 0.7)d$;钻削较难排屑的钢件时,常取 $h=(0.7\sim 1.5)d$;工件精度要求高时,可取 $h=0$,使切屑全部从钻套中排出。

在加工过程中,钻套与刀具产生摩擦,故钻套必须有很高的耐磨性。当钻套孔径 $d\leqslant 26$ mm 时,用 T10A 钢制造,热处理硬度为 $58\sim 64$HRC;当 $d>26$ mm 时,用 20 钢制造,渗碳深度为 $0.8\sim 1.2$ mm,热处理硬度为 $58\sim 64$HRC。钻套的材料可参看《机械行业标准 机床夹具零件及部件技术要求》(JB/T 8044—1999)。

3. 钻模板

钻模板用于安装钻套,并确保钻套在钻模上的正确位置。常见的钻模板有以下几种。

1) 固定式钻模板

固定在夹具体上的钻模板称为固定式钻模板。如图 4.12(a)所示为钻模板与夹具体铸成一体;如图 4.12(b)所示为两者焊接成一体;如图 4.12(c)所示为用螺钉和销钉连接的钻模板,这种钻模板可在装配时调整位置,因而使用较广泛。固定式钻模板结构简单、钻孔精度高。

2) 铰链式钻模板

当钻模板妨碍工件装卸或钻孔后需攻螺纹时,可采用如图 4.13 所示的铰链式钻模板。铰链销 1 与钻模板 5 的销孔采用 $\dfrac{G7}{h6}$ 配合,与铰链座 3 的销孔采用 $\dfrac{N7}{h6}$ 配合。钻模板 5 与铰链座 3 之间采用 $\dfrac{H8}{g7}$ 配合。钻套导

铰链式钻模板

向孔与夹具安装面的垂直度可通过调整两个支承钉 4 的高度加以保证。

加工时,钻模板 5 由菱形销 6 锁紧。由于铰链销孔之间存在配合间隙,用此类钻模板加工的工件精度比固定式钻模板加工的低。

3) 可卸式钻模板

可卸式钻模板是指钻模板与夹具体分离,钻模板在工件上定位,并与工件一起装卸,如图 4.14 所示。可卸式钻模板以两孔在夹具体上的圆柱销 3 和菱形销 4 上定位,并用铰链螺栓将钻模板和工件一起夹紧。加工完毕需将钻模板卸下,才能装卸工件。

使用可卸式钻模板时,由于装卸钻模板费力,钻套的位置精度低,故一般多在使用其他类型钻模板不便于装夹工件时才采用。

4) 悬挂式钻模板

在立式钻床或组合机床上用多轴传动头加工平行孔系时,钻模板连接在机床主轴的传动箱上,随机床主轴上下移动,靠近或离开工件,这种结构简称为悬挂式钻模板。如图 4.15 所示,钻模板 2 的位置由导向滑柱 4 确定,并悬挂在导向滑柱 4 上。通过弹簧 3 和横梁 5 与机床主轴箱连接。随着机床主轴下降,钻模板借助弹簧 3 的压力将工件压紧。机体主轴继续向前,钻头即同时钻孔。钻孔完毕,钻模板随机床主轴上升,直至钻头退出工件,然后自动恢复原始位置。

第 4 章 典型钻床夹具设计

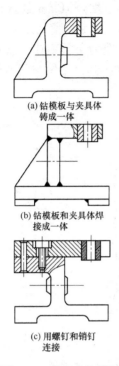

图 4.12 固定式钻模板

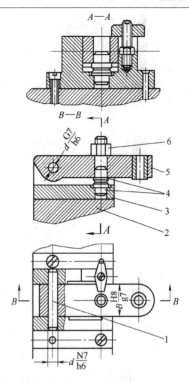

图 4.13 铰链式钻模板

1—铰链销；2—夹具体；3—铰链座；
4—支承钉；5—钻模板；6—菱形销

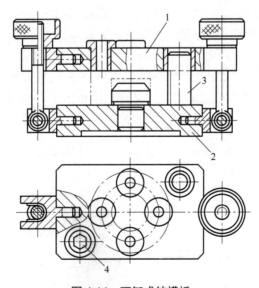

图 4.14 可卸式钻模板

1—钻模板；2—夹具体；3—圆柱销；4—菱形销

设计钻模板时应注意以下几点。

(1) 钻模板上安装钻套的孔之间以及孔与定位元件的位置应有足够的精度。

(2) 钻模板应具有足够的刚度,以保证钻套位置的准确性,但又不能设计得太厚、太重。注意布置加强肋以提高钻模板的刚度。钻模板一般不应承受夹紧反力。

(3) 为保证加工的稳定性,悬挂式钻模板导杆上的弹簧力必须足够,以便钻模板在夹具上能够维持足够的定位压力。如果钻模板本身产生的重力超过 800 N,则导杆上可不装弹簧。

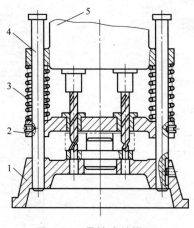

图 4.15 悬挂式钻模板

1—底座;2—钻模板;3—弹簧;4—导向滑柱;5—横梁

4. 钻模支脚设计

为减少夹具底面与机床工作台的接触面积,使夹具放置平稳,一般都在相对钻头送进方向的夹具体上设置支脚(如翻转式、移动式等钻模),其结构形式如图 4.16 所示。根据需要,支脚的断面可采用矩形或圆柱形。支脚可和夹具体做成一体,也可做成装配式的,但要注意以下几点。

(1) 支脚必须有四个。因为有四个支脚能立即发现夹具是否放置平稳。

(2) 矩形支脚的宽度或圆柱支脚的直径必须大于机床工作台 T 形槽的宽度,以免陷入槽中。

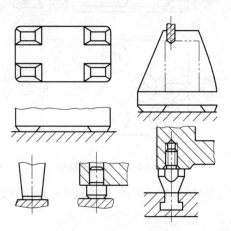

图 4.16 钻模的支脚

(3) 夹具的重心、钻削压力必须落在四个支脚所形成的支承面内。

(4) 钻套轴线应与支脚所形成的支承面垂直或平行，使钻头能正常工作，防止其折断，同时还能保证被加工孔的位置精度。

装配式支脚已标准化，标准中规定了螺纹规格为 M4～M20 mm 的低支脚(JB/T 8028.1—1999)以及螺纹规格为 M8～M20 mm 的高支脚(JB/T 8028.2—1999)。

4.2.3 钻床夹具对刀误差 ΔT 的计算

如图 4.17 所示，刀具与钻套的最大配合间隙 X_{max} 的存在会引起刀具的偏斜，将导致加工孔的偏移量 X_2 为

$$X_2 = \frac{B + h + H/2}{H} X_{max}$$

式中：B 为工件厚度；H 为钻套高度；h 为排屑空间的高度。

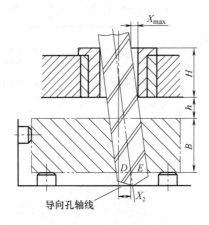

图 4.17　钻模对刀误差

工件厚度大时，按 X_2 计算对刀误差，$\Delta T = X_2$；工件厚度小时，按 X_{max} 计算对刀误差，$\Delta T = X_{max}$。

实践证明，用钻模钻孔时，加工孔的偏移量远小于上述理论值。因加工孔的孔径 D' 大于钻头直径 d，由于钻套孔径 D 的约束，一般情况下 $D' = D$，即加工孔中心实际上与钻套中心重合，因此 ΔT 趋近于零。

4.3　回到工作场景

通过第 1、2 章的学习，学生应该掌握了专用机床夹具定位和夹紧方案的确定和设计原则；通过 4.2 节的学习，学生应该掌握了专用钻床夹具的种类以及如何进行选择，掌握了钻床夹具设计的要点。下面将回到 4.1 节所介绍的工作场景中，完成工作任务。

4.3.1　项目分析

完成项目任务需要学生掌握机械制图、公差与配合、机械设计基础、金属工艺学等相关专业基础课程，必须对机械加工工艺相关知识有一定了解，在此基础上还需要掌握如下

知识。
(1) 专用钻床夹具类型的确定。
(2) 专用机床夹具设计的定位原理。
(3) 专用机床夹具设计的夹紧机构。
(4) 专用钻床夹具导向装置等的设计。

4.3.2 项目工作计划

在项目实训过程中，结合创设情境、观察分析、现场参观、讨论比较、案例对照、评估总结等活动，充分调动学生学习的主动性和积极性，让学生自主地学习、主动地学习。各小组协同制订实施计划及执行情况表，如表 4.1 所示，共同解决实施过程中遇到的困难；要相互监督计划的执行与完成情况，保证项目完成的合理性和正确性。

表4.1 摇臂零件钻 ϕ14 mm 孔的钻床夹具设计及执行情况表

序 号	内 容	所用时间	要 求	教学组织与方法
1	研讨任务		看懂零件加工工序图，分析工序基准，明确任务要求，分析完成任务需要掌握的知识	分组讨论，采用任务引导法教学
2	计划与决策		企业参观实习，项目实施准备，制订项目实施详细计划，学习与项目有关的基础知识	分组讨论、集中授课，采用案例法和示范法教学
3	实施与检查		根据计划，分组确定摇臂零件钻 ϕ14 mm 孔钻床夹具的类型、定位方案、夹紧方案、导向方案等，填写项目实施记录表	分组讨论，教师点评
4	项目评价与讨论		评价任务完成的合理性与可行性；根据企业的要求，评价夹具设计的规范性与可操作性；项目实施中评价学生的职业素养和团队精神的表现	项目评价法，实施评价

4.3.3 项目实施准备

(1) 结合工序卡片，准备摇臂零件成品和工序成品。
(2) 准备常用定位元件和夹紧装置模型。
(3) 准备 Z525 立式钻床模型或图片以及加工用麻花钻。
(4) 准备机床夹具设计常用手册和资料图册。
(5) 准备相关钻床夹具模型。
(6) 准备相似的零件生产现场参观。

4.3.4 项目实施与检查

(1) 确定摇臂零件钻 ϕ14 mm 孔钻床夹具的类型。

摇臂零件钻 ϕ14 mm 孔钻床夹具是为摇臂零件中批量生产专门设计制造的专用夹具。本工序加工采用的机床是 Z525 立式钻床，如图 4.18 所示，加工中使用的刀具是 ϕ5 mm 麻花钻。在设计前需要了解 Z525 立式钻床的主要性能参数。

Z525 立式钻床的主要尺寸参数如下。

① 主轴中心线到导轨面的距离：250 mm。
② 工作台面积：500 mm×375 mm。
③ 主轴端面到工作台的距离：0～700 mm。
④ 主轴端面到底座的距离：725～1100 mm。
⑤ 主轴最大扭距：250 N·m。
⑥ 主轴最大进给力：900 N。

图 4.18　Z525 立式钻床

1—主轴箱；2—进给箱；3—进给手柄；
4—主轴；5—立柱；6—工作台；
7—底座；8—变速手柄；9—电动机

摇臂零件钻 ϕ14 mm 孔钻床夹具由于加工孔的直径为 ϕ14 mm，钻削扭矩较大，钻模重量较重，一般超过 15 kg，所以采用固定式钻模。

(2) 分组分析并讨论摇臂零件钻 ϕ14 mm 孔钻床夹具的定位方案。

在图 4.1 中选择端平面 A 为主要定位基准，并选择 ϕ31H7 孔、ϕ20H7 孔为另外两个定位基准。定位元件为定位销、菱形销。采用一面二孔定位，属完全定位，如图 4.19 所示。定位销采用非标准定位销，菱形定位销采用标准元件。查阅相关"机床夹具设计手册"可知，菱形定位销尺寸为标准 Bϕ19.904×14GB/T 2204。

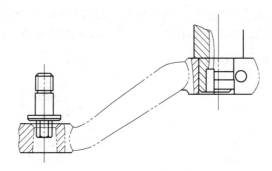

图 4.19　定位方案

讨论问题：

① 摇臂零件钻 ϕ14 mm 孔的工序要求是什么？工序基准分别是什么？
② 保证摇臂零件钻 ϕ14 mm 孔加工的工序要求应限制哪些自由度？
③ 确定摇臂零件钻 ϕ14 mm 孔钻床夹具的定位方案应满足哪些原则？
④ 确定的定位方案中定位元件分别限制哪些自由度？
⑤ 摇臂零件钻 ϕ14 mm 孔钻床夹具的定位元件的设计要点是什么？

(3) 分组讨论摇臂零件钻 ϕ14 mm 孔钻床夹具的夹紧方案。

钻削时各支承面上受力良好，采用端面斜楔夹紧机构，如图 4.20 所示。夹紧力方向指

向主要定位基准面 A。夹紧机构操作方便,在工件的夹紧端采用转动垫圈,以便于工件的装卸。

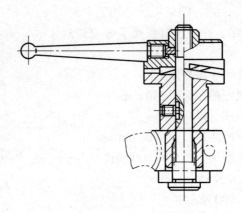

图 4.20　端面斜楔夹紧机构

夹紧端的转动垫圈采用标准元件 B×16JB/T 8008。端面斜楔夹紧机构是非标准结构,斜楔角 $\alpha=7°$,手柄长度为 190 mm。

讨论问题:
① 摇臂零件钻 $\phi14$ mm 孔钻床夹具的夹紧力应朝向哪个表面?
② 摇臂零件钻 $\phi14$ mm 孔钻床夹具的夹紧力大小如何确定?
③ 摇臂零件钻 $\phi14$ mm 孔钻床夹具采用的斜楔夹紧机构的斜楔角如何确定?
④ 摇臂零件钻 $\phi14$ mm 孔钻床夹具的夹紧机构中采用的转动开口垫圈有什么优点?

(4) 分组讨论摇臂零件钻 $\phi14$ mm 孔钻床夹具的导向方案。

钻削 $\phi14$ mm 孔采用固定式钻套,钻模板为固定式结构,导向装置如图 4.21 所示。刀具选用 $\phi14_{-0.043}^{0}$ mm 麻花钻。钻套采用标准元件 B$\phi14\times16$JB/T 8045。固定式钻模板采用两个内六角螺钉和两个销与夹具体固定。

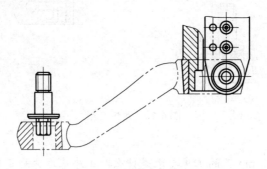

图 4.21　导向装置

讨论问题:
① 摇臂零件钻 $\phi14$ mm 孔钻床夹具的钻套采用什么类型?为什么?
② 摇臂零件钻 $\phi14$ mm 孔钻床夹具的钻套相关尺寸该如何确定?
③ 摇臂零件钻 $\phi14$ mm 孔钻床夹具的钻模板是如何与夹具体固定的?

(5) 分组讨论摇臂零件钻 $\phi14$ mm 孔钻床夹具的装配总图的绘制顺序以及总图中相关

尺寸和公差的确定方法。

如图 4.22 所示为摇臂零件钻 ϕ14 mm 孔钻床夹具的装配总图。

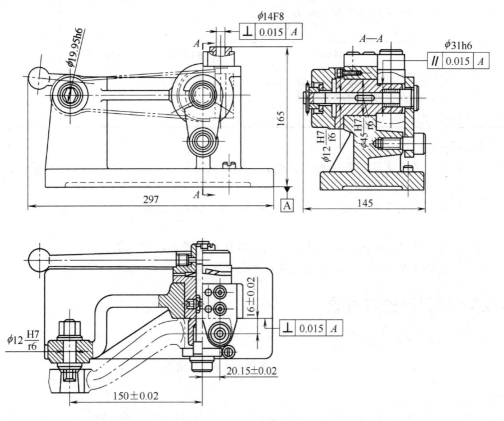

图 4.22 摇臂零件钻 ϕ14 mm 孔钻床夹具的装配总图

摇臂零件钻 ϕ14 mm 孔钻床夹具的装配总图应标注的主要尺寸和公差如下。

① 配合尺寸：$\phi 12\dfrac{\text{H7}}{\text{r6}}$，$\phi 45\dfrac{\text{H7}}{\text{r6}}$，$\phi 12\dfrac{\text{H7}}{\text{f6}}$。

② 定位联系尺寸：ϕ19.95h6，ϕ31h6。

③ 导向尺寸：(16±0.02)mm，(20.15±0.02)mm，ϕ14F8。

④ 夹具轮廓尺寸：297 mm×145 mm×165 mm。

⑤ 位置公差：定位销对夹具体基面的平行度公差为 0.015 mm。钻套 ϕ14F8 中心对夹具体的垂直度公差为 0.015 mm，定位支承面对夹具体基面的垂直度公差为 0.015 mm。

工件与定位元件间的联系尺寸以及导向元件与定位元件间(夹具体基面)的联系尺寸如表 4.2 所示。

表 4.2 工件与定位元件、导向元件与定位元件间的联系尺寸表

序 号	项 目	数值/mm	工件相应项目	数值/mm
1	钻套至定位支承面的距离	16±0.02	ϕ14 mm 孔至端面孔距	16±0.10
2	钻套至 ϕ30h6 定位销中心距	20.15±0.02	ϕ14 mm 孔至 ϕ31H7 孔距	$\phi 20.25_{-0.20}^{0}$
3	定位销至菱形销中心距	150±0.02	ϕ31H7 孔至 ϕ20H7 孔距	150±0.10

续表

序号	项目	数值/mm	工件相应项目	数值/mm
4	$\phi31h6$ 定位销对夹具体基面的平行度	0.015	$\phi14$ mm 孔对 $\phi31H7$ 孔的垂直度	0.15
5	钻套 $\phi14F8$ 孔对夹具体基面的垂直度	0.015		
6	定位支承面对夹具体基面的垂直度	0.015		

讨论问题:

① 钻套至定位支承面的距离、钻套至 $\phi30h6$ mm 定位销中心距、定位销至菱形销中心距的尺寸和公差该如何确定?

② 菱形销与夹具体、定位心轴与夹具体、定位心轴与摇臂零件分别采用什么配合方式?为什么?

③ 摇臂零件钻 $\phi14$ mm 孔钻床夹具的相关位置公差该如何确定?

④ 摇臂零件钻 $\phi14$ mm 孔钻床夹具有哪些技术要求?

4.3.5 项目评价与讨论

该项任务实施检查与评价的内容如表 4.3 所示。

表 4.3 任务实施检查与评价表

任务名称:

学生姓名:　　　学　号:　　　班　级:　　　组　别:

序号	检查内容	检查记录	自评	互评	点评	分值
1	定位方案设计:常用定位元件限制自由度是否明确;工序图分析是否正确;定位要求(限制自由度)判断是否正确;定位元件设计是否合理;项目讨论题是否正确完成;项目实施表是否认真记录					20%
2	夹紧方案设计:夹紧力方向和作用点的确定原则是否明确;夹紧力估算、校核是否正确;常用的夹紧机构设计是否明确;夹紧方案的确定是否合理;夹紧元件设计是否规范;项目讨论题是否正确完成;项目实施表是否认真记录					20%
3	定位误差分析和计算:定位误差原因是否明确;定位误差计算方法是否明确;项目定位误差讨论题是否正确完成;项目实施表是否认真记录					10%

续表

序号	检查内容	检查记录	自评	互评	点评	分值
4	加工精度分析：影响加工精度的因素是否明确；对刀误差、夹具安装误差、夹具误差、加工方法误差计算方法是否明确；保证加工精度条件是否明确；摇臂零件钻 $\phi14$ mm 孔工序的加工精度分析是否正确；项目实施表是否认真记录					10%
5	装配图和零件绘制：装配图中的定位、夹紧、安装、视图表达、尺寸、公差、技术条件、明细表、序号、标题栏表达是否正确合理；非标零件图中的视图表达、尺寸和公差、表面粗糙度、技术条件、结构工艺性、形位公差、标题栏填写、图面质量等是否正确合理；项目讨论题是否正确完成；项目实施表是否认真记录					20%
6	遵守时间：是否不迟到、不早退，中途不离开现场					5%
7	职业素养 — 5S：理论教学与实践教学一体化教室布置是否符合 5S 管理要求；设备、电脑是否按要求实施日常保养；刀具、工具、桌椅、模型、参考资料是否按规定摆放；地面、门窗是否干净					5%
8	团结协作：组内是否配合良好；是否积极地投入本项目中、积极地完成本任务					5%
9	语言能力：是否积极回答问题；声音是否洪亮；条理是否清晰					5%
总评：			评价人：			

根据评价结果，提出后续学习的有效措施，并在评价的基础上引导学生进一步讨论以下几个问题。

(1) 摇臂零件钻 $\phi14$ mm 孔钻床夹具的定位采用一面二孔定位，轴向转动自由度是由菱形销限制的，能不能采用活动 V 形块来限制？

(2) 摇臂零件钻 $\phi14$ mm 孔如改为钻 $\phi14H7$ mm 孔，应采用什么类型的钻套？

(3) 摇臂零件钻 $\phi14$ mm 孔钻床夹具能不能采用螺旋夹紧机构或者偏心夹紧机构？

4.4 拓展实训

1. 实训任务

如图 4.23(a)所示为托架工序简图，如图 4.23(b)所示为托架工件三维图。托架零件在本工序中需钻 2×M12 mm 斜孔螺纹的底孔 $\phi10.1$ mm。工件材料为铸铝，毛坯为铸件，年产量为 1000 件。

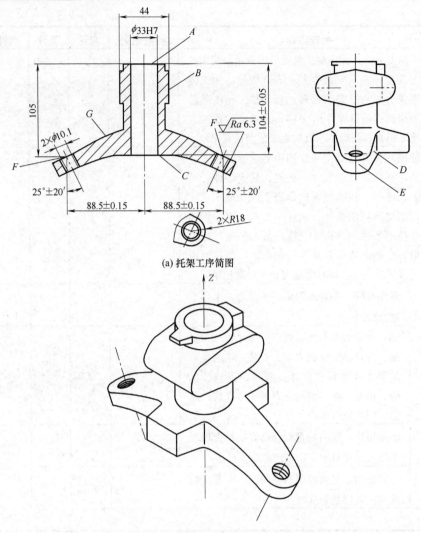

图 4.23 托架工序简图

【加工要求】

(1) 2×φ10.1 mm 孔中心到端面 A 的距离为 105 mm。
(2) 2×φ10.1 mm 孔中心到 φ33H7 孔轴线的距离都为(88.5±0.15)mm。
(3) 2×φ10.1 mm 孔轴线与 φ33H7 孔轴线的夹角为 25°±20′。
如何设计托架零件钻 2×φ10.1 mm 斜孔分度式钻床夹具？

2. 实训目的

通过托架零件钻 2×φ10.1 mm 斜孔钻床夹具的设计，使学生进一步对专用钻床夹具的设计步骤和定位误差的分析计算、加工精度的分析、分度装置的设计等有所理解和体会，增强了学生的学习兴趣，提高了学生解决工程技术问题的自信心，体验成功的喜悦；使学生通过项目任务教学，培养学生互助合作的团队精神。

3. 实训过程

(1) 确定托架零件钻 2×ϕ10.1 mm 斜孔钻床夹具的类型。

为了保证减少装夹次数，保证加工质量，提高生产效率，本工序两个 ϕ10.1 mm 孔在一次装夹中加工，因此钻模应设置分度装置。为保证钻套从加工孔轴线垂直于钻床工作台面，主要限位基准必须倾斜，所以托架零件钻 2×ϕ10.1 mm 斜孔钻床夹具的类型是斜孔分度式钻床夹具。

(2) 分组分析并讨论托架零件钻 2×ϕ10.1 mm 斜孔钻床夹具的定位方案。

方案一如图 4.24(a)所示：以工序基准 ϕ33H7 孔、A 面及 R18 mm 作定位基面。心轴和端面限制五个自由度，在 R18 mm 处活动 V 形块限制一个自由度。加工部位设置两个辅助支承钉，以提高工件的刚度。由于方案一基准完全重合，所以定位误差小，但其夹紧装置与导向装置间互相干扰，而且结构较大。

方案二如图 4.24(b)所示：以 ϕ33H7 孔、C 面及 R18 mm 作定位基面。心轴和端面限制五个自由度，在 R18 mm 处活动 V 形块限制一个自由度。在加工孔下方利用两个斜楔作辅助支承。在该方案中，虽然工序基准 A 与定位基准 C 不重合，但由于尺寸 105 mm 精度不高，故影响不大。另外，此方案结构紧凑，工件装夹方便。为使结构设计方便，选用方案二更有利。

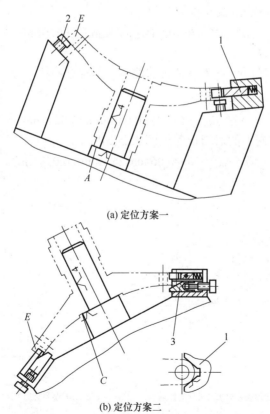

(a) 定位方案一

(b) 定位方案二

图 4.24 托架零件钻孔夹具定位方案

1—活动 V 形块；2—辅助支承钉；3—斜楔辅助支承

讨论问题：

① 托架零件钻 2×ϕ10.1 mm 孔的工序要求是什么？工序基准分别是什么？
② 保证托架零件钻 2×ϕ10.1 mm 孔的工序要求应限制哪些自由度？
③ 分析托架零件钻 2×ϕ10.1 mm 孔钻床夹具定位方案的合理性？
④ 确定的定位方案中定位元件分别限制哪些自由度？
⑤ 托架零件钻 2×ϕ10.1 mm 孔钻床夹具的定位元件心轴的设计要点是什么？
⑥ 定位方案中设计辅助支承的作用是什么？使用时应注意什么？

(3) 分组计算托架零件钻 2×ϕ10.1 mm 斜孔钻床夹具的定位误差和对刀误差。

① 计算尺寸(88.5±0.15)mm 的定位误差。

工件定位孔为 ϕ33H7(ϕ33$^{+0.025}_{0}$mm)，圆柱心轴为 ϕ33g6(ϕ33$^{-0.009}_{-0.025}$mm)，在尺寸 88.5 mm 方向上的基准位移误差为

$$\Delta Y = X_{max} = (0.025+0.025)\text{mm} = 0.05(\text{mm})$$

工件的定位基准 C 面与工序基准 A 面不重合，定位尺寸 S=(104±0.05)mm，因此

$$\Delta B' = 0.1 \text{ mm}$$

如图 4.25(a)所示，$\Delta B'$ 对尺寸 88.5 mm 形成的误差为

$$\Delta B = \Delta B' \tan\alpha' = 0.1\tan25°\text{ mm} = 0.047(\text{mm})$$

因此尺寸(88.5±0.15)mm 的定位误差为

$$\Delta D = \Delta Y + \Delta B = (0.05+0.047)\text{mm} = 0.097(\text{mm})$$

② 计算对刀误差 ΔT。

因加工孔处工件较薄，可不考虑钻头的偏斜。钻套导向孔尺寸为 ϕ10F7(ϕ10$^{+0.028}_{+0.013}$mm)；钻头尺寸为 ϕ10$^{0}_{-0.036}$mm。对刀误差为

$$\Delta T' = X_{max} = (0.028+0.036)\text{mm} = 0.064 \text{ mm}$$

在尺寸 88.5 mm 方向上的对刀误差如图 4.25(b)所示。

$$\Delta T = \Delta T' \cos\alpha = 0.064\cos25°\text{ mm} = 0.058 \text{ mm}$$

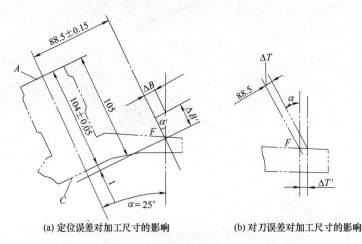

(a) 定位误差对加工尺寸的影响　　(b) 对刀误差对加工尺寸的影响

图 4.25　误差对加工尺寸的影响

(4) 分组讨论托架零件钻 2×ϕ10.1 mm 斜孔钻床夹具的夹紧方案。

托架零件钻 2×ϕ10.1 mm 斜孔加工数量年产量为 1000 件，批量不大，常用手工夹紧机

构。为了便于快速装卸工件，采用螺钉及开口垫圈夹紧机构，属螺旋夹紧机构，如图 4.26 所示。

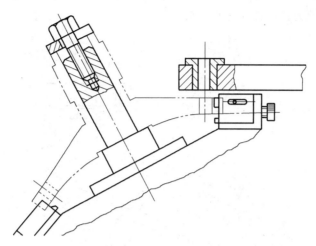

图 4.26 托架零件钻孔夹具的夹紧方案

讨论问题：

① 托架零件钻 2×ϕ10.1 mm 斜孔钻床夹具的夹紧力大小如何确定？

② 托架零件钻 2×ϕ10.1 mm 斜孔钻床夹具若采用螺旋夹紧机构，其螺纹直径该如何确定？

③ 托架零件钻 2×ϕ10.1 mm 斜孔钻床夹具的夹紧机构中能不能采用其他快速夹紧机构？

(5) 分组讨论托架零件钻 2×ϕ10.1 mm 斜孔钻床夹具的导向方案。

由于加工的两个 2×ϕ10.1 mm 孔是螺纹底孔，可直接钻出；又因为批量不大，故宜选用固定钻套。在工件装卸方便的情况下，尽可能选用固定式钻模板。托架零件钻孔夹具的导向方案如图 4.27 所示。

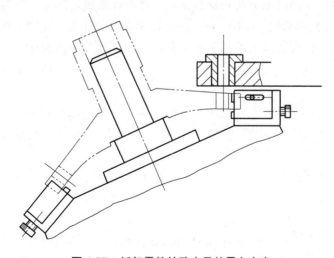

图 4.27 托架零件钻孔夹具的导向方案

(6) 分组讨论托架零件钻 2×ϕ10.1 mm 斜孔钻床夹具的分度装置等。

由于两个 ϕ10.1 mm 孔对 ϕ33H7 孔的对称度要求不高(未标注公差)，因此，设计一般精度的分度装置即可，如图 4.28 所示。回转轴 1 与定位心轴做成一体，用销钉与分度盘 3 连接，在夹具体 6 的回转套 5 中回转。采用圆柱对定销 2 对定、锁紧螺母 4 锁紧。此分度装置结构简单、制造方便，能满足加工要求。

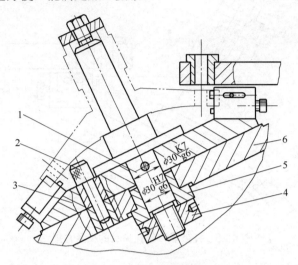

图 4.28 托架钻孔夹具分度方案

1—回转轴；2—圆柱对定销；3—分度盘；4—锁紧螺母；5—回转套；6—夹具体

讨论问题：

① 托架零件钻 $2\times\phi 10.1$ mm 斜孔钻床夹具的分度装置采用什么类型？

② 托架零件钻 $2\times\phi 10.1$ mm 斜孔钻床夹具分度装置的对定机构和锁紧机构分别是什么？如何操作？

③ 托架零件钻 $2\times\phi 10.1$ mm 斜孔钻床夹具设置工艺孔的注意点有哪些？

④ 托架零件钻 $2\times\phi 10.1$ mm 斜孔钻床夹具如何与机床固定？

(7) 分组讨论托架零件钻 $2\times\phi 10.1$ mm 斜孔钻床夹具装配工艺孔的设置与计算。

在斜孔钻模上，钻套轴线与限位基准倾斜，其相互位置无法直接标注和测量，因此常在夹具的适当部位设置工艺孔，利用此孔间接确定钻套与定位元件之间的尺寸，以保证加工精度。

托架零件钻 $2\times\phi 10.1$ mm 斜孔钻床夹具选用铸造夹具体，夹具体上安装分度盘的表面与夹具体安装基面 B 成 $25°\pm 20'$ 倾斜角，安装钻模板的平面与 B 面平行，安装基面 B 采用两端接触的形式。在夹具体上设置工艺孔。

工艺孔到限位基面的距离为 75 mm。通过如图 4.29 所示的几何关系，可以求出工艺孔到钻套轴线的距离 X：

$$\begin{aligned}X&=BD=BF\cos\alpha\\&=(AF-(OE-EA)\tan\alpha)\cos\alpha\\&=(88.5-(75-1)\tan 25°)\cos 25°\\&=48.94(\text{mm})\end{aligned}$$

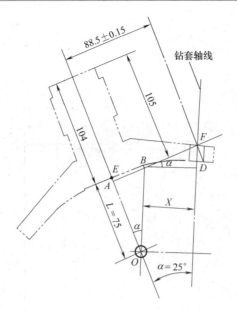

图 4.29 用 ϕ10H7 工艺孔确定钻套位置

在夹具制造中要求控制(75±0.05) mm 及(48.94±0.05) mm 这两个尺寸,即可间接地保证(88.5±0.15) mm 的加工要求。

(8) 绘制托架零件钻 2×ϕ10.1 mm 斜孔钻床夹具的装配总图以及标注尺寸和公差。

如图 4.30 所示的装配总图,主要标注如下尺寸和技术要求。

① 最大轮廓尺寸 S_L:355 mm,150 mm,312 mm。

② 影响工件定位精度的尺寸、公差 S_D,定位心轴与工件的配合尺寸 ϕ33g6。

③ 影响导向精度的尺寸、公差 S_T,钻套导向孔的尺寸、公差 ϕ10F7。

④ 影响夹具精度的尺寸、公差 S_J。工艺孔到定位心轴限位端面的距离 L=(75±0.05) mm;工艺孔到钻套轴线的距离 x=(48.94±0.05) mm;钻套轴线对安装基面 B 的垂直度 ϕ0.05 mm;钻套轴线与定位心轴轴线间的夹角 25°±10′。回转轴与夹具体回转套的配合尺寸 $\phi 30 \frac{H7}{g6}$;圆柱对定销 10 与分度套及夹具体上固定套的配合尺寸 $\phi 12 \frac{H7}{g6}$。

⑤ 其他重要尺寸。回转轴与分度盘的配合尺寸 $\phi 30 \frac{K7}{g6}$;分度套与分度盘 9 及固定衬套与夹具体 3 的配合尺寸 $\phi 28 \frac{H7}{n6}$;钻套 5 与钻模板 4 的配合尺寸 $\phi 15 \frac{H7}{n6}$;活动 V 形块 1 与座架的配合尺寸 $60 \frac{H8}{f7}$ 等。

⑥ 需标注的技术要求:工件随分度盘转离钻模板后再进行装夹;工件在定位夹紧后才能拧动辅助支承旋钮,拧紧力应适当;夹具的非工作表面喷涂灰色漆。

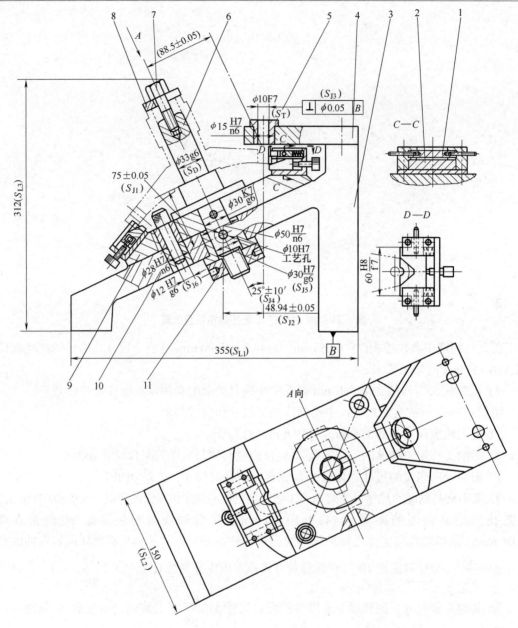

图 4.30 装配总图

1—活动 V 形块；2—斜楔辅助支承；3—夹具体；4—钻模板；5—钻套；
6—定位心轴；7—夹紧螺钉；8—开口垫圈；9—分度盘；10—圆柱对定销；11—锁紧螺母

4.5 工程实践案例

1. 案例任务分析

杠杆零件是某机床股份有限公司制造的新型多功能机床的一个零件，年产量一般在

2000 件左右，零件材料为 HT200。该零件的加工工艺过程为：铸造、时效、涂底漆、加工 $\phi25$ mm 孔下表面、加工 $\phi25$ mm 孔、加工宽度为 30 mm 的下平台、加工 $\phi12.7$ mm 的锥孔、加工 $\phi14$ mm 阶梯孔及 M8 螺纹底孔、加工 2-M8 螺纹孔上端面、加工 2-M8 螺纹孔、检验等。

本案例的任务是设计第五道工序加工 $\phi14$ mm 阶梯孔及 M8 螺纹底孔的钻床夹具，本工序由三个工步组成：钻 M8 螺纹底孔 $\phi6.8$ mm、锪钻 $\phi14$ mm 孔、攻 M8 螺纹。如图 4.31 所示为杠杆零件工序图，该工序的主要加工要求如下。

(1) $\phi14$ mm 阶梯孔及 M8 螺纹底孔轴线到端面的距离为 10 mm。

(2) $\phi14$ mm 阶梯孔及 M8 螺纹底孔轴线与 $\phi25_{\ 0}^{+0.02}$ 孔轴线的夹角为 10°。

(3) $\phi14$ mm 阶梯孔深度为 3 mm。

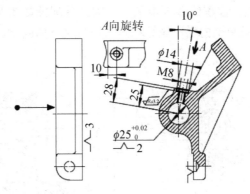

图 4.31 杠杆零件工序图

2．案例实施过程

1) 分析零件的工艺过程和本工序的加工要求，明确设计任务

本工序的加工在 Z525 立式钻床上进行，采用的刀具为 $\phi6.8$ mm 高速钢麻花钻、$\phi14$ mm 直柄平底锪钻、M8 丝锥。生产类型为中批量，主要工序尺寸为 $\phi14$ mm 阶梯孔及 M8 螺纹底孔轴线到端面的距离 10 mm、$\phi14$ mm 阶梯孔及 M8 螺纹底孔轴线与 $\phi25_{\ 0}^{+0.02}$ 孔轴线的夹角 10°、$\phi14$ mm 阶梯孔深度 3 mm，必须通过专用夹具来保证。技术部门一般向工装设计人员下达工艺装备设计任务书。

2) 拟定本工序钻床夹具的结构方案

夹具的结构方案包括以下几个方面。

(1) 定位方案的确定。

根据本工序的加工要求，杠杆零件定位时需限制六个自由度。在本工序加工时，杠杆侧平面、$\phi25$ mm 孔和宽度为 30 mm 的下平台已经由上面工序加工到要求的尺寸，依据基准重合和基准统一原则在工序图上已经标明工件的定位基准和夹紧位置，即以杠杆侧平面为主要定位基准面限制工件三个自由度(一个移动和二个转动自由度)，以 $\phi25_{\ 0}^{+0.02}$ 孔作为定位基准面限制两个移动自由度，以宽度为 30 mm 的下平台作为定位基准限制一个转动自由度，实现工件的完全定位。

(2) 定位元件的设计。

夹具装配图如图 4.32 所示，根据上述的定位方案，定位元件由定位销轴 15 和挡销 10 组成。定位销轴大平面与工件侧平面接触限制三个自由度，定位销轴短圆柱面与 $\phi 25^{+0.02}_{0}$ 孔配合限制两个自由度，挡销 10 与宽度为 30 mm 的下平台接触限制一个自由度。定位销轴与工件定位孔的配合为间隙配合 $\phi 25H7/f7$，定位销轴与夹具体的配合为过盈配合 $\phi 20H7/p6$。

(3) 夹紧方案的确定。

夹具装配图如图 4.32 所示，夹紧机构采用移动压板 14 夹紧，移动压板带肩六角螺母 6 的公称直径须通过计算确定。由于本道工序完成 M8 螺纹的钻 $\phi 6.8$ mm 底孔、攻螺纹和锪 $\phi 14$ 阶梯孔加工，加工时钻削力远大于攻螺纹切削力，因此计算夹紧力时应以钻削力为准。

(4) 刀具导向方案的确定。

本工序是钻孔、锪孔、攻螺纹多工步加工，因此装配图如图 4.32 所示采用快换钻套 13，固定式钻模板 16 采用两个内六角螺钉和两个销与夹具体固定。

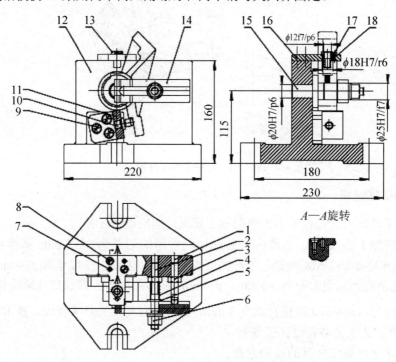

图 4.32　钻 $\phi 14$ mm 阶梯孔及 M8 螺纹底孔的钻床夹具

1—调节支承；2—双头螺栓；3—螺母；4—弹簧；5—平垫圈；6—带肩六角螺母；
7—圆柱销；8，9—螺钉；10—挡销；11—固定板；12—夹具体；13—快换钻套；
14—移动压板；15—定位销轴；16—固定式钻模板；17—衬套；18—钻套螺钉

3. 常见问题解析

(1) 如钻床夹具使用时排屑不畅刀具易折断，应合理确定钻套下端面与加工表面之间的间隙值 h。尤其是加工韧性材料时，切屑呈带状缠绕(见图 4.33(a))，若此间隙过小，就可能发生阻塞以致折断刀具的事故。所以从排屑的角度讲，希望 h 值要大一些；但从良好引导来看，则希望 h 值要小一点。按几何关系分析，当刀具切削刃刚出钻套，刀尖正好碰着工件表面时，则起钻时的引导情况最好(见图 4.33(b))，此时 $h \approx 0.3d$。在这相互制约的情况下，一般按下述经验数据选取。

① 加工铸铁时，$h=(0.3\sim0.7)d$。
② 加工钢等韧性材料时，$h=(0.7\sim1.5)d$。
③ 材料越硬，系数应取小值；钻头直径越小(刚性差)，系数应取大值。
④ 在斜面或圆弧面上钻孔时，为保证起钻良好，钻套下端面应尽可能接近加工表面。
⑤ 工作的精度要求高，要求引导良好，结构上允许时，可取 $h=0$，使切屑全部从钻套中排出，但此时钻套磨损将是严重的。
⑥ 钻深孔时(即孔的长径比 $L/d>5$)，可取 $h=1.5d$。

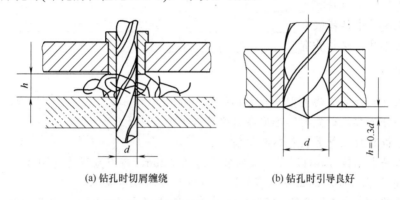

(a) 钻孔时切屑缠绕　　　　(b) 钻孔时引导良好

图 4.33　钻套下端面距加工表面的空隙

(2) 如钻孔、锪孔尺寸时有偏差。在定位方案合理的前提下应首先分析定位元件精度、强度和刚度是否足够；其次要分析钻套主要尺寸和公差是否合理，材料与热处理是否合理，钻模板上安装钻套的孔之间及孔与定位元件的位置是否有足够的精度，钻模板是否具有足够的刚度，以保证钻套位置的准确性；然后还要分析钻床夹具与机床工作台安装位置是否正确，钻床精度是否有保证，是否按标准选择刀具，工人操作是否按工序要求执行等。

本 章 小 结

本章介绍了钻床夹具的主要类型、钻床夹具类型的选择、钻套的选择和设计、钻模板的选择和设计、支脚的设计、钻床夹具对刀误差等基本内容。学生通过完成摇臂零件钻 $\phi14$ mm 孔钻床夹具的设计以及托架零件钻 $2\times\phi10.1$ mm 斜孔分度式钻床夹具的设计两项工作任务，应达到掌握专用钻床夹具的设计等相关知识的目的。同时增强学生的学习兴趣，提高学生解决工程技术问题的自信心，使学生体验成功的喜悦；通过项目任务教学，培养学生互助合作的团队精神。在工作实训中要注意培养学生分析问题和解决问题的能力，培养学生查阅设计手册和资料的能力，逐步提高学生处理实际工程技术问题的能力。

思考与练习

一、填空题

1. 按钻套结构不同,可分为_____、_____、_____和特殊钻套。
2. 钻床夹具中标准钻套有_____、_____和_____。
3. 常用的钻床夹具结构类型有:_____、_____、_____、_____、_____和_____。
4. 钻套的常用材料有_____和_____。
5. 钻床夹具中钻模板有_____、_____、_____和_____。
6. 钻床夹具特殊钻套有_____、_____和_____。

二、简答题

1. 钻床夹具分为哪些类型?各类钻模有何特点?
2. 钻套分为哪几种类型?各用在什么场合?
3. 钻模板有哪几种类型?各有何特点?
4. 在工件上钻铰 $\phi14H7$ 孔,铰削余量为 0.1 mm,铰刀直径为 $\phi14m5$。试设计所需的钻套(计算导向孔尺寸,画出钻套零件图,标注尺寸及技术要求)。
5. 斜孔钻模上为何要设置工艺孔?试计算如图 4.34 所示工艺孔到钻套轴线的距离 X。
6. 钻、扩、铰加工 $\phi16H9(^{+0.043}_{0})$ mm 孔。试计算快换钻套内径尺寸及偏差(刀具尺寸见附表 7~附表 9),并查 JB/T 8045.3—1999(见附表 6),把铰套尺寸填在图 4.35 中。

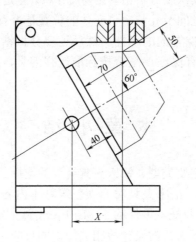

图 4.34 题二(5)图

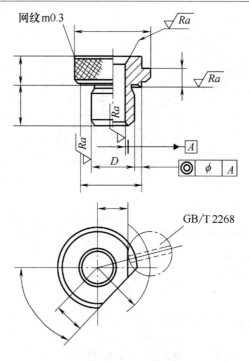

图 4.35　题二(6)图

三、综合题

1. 在如图 4.36 所示的支架上加工 ϕ9H7，工件的其他表面均已加工好。试对工件进行工艺分析，设计钻模(画出草图)，标注尺寸并进行精度分析。

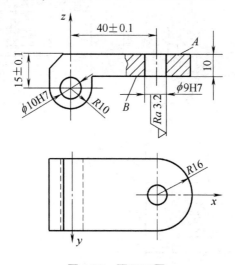

图 4.36　题三(1)图

2. 分析杠杆臂工序图(见图 4.37)以及钻两孔翻转式钻模(见图 4.38)，指出各自的定位元件、导向元件和夹紧元件。

3. 分析气缸套法兰耳零件工序图(见图 4.39)以及加工缸套法兰耳钻 2×ϕ13.7 mm 和 4×ϕ18 mm 孔的盖板式钻床夹具(见图 4.40)，指出各自的定位元件、导向元件和夹紧元件。

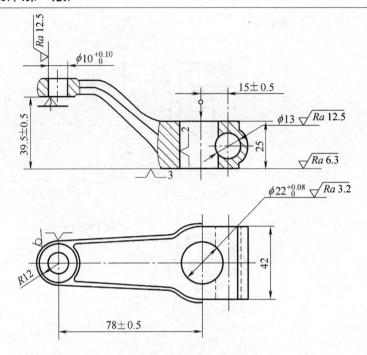

图 4.37 杠杆臂工序图

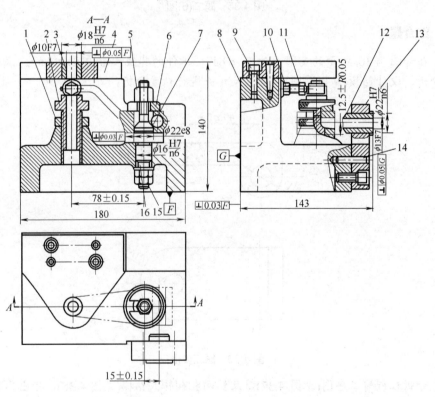

图 4.38 钻两孔翻转式钻模

1,10—锁紧螺母;2—辅助支承;3,12—钻套;4,13—钻模板;5,15—螺母;
6—快换垫圈;7—定位销;8—夹具体;9—螺钉;11—可调支承;14—圆锥销;16—垫圈

第 4 章 典型钻床夹具设计

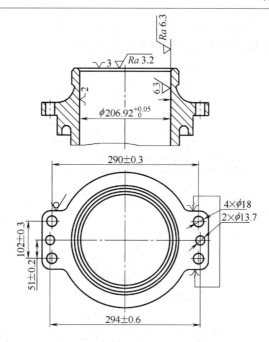

图 4.39 气缸套法兰耳零件工序图

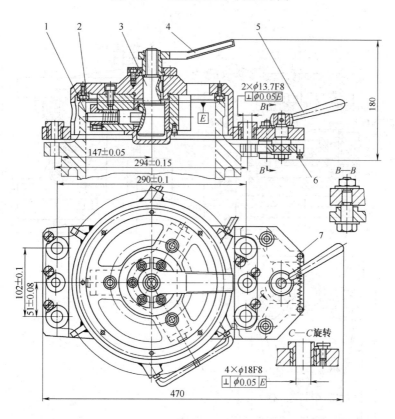

图 4.40 缸套法兰耳钻 2×φ13.7 mm 和 4×φ18 mm 孔的盖板式钻床夹具

1—滑柱；2—定位环；3—中心轴；4—转动手柄；5—手柄；6—凸轮；7—左右杠杆

4. 分析轴承上盖零件工序图(见图 4.41)以及加工轴承上盖 ϕ5 mm 孔的滑柱式钻床夹具(见图 4.42),指出各自的定位元件、导向元件和夹紧元件。

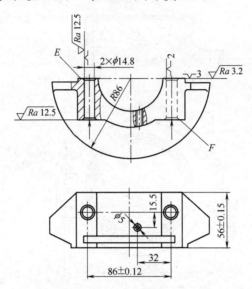

图 4.41 轴承上盖零件工序图

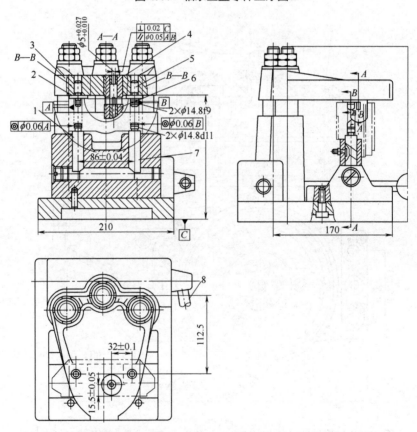

图 4.42 加工轴承上盖 ϕ5 mm 孔的滑柱式钻床夹具

1,7—预定位销;2—定位销;3—钻模板;4—加长衬套;5—圆柱定位销;6—特殊钻套;8—手柄

第 5 章 典型车床夹具设计

> **本章要点**
> - 车床夹具的典型结构。
> - 车床夹具的设计要点。
> - 车床夹具的加工误差。

> **技能目标**
> - 根据加工要求和零件的结构特点,选择车床夹具的类型。
> - 根据零件工序的加工要求,确定定位方案。
> - 根据零件特点和生产类型等要求,确定夹紧方案。
> - 掌握车床夹具的设计要点。

5.1 工作场景导入

大国工匠研磨师宁允展

【工作场景】

如图 5.1 所示,CA6140 车床开合螺母零件在本工序中需精镗 $\phi 40_{0}^{+0.027}$ mm 孔及车端面。工件材料为 45 钢,毛坯为锻件,中批量生产。

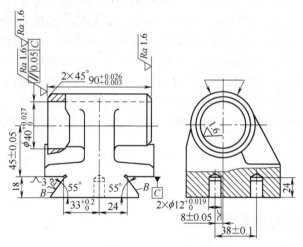

技术要求:$\phi 40_{0}^{+0.027}$ mm 孔轴线对两 B 面的对称面的垂直度为 0.05 mm。

图 5.1 车床开合螺母零件车削工序图

【加工要求】

(1) $\phi 40_{0}^{+0.027}$ mm 孔轴线到燕尾导轨底面 C 的距离为 (45 ± 0.05) mm。

(2) $\phi 40_{0}^{+0.027}$ mm 孔轴线与燕尾导轨底面 C 的平行度为 0.05 mm。

(3) $\phi40_0^{+0.027}$ mm 孔与 $\phi12_0^{+0.019}$ mm 孔的距离为(8±0.05)mm。

(4) $\phi40_0^{+0.027}$ mm 孔轴线对 $B—B$ 面的对称面的垂直度为 0.05 mm。

本任务是设计开合螺母零件精镗孔及车端面车床夹具。

【引导问题】

(1) 仔细阅读图 5.1，分析零件加工要求以及各工序尺寸的工序基准是什么。
(2) 回忆已学过的工件定位和夹紧方面的知识有哪些。
(3) 卧式车床专用夹具的典型结构有哪些？
(4) 车床夹具的设计要点是什么？
(5) 企业生产参观实习。
① 生产现场车床夹具有哪些类型？
② 生产现场各种类型车床夹具的使用特点是什么？
③ 生产现场车床夹具与车床是如何连接的？
④ 生产现场车床夹具的夹紧装置有什么要求？
⑤ 生产现场车床夹具为什么要设置平衡块或减重孔？

5.2 基础知识

第五章典型车床夹具设计 PPT

【学习目标】了解卧式车床夹具的结构类型，掌握专用车床夹具的设计要点，掌握车床夹具的加工误差分析方法。

车床主要用于加工零件的内外圆的回转成形面、螺纹和端面等。一些已标准化的车床夹具，如三爪自定心卡盘、四爪单动卡盘、顶尖、夹头等，都作为机床附件提供，能保证一些小批量的、形状规则的零件的加工要求；而对一些特殊零件的加工，还须设计、制造车床专用夹具来满足加工工艺的要求。车床专用夹具可分为两类：一类是装夹在车床主轴上的夹具，使工件随夹具与车床主轴一起做旋转运动，刀具做直线切削运动；另一类是装夹在床鞍上或床身上的夹具，使某些形状不规则和尺寸较大的工件随夹具安装在床鞍上做直线运动，刀具则安装在主轴上作旋转运动完成切削加工，生产中常用此方法，扩大车床的加工工艺范围，将车床作为镗床用。

在实际生产中，需要设计且用得较多的是第一类专用夹具，下面介绍该类夹具的结构及设计要点。

5.2.1 车床夹具的典型结构

1. 心轴类车床夹具

心轴类车床夹具多用于以内孔作为定位基准，加工外圆柱面的情况。常见的心轴有圆柱心轴、弹簧心轴、顶尖心轴和液性介质弹性心轴等。

图 5.2(a)所示为飞球保持架工序图。本工序的加工要求是车外圆 $\phi92_{-0.5}^{0}$ mm 及两端倒角。图 5.2(b)所示为加工时所使用的圆柱心轴。心轴上装有定位键 3，工件以 $\phi33$ mm 孔、一端面及槽的侧面作为定位基准定位，每次装夹 22 件，每隔一件装一垫套，以便加工倒角 0.5×45°旋转螺母 7，通过快换垫圈 6 和压板 5 将工件夹紧。

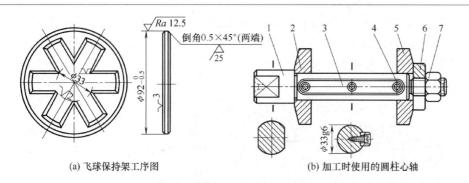

飞球保持架
定位分析

图 5.2　飞球保持架工序图及其心轴

1—心轴；2, 5—压板；3—定位键；4—螺钉；6—快换垫圈；7—螺母

分体式弹簧心轴
定位分析

如图 5.3 所示为弹簧心轴。如图 5.3(a)所示为前推式弹簧心轴。转动螺母 1，弹簧筒夹 2 前移，使工件定心夹紧。这种结构工件不能进行轴向定位。如图 5.3(b)所示为带强制退出的不动式弹簧心轴。转动螺母 3，推动滑条 4 后移，使锥形拉杆 5 移动而将工件定心夹紧。反转螺母，滑条前移而使筒夹 6 松开。此筒夹元件不动，依靠其台阶端面对工件实现轴向定位。该心轴常用于不通孔作为定位基准的工件。如图 5.3(c)所示为加工长薄壁工件用的分开式弹簧心轴。心轴体 12 和 7 分别置于车床主轴和尾座中，用尾座顶尖套顶紧时，锥套 8 撑开筒夹 9，使工件右端定心夹紧。转动螺母 11，使筒夹 10 移动，依靠心轴体 12 的 30°锥角将工件另一端定心夹紧。

前推式弹簧心轴
定位与拆卸

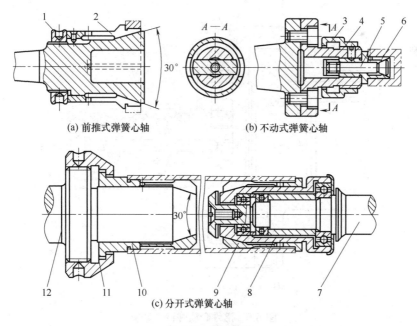

图 5.3　弹簧心轴

1, 3, 11—螺母；2, 6, 9, 10—筒夹；4—滑条；5—拉杆；7, 12—心轴体；8—锥套

如图 5.4 所示为顶尖式心轴，工件以孔口 60°角定位，旋转螺母 6，活动顶尖套 4 左移，使工件定心夹紧。这类心轴结构简单，夹紧可靠，操作方便，适合于加工内外孔无同轴度要求，或只需加工外圆的套筒类零件。

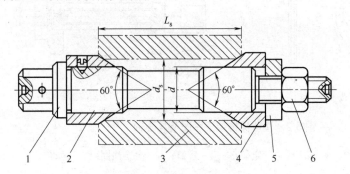

图 5.4　顶尖式心轴

1—心轴；2—固定顶尖套；3—工件；4—活动顶尖套；5—快换垫圈；6—螺母

如图 5.5 所示为液性介质弹性心轴，弹性元件为薄壁套 5，它的两端与夹具体 1 为过渡配合，两者间的环形槽与通道内灌满黄油、全损耗系统用油。拧紧加压螺钉 2，使柱塞 3 对密封腔内的介质施加压力，迫使薄壁套产生均匀的径向变形，并将工件定心夹紧。当反向拧动加压螺钉 2 时，腔内压力减小，薄壁套依靠自身弹性恢复原始状态而使工件松开。安装夹具时，定位薄壁套 5 相对机床主轴的跳动靠 3 个调整螺钉 10 及 3 个调整螺钉 11 来保证。

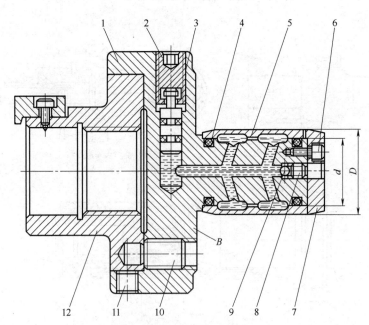

图 5.5　液性介质弹性心轴

1—夹具体；2—加压螺钉；3—柱塞；4—密封圈；5—薄壁套；
6—螺钉；7—端盖；8—螺塞；9—钢球；10，11—调整螺钉；12—过渡盘

2. 角铁式车床夹具

夹具体呈角铁状的车床夹具称为角铁式车床夹具，其结构不对称。在角铁式车床夹具上加工的工件形状较复杂，常用于加工壳体、支座、杠杆、接头等零件上的回转面和端面。

如图 5.6 所示为横拉杆接头工序图。工件孔 $\phi34^{+0.05}_{0}$ mm、M36 mm×1.5 mm-6H 及两端面均已加工。本工序的加工内容和要求是：钻螺纹底孔，车出左螺纹 M24 mm×1.5 mm-6H，其轴线与 $\phi34^{+0.05}_{0}$ 孔轴线应垂直相交，并距端面 A 的尺寸为(27±0.26)mm。孔壁厚应均匀。

角铁车夹具
定位分析

角铁车夹具
结构介绍

花盘角铁使用

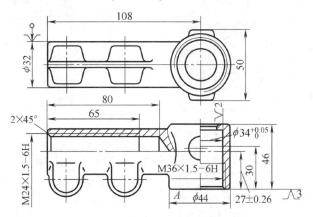

图 5.6 横拉杆接头工序图

如图 5.7 所示为加工本工序的角铁式车床夹具。夹具以夹具体 2 上的定位止口和过渡盘 1 的凸缘相配合并紧固，形成一个夹具整体。夹具上的定位销 7，其轴线和夹具体的轴线正交，其台阶平面与该轴线的距离尺寸为(27±0.08)mm。工件以 $\phi34^{+0.05}_{0}$ mm 孔和端面 A(见图 5.6)在此销

角铁安装

上定位，限制了工件的五个自由度，工件的另一个自由度由定心夹紧机构予以限制。当拧紧带肩螺母 9 时，钩形压板 8 将工件压紧在定位销 7 的台肩上，同时拉杆 6 向上做轴向移动，并通过连接块 3 带动杠杆 5 绕销钉 4 做顺时针转动，于是将楔块 11 拉下，通过两个摆动压块 12 同时将工件定心夹紧，使工件待加工孔的轴线与专用夹具的轴线一致，从而实现了工件的正确装夹。为使夹具在回转运动时平衡，夹具上设置了平衡块 10。

该夹具遵循基准重合原则设计定位装置，并采用联动夹紧机构，其结构合理，操作方便。

3. 圆盘式车床夹具

圆盘式车床夹具的夹具体为圆盘形。在圆盘式车床夹具上加工的工件一般形状都较复杂，多数情况是工件的定位基准与加工圆柱面垂直的端面。夹具上的平面定位件与车床主轴的轴线垂直。

如图 5.8 所示为回水盖工序图。本工序加工回水盖上 2-G1 螺孔。其加工要求是：两螺

孔的中心距为(78±0.3)mm，两螺孔的连心线与 ϕ9H7 两孔的连心线之间的夹角为 45°，两螺孔轴线应与底面垂直。

如图 5.9 所示为加工本工序的圆盘式车床夹具。工件以底平面和 2×ϕ9H7(见图 5.8)孔分别在分度盘 3、定位销 7 和菱形销 6 上定位。拧螺母 9，由两块螺旋压板 8 夹紧工件。

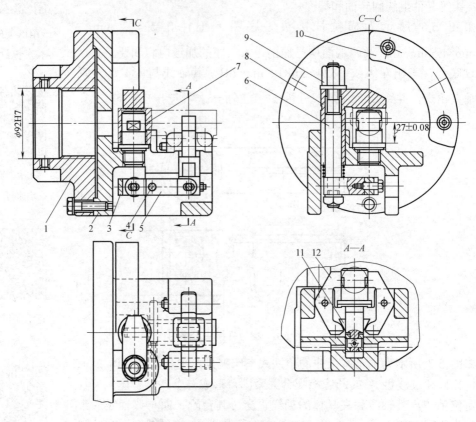

图 5.7　角铁式车床夹具

1—过渡盘；2—夹具体；3—连接块；4—销钉；5—杠杆；6—拉杆；
7—定位销；8—钩形压板；9—带肩螺母；10—平衡块；11—楔块；12—摆动压块

花盘安装

花盘安装零件 1

花盘安装零件 2

车完一个螺孔后，松开三个螺母 5，拔出对定销 10，将分度盘 3 回转 180°，当对定销 10 插入另一分度孔中时，即可加工另一个螺孔。

夹具体 2 以端面和止口在过渡盘 1 上对定，并用螺钉紧固。为使整个夹具回转时平衡，夹具上设置了平衡块 11。

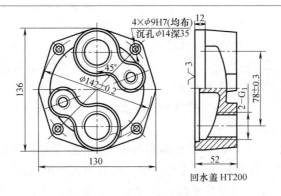

图 5.8　回水盖工序图

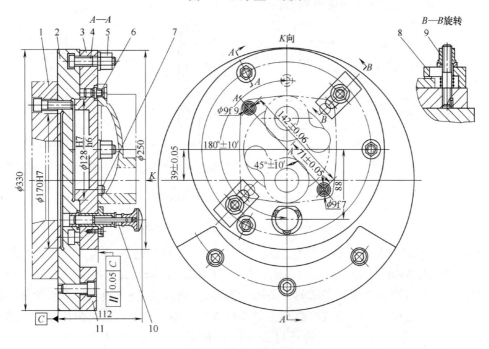

图 5.9　圆盘式车床夹具

1—过渡盘；2—夹具体；3—分度盘；4—T 形螺钉；5，9—螺母；
6—菱形销；7—定位销；8—螺旋压板；10—对定销；11—平衡块

5.2.2　车床夹具的设计要点

1. 车床夹具在机床主轴上的安装方式

车床夹具与机床主轴的配合表面之间必须有一定的同轴度和可靠的连接，通常的连接方式有以下几种。

(1) 夹具通过主轴锥孔与机床主轴连接。当夹具体两端有中心孔时，夹具安装在车床的前后顶尖上。夹具体带有锥柄时，夹具通过莫氏锥柄直接安装在主轴锥孔中，并用螺栓拉紧，如图 5.10(a)所示。这种安装方式的安装误差小、定心精度高，适用于小型夹具。一般情况下 $D<140$ mm 或 $D<(2\sim3)d$。

(2) 夹具通过过渡盘与机床主轴连接。径向尺寸较大的夹具,一般用过渡盘安装在主轴的头部,过渡盘与主轴配合处的形状取决于主轴前端的结构。

如图 5.10(b)所示的过渡盘,以内孔在主轴前端的定心轴颈上定位(采用 H7/h6 或 H7/js6 配合),用螺纹紧固,轴向由过渡盘端面与主轴前端的台阶面接触。为防止停车和倒车时因惯性作用而使两者松开,用压块 4 将过渡盘压在主轴上。这种安装方式的安装精度受配合精度的影响,常用于 C620 机床。

如图 5.10(c)所示的过渡盘,以锥孔和端面在主轴前端的短圆锥面和端面上定位。安装时先将过渡盘推入主轴,使其端面与主轴端面之间有 0.05~0.1 mm 的间隙,用螺钉均匀拧紧后,会产生弹性变形,使端面与锥面全部接触。这种安装方式的定心准确、刚性好,但加工精度要求高,常用于 CA6140 机床。

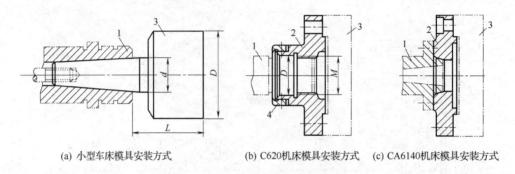

(a) 小型车床模具安装方式　　(b) C620机床模具安装方式　　(c) CA6140机床模具安装方式

图 5.10　车床夹具与机床主轴的连接

1—主轴;2—过渡盘;3—专用夹具;4—压块

常用的几种车床主轴前端的形状及尺寸可参阅图 5.11。过渡盘与夹具体之间用"止口"定心,即夹具体的定位孔与过渡盘的凸缘以 H7/f7、H7/h6、H7/js6 或 h7/n6 配合,然后用螺钉紧固。过渡盘常作为车床附件备用。设计夹具时,应按过渡盘凸缘确定夹具的止口尺寸。没有过渡盘时,可将过渡盘与夹具体合成一个零件设计,也可采用通用花盘来连接主轴与夹具。其具体做法是:将花盘装在机床主轴上,采用自身加工修配法车花盘端面,以消除花盘的端面安装误差,并在夹具体上制作找正外圆,用来保证夹具相对主轴轴线的径向位置。

2. 找正基面的设置

为了保证车床夹具的安装精度,安装时应对夹具的限位表面仔细地进行找正。若夹具的限位面为与主轴同轴的回转面,则直接用限位表面找正它与主轴的同轴度,如图 5.5 所示的液性介质弹性心轴的外圆面。若限位面偏离回转中心,则应在夹具体上专门制作一孔(或外圆)作为找正基面,使该面与机床主轴同轴,同时,它也作为夹具的设计、装配和测量基准,如图 5.12 所示中的找正孔 K 和如图 5.13 所示中的找正圆 B。

为保证加工精度,车床夹具的设计中心(即限位面或找正基面)对主轴回转中心的同轴度应控制在 $\phi 0.01$ mm 之内,限位端面(或找正端面)对主轴回转中心的跳动量也应不大于 0.01 mm。

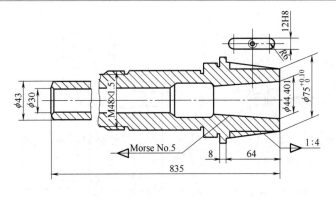

(a) C616、C616A主轴尺寸

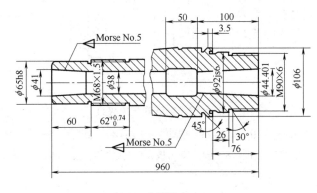

(b) C620主轴尺寸

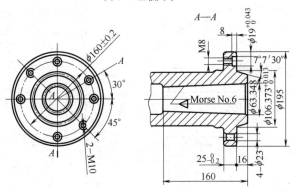

(c) CA6140、CA6150、CA6240、CA6250主轴尺寸

图 5.11　几种车床主轴前端的形状及尺寸

3. 定位元件的设置

设置定位元件时应考虑使工件加工表面的轴线与主轴轴线重合。对于回转体或对称零件，一般采用心轴或定心夹紧式夹具，以保证工件的定位基面、加工表面和主轴三者的轴线重合。对于壳体、支架、托架等形状复杂的工件，由于被加工表面与工序基准之间有尺寸和相互位置的要求，所以各定位元件的限位表面应与机床主轴旋转中心具有正确的尺寸和位置关系。图 5.12 中，菱形销及支承板相对于 $\phi 92H7$ 轴心线的距离分别为 (45 ± 0.02) mm 和 (8 ± 0.02) mm。

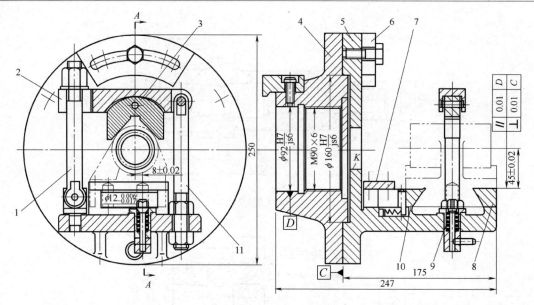

图 5.12 角铁式车床夹具

1，11—螺栓；2—压板；3—摆动V形块；4—过渡盘；5—夹具体；
6—平衡块；7—盖板；8—固定支承板；9—活动菱形销；10—活动支承板

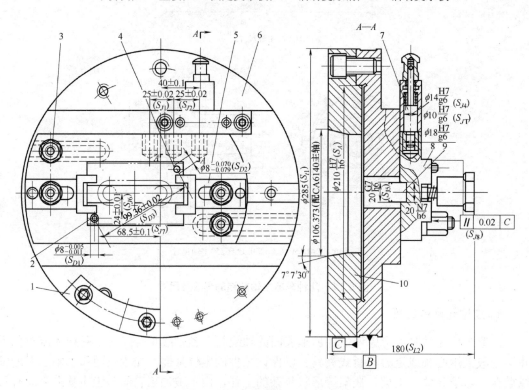

图 5.13 液压泵上体镗三孔车床夹具

1—平衡块；2—圆柱销；3—T形螺钉；4—菱形销；5—移动式螺旋压板；
6—花盘；7—对定销；8—分度滑块；9—导向键；10—过渡盘

为了获得定位元件相对于机床主轴轴线的准确位置，有时采用"临床加工"的方法，即限位面的最终加工就在使用该夹具的机床上进行，加工完之后夹具的位置不再变动，避免了很多中间环节对夹具位置精度的影响。如采用不淬火三爪自定心卡盘的卡爪装夹工件前，应先对卡爪"临床加工"，以提高装夹精度。

4. 夹紧装置的设置

车床夹具的夹紧装置必须安全可靠。夹紧力必须克服切削力、离心力等外力的作用，且自锁可靠。对高速切削的车、磨夹具，应进行夹紧力克服切削力和离心力的验算。若采用螺旋夹紧机构，一般要加弹簧垫圈或使用锁紧螺母。

5. 夹具的平衡

由于加工时夹具随同主轴旋转，如果夹具的总体结构不平衡，则在离心力的作用下将造成振动，影响工件的加工精度和表面粗糙度，加剧机床主轴和轴承的磨损。因此，车床夹具除了控制悬伸长度外，结构上还应基本平衡。角铁式车床夹具的定位元件及其他元件总是布置在主轴轴线一边，不平衡现象最严重，所以在确定其结构时，特别要注意对它进行平衡。平衡的方法有两种：设置平衡块和加工减重孔。

在确定平衡块的重量或减重孔所去除的重量时，可用隔离法做近似估算，即把工件及夹具上的各个元件隔离成几部分，互相平衡的各部分可略去不计，对不平衡的部分，则按力矩平衡原理确定平衡块的重量或减重孔应去除的重量。

为了弥补估算法的不准确性，平衡块上(或夹具体上)应开有径向槽或环形槽，以便调整至最佳平衡位置后用螺钉固定，如图5.12所示。

6. 夹具的结构要求

(1) 结构要紧凑，悬伸长度要短。车床夹具的悬伸长度过大，会加剧主轴轴承的磨损，同时引起振动，影响加工质量。因此，夹具的悬伸长度 L 与轮廓直径 D 之比应控制如下。

① 直径小于 150 mm 的夹具，$L/D \leqslant 2.5$。
② 直径在 150～300 mm 的夹具，$L/D \leqslant 0.9$。
③ 直径大于 300 mm 的夹具，$L/D \leqslant 0.6$。

(2) 车床夹具的夹具体应制成圆形，夹具上(包括工件在内)的各元件不应伸出夹具体的轮廓之外，当夹具上有不规则的突出部分，或有切削液飞溅及切屑缠绕时，应加设防护罩。

(3) 夹具的结构应便于工件在夹具上安装和测量，切屑能顺利地排出或清理。

5.2.3 车床夹具的加工误差

在车削加工中，由于车床夹具随主轴一起回转，所以工件上被加工成的回转面的轴线就代表了车床主轴的回转轴线，工序基准相对于主轴轴线的变化范围就是加工误差。加工误差的大小受工件在夹具上的定位误差ΔD、夹具误差 ΔJ、夹具的安装误差 ΔA 和加工方法误差 ΔG 的影响。

例如，图 5.6 所示的横拉杆在图 5.7 所示的夹具上加工时，尺寸(27±0.26)mm 的加工误差的影响因素如下。

1. 定位误差 ΔD

由于 A 面既是工序基准，又是定位基准，所以基准不重合误差 ΔB 为 0。工件在夹具上以平面定位时，基准位移误差 ΔY 也为 0，因此，尺寸(27±0.26)mm 的定位误差 ΔD 等于 0。

2. 夹具误差 ΔJ

由于此夹具的过渡盘是连接在夹具上不拆的，过渡盘定位圆孔轴线为夹具的安装基准，夹具上定位销 7 的台阶平面与过渡盘定位圆孔轴线间的距离尺寸为(27±0.08)mm，因此：

$$\Delta J = 0.16 \text{ mm}$$

3. 夹具的安装误差 ΔA

$$\Delta A = \sqrt{X_{1\max}^2 + X_{2\max}^2}$$

式中：$X_{1\max}$ 为过渡盘与主轴间的最大配合间隙；$X_{2\max}$ 为过渡盘与夹具体间的最大配合间隙。

设过渡盘与车床主轴的配合尺寸为 $\phi 92 \dfrac{\text{H7}}{\text{js6}}$，查中华人民共和国国家标准《标准公差和基本公差数值表》(GB/T 1800.3—1998) 得 $\phi 92\text{H7}$ 为 $\phi 92_{0}^{+0.035}$ mm，$\phi 92\text{js6}$ 为 $\phi(92\pm0.011)$mm，因此：

$$X_{1\max} = (0.035+0.011) \text{ mm} = 0.046 \text{ mm}$$

假设夹具体与过渡盘止口的配合尺寸为 $\phi 180 \dfrac{\text{H7}}{\text{js6}}$，查中华人民共和国国家标准《标准公差和基本公差数值表》(GB/T 1800.3—1998) 得 $\phi 180\text{H7}$ 为 $\phi 180_{0}^{+0.040}$ mm，$\phi 180\text{js6}$ 为 $\phi(180\pm0.0125)$mm，因此：

$$X_{2\max} = (0.040+0.0125) \text{ mm} = 0.0525 \text{ mm}$$
$$\Delta A = \sqrt{0.046^2 + 0.0525^2} \text{ mm} = 0.07 \text{ mm}$$

4. 加工方法误差 ΔG

车床夹具的加工方法误差，如车床主轴上安装夹具基准(圆柱面轴线、圆锥面轴线或圆锥孔轴线)与主轴回转轴线间的误差、主轴的径向跳动、车床溜板进给方向与主轴轴线的平行度或垂直度等，它的大小取决于机床的制造度、夹具的悬伸长度和离心力的大小等因素。

一般取 $\Delta G = \delta_k/3 = 0.52/3 = 0.173$ (mm)。

图 5.7 所示的夹具对加工尺寸(27±0.26)mm 的总加工误差为

$$\begin{aligned}
\sum \Delta &= \sqrt{\Delta D^2 + \Delta J^2 + \Delta A^2 + \Delta G^2} \\
&= \sqrt{0 + 0.16^2 + 0.07^2 + 0.173^2} \text{ mm} \\
&= 0.247 \text{ mm}
\end{aligned}$$

5.3 回到工作场景

通过第 1、2 章的学习，学生应该掌握了专用机床夹具定位方案和夹紧方案的确定和设计原则。通过 5.2 节的学习，学生应该了解了车床夹具的结构类型，掌握了车床夹具的设计要点，了解了车床夹具的加工误差分析。下面将回到 5.1 节所介绍的工作场景中，完成工作任务。

5.3.1 项目分析

完成项目任务需要学生掌握机械制图、公差与配合、机械设计基础、金属工艺学等相关专业基础课程，必须对机械加工工艺的相关知识有一定的了解。在此基础上还需要掌握如下知识。

(1) 专用车床夹具的结构类型。
(2) 专用机床夹具设计的定位原理。
(3) 专用机床夹具设计的夹紧机构。
(4) 专用车床夹具的设计要点。
(5) 专用车床夹具的加工误差分析。

5.3.2 项目工作计划

在项目实训过程中，结合创设情境、观察分析、现场参观、讨论比较、案例对照、评估总结等活动，充分调动学生学习的主动性和积极性，让学生自主地学习、主动地学习。各小组协同制订实施计划及执行情况表，如表 5.1 所示，共同解决实施过程中遇到的困难；要相互监督计划的执行与完成情况，保证项目完成的合理性和正确性。

表 5.1 车床开合螺母零件精镗孔及车端面车床夹具设计的计划及执行情况

序号	内容	所用时间	要求	教学组织与方法
1	研讨任务		看懂零件加工工序图，分析工序基准，明确任务要求，分析任务完成需要掌握的知识	分组讨论，采用任务引导法教学
2	计划与决策		企业参观实习，项目实施准备，制订项目实施详细计划，学习与项目有关的基础知识	分组讨论，集中授课，采用案例法和示范法教学
3	实施与检查		根据计划，分组确定车床开合螺母零件精镗 $\phi 40_{0}^{+0.027}$ mm 孔及车端面车床夹具的结构类型、定位方案、夹紧方案、夹具连接方式等，填写项目实施记录表	分组讨论，教师点评
4	项目评价与讨论		评价任务完成合理性与可行性；根据企业的要求，评价夹具设计的规范性与可操作性；项目实施中评价学生的职业素养和团队精神的表现	项目评价法，实施评价

5.3.3　项目实施准备

(1) 结合工序卡片，准备 CA6140 车床开合螺母零件成品。
(2) 准备常用定位元件和夹紧装置模型。
(3) 准备 C620 车床模型或图片，准备 C620 车床主轴和过渡盘模型或图片。
(4) 准备加工用内孔车刀和端面车刀。
(5) 准备机床夹具设计常用手册和资料图册。
(6) 准备相关车床夹具模型。
(7) 准备相似零件生产现场参观。

5.3.4　项目实施与检查

(1) 确定开合螺母零件精镗 $\phi 40_{\ 0}^{+0.027}$ mm 孔及车端面车床夹具的结构类型。

开合螺母零件是支座类零件加工内孔回转面和端面，不宜采用卡盘式车床夹具或心轴式及夹头式车床夹具，应采用角铁式车床夹具。

在本工序中加工采用的机床是 C620 卧式车床，如图 5.14 所示。

图 5.14　C620 卧式车床

C620 卧式车床的主要尺寸参数如下。
① 床身上最大工件回转直径：400 mm。
② 最大工件长度：650 mm。
③ 刀架上最大工件回转直径：210 mm。
④ 主轴孔径：38 mm。
⑤ 主电动机功率：7 kW。

(2) 分组讨论车床开合螺母零件精镗 $\phi 40_{\ 0}^{+0.027}$ mm 孔及车端面车床夹具的定位方案。

车床开合螺母零件精镗 $\phi 40_{\ 0}^{+0.027}$ mm 孔，由于燕尾导轨面 B 和 C 是工序基准，为贯彻基准重合原则，如图 5.12 所示，工件以燕尾导轨面 B 和 C 在固定支承板 8 和活动支承板 10 上定位，限制五个自由度，再用 $\phi 12_{\ 0}^{+0.019}$ mm 孔与活动菱形销 9 配合，限制一个自由度。

第 5 章　典型车床夹具设计

讨论问题：

① 车床开合螺母零件精镗 $\phi 40_{0}^{+0.027}$ mm 孔及车端面的工序要求是什么？工序基准分别是什么？

② 保证车床开合螺母零件精镗 $\phi 40_{0}^{+0.027}$ mm 孔及车端面加工工序要求应限制哪些自由度？

③ 确定车床开合螺母零件精镗 $\phi 40_{0}^{+0.027}$ mm 孔及车端面车床夹具的定位方案应注意哪些问题？

④ 确定的定位方案中定位元件分别限制哪些自由度？

⑤ 定位元件活动菱形销的设计要点是什么？能不能采用活动圆柱销？

⑥ 如何保证定位固定支承板和定位活动支承板的高度一致？

(3) 分组讨论车床开合螺母零件精镗 $\phi 40_{0}^{+0.027}$ mm 孔及车端面车床夹具的夹紧方案。

车床开合螺母零件精镗 $\phi 40_{0}^{+0.027}$ mm 孔车床夹具，生产类型是中批量生产，因此采用如图 5.12 所示的手动夹紧机构。结合工件的形状分析，采用带摆动 V 形块 3 的回转式螺旋压板机构夹紧工件，通过锁紧螺母和垫圈起夹紧作用。由于采用了摆动 V 形块，故其能自动定心夹紧，起到受力均匀的作用。

讨论问题：

① 车床开合螺母零件精镗 $\phi 40_{0}^{+0.027}$ mm 孔及车端面车床夹具的夹紧力应朝向哪个表面？

② 车床开合螺母零件精镗 $\phi 40_{0}^{+0.027}$ mm 孔及车端面车床夹具的夹紧力大小如何确定？

③ 回转式螺旋压板机构的夹紧元件 V 形块为什么要摆动？

④ 回转式螺旋压板机构的夹紧螺母下面为什么一般要加弹簧垫圈？

(4) 分组讨论车床开合螺母零件精镗 $\phi 40_{0}^{+0.027}$ mm 孔及车端面车床夹具的安装方式和其他结构设计。

车床开合螺母零件精镗 $\phi 40_{0}^{+0.027}$ mm 孔及车端面选用的是 C620 车床。C620 车床主轴前端的形状及尺寸如图 5.11(b)所示，夹具与主轴采用如图 5.10(b)所示的连接方式。如图 5.12 所示的过渡盘 4，以内孔在主轴前端的定心轴颈上定位，用螺纹紧固，轴向由过渡盘端面与主轴前端的台阶面接触。为防止停车和倒车时因惯性作用而使两者松开，用压块将过渡盘压在主轴上。这种安装方式的安装精度受配合精度的影响。

如图 5.12 所示，车床开合螺母零件精镗 $\phi 40_{0}^{+0.027}$ mm 孔及车端面车床夹具须采用平衡块 6 对夹具进行平衡。

讨论问题：

① 车床开合螺母零件精镗 $\phi 40_{0}^{+0.027}$ mm 孔及车端面车床夹具的结构有什么要求？

② 车床开合螺母零件精镗 $\phi 40_{0}^{+0.027}$ mm 孔及车端面车床夹具的平衡块上为什么要开径向槽？

③ 安装时对车床夹具的限位表面如何进行找正？车床开合螺母零件精镗 $\phi 40_{0}^{+0.027}$ mm 孔及车端面车床夹具是如何找正的？

④ 车床开合螺母零件精镗 $\phi 40_{0}^{+0.027}$ mm 孔及车端面车床夹具的工件装卸是如何操作的？

(5) 分组讨论车床开合螺母零件精镗 $\phi 40_{0}^{+0.027}$ mm 孔及车端面车床夹具的装配总图的绘

制顺序，装配总图中相关尺寸和公差的确定方法。

如图 5.12 所示，车床开合螺母零件精镗 $\phi 40^{+0.027}_{0}$ mm 孔及车端面车床夹具的装配总图应标注的主要尺寸和公差如下。

① 标注配合尺寸：$\phi 92 \dfrac{H7}{js6}$，$\phi 160 \dfrac{H7}{js6}$。

② 定位联系尺寸：(45 ± 0.02) mm，(8 ± 0.02) mm。

③ 标注夹具轮廓尺寸：$\phi 250$ mm×247 mm。

④ 标注位置公差：燕尾导轨面对过渡盘的垂直度公差为 0.01 mm，燕尾导轨面对主轴定心轴颈的平行度公差为 0.01 mm。

讨论问题：

① 装配总图的绘制顺序是怎样的？

② 支承板限位基面至 $\phi 92$H7 轴线距离、活动菱形销至 $\phi 92$H7 轴线距离尺寸和公差如何确定？

③ 过渡盘凸台与夹具体止口、过渡盘内孔与主轴定心轴颈、活动菱形销与开合螺母零件定位孔 $\phi 12^{+0.019}_{0}$ mm 分别采用什么配合方式？为什么？

④ 车床开合螺母零件精镗 $\phi 40^{+0.027}_{0}$ mm 孔及车端面车床夹具的相关位置公差如何确定？

⑤ 车床开合螺母零件精镗 $\phi 40^{+0.027}_{0}$ mm 孔及车端面车床夹具有哪些技术要求？

(6) 分析并讨论车床开合螺母零件精镗 $\phi 40^{+0.027}_{0}$ mm 孔及车端面车床夹具的加工误差，车床开合螺母工序尺寸 (45 ± 0.05) mm 的加工误差。

① 定位误差 ΔD：基准重合，$\Delta B=0$；平面定位，基准位移误差 $\Delta Y=0$，故 $\Delta D=0$。

② 夹具误差 ΔJ：限位平面与止口轴线间的距离误差为 0.04 mm（见图 5.12，夹具总图上尺寸为 (45 ± 0.02) mm）。

限位基面相对安装基面 C、D 的平行度和垂直度误差为 0.01 mm。

③ 夹具的安装误差 ΔA：$\Delta A = \sqrt{X^2_{1\max} + X^2_{2\max}}$。

过渡盘与车床主轴的配合尺寸为

$$X_{1\max}=(0.035+0.011)\text{ mm}=0.046\text{ mm}$$

夹具体与过渡盘止口的配合尺寸为

$$X_{2\max}=(0.040+0.012\ 5)\text{ mm}=0.052\ 5\text{ mm}$$

式中：$X_{1\max}$ 为过渡盘与主轴间的最大配合间隙；$X_{2\max}$ 为过渡盘与夹具体间的最大配合间隙。

假设过渡盘与车床主轴的配合尺寸为 $\phi 92 \dfrac{H7}{js6}$，因此：

$$X_{1\max}=(0.035+0.011)\text{ mm}=0.046\text{ mm}$$

假设夹具体与过渡盘止口的配合尺寸为 $\phi 160 \dfrac{H7}{js6}$，因此：

$$X_{2\max}=(0.040+0.012\ 5)\text{ mm}=0.052\ 5\text{ mm}$$

$$\Delta A = \sqrt{0.046^2 + 0.052\ 5^2}\text{ mm} = 0.07\text{ mm}$$

④ 加工方法误差 ΔG。

加工方法误差是指车床主轴上安装夹具基准与主轴回转轴线间的误差、主轴的径向跳动、车床溜板进给方向与主轴轴线的平行度或垂直度等，一般取 $\Delta G=\delta_k/3=0.1/3$ mm $=0.033$ mm。

夹具的总加工误差为

$$\sum \Delta = \sqrt{\Delta D^2 + \Delta J^2 + \Delta A^2 + \Delta G^2}$$
$$= \sqrt{0 + 0.04^2 + 0.01^2 + 0.07^2 + 0.033^2} \text{ mm}$$
$$= 0.088 \text{ mm}$$

精度储备 J_C=(0.1−0.088) mm=0.012 mm，故该方案可取。

5.3.5 项目评价与讨论

该项任务实施检查与评价的内容如表 5.2 所示。

表 5.2 任务实施检查与评价表

任务名称：

学生姓名： 学　号： 班　级： 组　别：

序号	检查内容	检查记录	自评	互评	点评	分值比例
1	定位方案设计：工序图分析是否正确；定位要求(限制自由度)判断是否正确；定位方案的确定是否合理；定位元件设计是否正确；项目讨论题是否正确完成；项目实施表是否认真记录					20%
2	夹紧方案设计：夹紧方案的确定是否合理；夹紧元件设计是否正确；项目讨论题是否正确完成；项目实施表是否认真记录					20%
3	车床夹具设计：车床夹具的结构类型是否明确；车床夹具与主轴的连接方式是否明确；车床夹具的总体结构设计要点是否掌握；开合螺母车床夹具的设计是否规范；项目讨论题是否正确完成；项目实施表是否认真记录					10%
4	车床夹具的加工误差分析：开合螺母车床夹具的定位误差、夹具误差、夹具的安装误差、加工方法误差的计算是否正确；项目讨论题是否正确完成；项目实施表是否认真记录					10%
5	装配图和零件绘制：装配图中的定位、夹紧、安装、视图表达、尺寸、公差、技术条件、明细表、序号、标题栏表达是否正确合理；非标零件图中的视图表达、尺寸和公差、表面粗糙度、技术条件、结构工艺性、形位公差、标题栏填写、图面质量等是否正确合理；项目讨论题是否正确完成；项目实施表是否认真记录					20%

序号		检查内容	检查记录	自评	互评	点评	分值比例
6	职业素养	遵守时间：是否不迟到、不早退，中途不离开现场					5%
7		5S：理论教学与实践教学一体化教室布置是否符合 5S 管理要求；设备、计算机是否按要求实施日常保养；刀具、工具、桌椅、模型、参考资料是否按规定摆放；地面、门窗是否干净					5%
8		团结协作：组内是否配合良好；是否积极投入本项目中，积极地完成本任务					5%
9		语言能力：是否积极回答问题；声音是否洪亮；条理是否清晰					5%
总评：				评价人：			

根据评价结果，提出后续学习的有效措施，并在评价的基础上引导学生进一步讨论以下几个问题。

(1) 车床开合螺母零件精镗 $\phi 40_{0}^{+0.027}$ mm 孔及车端面如果采用 CA6140 车床进行加工，则夹具与主轴连接方式有什么不同？

(2) 车床开合螺母零件精镗 $\phi 40_{0}^{+0.027}$ mm 孔及车端面车床夹具如果采用机动夹紧，则采用什么样的夹紧机构？

5.4 拓展实训

1. 实训任务

如图 5.15 所示，液压泵上体零件在本工序中需加工三个阶梯孔。工件材料为 45 钢，毛坯为铸钢，中批量生产。

【加工要求】

(1) 三个阶梯孔的距离为(25±0.1)mm。

(2) 三孔轴线与底面的垂直度、中间阶梯孔与四小孔的位置度没有注公差，加工要求较低。

如何设计液压泵上体零件加工三个阶梯孔的车床夹具？

2. 实训目的

通过液压泵上体零件加工三个阶梯孔车床夹具的设计，使学生进一步对专用车床夹具的设计步骤和加工误差分析、分度装置设计等有所理解和体会，增强学生的学习兴趣，提高学生解决工程技术问题的自信心，使学生体验成功的喜悦；通过项目任务教学，培养学生互助合作的团队精神。

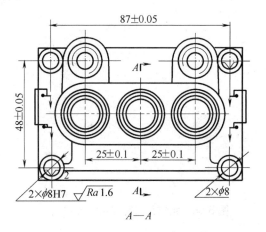

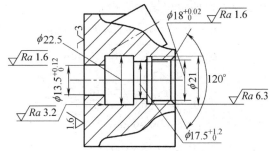

图 5.15　液压泵上体镗三孔工序图

3. 实训过程

(1) 确定液压泵上体零件加工三个阶梯孔车床夹具的类型。

根据加工要求,可设计成花盘式车床夹具。这类夹具的夹具体是一个大圆盘(俗称花盘),在花盘的端面上固定着定位、夹紧元件及其他辅助元件,夹具结构不对称。

液压泵上体零件加工三个阶梯孔采用的机床是 CA6140 车床。

(2) 确定液压泵上体零件加工三个阶梯孔车床夹具定位方案。

根据加工要求和基准重合原则,应以底面和两个 ϕ8H7 孔定位(见图 5.15),定位元件采用"一面二销"方法,即一个是圆柱销,一个是菱形销。底面限制三个自由度(一个方向移动、两个方向转动),圆柱销限制两个自由度(两个方向移动),菱形销限制一个转动自由度。

讨论问题:

① 液压泵上体零件加工三个阶梯孔车床夹具的工序要求是什么?工序基准分别是什么?

② 保证液压泵上体零件加工三个阶梯孔车床夹具的加工工序要求应限制哪些自由度?

③ 液压泵上体零件加工三个阶梯孔车床夹具采用一面二销定位时应注意哪些问题?

④ 确定的定位方案中定位元件分别限制哪些自由度?

⑤ 一面二销定位时能不能都采用圆柱销定位?

(3) 根据液压泵上体零件加工三个阶梯孔车床夹具的定位方案,确定定位孔和定位销的主要尺寸。

定位孔与定位销的主要尺寸如图 5.16 所示。

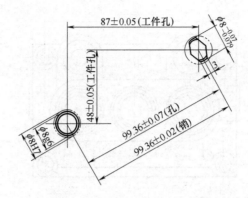

图 5.16　定位孔与定位销的尺寸

① 确定两定位孔中心距 L 及两定位销中心距 l_0。

$$L = \sqrt{87^2 + 48^2}\,\text{mm} = 99.36\,\text{mm}$$

$$L_{\max} = \sqrt{87.05^2 + 48.05^2}\,\text{mm}$$
$$= 99.43\,\text{mm}$$

$$L_{\min} = \sqrt{86.95^2 + 47.95^2}$$
$$= 99.29\,\text{mm}$$

$$L = (99.36 \pm 0.07)\,\text{mm}$$

取：
$$l_0 = (99.36 \pm 0.02)\,\text{mm}$$

② 确定圆柱销直径。

$$\phi 8g6 = \phi 8_{-0.014}^{-0.005}\,\text{mm}$$

③ 查表 1.4 确定菱形销的尺寸为 $b=3$ mm。

④ 确定菱形销的直径。

$$a = \frac{\delta_{Ld} + \delta_{ld}}{2} = \frac{0.14 + 0.04}{2}\,\text{mm} = 0.09\,\text{mm}$$

$$X_{2\min} = \frac{2ab}{D_{2\min}} = \frac{2 \times 0.09 \times 3}{8}\,\text{mm} = 0.07\,\text{mm}$$

$$d_{2\max} = D_{2\min} - X_{2\min} = (8 - 0.07)\,\text{mm} = 7.93\,\text{mm}$$

菱形销直径的公差取 IT6 为 0.009 mm，得菱形销的直径为 $\phi 8_{-0.079}^{-0.07}$ mm。

(4) 确定液压泵上体零件加工三个阶梯孔车床夹具的夹紧方案。

液压泵上体零件加工三个阶梯孔是中批量生产，因此不必采用复杂的动力装置。为使夹紧可靠，如图 5.13 所示，可采用两副移动式螺旋压板 5 夹压工件顶面两端将工件夹牢。

讨论问题：

① 液压泵上体零件加工三个阶梯孔车床夹具的夹紧力应朝向哪个表面？

② 液压泵上体零件加工三个阶梯孔车床夹具的夹紧力大小该如何确定？

③ 螺旋压板机构有哪些种类？移动式螺旋压板机构在设计时应注意哪些问题？

(5) 确定液压泵上体零件加工三个阶梯孔车床夹具与机床的安装方式等。

本工序在 CA6140 车床上进行，车床主轴的主要尺寸如图 5.11(c)所示。

如图 5.13 所示，过渡盘 10 以锥孔和端面在 CA6140 车床主轴前端的短圆锥面和端面上定位。安装时，先将过渡盘推入主轴，使其端面与主轴端面之间有 0.05～0.1 mm 的间隙，用螺钉均匀拧紧后，产生弹性变形，使端面与锥面全部接触。

讨论问题：

① 液压泵上体零件加工三个阶梯孔车床夹具的结构有什么要求？

② 液压泵上体零件加工三个阶梯孔车床夹具是否设计平衡块？

③ 液压泵上体零件加工三个阶梯孔车床夹具安装时如何找正？

④ 液压泵上体零件加工三个阶梯孔车床夹具与机床安装时应注意什么？

(6) 确定液压泵上体零件加工三个阶梯孔车床夹具的分度装置。

液压泵上体三孔呈直线分布，要在一次装夹中加工完毕，需设计直线分度装置。如图 5.13 所示，花盘 6 为固定部分，设计分度滑块 8 作为移动部分，分度滑块与花盘之间用导向键 9 连接，用两对 T 形螺钉和螺母锁紧。由于孔距公差为±0.1 mm，分度精度不高，用手拉式圆柱对定销 7 即可。为了不妨碍工人操作和观察，对定机构不宜轴向布置而应径向安装。

讨论问题：

① 分度装置有哪些种类？液压泵上体零件加工三个阶梯孔车床夹具为什么采用直线分度装置？

② 液压泵上体零件加工三个阶梯孔车床夹具的分度装置的对定机构和锁紧机构分别采用什么结构？

③ 液压泵上体零件加工三个阶梯孔车床夹具的分度装置的操作顺序是什么？

④ 液压泵上体零件加工三个阶梯孔车床夹具的分度滑块与花盘之间为什么要设计导向键？

(7) 分组讨论液压泵上体零件加工三个阶梯孔车床夹具的加工误差。

本工序的主要加工要求是三孔的孔距尺寸为(25±0.1)mm，主要受分度误差和加工方法误差的影响。

① 分度误差 ΔF。

直线分度的分度误差为

$$\Delta F = 2\sqrt{\delta^2 + X_1^2 + X_2^2 + e^2}$$

式中：2δ 为两相邻对定套的距离尺寸公差，因两对定套的距离为(25±0.02)mm，所以 δ=0.02 mm；

X_1 为对定销与对定套的最大配合间隙，因两者的配合尺寸是 $\phi 10 \frac{H7}{g6}$，而 $\phi 10H7$ 为 $\phi 10^{+0.015}_{0}$ mm，$\phi 10g6$ 为 $\phi 10^{-0.005}_{-0.014}$ mm，所以 X_1=(0.015+0.014) mm=0.029 mm；

X_2 为对定销与导向孔的最大配合间隙，因两者的配合尺寸是 $\phi 14 \frac{H7}{g6}$，而 $\phi 14H7$ 为 $\phi 14^{+0.018}_{0}$ mm，$\phi 14g6$ 为 $\phi 14^{-0.006}_{-0.017}$ mm，所以 X_2=(0.018+0.017) mm=0.035 mm；

e 为对定销的对定部分与导向部分的同轴度，设 e=0.01 mm，因此

$$\Delta F = 2\sqrt{0.02^2 + 0.029^2 + 0.035^2 + 0.01^2}\,\text{mm} = 0.101\,\text{mm}.$$

② 加工方法误差 ΔG。

取加工尺寸公差 δ_k 的 1/3，加工尺寸公差 δ_k=0.2 mm，所以 ΔG=0.2/3 mm=0.067 mm。
总加工误差 $\sum \Delta$ 和精度储备 J_C 的计算如表 5.3 所示。

表 5.3　液压泵上体镗三孔车床夹具的加工误差

单位：mm

加工要求代号	尺寸 25±0.1 的加工误差
ΔD	0
ΔA	0
$\Delta J (\Delta F)$	0.101
ΔG	0.2/3=0.067
$\sum \Delta$	$\sqrt{0.101^2 + 0.067^2} = 0.12$
J_C	0.2−0.12=0.08

由计算结果可知，该夹具能保证加工精度，并有一定的精度储备。

(8) 绘制液压泵上体零件加工三个阶梯孔车床夹具的装配总图以及标注尺寸、公差。
如图 5.13 所示，主要标注如下尺寸。

① 标注夹具轮廓尺寸：ϕ285 mm 和长度为 180 mm。

② 影响工件定位精度的尺寸和公差：两定位销孔的中心距(99.36±0.02)mm；圆柱销与工件孔的配合尺寸 $\phi 8_{-0.011}^{-0.005}$ mm 及菱形销的直径 $\phi 8_{-0.079}^{-0.070}$ mm。

③ 影响夹具精度的尺寸和公差：相邻两对定套的距离(25±0.02)mm；对定销与对定套的配合尺寸 $\phi 10 \frac{H7}{g6}$；对定销与导向孔的配合尺寸 $\phi 14 \frac{H7}{g6}$；导向键与夹具的配合尺寸 $20 \frac{G7}{h6}$，以及圆柱销到加工孔轴线的尺寸(24±0.01)mm、(68.5±0.1)mm；定位平面相对基准 C 的平行度为 0.02 mm。

④ 影响夹具在机床上安装精度的尺寸和公差：夹具体与过渡盘的配合尺寸 $\phi 210 \frac{H7}{h6}$。

⑤ 其他重要配合尺寸：对定套与分度盘滑块的配合尺寸 $\phi 18 \frac{H7}{g6}$；导向键与分度滑块的配合尺寸 $20 \frac{G7}{h6}$。

讨论问题：

① 液压泵上体零件加工三个阶梯孔车床夹具的装配总图的绘制顺序是怎样的？

② 相邻两对定套的距离、两定位销孔的中心距、定位圆柱销到加工孔轴线的尺寸和公差如何确定？

③ 过渡盘与夹具体、对定套与分度滑块、导向键与分度滑块、对定销与导向孔、导向键与夹具、对定销与对定套分别采用什么配合方式？为什么？

④ 液压泵上体零件加工三个阶梯孔车床夹具的相关位置公差该如何确定？

⑤ 液压泵上体零件加工三个阶梯孔车床夹具有哪些技术要求？

5.5 工程实践案例

1. 案例任务分析

柴油机喷油泵零件是某柴油机股份有限公司制造的 4135AD-1 发电型柴油机的零件，年产量一般在 1500 件左右，零件材料为 HT200。本案例的任务是设计第六道工序加工 ϕ9H8 mm 孔的车床夹具。如图 5.17 所示为工序图，该工序的主要加工要求如下。

(1) ϕ9H8 mm 孔轴线到台阶面的距离为 $24_{\ 0}^{+0.1}$ mm。

(2) ϕ9H8 mm 孔轴线与 ϕ13H7 孔轴线的距离为 $12_{+0.03}^{+0.10}$ mm。

(3) ϕ9H8 mm 孔轴线与 ϕ13H7 孔轴线的垂直度为 0.1 mm。

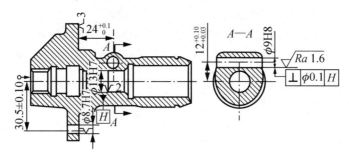

图 5.17 工序图

2. 案例实施过程

1) 分析零件的工艺过程和本工序的加工要求，明确设计任务

本工序的加工在 CA6140 上进行，采用的刀具为 ϕ8.85 mm 高速钢麻花钻、ϕ9 mm 铰刀。生产类型为中批量，主要工序尺寸 ϕ9H8 mm 孔轴线到台阶面的距离 $24_{\ 0}^{+0.1}$ mm、ϕ9H8 mm 孔轴线与 ϕ13H7 孔轴线的距离 $12_{+0.03}^{+0.10}$ mm、ϕ9H8 mm 孔轴线与 ϕ13H7 孔轴线的垂直度 0.1 mm 须通过专用夹具来保证，孔的尺寸精度由刀具来保证。技术部门一般向工装设计人员下达工艺装备设计任务书。

2) 拟定本工序钻床夹具的结构方案

夹具的结构方案包括以下几个方面。

(1) 定位方案的确定。

根据本工序的加工要求，柴油机喷油泵零件定位时需限制五个自由度(ϕ9H8 mm 通孔轴线方向的移动自由度可不限制)。在本工序加工时，零件台阶面、ϕ13H7 内孔和 ϕ8.7H7 内孔都已经由上面工序加工到要求的尺寸，工序尺寸 $24_{\ 0}^{+0.1}$ mm 的工序基准为零件大端面，工序尺寸 $12_{+0.03}^{+0.10}$ mm、ϕ9H8 mm 孔轴线与 ϕ13H7 孔轴线垂直度的工序基准都是 ϕ13H7 孔的轴线。依据基准重合和基准统一原则在工序图上标明工件的定位基准和夹紧位置，即以零件台阶面为主要定位基准面限制工件三个自由度(一个移动和两个转动自由度)，以 ϕ13H7 孔作为定位基准面限制两个移动自由度，以 ϕ8.7H7 孔作为定位基准面限制一个转动自由度，是典型的一面二孔定位方式，实现工件的完全定位。

(2) 定位元件的设计。

夹具装配图如图 5.18 所示,根据上述的定位方案,定位元件由支承钉 11、定位轴 2 和菱形销 3 构成。三个支承钉(相对于一个面)与工件台阶面接触限制三个自由度,定位轴的圆柱面与 $\phi 13H7$ 内孔配合限制两个自由度,菱形销与 $\phi 8.7H7$ 内孔配合限制一个自由度。本定位方案采取一面二孔定位,须确定定位轴定位圆柱面和菱形销直径。

① 确定定位轴与定位销的中心距 $L_d \pm \delta_{L_d}/2$。

一面二孔定位时两定位销的基本尺寸应等于工件两定位孔中心距的平均尺寸,其公差一般为 $\delta_{L_d} = \left(\dfrac{1}{3} \sim \dfrac{1}{5}\right)\delta_{L_D}$。如图 5.17 所示的喷油泵零件工序图,两定位孔间距 $L_D=(30.5\pm0.10)$ mm。因此定位轴与菱形销中心距 L_d 的基本尺寸等于 30.5 mm,公差取 0.06 mm,故销间距 $L_d=(30.5\pm0.03)$ mm。

② 确定定位轴定位圆柱面的直径。

圆柱销直径的基本尺寸应等于与之配合的工件孔的最小极限尺寸,其公差带一般取 g6 或 h6。因喷油泵零件定位孔的直径为 $\phi 13H7(\phi 13_{0}^{+0.018})$ mm,故取定位轴定位圆柱面的直径 $d_1=\phi 13h6(\phi 13_{-0.011}^{0}$ mm)。

③ 确定菱形销的尺寸 b 和 b_1。

查表 1.4 可得,$b=3$ mm,$b_1=2$ mm。

④ 确定菱形销的直径。

按式 (1-12) 计算 X_{2min},因 $a=\dfrac{\delta_{L_D}+\delta_{L_d}}{2}=(0.1+0.03)$ mm$=0.13$ mm,$b=3$ mm,$D_2=\phi 8.7_{0}^{+0.015}$ mm,所以

$$X_{2min}=\dfrac{2ab}{D_{2min}}=\dfrac{2\times 0.13\times 3}{8.7}\text{ mm}=0.09\text{ mm}$$

按公式 $d_{2max}=D_{2min}-X_{2min}$,可算出菱形销的最大直径 d_{2max},即

$$d_{2max}=(8.7-0.09)\text{ mm}=8.61\text{ mm}$$

确定菱形销的公差等级。菱形销直径的公差等级一般取 IT6 或 IT7。因 IT7=0.015 mm,所以 $d_2=\phi 8.7_{-0.105}^{-0.09}$ mm。

(3) 夹紧方案的确定。

夹具装配图如图 5.18 所示,夹紧机构采用螺钉 10 夹紧,夹紧螺钉安装在活动块 7 上,可绕铰链活销 8 回转,以便于装卸工件。

(4) 夹具的安装方式和其他机构的确定。

本工序在 CA6140 车床上进行,车床主轴的主要尺寸如图 5.11(c)所示。夹具与主轴采用图 5.10(c)所示的连接方式。

如图 5.18 所示,本工序车床夹具为角铁式结构,须采用平衡块 12 对夹具进行平衡。在夹具体外圆设置找正圆,必须保证柴油机喷油泵 $\phi 9H8$ mm 加工孔与主轴轴线同轴度。为了保证工序尺寸 $12_{+0.03}^{+0.10}$ mm,车床主轴轴线与定位轴轴线的中心距公差应为工序尺寸公差的 $\left(\dfrac{1}{3} \sim \dfrac{1}{5}\right)$,如装配图 5.18 所示标注为 12.065 ± 0.012 mm。为了保证工序尺寸 $24_{0}^{+0.1}$ mm,

车床主轴中心与定位支承钉平面之间的尺寸公差也必须控制在工序尺寸公差的 $\left(\dfrac{1}{3} \sim \dfrac{1}{5}\right)$，如装配图 5.18 所示标注为 $24^{+0.065}_{+0.035}$ mm，同时须保证夹具体端面与支承钉平面的垂直度。

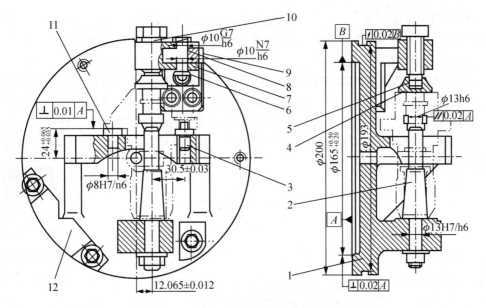

图 5.18　加工 ϕ9H8 孔车床夹具装配图

1—夹具体；2—定位轴；3—菱形销；4—压块；5—挡圈；
6—紧钉；7—活动块；8—活销；9—支架；10—螺钉；11—支承钉；12—平衡块

3．常见问题解析

1) 采用车床夹具加工零件时，零件的同轴度、圆度等形位精度有严重偏差

(1) 分析车床夹具与主轴的连接是否可靠，车床夹具与机床主轴的配合表面之间是否保证有一定的同轴度。

(2) 分析车床夹具安装时，是否对夹具的限位表面进行仔细找正。保证车床夹具的设计中心(即限位面或找正基面)对主轴回转中心的同轴度控制在 ϕ0.01 mm 之内，限位基面(或找正端面)对主轴回转中心的跳动量在 0.01 mm 之内。

(3) 分析设置定位元件时是否考虑使工件加工表面的轴线与主轴轴线重合。

(4) 分析车床夹具是否采取了平衡措施，或者平衡块的位置是否合理。

(5) 分析工人使用操作车床夹具是否正确。

2) 采用车床夹具加工时不能保证零件的加工尺寸精度

(1) 分析定位方案是否合理，定位误差值是否超出了范围。

(2) 分析夹具误差(限位基面与止口轴线的距离误差)是否超出了范围。

(3) 分析夹具的安装误差(过渡盘与主轴、过渡盘与夹具体配合间隙)是否超出了范围。

(4) 分析机床精度、夹具的悬伸长度和离心力等因素造成的误差是否超出了范围。

(5) 分析工人操作是否按工艺规程的要求执行。

本 章 小 结

本章介绍了专用车床夹具的主要结构类型、车床夹具与主轴连接方式、车床夹具的结构设计要点、车床夹具的加工误差分析等基本内容。学生通过完成开合螺母零件精镗孔及车端面车床夹具和液压泵上体零件加工三个阶梯孔车床夹具的设计两项工作任务，应达到掌握专用车床夹具设计等相关知识的目的，并且巩固工件定位和夹紧以及分度装置设计的相关知识。同时，增强学生的学习兴趣，提高学生解决工程技术问题的自信心，使学生体验成功的喜悦；通过项目任务教学，培养学生互助合作的团队精神。在工作实训中要注意培养学生分析问题和解决问题的能力，培养学生查阅设计手册和资料的能力，逐步提高学生处理实际工程技术问题的能力。

思 考 与 练 习

第五章典型车床夹具设计测验试卷

一、填空题

1. 车床夹具大致可分为_____、_____和_____等。
2. 对角铁式、花盘式等结构不对称的车床夹具，设计时应采取_____以减少由_____。
3. 车床夹具平衡的方法有两种：_____或_____。
4. 车床夹具的夹具体应设计成_____形，为保证安全，夹具上的各种元件一般不允许突出夹具体_____形轮廓之外。
5. 对于径向尺寸较大的车床夹具，一般用_____与车床主轴轴颈连接。
6. 对于径向尺寸 $D<140$ mm，或 $D<(2\sim3)d$ 的小型车床夹具，一般用_____安装在车床主轴的锥孔中，并用螺杆拉紧。

二、简答题

1. 车床夹具具有哪些结构类型？各有何特点？
2. 试述角铁式车床夹具的结构特点。
3. 试述圆盘式车床夹具的结构特点。
4. 试述车床夹具的设计要点。
5. 车床夹具与车床主轴的连接方式有哪几种？如何保证车床夹具与车床主轴的正确位置关系？

三、综合题

1. 在 C620 车床上镗如图 5.19 所示轴承座上的 $\phi32K7$ 孔，A 面和两个 $\phi9H7$ 孔已加工。试设计所需的车床夹具，对工件进行工艺分析，画出车床夹具草图，标注尺寸，并进行加工误差分析。
2. 如图 5.20 所示是齿轮泵壳体的工序简图。工件外圆 D 及端面 A 已加工，加工表面为两个 $\phi35^{+0.027}_{0}$ mm 孔、端面 T 和孔的底面 B。主要工序要求是保证两个 $\phi35^{+0.027}_{0}$ mm 孔的尺寸精度、两孔的中心距 $30^{+0.01}_{-0.02}$ mm 及孔、面的位置精度要求。如图 5.21 所示为所使用的专用车床夹具。试分析车床夹具的结构(包括定位元件、夹紧装置、分度装置、夹具与主轴连接方式等)。

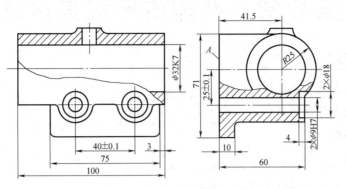

图 5.19 题三 1 题图

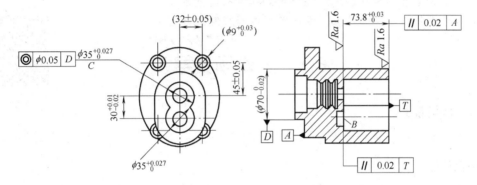

图 5.20 齿轮泵壳体的工序图

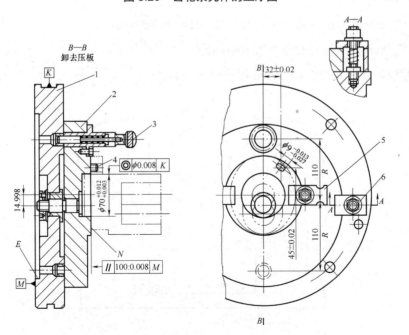

图 5.21 车齿轮泵壳体两孔的车床夹具

1—夹具体；2—转盘；3—对定销；4—削边销；5,6—压板

第 6 章 典型铣床夹具设计

本章要点

- 铣床夹具的主要类型。
- 铣床夹具的设计要点。

技能目标

- 根据零件工序的加工要求,选择铣床夹具的类型。
- 根据零件工序的加工要求,确定定位方案。
- 根据零件的特点和生产类型等要求,确定夹紧方案。
- 根据铣床夹具的特点,设计定位键和对刀元件。

6.1 工作场景导入

大国工匠洪家光

【工作场景】

如图 6.1 所示,连杆零件在本工序中需铣 $45_{\ 0}^{+0.1}$ mm 槽。工件材料为 45 钢,毛坯为锻件,中批量生产。

【加工要求】

(1) $45_{\ 0}^{+0.1}$ mm 槽与 $\phi13H8$ 孔中心的距离为 38.5±0.05 mm。

(2) $45_{\ 0}^{+0.1}$ mm 槽距顶面的距离为 10 mm。

本任务设计连杆零件铣 $45_{\ 0}^{+0.1}$ mm 槽的铣床夹具。

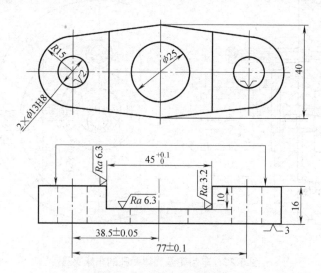

图 6.1 连杆零件工序简图

第 6 章 典型铣床夹具设计

【引导问题】

(1) 仔细阅读图 6.1，分析零件加工要求以及各工序尺寸的工序基准是什么？
(2) 回忆已学过的工件定位和夹紧方面的知识有哪些？
(3) 铣床夹具主要有哪些种类？各有什么样的结构特点？
(4) 铣床夹具的定位键和对刀元件如何设计？
(5) 企业生产参观实习。
① 生产现场铣床夹具有哪些类型？
② 生产现场各种类型铣床夹具的使用特点是什么？
③ 生产现场铣床夹具有没有设置定位键？若设置了定位键，则采用了什么类型的定位键？
④ 生产现场铣床夹具与铣床工作台如何安装？
⑤ 生产现场铣床夹具有没有对刀装置？若有，则采用了什么类型的对刀块和塞尺？

6.2 基础知识

【学习目标】 了解铣床夹具的主要类型，掌握铣床夹具定位键的选择和设计，掌握铣床夹具对刀块和塞尺的选择和设计。

第六章典型铣床夹具设计 PPT

6.2.1 铣床夹具的主要类型

铣床夹具主要用于加工零件上的平面、沟槽、缺口、花键以及成形面等。按照铣削时的进给方式，通常将铣床夹具分为三类：直线进给式铣床夹具、圆周进给式铣床夹具以及靠模铣床夹具。其中，直线进给式铣床夹具用得最多。

铣床夹具设计

1. 直线进给式铣床夹具

直线进给式铣床夹具安装在铣床工作台上，随工作台一起做直线进给运动。按照在夹具上装夹工件的数目，直线进给式铣床夹具可分为单件夹具和多件夹具。

多件夹具广泛地用于成批生产或大量生产的中、小零件加工。它可按先后加工、平行加工或平行—先后加工等方式设计铣床夹具，以节省切削的基本时间或使切削的基本时间重合。

图 6.2 所示为轴端铣方头夹具，采用平行对向式多位联动夹紧结构，旋转夹紧螺母 6，通过球面垫圈及压板 7 将工件压在 V 形块上。四把三面刃铣刀同时铣完两侧面后，取下楔块 5，将回转座 4 转过 90°，再用楔块 5 将回转座定位并锁紧，即可铣工件的另两个侧面。该夹具在一次安装中完成两个工位的加工，在设计中采用了平行—先后加工方式，既节省切削基本时间，又使铣削两排工件表面的基本时间重合。

图 6.3 所示为在杠杆零件上铣两斜面的工序简图，工件形状不规则。图 6.4 所示为生产中加工该工件的单件铣床夹具。工件以已精加工过的孔 $\phi22H7$ 和端面(见图 6.3)在台阶定位销 9 上定位，限制工件的五个自由度；以圆弧面在可调支承 6 上定位限制工件的一个自

由度，从而实现了完全定位。倘若工件的毛坯是同批铸造的，则可调支承 6 只需每批调整一次即可。

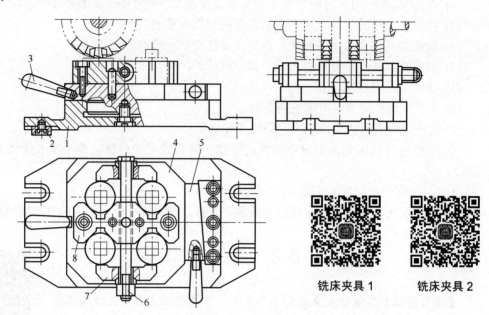

图 6.2　轴端铣方头夹具

1—夹具体；2—定向键；3—手柄；4—回转座；5—楔块；6—夹紧螺母；7—压板；8—V 形块

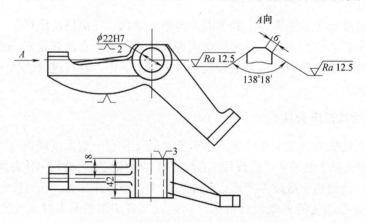

图 6.3　在杠杆零件上铣两斜面的工序简图

工件的夹紧以钩形压板 10 为主，其结构见 A—A 剖面图。另外，在接近加工表面处采用浮动的辅助夹紧机构，当拧紧该机构的螺母时，卡爪 2 和卡爪 3 对向移动，同时将工件夹紧。在卡爪 3 的末端开有三条轴向槽，形成三片簧瓣，继续拧紧螺母，锥套 5 迫使簧瓣胀开，使其锁紧在夹具体中，从而增强夹紧刚度，以免铣削产生振动。

夹具通过两个定位键 8 与铣床工作台 T 形槽对定，采用两把角度铣刀同时进行加工。夹具上的角度对刀块 7 与定位销 9 的台阶面和轴线有一定的尺寸联系，而定位销的轴线又与定位键的侧面垂直，故通过塞尺对刀，即可使夹具相对于机床和刀具获得正确的加工位置，从而保证加工要求。

从以上实例中可以看出,采用不同的加工方式设计多件铣床夹具,可以不同程度地提高生产效率。此外,根据生产规模的大小,合理设计夹紧装置,注意采用联动夹紧机构以及气压、液压等动力装置,也可有效地提高铣床夹具的工作效率。

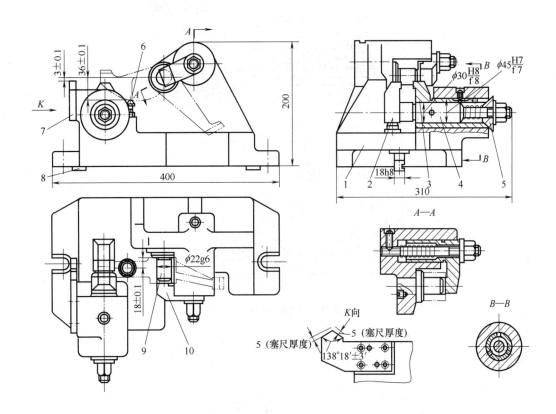

图 6.4 单件铣床夹具

1—夹具体;2,3—卡爪;4—连接杆;5—锥套;6—可调支承;
7—对刀块;8—定位键;9—定位销;10—钩形压板

2. 圆周进给式铣床夹具

圆周进给式铣床夹具一般在有回转工作台的专用铣床上使用。在通用铣床上使用时,应进行改装,增加一个回转工作台。

如图 6.5 所示,铣削拨叉上、下两端面。工件以圆孔、端面及侧面在定位销 2 和挡销 4 上定位,由液压缸 6 驱动拉杆 1 通过快换垫圈 3 将工件夹紧。夹具上可同时装夹 12 个工件。

工作台由电动机通过蜗杆蜗轮机构传动回转。AB 是工件的切削区域,CD 是装卸工件的区域,可在不停车的情况下装卸工件,使切削的基本时间和装卸工件的辅助时间重合。因此,它的生产效率高,适用于大批量生产中的中、小件加工。

图 6.6 所示为在立式双头回转铣床上加工柴油机连杆端面的情形,夹具沿圆周排列紧凑,使铣刀的空程时间缩短到最低限度,且因机床有两个主轴,能顺次进行粗铣和精铣,

因而大大地提高了生产效率。

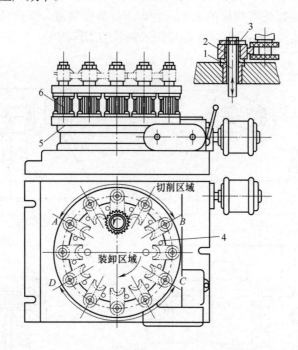

图 6.5　圆周进给式铣床夹具

1—拉杆；2—定位销；3—快换垫圈；4—挡销；5—转台；6—液压缸

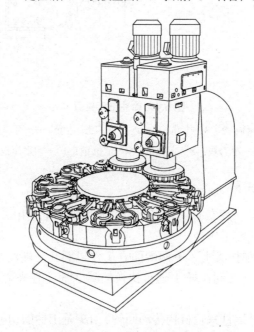

图 6.6　立式双头回转铣床

3. 靠模铣床夹具

带有靠模装置的铣床夹具用于专用或通用铣床上加工各种成形面。靠模铣床夹具的作用是使主进给运动和由靠模获得的辅助运动合成获得仿形运动。按照主进给运动的运动方式，靠模铣床夹具可分为直线进给和圆周进给两种。

1) 直线进给靠模铣床夹具

图 6.7(a)所示为直线进给靠模铣床夹具示意图。靠模板 2 和工件 4 分别装在夹具上，滚柱滑座 6 和铣刀滑座 5 连成一体，它们的轴线距离 k 保持不变。铣刀滑座 5 和滚柱滑座 6 在强力弹簧或重锤拉力作用下沿导轨滑动，使滚柱始终压在靠模板上。当工作台做纵向进给时，滚柱滑座 6 即获得一横向辅助运动，使铣刀仿照靠模板的曲线轨迹在工件上铣出所需的成形表面。这种加工方法一般在靠模铣床上进行。

2) 圆周进给靠模铣床夹具

图 6.7(b)所示为装在普通立式铣床上的圆周进给靠模夹具。靠模板 2 和工件 4 装在回转台 7 上，转台由蜗杆蜗轮带动做等速圆周运动。在强力弹簧的作用下，滑座 8 带动工件沿导轨相对于刀具做辅助运动，从而加工出与靠模外形相仿的成形面。

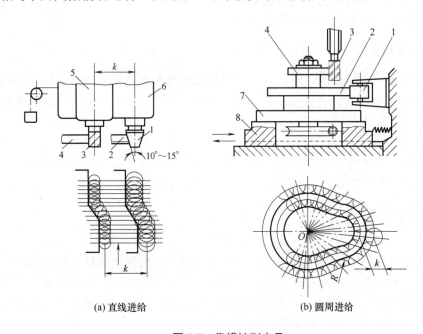

(a) 直线进给　　　　　　　　　(b) 圆周进给

图 6.7　靠模铣削夹具

1—滚柱；2—靠模板；3—铣刀；4—工件；5—铣刀滑座；6—滚柱滑座；7—回转台；8—滑座

设计圆周进给靠模铣床夹具时，通常将滚柱和铣刀布置在工件回转轴线的同一侧，相隔一固定距离 k，这样便可将靠模板的尺寸设计得大一些，使靠模的轮廓曲线变得更平滑；同时，滚柱的尺寸也可以加大，以增强刚度，从而提高加工精度。

图 6.7 中的俯视图反映了滚柱和铣刀的相对运动轨迹，即反映了工件成形面的轮廓和靠模板轮廓的关系。由此可得靠模板轮廓曲线的绘制过程如下。

① 画出工件成形面的准确外形。

② 从工件的加工轮廓面作均分的平行线或从回转中心作均分的辐射线。

③ 在平行线或辐射线上以铣刀半径 r 作与工件外形轮廓相切的圆，得到铣刀中心的运动轨迹。

④ 从铣刀中心沿各平行线或辐射线截取长度等于 k 的线段,得到滚柱中心的运动轨迹,然后以滚柱半径 R 作圆弧,再作这些圆弧的包络线,即得到靠模板的轮廓曲线。

铣刀的半径应等于或小于工件轮廓的最小曲率半径,滚柱直径应等于或略大于铣刀直径。为防止滚柱和靠模板磨损后及铣刀刃磨后影响工件的轮廓尺寸,可将靠模和滚柱做成 10°～15° 的斜角,以便调整。

铣削附件

靠模和滚柱间的接触压力很大,需要有很高的耐磨性,因此常用 T8A、T10A 钢制造或 20 钢、20Cr 钢渗碳淬硬至 58～62HRC。

6.2.2 铣床夹具的设计要点

铣削加工是切削力较大的多刃断续切削,加工时容易产生振动。根据铣削加工的特点,铣床夹具必须具有良好的抗振性能,以保证工件的加工精度和表面粗糙度的要求。为此,应合理设计定位元件、夹紧装置和总体结构等。

1. 定位元件和夹紧装置的设计要点

为保证工件定位的稳定性,除应遵循一般的设计原则外,铣床夹具定位元件的布置还应尽量使主要支承面积大一些。若工件的加工部位呈悬臂状态,则应采用辅助支承,增加工件的安装刚度,防止振动。

设计夹紧装置应保证足够的夹紧力,且具有良好的自锁性能,以防止夹紧机构因振动而松夹。施力的方向和作用点要恰当,并尽量靠近加工表面,必要时设置辅助夹紧机构,以提高夹紧刚度。对于切削用量大的铣床夹具,最好采用螺旋夹紧机构。

2. 特殊元件设计

1) 定位键

定位键安装在夹具底面的纵向槽中,一般使用两个,用开槽圆柱头螺钉固定。小型夹具也可使用一个断面为矩形的长键。通过定位键与铣床工作台上 T 形槽的配合,确定夹具在机床上的正确位置。定位键还可承受铣削时产生的切削扭矩,以减轻夹具固定螺栓的负荷,加强夹具在加工过程中的稳固性。

常用定位键的断面为矩形,矩形定位键已标准化(见附表 11),如图 6.8 所示。

对于 A 型键,其与夹具体槽和工作台 T 形槽的配合尺寸均为 B,其极限偏差可选 h6 或 h8。夹具体上用于安装定位键的槽宽 B_2 与 B 的尺寸相同,极限偏差可选 H7 或 js6。为了提高精度,可选用 B 型定位键,其与 T 形槽配合的尺寸 B_1 留有 0.5 mm 磨量,可按机床 T 形槽实际尺寸配作,极限偏差取 h6 或 h8。

为了提高精度,两个定位键(或定向键)间的距离应尽可能加大一些,安装夹具时,让定位键靠向 T 形槽一侧,以避免间隙的影响。

对于位置精度要求高的夹具,经常不设置定位键(或定向键),而用找正的方法安装夹具,如图 6.9 所示。在图 6.9(a)中的 V 形块上放入精密心棒,通过用固定在床身或主轴上的百分表 1 进行找正,夹具就可获得所需的准确位置。因为这种方法是直接按成形运动确定定位元件位置的,避免了中间环节的影响。为了找正方便,还可在夹具体上专门加工出找正基准(见图 6.9(b)中的 A 面)，用以代替对元件定位面的直接测量，此时定位元件与找正基准之间应有严格的相对位置的要求。

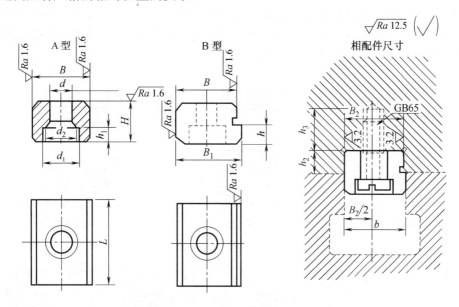

图 6.8　定位键(JB/T 8016—1999)

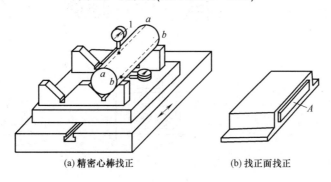

图 6.9　夹具位置的找正

1—百分表

2) 对刀装置

对刀装置主要由对刀块和塞尺组成，用以确定夹具与刀具间的相对位置。对刀块的结构形式取决于加工表面的形状。

图 6.10(a)所示为圆形对刀块，用于加工平面；图 6.10(b)所示为方形对刀块，用于调整组合铣刀的位置；图 6.10(c)所示为直角对刀块，用于加工两相互垂直面或铣槽时的对刀；图 6.10(d)所示为侧装对刀块，亦用于加工两相互垂直面或铣槽时的对刀。这些标准对刀块的结构参数均可从《机床夹具零件及部件技术要求》(JB/T 8044—1999)中查找。

使用对刀装置对刀时，在刀具和对刀块之间用塞尺进行调整，以免损坏切削刃或造成对刀块过早磨损。图 6.11 所示为常用标准塞尺的结构，图 6.11(a)所示为对刀平塞尺，图 6.11(b)所示为对刀圆柱塞尺。对刀平塞尺的基本尺寸 H 为 1～5 mm，对刀圆柱塞尺的基本尺寸 d 仍为 ϕ3 mm 或 5 mm，均按公差带 h8 制造，在夹具装配总图上应注明塞尺的尺寸。

对刀块通常制成单独的元件，用销钉和螺钉紧固在夹具上，其位置应便于使用塞尺对刀和不妨碍工件的装卸。对刀块的工作表面与定位元件间应有一定的位置尺寸要求，应合理地确定对刀基准。对刀基准是用以确定刀具位置所依据的基准，对刀基准应在定位元件的合适部位，并尽量不受定位元件制造误差的影响，即应以定位元件的工作表面或其中心作为基准。对刀尺寸应标注在夹具装配总图上。

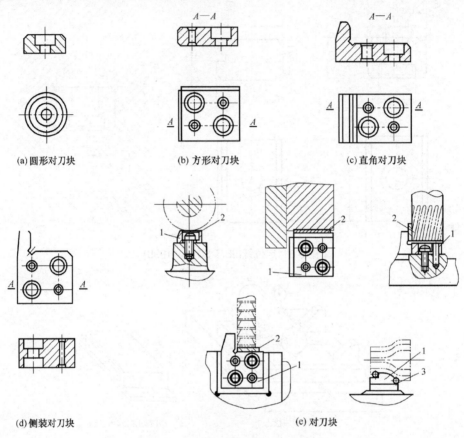

图 6.10　标准对刀块及对刀装置

1—对刀块；2—对刀平塞尺；3—对刀圆柱塞尺

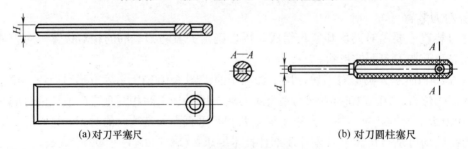

图 6.11　常用的标准塞尺

如图 6.12 所示，换算时应取工件相应尺寸的平均值计算。

图 6.12(a)：$H_J = H - \delta_H / 2 - \frac{1}{2}(d - \delta_d / 2) - S$（按尺寸链计算）

$$L_J = B/2 + S$$

式中：B 为铣刀宽度，mm；S 为塞尺厚度，mm。

图 6.12(b)：$A_J = A - \delta_A/2 - S$

$$C_J = C - \delta_C/2 - S$$

图中：δ_{LJ}、δ_{HJ}、δ_{AJ} 和 δ_{CJ} 为夹具上对刀尺寸公差，一般取相应工序尺寸加工公差的 $\frac{1}{3} \sim \frac{1}{5}$。

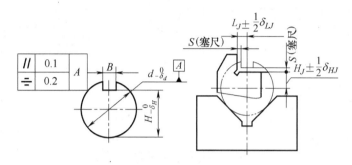

(a) V形块定位时对刀尺寸

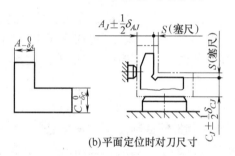

(b) 平面定位时对刀尺寸

图 6.12 对刀尺寸标注

采用标准塞尺和对刀块进行对刀时，其对刀误差 $\Delta T = \delta_S + \delta_h$。其中 δ_S 为塞尺的制造公差，δ_h 为对刀尺寸公差。另外，在对刀调整时还有人为误差。因此，当对刀调整要求较高时，不宜设置对刀装置，可以采用试切法、标准件对刀法，或用百分表找正定位元件相对于刀具的位置。

标准对刀块的材料为 20 钢，渗碳深度为 0.8～1.2 mm，淬火硬度为 58～64HRC。标准塞尺的材料为 T8，淬火硬度为 55～60HRC。

铣床夹具3

3. 夹具的总体设计及夹具体

为了提高铣床夹具在机床上安装的稳固性和动态下的抗振性能，在进行夹具的总体结构设计时，各种装置的布置应紧凑，加工面应尽可能靠近工作台面，以降低夹具的重心，一般夹具的高宽之比应限制在 $H/B \leqslant 1 \sim 1.25$ 范围内。

铣床夹具4

铣床夹具的夹具体应具有足够的刚度和强度，必要时设置加强肋。此外，还应合理地设置耳座，以便与工作台连接。常见的耳座结构如图 6.13 所示，有关尺寸设计可查阅《机床夹具设计手册》。如果夹具体的宽度尺寸较大，可在同一侧设置两个耳座，两耳座之间的距离应和铣床工作台两 T 形槽之间的距离相一致。

铣削加工时会产生大量切屑，夹具应具有足够的排屑空间，并注意切屑的流向，使清理切屑方便。对于重型铣床夹具，在夹具体上应设置吊环，以便于搬运。

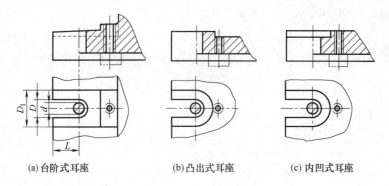

(a) 台阶式耳座　　　　(b) 凸出式耳座　　　　(c) 内凹式耳座

图 6.13　常见的耳座结构

6.3　回到工作场景

通过第 1、2 章的学习，学生应该掌握了专用机床夹具定位和夹紧方案的确定和设计原则。通过 6.2 节的学习，学生应该掌握了专用铣床夹具的主要种类和铣床夹具设计的要点。下面将回到 6.1 节所介绍的工作场景中，完成工作任务。

6.3.1　项目分析

完成项目任务需要学生掌握机械制图、公差与配合、机械设计基础、金属工艺学等相关专业基础课程，必须对机械加工工艺的相关知识有一定的了解，在此基础上还需要掌握如下知识。

(1) 专用铣床夹具类型确定的基本知识。
(2) 专用机床夹具设计的定位原理。
(3) 专用机床夹具设计的夹紧机构。
(4) 专用铣床夹具定位键和对刀元件等的设计。

6.3.2　项目工作计划

在项目实训过程中，结合创设情境、观察分析、现场参观、讨论比较、案例对照、评估总结等活动，充分调动学生学习的主动性和积极性，让学生自主地学习、主动地学习。各小组协同制订实施计划及执行情况表，如表 6.1 所示，共同解决实施过程中遇到的困难；要相互监督计划的执行与完成情况，保证项目完成的合理性和正确性。

6.3.3　项目实施准备

(1) 结合工序卡片，准备连杆零件的成品。
(2) 准备常用定位元件模型，准备 X51 立式铣床模型或图片，准备加工用立铣刀。
(3) 准备机床夹具设计常用手册和资料图册。

(4) 准备相关铣床夹具模型。

(5) 准备相似的零件生产现场参观。

表 6.1　连杆零件铣 $45^{+0.1}_{0}$ mm 槽铣床夹具设计的计划及执行情况

序 号	内 容	所用时间	要　　求	教学组织与方法
1	研讨任务		看懂零件加工工序图，分析工序基准，明确任务要求，分析完成任务所需要掌握的知识	分组讨论，采用任务引导法教学
2	计划与决策		企业参观实习，项目实施准备，制订项目实施详细计划，学习与项目有关的基础知识	分组讨论、集中授课，采用案例法和示范法教学
3	实施与检查		根据计划，分组确定连杆零件铣槽铣床夹具的类型、定位方案、夹紧方案、对刀方案、定位键设计等，填写项目实施记录表	分组讨论，教师点评
4	项目评价与讨论		评价任务完成的合理性与可行性；根据企业的要求，评价夹具设计的规范性与可操作性；项目实施中评价学生的职业素养和团队精神的表现	项目评价法，实施评价

6.3.4　项目实施与检查

(1) 分析并讨论连杆零件铣 $45^{+0.1}_{0}$ mm 槽铣床夹具的类型。

连杆零件铣槽铣床夹具加工直角凹槽采用直线进给式铣床夹具。

连杆零件铣槽使用的机床是 X51 立式升降台铣床，如图 6.14 所示。

图 6.14　X51 立式升降台铣床

X51 立式升降台铣床的主要尺寸参数如下。

① 主轴端面至工作台距离：30~380 mm。

② 主轴中心线至床身垂直导轨面距离：270 mm。
③ 主轴孔径：25 mm。
④ 工作台面积：1000 mm×250 mm。
⑤ 工作台 T 形槽：槽数为 3，宽度为 14 mm，槽距为 50 mm。
⑥ 主电动机功率：4.5 kW。

(2) 分组分析连杆零件铣 $45_{\ 0}^{+0.1}$ mm 槽铣床夹具的定位方案。

如图 6.15 所示，连杆以底面和 $2\times\phi13H8$ 孔(见图 6.1)用支承板 8、圆柱销 9 和菱形销 7 定位。采用一面二孔的定位方式，限制六个自由度。

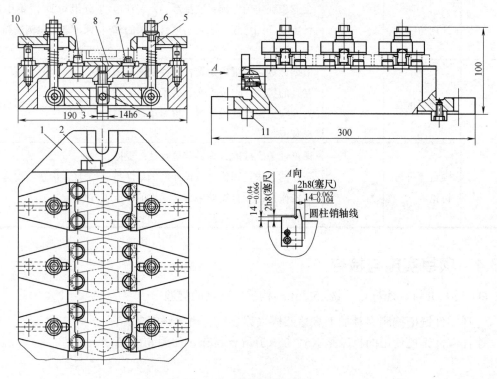

图 6.15　连杆铣槽夹具

1—夹具体；2—对刀块；3—浮动杠杆；4—铰链螺钉；5—活节螺栓；
6—螺母；7—菱形销；8—支承板；9—圆柱销；10—压板；11—定位销

讨论问题：
① 连杆零件铣槽的工序要求是什么？工序基准分别是什么？
② 保证连杆零件铣槽的工序要求应限制哪些自由度？
③ 确定的定位方案中定位元件分别限制哪些自由度？
④ 连杆零件铣槽铣床夹具定位元件的设计要点是什么？
⑤ 连杆零件铣槽铣床夹具采用一面二孔定位方式，圆柱销和菱形销的尺寸公差应如何确定？

(3) 分组讨论连杆零件铣 $45_{\ 0}^{+0.1}$ mm 槽铣床夹具的夹紧方案。

如图 6.15 所示，采用两副螺旋移动压板 10 同时夹紧两个工件，移动压板通过螺母

6、活节螺栓 5 和浮动杠杆 3 联动。为了提高效率,夹具可同时加工六个工件,为多件加工铣床夹具。

讨论问题:
① 连杆零件铣槽铣床夹具的夹紧力应朝向哪个表面?
② 连杆零件铣槽铣床夹具的夹紧力大小该如何确定?
③ 连杆零件铣槽铣床夹具采用什么类型的联动夹紧机构?
④ 连杆零件铣槽铣床夹具夹紧装置设计的要点是什么?

(4) 分组讨论连杆零件铣 $45_0^{+0.1}$ mm 槽铣床夹具定位键的设计。

连杆零件铣 $45_0^{+0.1}$ mm 槽铣床夹具由于夹具的定向精度要求不高,所以定位键采用两个 A 型定位键。定位键的宽度与 X51 立式铣床 T 形槽的宽度一致,为 14 mm。

讨论问题:
① 连杆零件铣槽铣床夹具安装定位键的作用是什么?
② 连杆零件铣槽铣床夹具安装哪种定位键?为什么?
③ A 型定位键的尺寸公差如何确定?B 型定位键的尺寸公差如何确定?
④ 安装定位键时应注意哪些问题?

(5) 分组讨论连杆零件铣 $45_0^{+0.1}$ mm 槽铣床夹具的对刀装置。

连杆零件加工要求是铣 $45_0^{+0.1}$ mm 槽,从夹具结构等方面考虑,应选用侧装对刀块,如图 6.16 所示。塞尺采用厚度为 2h8 的平塞尺。

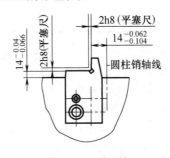

图 6.16 对刀块

讨论问题:
① 连杆零件铣槽铣床夹具为什么选用侧装直角对刀块?
② 连杆零件铣槽铣床夹具对刀块如何与夹具固定?
③ 对刀块和塞尺的国家标准是什么?塞尺的尺寸公差是什么?
④ 对刀基准是如何确定的?
⑤ 标注在夹具装配总图上的对刀尺寸是如何确定的?
⑥ 标准对刀块和塞尺的材料是什么?

(6) 分组讨论连杆零件铣 $45_0^{+0.1}$ mm 槽铣床夹具装配总图的绘制顺序以及装配总图中相关尺寸和公差的确定方法。

连杆零件铣 $45_0^{+0.1}$ mm 槽铣床夹具装配总图应标注的主要尺寸和公差如下。

① 标注夹具轮廓尺寸：300 mm×190 mm×100 mm。

② 影响工件定位精度的尺寸和公差：两定位销孔的中心距(77±0.03)mm，圆柱销与工件孔的配合尺寸 $\phi 13_{-0.014}^{-0.005}$ mm 及菱形销的直径 $\phi 13_{-0.079}^{-0.07}$ mm。

③ 影响夹具在机床上安装精度的尺寸和公差：定位键尺寸公差 14h6。

④ 标注对刀块的位置尺寸公差：对刀块与定位支承板距离 $14_{-0.066}^{-0.04}$ mm，对刀块与定位圆柱销距离 $14_{-0.104}^{-0.062}$ mm。

讨论问题：

① 连杆零件铣槽铣床夹具装配总图的绘制顺序是怎样的？

② 连杆零件铣槽铣床夹具的对刀块在夹具上的位置尺寸是如何确定的？

③ 连杆零件铣槽铣床夹具的定位圆柱销和菱形销的直径公差该如何确定？两销中心距尺寸公差如何确定？

④ 连杆零件铣槽铣床夹具定位键的尺寸和公差该如何确定？

⑤ 连杆零件铣槽铣床夹具有哪些技术要求？

6.3.5 项目评价与讨论

该项任务实施检查与评价的内容如表 6.2 所示。

表 6.2 任务实施检查与评价表

任务名称：

学生姓名：　　　　学　号：　　　　　　班级：　　　　　　　组别：

序号	检查内容	检查记录	自评	互评	点评	分值比例
1	定位方案设计：工序图分析是否正确；定位要求(限制自由度)判断是否正确；定位方案确定是否合理；定位元件设计是否正确；项目讨论题是否正确完成；项目实施表是否认真记录					20%
2	夹紧方案设计：夹紧方案确定是否合理；夹紧元件设计是否规范；项目讨论题是否正确完成；项目实施表是否认真记录					20%
3	对刀元件设计：对刀元件的种类和标准是否了解；对刀元件的设计方法是否掌握；对刀尺寸的确定是否明确；项目讨论题是否正确完成；项目实施表是否认真记录					10%
4	定位键等设计：对定位键的种类和标准是否了解；夹具体设计的注意点是否掌握；连杆铣槽夹具定位键的设计是否正确；项目讨论题是否正确完成；项目实施表是否认真记录					10%

续表

序号	检查内容	检查记录	自评	互评	点评	分值比例
5	装配图和零件图绘制：装配图中定位、夹紧、安装、视图表达、尺寸、公差、技术条件、明细表、序号、标题栏表达是否正确、合理；非标零件图中视图表达、尺寸和公差、表面粗糙度、技术条件、结构工艺性、形位公差、标题栏填写、图面质量等是否正确、合理；项目讨论题是否正确完成；项目实施表是否认真记录					20%
6	遵守时间：是否不迟到、不早退，中途不离开现场					5%
7	职业素养 5S：理论教学与实践教学一体化教室布置是否符合 5S 管理要求；设备、电脑是否按要求实施日常保养；刀具、工具、桌椅、模型、参考资料是否按规定摆放；地面、门窗是否干净					5%
8	团结协作：组内是否配合良好；是否积极地投入本项目中，积极地完成本任务					5%
9	语言能力：是否积极地回答问题、声音是否洪亮、条理是否清晰					5%
总评：			评价人：			

根据评价结果，提出后续学习的有效措施，并在评价的基础上引导学生进一步讨论以下几个问题。

(1) 连杆零件铣 $45_{0}^{+0.1}$ mm 槽铣床夹具能不能采用其他联动夹紧机构？能不能采用机动夹紧？

(2) 分析讨论如图 6.17 所示的某柴油机连杆铣接合面专用夹具，分析定位装置、夹紧装置、对刀装置和定位键等。

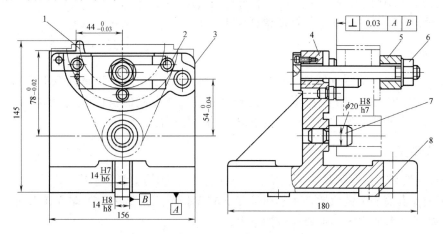

图 6.17　某柴油机连杆铣接合面专用夹具

1—对刀块；2—支承钉；3—防转销；4—夹具体；5—压板；6—螺母；7—定位销；8—定位键

6.4 拓展实训

1. 实训任务

如图 6.18 所示，车床顶尖套筒零件在本工序中需铣 12H11 和 R3 双槽。工件材料为 45 钢，毛坯为锻件，大批量生产。

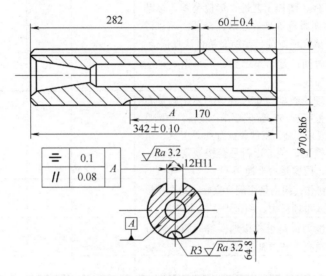

图 6.18　车床顶尖套筒工序图

【加工要求】

(1) 键槽宽 12H11，槽侧面对 ϕ70.8h6 轴线的对称度为 0.1 mm，平行度为 0.08 mm。槽深控制尺寸为 64.8 mm。轴向长度尺寸为 282 mm。

(2) 油槽半径为 3 mm，圆心在轴的圆柱面上，油槽长度为 170 mm。

(3) 键槽与油槽的对称面应在同一平面内。

如何设计车床顶尖套筒零件铣双槽铣床夹具？

2. 实训目的

通过车床顶尖套筒零件铣双槽铣床夹具的设计，使学生进一步掌握专用铣床夹具的设计方法，增强学生的学习兴趣，提高学生解决工程技术问题的自信心，使学生体验成功的喜悦；通过项目任务教学，培养学生互助合作的团队精神。

3. 实训过程

(1) 查阅资料了解车床顶尖套筒零件铣双槽使用机床的主要参数。

车床顶尖套筒零件铣双槽使用的机床是 X62W 卧式万能铣床，如图 6.19 所示。

X62W 卧式万能铣床的主要参数如下：

① 主轴轴线至工作台距离：30～390 mm。

② 床身垂直导轨面至工作台面的距离：215～470 mm。

③ 主轴轴线至悬梁下平面的距离：155 mm。
④ 主轴孔径：29 mm。
⑤ 工作台面积：1250 mm×320 mm。
⑥ 工作台 T 形槽：槽为三个，宽度为 18 mm，槽距为 70 mm。
⑦ 主电动机功率：7.5 kW。

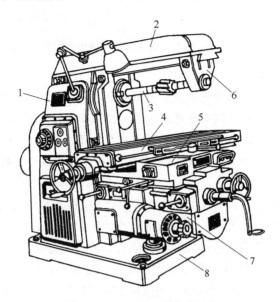

图 6.19 X62W 卧式万能铣床

1—床牙；2—横梁；3—主轴；4—工作台；5—横向溜板；6—刀杆支承；7—升降台；8—底座

(2) 分组分析并讨论车床顶尖套筒零件铣双槽铣床夹具的定位方案。

若先铣键槽后铣油槽，按加工要求，铣键槽时应限制五个自由度，铣油槽时应限制六个自由度。

因为是大批量生产，为了提高生产率，可在 X62W 卧式万能铣床主轴上安装两把直径相等的铣刀(一把是宽为 12 mm 的三面刃铣刀，另一把为 R3 mm 的圆弧铣刀)，同时对两个工件铣键槽和油槽，每进给一次，即能得到一个键槽和油槽均已加工好的工件，所以是多工位加工铣床夹具。

方案一：工件以 ϕ70.8h6 外圆在两个互相垂直的平面上定位，端面加止推销，如图 6.20(a)所示。

方案二：工件以 ϕ70.8h6 外圆在 V 形块上定位，端面加止推销，如图 6.20(b)所示。

为保证油槽和键槽的对称面在同一平面内，两方案中的第二工位(铣油槽工位)都需用一短销与已铣好的键槽配合，限制工件绕轴线的角度自由度。由于键槽和油槽的长度不等，所以要同时进给完毕，需将两个止推销沿工件轴线方向错开适当的距离。

比较以上两种方案，方案一使加工尺寸 64.8 mm 的定位误差为零，方案二则使对称度的定位误差为 0。由于 64.8 mm 未注公差，加工要求低，而要求对称度的公差较小，故选用方案二较好；另外，从承受切削力的角度来看，方案二也较可靠。

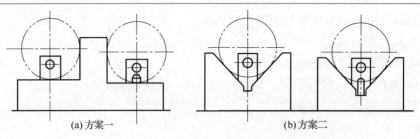

(a) 方案一　　　　　　　　(b) 方案二

图 6.20　顶尖套筒零件铣双槽定位方案

讨论问题：

① 车床顶尖套筒零件铣双槽铣床夹具的工序要求是什么？工序基准分别是什么？

② 保证车床顶尖套筒零件铣双槽铣床夹具加工的工序要求应限制哪些自由度？

③ 确定的定位方案中定位元件分别限制哪些自由度？

④ 车床顶尖套筒零件铣双槽工序图上定位和夹紧符号该如何标记？定位符号后面的数字表示什么意思？

⑤ 两个定位止推销为什么要沿工件轴线方向错开 112 mm 距离？

⑥ 如何保证两个定位 V 形块相互的位置精度？V 形块是如何与夹具体固定的？

(3) 分组讨论车床顶尖套筒零件铣双槽铣床夹具的夹紧方案。

夹紧力的方向应朝向主要限位面，作用点应落在定位元件的支承范围内。如图 6.21 所示，夹紧力的作用点应落在 β 区域内（N' 为接触点），夹紧力与垂直方向的夹角应尽量小，以保证夹紧稳定可靠。铰链压板的两个弧形面的曲率半径应大于工件的最大半径。

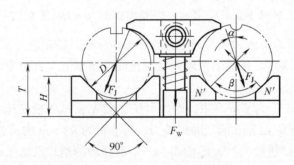

图 6.21　夹紧力的方向和作用点

由于顶尖套较长，因此须用两块压板在两处夹紧。如果采用手动夹紧，工件装卸所花的时间较多，不能适应大批生产的要求，因此采用液压夹紧。采用小型夹具用法兰式液压缸固定在工位之间，采用联动夹紧机构使两块压板同时均匀地夹紧工件。

讨论问题：

① 车床顶尖套筒零件铣双槽铣床夹具的夹紧力应朝向哪个表面？

② 车床顶尖套筒零件铣双槽铣床夹具的夹紧力的大小该如何确定？

③ 车床顶尖套筒零件铣双槽铣床夹具的夹紧机构能不能采用气动夹紧？

④ 夹紧机构中铰链压板两个弧形面的曲率半径为什么要大于工件的最大半径？

⑤ 车床顶尖套筒零件铣双槽铣床夹具联动夹紧机构的各环节采用什么连接？

(4) 分组讨论车床顶尖套筒零件铣双槽铣床夹具的对刀方案。

如图 6.22 所示，车床顶尖套筒零件铣双槽铣床夹具的塞尺采用平塞尺 5h8，将各尺寸化为平均尺寸(对称偏差的基本尺寸)。

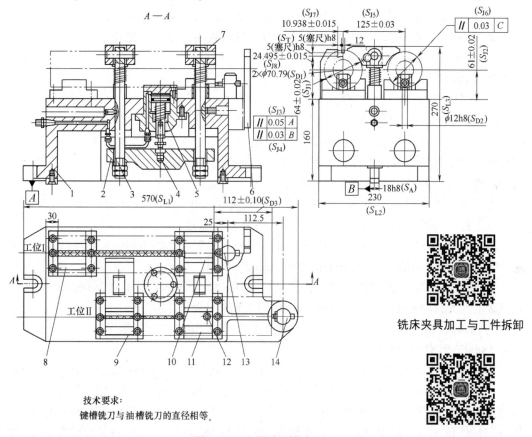

图 6.22 双件铣双槽夹具

1—夹具体；2—浮动杠杆；3—螺杆；4—支钉；5—液压缸；6—对刀块；
7—压板；8，9，10，11—V 形块；12—定位销；13，14—止推销

① 工件定位基面直径：$\phi 70.8h6 = \phi 70.8_{-0.019}^{0} = \phi(70.790\ 5 \pm 0.009\ 5)$mm

② 塞尺厚度：$S = 5h8 = (4.91 \pm 0.09)$mm

③ 键槽宽：$12h11 = (12.055 \pm 0.055)$mm

④ 槽深控制尺寸：$64.8js12 = (64.8 \pm 0.15)$mm

对刀块水平方向的位置尺寸为

$$L_J = B/2 + S = (12.055/2 + 4.91)\ \text{mm} = 10.938\ \text{mm}$$

对刀块垂直方向的位置尺寸为

$$H_J = H - \delta_H/2 - \frac{1}{2}(d - \delta_d/2) - S$$

$$= (64.8 - 70.790\ 5/2 - 4.91)\ \text{mm}$$

$$= 24.495\ \text{mm}$$

对刀位置尺寸公差取工件相应尺寸公差的 1/2～1/5，故：

$$L_J = (10.938 \pm 0.015)\text{mm} = 11_{-0.077}^{-0.047}\text{mm}$$
$$H_J = (24.495 \pm 0.015)\text{mm} = 24.5_{-0.02}^{+0.01}\text{mm}$$

讨论问题：
① 车床顶尖套筒零件铣双槽铣床夹具为什么采用侧装直角对刀块？
② 车床顶尖套筒零件铣双槽铣床夹具的对刀块在夹具上的位置尺寸是如何计算的？
③ 车床顶尖套筒零件铣双槽铣床夹具的两个 V 形块高度为什么差 3 mm？两铣刀的直径为什么要相等？
④ 两铣刀的距离(125±0.03)mm 是如何保证的？

(5) 分组讨论车床顶尖套筒零件铣双槽铣床夹具的夹具体的结构方案。

为了在夹具体上安装液压缸和联动夹紧机构，夹具体应有适当的高度，中部应有较大的空间。为了保证夹具在工作台上安装稳定，应按照夹具体的高宽比不大于 1.25 的原则确定其高度，并在两端设置耳座，以便固定。

为了保证槽的对称度要求，夹具体底面应设置定位键，两定位键的侧面应与 V 形块的对称面平行，为减少夹具的安装误差，宜采用 B 型定位键。

(6) 分组讨论车床顶尖套筒零件铣双槽铣床夹具装配总图的绘制以及标注尺寸和公差。
① 夹具最大轮廓尺寸：570 mm×230 mm×270 mm。
② 影响工件定位精度的尺寸和公差 S_D：两组 V 形块的设计心轴直径ϕ70.79 mm，两止推销的距离(112±0.1)mm，定位销与工件上键槽的配合尺寸ϕ12h8。
③ 影响夹具在机床上安装精度的尺寸和公差 S_A：定位键与铣床工作台 T 形槽的配合尺寸 18h8(T 形槽为 18H8)。
④ 影响夹具精度的尺寸和公差 S_J：两组 V 形块的定位(64±0.02)mm、(61±0.02)mm，工位ⅠV 形块设计心轴轴线对定位键侧面 B 的平行度 0.03 mm，工位ⅠV 形块设计心轴轴线对夹具底面 A 的平行度 0.05 mm；工位Ⅰ与工位ⅡV 形块的距离尺寸(125±0.03)mm；工位Ⅰ与工位ⅡV 形块设计心轴轴线的平行度 0.03 mm。对刀块的位置尺寸 (10.938±0.015)mm、(24.495±0.015)mm。
⑤ 影响对刀精度的尺寸和公差 S_T：塞尺的厚度尺寸 5h8=$5_{-0.018}^{0}$ mm。
⑥ 夹具装配总图上应标注技术要求：铣柄铣刀与油槽铣刀的直径相等。

讨论问题：
① 车床顶尖套筒零件铣双槽铣床夹具装配总图的绘制顺序是怎样的？
② 两组 V 形块的定位高度、工位Ⅰ与工位ⅡV 形块的距离尺寸和公差该如何确定？
③ 定位销与工件键槽、定位键与铣床 T 形槽分别采用什么配合方式？为什么？
④ 车床顶尖套筒零件铣双槽铣床夹具的相关位置公差该如何确定？分别影响哪些加工精度？
⑤ 车床顶尖套筒零件铣双槽铣床夹具有哪些技术要求？

(7) 分组讨论车床顶尖套筒零件铣双槽铣床夹具的加工误差。

在顶尖套筒铣双槽工序中，键槽两侧面对ϕ70.8h6 轴线的对称度和平行度要求较高，应进行加工误差分析，其他加工要求未注公差或公差很大，可不进行加工误差分析。
① 键槽侧面对ϕ70.8h6 轴线的对称度的加工误差。
● 定位误差ΔD：由于对称度的工序基准是ϕ70.8h6 轴线，定位基准也是此轴线，故

$\Delta B=0$。由于V形块的对中性，$\Delta Y=0$，因此对称度的定位误差$\Delta D=0$。
- 安装误差ΔA：定位键在T形槽中有两种位置，如图6.23所示。

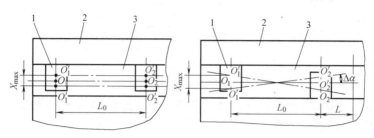

(a) 加工尺寸在两定位键之间　　　(b) 加工尺寸在两定位键之外

图6.23　顶尖套筒零件铣双槽夹具的安装误差

1—定位键；2—工作台；3—T形槽

若加工尺寸在两定位键之间，按图6.23(a)所示计算得

$$\Delta A = X_{max} = (0.027+0.027)\ mm = 0.054\ mm$$

若加工尺寸在两定位键之外，则按图6.23(b)所示计算得

$$\Delta A = X_{max} + 2L\tan\Delta\alpha$$
$$\tan\Delta\alpha = \frac{X_{max}}{L_0}$$

- 对刀误差ΔT：对称度的对刀误差等于塞尺厚度的公差，即$\Delta T=0.018\ mm$。
- 夹具误差ΔJ：影响对称度的误差有工位Ⅰ V形块设计心轴轴线对定位键侧面B的平行度0.03 mm、对刀块水平位置尺寸$11_{-0.077}^{-0.047}$mm的公差，所以

$$\Delta J = (0.03+0.03)\ mm = 0.06\ mm$$

- 加工方法误差ΔG：

$$\Delta G = 0.1/3\ mm = 0.033\ mm$$

总的加工误差$\sum\Delta$：

$$\sum\Delta = \sqrt{0.054^2 + 0.018^2 + 0.06^2 + 0.033^2}\ mm = 0.089\ mm$$

精度储备J_C：

$$J_C = 0.1 - 0.089 = 0.011$$

② 键槽侧面对$\phi70.8h6$轴线的平行度的加工误差。
- 定位误差ΔD：由于两V形块8、10(见图6.22)一般在装配后一起精加工V形面，它们的相互位置误差极小，可视为一长V形块，所以$\Delta D=0$。
- 安装误差ΔA：当定位键的位置如图6.23(a)所示时，工件的轴线相对工作台导轨平行，所以$\Delta A=0$；当定位键位置如图6.23(b)所示时，工件的轴线相对工作台导轨有转角误差，使键槽侧面对$\phi70.8\ h6$轴线产生平行度误差，故

$$\Delta A = L \times \tan\Delta\alpha = L \times \frac{X_{max}}{L_0} = 282 \times \frac{0.054}{400}\ mm = 0.038\ mm$$

- 对刀误差ΔT：平行度不受塞尺厚度的影响，所以$\Delta T=0$。
- 夹具误差ΔJ：影响平行度的制造误差是工位Ⅰ V形块设计心轴轴线与定位键侧面B的平行度0.03 mm，所以$\Delta J=0.03\ mm$。

- 加工方法误差：
$$\Delta G = 0.08/3 \text{ mm} = 0.027 \text{ mm}$$

总的加工误差：
$$\sum \Delta = \sqrt{0.038^2 + 0.03^2 + 0.027^2} \text{ mm} = 0.055 \text{ mm}$$

精度储备：
$$J_C = 0.08 - 0.055 = 0.025$$

经计算可知，该铣床夹具可保证键槽侧面对 ϕ70.8h6 轴线的对称度和平行度加工要求，还有一定的精度储备。

6.5 工程实践案例

1. 案例任务分析

右排气歧管零件是某柴油机股份有限公司制造的 Z135CAF 船用柴油机的一个零件，年产量一般在 800 件左右，零件材料为 HT200。本案例的任务是设计第三道工序粗铣 ϕ26 mm 平面和 ϕ50 mm 平面的铣床夹具，前面工序已将底面和底面上 2-ϕ11H7 mm 孔加工完毕，工序图如图 6.24 所示，该工序的主要加工要求如下。

(1) ϕ26 mm 平面至底面的距离为 125 mm。
(2) ϕ50 mm 平面至底面的距离为 118 mm。
(3) ϕ26 mm 平面和 ϕ50 mm 平面的粗糙度都为 Ra12.5 μm。

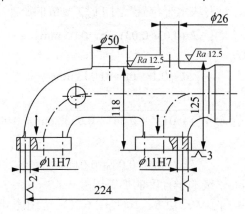

图 6.24 工序图

2. 案例实施过程

1) 分析零件的工艺过程和本工序的加工要求，明确设计任务

本工序的加工在 X53K 立式铣床上进行，采用的刀具为 ϕ60 mm 镶齿套式面铣刀，生产类型为中批量，ϕ26 mm 上端面至底面的尺寸为 125 mm、ϕ50 mm 上端面至底面的尺寸为 118 mm。技术部门一般向工装设计人员下达工艺装备设计任务书。

2) 拟定本工序钻床夹具的结构方案

夹具的结构方案包括以下几个方面。

(1) 定位方案的确定。

根据本工序的加工要求，右排气歧管零件定位时需限制三个自由度。在本工序加工时，底面和底面上 2-ϕ11H7 mm 孔已经由上面工序加工到相关尺寸。依据基准重合和基准统一原则，在工序图上已经标明工件的定位基准和夹紧位置，即以底面为主要定位基准面限制工件的三个自由度(一个移动和两个转动自由度)，以一个 ϕ11H7 mm 孔作为定位基准限制两个移动自由度，以另一个 ϕ11H7 mm 孔作为定位基准限制一个转动自由度，采用一面二孔定位，实现工件的完全定位。虽然从满足加工要求的角度来讲只需限制三个自由度(垂直底面方向的移动自由度和其他两个方向的转动自由度)，但右排气歧管零件按照基准统一原则大多数工序都采用一面二孔定位方式，所以本工序也同样采用此定位方式，限制工件的六个自由度。这样在加工过程中也可以承受一定的铣削力，保证加工质量。

(2) 定位元件的设计。

夹具装配图如图 6.25 所示，根据上述定位方案，定位元件由支承板 2、圆柱销 6 和菱形销 12 组成。右排气歧管零件底面与支承板 2 接触限制三个自由度，圆柱销 6 与 ϕ11 mm 孔配合限制两个自由度，菱形销 12 与 ϕ11 mm 孔配合限制一个自由度。圆柱销与 ϕ11 mm 定位孔的配合为 ϕ11H7/h6，菱形销与 ϕ11 mm 定位孔的配合为 ϕ11H7/r6。

(3) 夹紧方案的确定。

夹具装配图如图 6.25 所示，本铣床夹具采用四个典型的移动压板机构朝向底面夹紧工件。本工序切削速度为 59 m/min，切削深度为 4 mm，进给量为 2.25 mm/r。根据切削用量可以计算铣削力，然后确定夹具的夹紧力，最后确定移动压板夹紧螺母的公称直径为 M12。

(4) 对刀和夹具体结构方案的确定。

粗铣 ϕ26 mm 和 ϕ50 mm 平面的铣床夹具没有设计对刀装置，在生产中是工人直接调整好 X53K 立式铣床面铣刀的位置，首先粗铣 ϕ26 mm 平面，然后铣床工作台移动一个位置，同时将面铣刀往下调整 7 mm，粗铣 ϕ50 mm 平面。

装配图如图 6.25 所示，本工序铣床夹具夹具体底面设置两个 A 型定位键 3。定位键宽度与 X53K 立式铣床 T 形槽宽度一致，为 18 mm。

3. 常见问题解析

1) 采用铣床夹具加工零件时加工尺寸有偏差。

(1) 首先，分析铣床夹具定位方案是否合理，是否遵循基准重合原则，是否合理选择了主要定位基准；其次，分析定位元件精度、强度和刚度是否足够。

(2) 分析对刀块的对刀尺寸计算是否正确，对刀块装配时是否保证了精度要求。

(3) 采用标准塞尺和对刀块进行对刀时，分析塞尺制造公差和对刀尺寸公差是否合理，分析对刀调整时是否存在人为误差。

(4) 分析铣床夹具夹紧力是否有保证，分析夹紧力的方向和作用点是否恰当。

(5) 分析机床和刀具精度是否符合要求。

(6) 分析工人操作是否符合工艺规程。

2) 采用铣床夹具加工零件时零件的位置精度非常差。

(1) 分析定位方案是否合理，定位元件的精度、强度和刚度是否有保证，定位元件的装配是否符合要求。

(2) 分析铣床夹具的夹紧力是否足够,是否保证有良好的自锁性能,夹紧力是否靠近加工面,必要时是否设置了辅助支承以保证夹紧刚度。

(3) 分析定位键选择是否正确,定位键安装是否正确。位置精度要求很高的铣床夹具是否采用找正方法安装。

(4) 分析工人的操作是否符合操作规程。

(5) 分析机床和刀具精度是否符合要求。

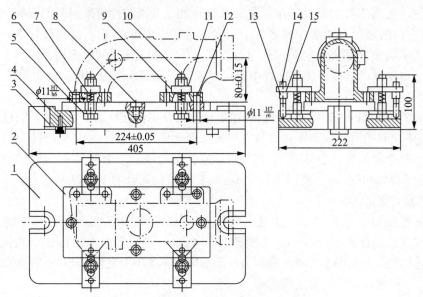

图 6.25 粗铣 $\phi 26$ mm 和 $\phi 50$ mm 平面的铣床夹具

1—夹具体;2—支承板;3—定位键;4,8—内六角螺钉;5—螺栓;6—圆柱销;
7—弹簧;9—移动压板;10,13—螺母;11,15—垫圈;12—菱形销;14—调节支承

本 章 小 结

本章介绍了铣床夹具的主要类型、铣床夹具定位元件和夹紧装置的设计要点、定位键的选择和设计、对刀装置的设计等基本内容。学生通过完成连杆零件铣 $45_{0}^{+0.1}$ mm 槽铣床夹具的设计和车床顶尖套筒零件铣双槽铣床夹具的设计两项工作任务,应达到掌握专用铣床夹具设计等相关知识的目的,同时进一步巩固工件定位和夹紧方面的知识;通过项目任务教学,培养学生互助合作的团队精神。在工作实训中要注意培养学生分析问题和解决问题的能力,培养学生查阅设计手册和资料的能力,逐步提高学生处理实际工程技术问题的能力。

第六章典型铣床夹具设计测验试卷

思考与练习

一、填空题

1. 对刀装置由_____和_____组成,用来确定_____和_____的相对位置。

2. 铣床夹具在机床的工作台上定位是通过夹具上的两个_____来实现的。
3. 铣床夹具与其他夹具在结构上的不同之处是具有_____和_____。
4. 铣床夹具上用来确定夹具与刀具间相对位置的装置是_____。
5. 铣床夹具与机床工作台的连接除了底平面外，通常还通过_____与铣床工作台 T 形槽配合。
6. 通常铣床夹具分为三类：_____、_____和_____。
7. 常用标准塞尺有_____和_____。
8. 对刀块通常制成单独的元件，用_____和_____紧固在夹具上。

二、判断题(正确的画"√"，错误的画"×")

1. 铣床夹具多半设置有专门的快速对刀装置，以减少调刀、换刀辅助时间，提高刀位精度。 （　）
2. 在铣床上调整刀具与夹具上定位元件间的尺寸时，通常将刀调整到和对刀块刚接触上就算调好了。 （　）
3. 在铣床夹具上设置对刀块是用来调整刀具与夹具的相对位置，但对刀精度不高。 （　）
4. 定位键和对刀块是钻床夹具上的特殊元件。 （　）
5. 采用对刀装置有利于提高生产率，但其加工精度不高。 （　）

三、简答题

1. 定位键有何作用？它有几种结构形式？
2. 铣床夹具分哪几种类型？各有何特点？
3. 试述铣床夹具的设计要点。
4. 对刀装置有何作用？有哪些结构形式？分别用于何种表面的加工？
5. 塞尺有何作用？常用标准塞尺结构形式有哪几种？
6. 按图 6.26 所示的加工要求，标注有关对刀尺寸。若夹具安装在 X62W 万能卧式铣床上，试选择定位键。

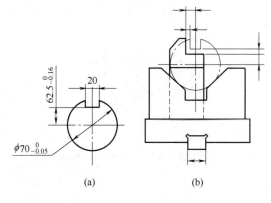

图 6.26　题三 6 图

四、综合题

1. 在如图 6.27 所示的接头上铣槽,其他表面均已加工。试对工件进行工艺分析,设计所需的铣床夹具(只画草图),标注尺寸、公差及技术要求,并进行加工精度分析。

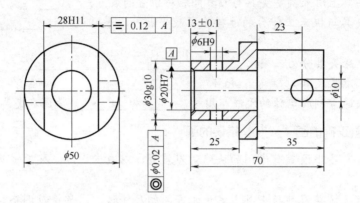

图 6.27 题四 1 图

2. 分析并讨论水泵叶轮零件加工两条互成 90°的十字槽工序图,如图 6.28 所示。分析在卧式铣床上加工叶轮十字槽立轴分度铣床夹具的结构(定位装置、夹紧装置、分度装置、定位键等)。其中,图 6.29 所示为立轴分度铣床夹具,图 6.30 所示为立轴分度铣床夹具立体图。分析如何在如图 6.29 所示的铣床夹具结构中加装对刀装置。

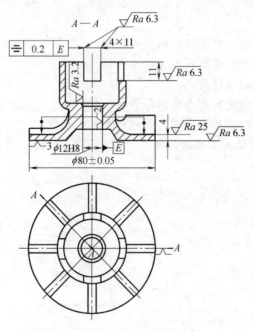

图 6.28 水泵叶轮零件工序图

第 6 章 典型铣床夹具设计

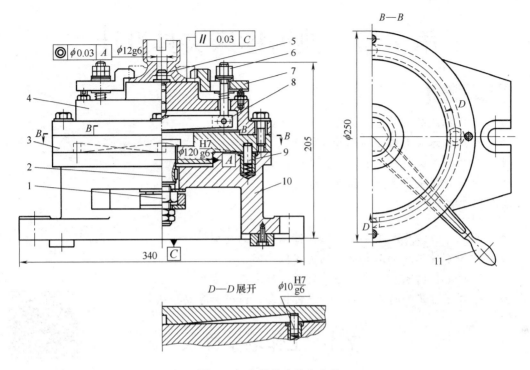

图 6.29 立轴分度铣床夹具

1—螺母；2—中心轴；3—分度盘；4—定位盘；5—定位销；
6—螺母；7—压板；8—杠杆；9—对定销；10—夹具体；11—扳手

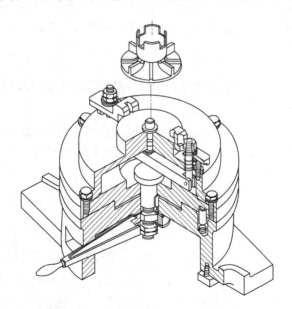

图 6.30 立轴分度铣床夹具立体图

第 7 章 典型镗床夹具设计

本章要点

- 专用镗床夹具的基本类型。
- 专用镗床夹具镗套的选择和设计。
- 专用镗床夹具镗杆和浮动接头的设计。
- 专用镗床夹具支架和底座的设计。

技能目标

- 根据零件工序加工要求,选择镗床夹具的类型。
- 根据零件工序加工要求,确定定位方案。
- 根据零件特点和生产类型等要求,确定夹紧方案。
- 根据零件工序特点,选择和设计镗套、镗杆和浮动接头等。

7.1 工作场景导入

大国工匠孙红梅

【工作场景】

如图 7.1 所示,对于支架壳体零件,本工序需加工 2×ϕ20H7 mm、ϕ35H7 mm 和 ϕ40H7 mm 共四个孔。其中,ϕ35H7 mm 和 ϕ40H7 mm 采用粗精镗,2×ϕ20H7 mm 孔采用钻扩铰方法加工;工件材料为 HT250,毛坯为铸件;中批量生产。

【加工要求】

(1) ϕ20H7 孔到 a 面的距离为(12±0.1) mm,ϕ20H7 孔轴线与 ϕ35H7 孔轴线、ϕ40H7 孔轴线中心距为 $82_{\ 0}^{+0.2}$ mm。

(2) ϕ35H7 孔和 ϕ40H7 孔及 2×ϕ20H7 孔同轴度公差各为 ϕ0.01 mm。

(3) 2-ϕ20H7 孔轴线对 ϕ35H7 孔和 ϕ40H7 孔公共轴线的平行度公差为 0.02 mm。

本任务设计支架壳体零件镗孔镗床夹具。

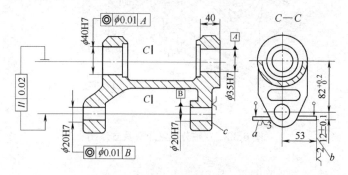

图 7.1 支架壳体零件工序图

第 7 章 典型镗床夹具设计

【引导问题】

(1) 仔细阅读图 7.1，分析零件加工要求以及各个工序尺寸的工序基准是什么。
(2) 回忆你学过的工件定位和夹紧方面的知识有哪些。
(3) 镗床夹具种类有哪些？如何确定镗床夹具类型？
(4) 镗床夹具的镗套和镗杆该如何选择和设计？
(5) 镗床夹具的镗杆和机床主轴是如何连接的？
(6) 企业生产参观实习。
① 生产现场镗床夹具有哪些类型？各有什么特点？
② 生产现场镗床夹具使用的机床是什么类型？
③ 生产现场镗床夹具定位和夹紧装置有哪些？
④ 生产现场镗床夹具使用的镗套有哪些种类？各有什么特点？
⑤ 生产现场镗床夹具与机床工作台是如何安装的？
⑥ 生产现场镗床夹具镗杆和浮动接头有什么特点？

第七章典型镗床夹具设计

7.2 基 础 知 识

【学习目标】了解镗床夹具的主要类型，掌握如何选择和设计镗床夹具镗套，掌握设计镗杆的方法，掌握镗杆和机床主轴的连接方式，了解如何设计镗床夹具支架和底座。

7.2.1 镗床夹具的主要类型

镗床夹具又称镗模，主要用于加工箱体、支架类零件上的孔或孔系，它不仅在各类镗床上使用，也可在组合机床、车床及摇臂钻床上使用。镗模的结构与钻模相似，一般用镗套作为导向元件引导镗孔刀具或镗杆进行镗孔。镗套按照被加工孔或孔系的坐标位置布置在镗模支架上。按镗模支架在镗模上布置形式的不同，可分为双支承镗模、单支承镗模等。

镗模总装配

1. 双支承镗模

双支承镗模上有两个引导镗刀杆的支承，镗杆与机床主轴采用浮动连接，镗孔的位置精度由镗模保证，消除了机床主轴回转误差对镗孔精度的影响。

双支承单面双导向

1) 前后双支承镗模

如图 7.2 所示为镗削泵体上两个相互垂直的孔及端面用的夹具。夹具经找正后紧固在卧式镗床的工作台上，可随工作台一起移动和转动。工件以 A、B 面在支承板 1、2、3 上定位，C 面在挡块 4 上定位，实现六点定位。夹紧时先用螺钉 8 将工件预压后，再用四个钩形压板 5 压紧。两镗杆的两端均有镗套 6 支承及导向。镗好一个孔后，镗床工作台回转 90°，再镗第二个孔。镗刀块的装卸和调整在镗套与工件间的空档内进行。夹具上设置的起吊螺栓 9 便于夹具的吊装和搬运。

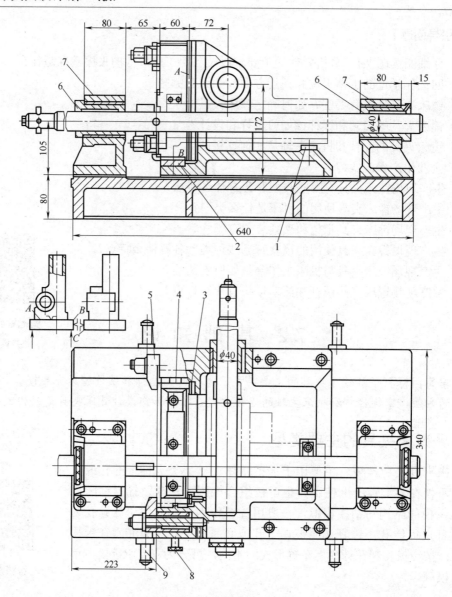

图 7.2 前后双支承镗床夹具

1，2，3—支承板；4—挡块；5—钩形压板；6—镗套；7—镗模支架；8—螺钉；9—起吊螺栓

前后双支承镗模应用得最普遍，一般用于镗削孔径较大、孔的长径比 $L/D>1.5$ 的通孔或孔系。其加工精度较高，但更换刀具不方便。

当工件同一轴线上孔数较多，且两支承间距离 $L>10d$ 时，在镗模上应增加中间支承，以提高镗杆刚度(d 为镗杆直径)。

2) 后双支承镗模

如图 7.3 所示为后双支承镗孔示意图，两个支承设置在刀具的后方，镗杆与主轴浮动连接。为保证镗杆的刚性，镗杆的悬伸量 $L_1<5d$；为保证镗孔精度，两个支承的导向长度 $L>(1.25\sim1.5)L_1$。后双支承镗模可在箱体的一个壁上镗孔。此类镗模便于装卸工件和刀具，也便于观察和测量。

双支承单导向

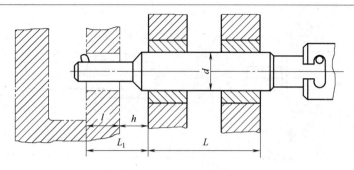

图 7.3 后双支承镗模

2. 单支承镗模

单支承镗模只有一个导向支承，镗杆与主轴采用固定连接。安装镗模时，应使镗套轴线与机床主轴轴线重合。主轴的回转精度将影响镗孔精度。根据支承相对刀具的位置，单支承镗模又可分为两种，即前单支承镗模和后单支承镗模。

1) 前单支承镗模

如图 7.4 所示为采用前单支承镗模镗孔，镗模支承设置在刀具的前方，主要用于加工孔径 $D>60$ mm、长度 $L<D$ 的通孔。一般镗杆的导向部分直径 $d<D$。因导向部分直径不受加工孔径大小的影响，故在多工步加工时，可不更换镗套。这种布置也便于在加工过程中观察和测量。但在立镗时，切屑会落入镗套，应设置防屑罩。

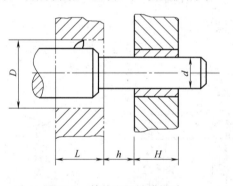

图 7.4 前单支承镗模镗孔

单支承前导向

单支承后导向

2) 后单支承镗模

如图 7.5 所示为采用后单支承镗模镗孔，镗套设置在刀具的后方，用于立镗时，切屑不会影响镗套。

当镗削 $D<60$ mm、$L<D$ 的通孔或盲孔时，如图 7.5(a)所示，可使镗杆导向部分的尺寸 $d>D$。这种形式的镗杆刚度好，加工精度高，装卸工件和更换刀具方便，多工步加工时可不更换镗杆。

当加工孔长度 $L=(1\sim1.25)D$ 时，如图 7.5(b)所示，应使镗杆导向部分直径 $d<D$，以便镗杆导向部分可进入加工孔，从而缩短镗套与工件之间的距离 h 及镗杆的悬伸长度 L_1。

为便于刀具及工件的装卸和测量，单支承镗模的镗套与工件之间的距离 h 一般在 20～80 mm 之间，常取 $h=(0.5\sim1.0)D$。

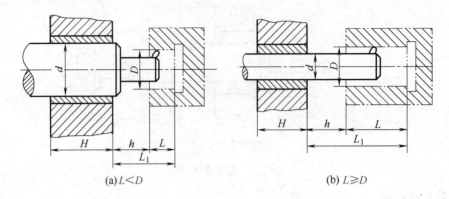

(a) $L<D$　　　　　　　　(b) $L \geq D$

图 7.5　后单支承镗模镗孔

3. 无支承镗床夹具

工件在刚性好、精度高的金刚镗床、坐标镗床或数控机床、加工中心上镗孔时，夹具上不设置镗模支承，加工孔的尺寸和位置精度均由镗床保证。这类夹具只需要设计定位装置、夹紧装置和夹具体即可。

如图 7.6 所示为镗削曲轴轴承孔的金刚镗床夹具。在卧式双头金刚镗床上，同时加工两个工件。工件以两主轴颈及其一端面在两个 V 形块 1、3 上定位。安装工件时，将前一个曲轴颈放在转动叉形块 7 上，在弹簧 4 的作用下，转动叉形块 7 使工件的定位端面紧靠在 V 形块 1 的侧面上。当液压缸活塞 5 向下运动时，带动活塞杆 6 和浮动压板 8、9 向下运动，使四个浮动压块 2 分别从两个工件的主轴颈上方压紧工件。当活塞上升松开工件时，活塞杆带动浮动压板 8 转动 90°，以便装卸工件。

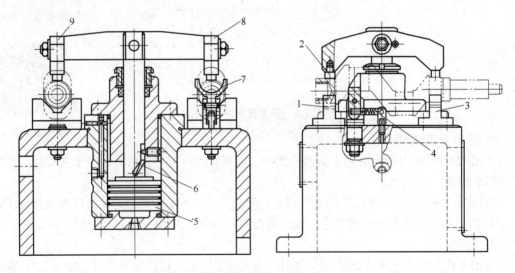

图 7.6　镗削曲轴轴承孔金刚镗床夹具

1，3—V 形块；2—浮动压块；4—弹簧；5—活塞；6—活塞杆；7—转动叉形块；8，9—浮动压板

7.2.2 镗床夹具的设计要点

1. 镗套的选择和设计

1) 镗套的结构形式

镗套的结构形式和精度直接影响被加工孔的加工精度和表面粗糙度,因此应根据工件的不同加工要求和加工条件合理设计或选用,常用的镗套有两类,即固定式镗套和回转式镗套。

(1) 固定式镗套。

如图 7.7 所示为标准的固定式镗套国家机械行业标准《机床夹具零件及部件技术要求》(JB/T 8046.1—1999),与快换钻套结构相似,加工时镗套不随镗杆转动。A 型不带油杯和油槽,靠镗杆上开的油槽润滑;B 型则带油杯和油槽,使镗杆和镗套之间能充分地润滑。固定式镗套已标准化具体结构尺寸见机械行业标准《机床夹具零件及部件技术要求》(JB/T 8044—1999)。

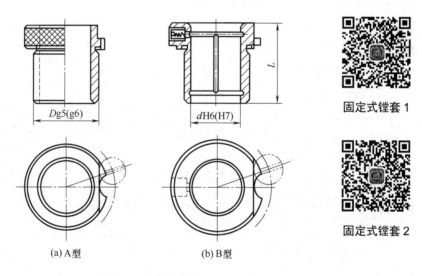

图 7.7 固定式镗套

固定式镗套外形尺寸小、结构简单、精度高,但镗杆在镗套内一面回转,一面做轴向移动,镗套容易磨损,故只适用于低速镗孔。一般摩擦面线速度 $v<0.3\mathrm{m/s}$。固定式镗套的导向长度 $L=(1.5\sim2)d$。为了减轻镗套与镗杆工作表面的磨损,可以采取以下措施。

① 在镗套或镗杆的工作表面应开有油槽,润滑油可由支架上的油杯滴入。若镗套自带润滑油孔,可用油枪注入润滑油,如图 7.7(b)所示。

② 在镗杆上镶淬火钢条。这种结构的镗杆与镗套接触面不大,工作情况较好。

③ 选用耐磨的镗套材料,如青铜、粉末冶金等。

(2) 回转式镗套。

回转式镗套随镗杆一起转动,镗杆与镗套之间只有相对移动而无相对转动,从而减少了镗套的磨损,不会因摩擦发热而出现"卡死"现象。因此,这类镗套适用于高速镗孔。

回转式镗套又分为滑动式和滚动式两种。

如图 7.8(a)所示为滑动式回转镗套，镗套 1 可在滑动轴承 2 内回转，镗模支架 3 上设置油杯，经油孔将润滑油送到回转副，使其充分润滑。镗套中间开有键槽，镗杆上的键通过键槽带动镗套回转。这种镗套的径向尺寸较小，适用于孔中心距较小的孔系加工，且回转精度高，减振性好，承载能力大，但需要充分润滑。摩擦面线速度不能大于 0.3～0.4m/s，常用于精加工。

滚动式镗套

如图 7.8(b)为滚动式回转镗套，镗套 6 支承在两个滚动轴承 4 上，轴承安装在镗模支架 3 的轴承孔中，支承孔两端分别用轴承端盖 5 封住。由于这种镗套采用了标准的滚动轴承，所以设计、制造和维修方便，而且对润滑要求较低，镗杆转速可大大提高，一般摩擦面线速度 $v > 0.4$ m/s，但径向尺寸较大，回转精度受轴承精度的影响。可采用滚针轴承以减小径向尺寸，采用高精度轴承以提高回转精度。

滑动式回转镗套

如图 7.8(c)所示为立式滚动回转镗套，它的工作条件差。为避免切屑和切削液落入镗套，需设置防护罩；为承受轴向推力，一般采用圆锥滚子轴承。

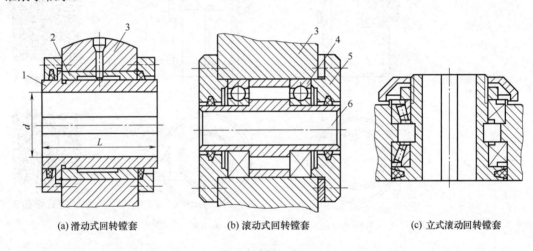

(a) 滑动式回转镗套　　(b) 滚动式回转镗套　　(c) 立式滚动回转镗套

图 7.8　回转式镗套

1，6—镗套；2—滑动轴承；3—镗模支架；4—滚动轴承；5—轴承端盖

滚动式回转镗套一般用于镗削孔距较大的孔系，当被加工孔径大于镗套孔径时，须在镗套上开引刀槽，使装好刀的镗杆能顺利进入。为确保镗刀进入引刀槽，镗套上有时设置尖头键，如图 7.9 所示。

回转式镗套的导向长度 $L=(1.5～3)d$，其结构设计可参考相关"夹具手册"。

2) 镗套的材料及主要技术要求

实际工作中，若需要设计非标准固定式镗套，其材料及主要技术要求的确定可参考下列原则。

(1) 镗套的材料要求。

镗套的材料常用 20 钢或 20Cr 钢渗碳，渗碳深度为 0.8～1.2 mm，淬火硬度为 55～60HRC。一般情况下，镗套的硬度应低于镗杆的硬度。若用磷青铜做固定式镗套，因为减摩性好而不易与镗杆咬住,可用于高速镗孔,但成本较高。对于大直径镗套,或单件小批生产用的镗套,也可采用铸铁(HT200)材料。目前也有用粉末冶金制造的耐磨镗套。

镗套的衬套也用 20 钢制成,渗碳深度为 0.8～1.2 mm,淬火硬度为 58～64HRC。

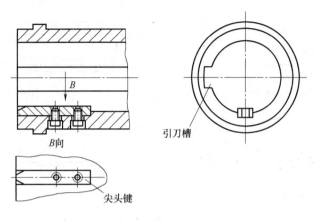

图 7.9 回转镗套的引刀槽及尖头键

(2) 镗套的主要技术要求。

① 镗套内径公差带为 H6 或 H7;外径公差带,粗加工采用 g6,精加工采用 g5。

② 镗套内孔与外圆的同轴度:当内径公差带为 H7 时,为 ϕ0.01 mm;当内径公差带为 H6 时,为 ϕ0.005 mm(外径小于 85 mm 时)或 ϕ0.01 mm(外径大于或等于 85 mm 时)。内孔的圆度、圆柱度允差一般为 0.01～0.002 mm。

③ 镗套内孔表面粗糙度值为 Ra 0.8 μm 或 Ra 0.4 μm,外圆表面粗糙度值为 Ra 0.8 μm。

④ 镗套用衬套的内径公差带,粗加工采用 H7,精加工采用 H6;衬套的外径公差带为 n6。

⑤ 衬套内孔与外圆的同轴度:当内径公差带为 H7 时,为 ϕ0.01 mm;当内径公差带为 H6 时,为 ϕ0.005 mm (外径小于 52 mm 时)或 ϕ0.01 mm(外径大于或等于 52 mm 时)。

2. 镗杆与浮动接头

镗床夹具与刀具、辅助工具有着密切的联系,设计前应先把刀具和辅助工具的结构形式确定下来,否则设计出来的夹具可能无法使用。镗床使用的辅助工具很多,如镗杆、镗杆接头和对刀装置等。这里只介绍与镗模设计有直接关系的镗杆和浮动接头的结构。

1) 镗杆导引部分

如图 7.10 所示为用于固定式镗套的镗杆导向部分结构。当镗杆导向部分直径 d＜50 mm 时,常采用整体式结构。如图 7.10(a)所示为开油槽的镗杆,镗杆与镗套的接触面积大,磨损大,若切屑从油槽内进入镗套,则易出现"卡死"现象,但镗杆的刚度和强度较好。

如图 7.10(b)和图 7.10(c)所示为有较深直槽和螺旋槽的镗杆,这种结构可大大地减少镗杆与镗套的接触面积,沟槽内有一定的存屑能力,可减少"卡死"现象,但其刚度较低。

当镗杆导向部分直径 d＞50 mm 时,常采用如图 7.10(d)所示的镶条式结构。镶条应采用摩擦因数小和耐磨的材料,如铜或钢。镶条磨损后,可在底部加垫片,重新修磨使用。这种结构的摩擦面积小,容屑量大,不易"卡死"。

如图 7.11 所示为用于回转镗套的镗杆引进结构。如图 7.11(a)所示在镗杆前端设置平键，键下装有压缩弹簧，键的前部有斜面，适用于开有键槽的镗套。无论镗杆以何位置进入镗套，平键均能自动进入键槽，带动镗套回转。如图7.11(b)所示的镗杆上开有键槽，其头部做成小于45°的螺旋引导结构，可与如图7.9所示装有尖头键的镗套配合使用。

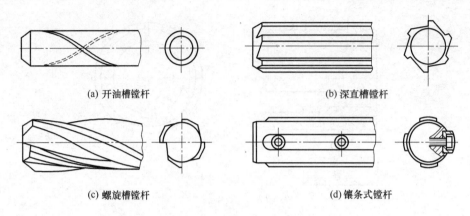

图7.10 用于固定镗套的镗杆导向部分结构

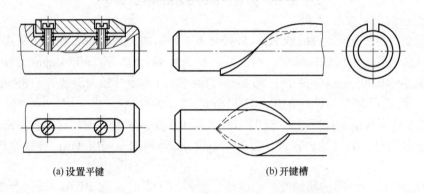

图7.11 用于回转镗套的镗杆引进结构

2) 镗杆直径和轴向尺寸

镗杆与加工孔之间应有足够的间隙，以容纳切屑。镗杆的直径一般按经验公式 $d=(0.7\sim0.8)D$ 选取，也可查表7.1。

表7.1 镗孔直径 D、镗杆直径 d 与镗刀截面 $B\times B$ 的尺寸关系

单位：mm

D	30～40	40～50	50～70	70～90	90～100
d	20～30	30～40	40～50	50～65	65～90
$B\times B$	8×8	10×10	12×12	16×16	16×16，20×20

表 7.1 中所列镗杆直径的范围,在加工小孔时取大值;在加工大孔时,一般取中间值,若导向良好,切削负荷小,则可取小值,若导向不良,切削负荷大时可取大值。

若镗杆上安装几把镗刀,为了减少镗杆的变形,可采用对称装刀法,使径向切削力平衡。

镗杆的轴向尺寸,应按镗孔系统图上的有关尺寸确定。工艺人员拟定镗孔工艺时编制的镗孔系统图示例如图 7.12 所示,它是设计镗杆的重要原始资料之一。根据镗孔系统图,便可知镗削每个孔的加工顺序,所用刀具、镗杆、镗套的规格、尺寸及刀具的分布位置等,以免设计时发生差错。

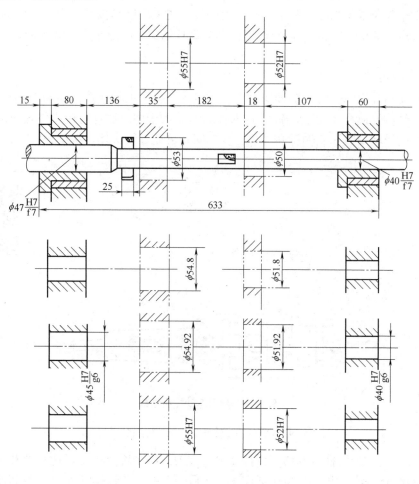

图 7.12 镗孔系统图示例

3) 镗杆的材料及主要技术要求

(1) 镗杆的材料要求。

要求镗杆表面硬度高而内部有较好的韧性,因此采用 20 钢、20Cr 钢,渗碳淬火硬度为 61~63HRC;也可用氮化钢 38CrMoAlA,但热处理工艺复杂;大直径的镗杆,还可采用 45 钢、40Cr 钢和 65Mn 钢。

(2) 镗杆的主要技术要求。

① 镗杆导向部分的直径公差带为:粗镗时取 g6,精镗时取 g5、n5。表面粗糙度值为

Ra 0.8 μm 或 Ra 0.4 μm。

② 镗杆导向部分直径的圆度与锥度公差控制在直径公差的 1/2 以内。

③ 镗杆在 500 mm 长度内的直线度公差为 0.01 mm。

④ 装刀的刀孔对镗杆中心的对称度公差为 0.01~0.1 mm，垂直度公差为(0.01~0.02)/100 mm。刀孔表面粗糙度一般为 Ra 1.6 μm，装刀孔不淬火。

以上介绍的有关镗套与镗杆的技术条件，是指设计新镗杆与镗套时的参考资料。实际上，由于镗杆的制造工艺复杂，精度要求高，制造成本远高于镗套，所以在已有镗杆的情况下，一般都是用镗套去配镗杆。

在加工精度要求很高时，为了提高配合精度，也采用镗套按镗杆尺寸配做的方法(镗套与衬套配合也相应配做)。此时，应保证镗套与镗杆的配合间隙小于 0.01 mm，并应用于低速加工中。

4) 浮动接头

采用双支承镗模镗孔时，镗杆均采用浮动接头与机床主轴连接，如图 7.13 所示为常用的浮动接头结构。镗杆 1 上拨动销 3 插入接头体 2 的槽中，镗杆与接头体之间留有浮动间隙，接头体的锥柄安装在主轴锥孔中。主轴的回转可通过接头体、拨动销传给镗杆。

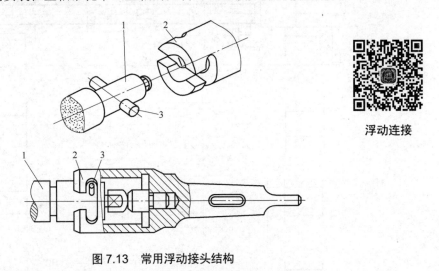

浮动连接

图 7.13 常用浮动接头结构

1—镗杆；2—接头体；3—拨动销

如图 7.14 所示为镗杆示例图，镗杆 2 支承在前后两个镗套 1 中，镗杆上开有键槽，通过键 3 带动镗套回转。镗刀 8 是在镗杆安装之后装上的，通过螺钉 5 可调整其伸出长度，以保证孔径的尺寸精度。工件上的孔镗好后，再装上刮刀 4，刮削孔的端面，保证端面与孔轴线垂直。

3. 镗模支架和底座的设计

镗模支架和底座多为铸铁件(一般为 HT200)，常分开制造，这样有利于夹具的加工、装配和铸件的时效处理。支架和底座用圆柱销和螺钉紧固。

镗模支架用于安装镗套，其典型结构和尺寸如表 7.2 所示。

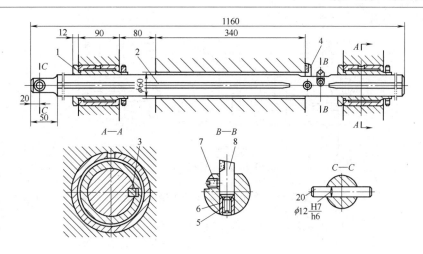

图 7.14 镗杆示例图

1—镗套；2—镗杆；3—键；4—刮刀；5—螺钉；6—衬套；7—固定螺钉；8—镗刀内孔

表 7.2 镗模支架的典型结构及尺寸

单位：mm

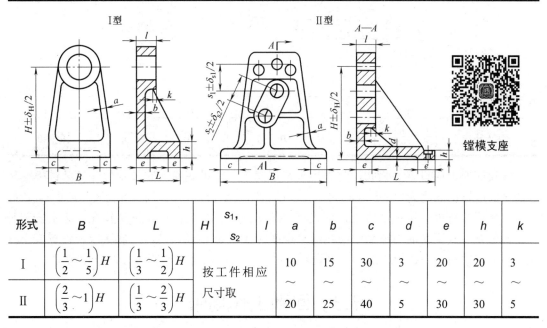

形式	B	L	H	s_1, s_2	l	a	b	c	d	e	h	k
I	$\left(\dfrac{1}{2} \sim \dfrac{1}{5}\right)H$	$\left(\dfrac{1}{3} \sim \dfrac{1}{2}\right)H$	按工件相应尺寸取			10~20	15~25	30~40	3~5	20~30	20~30	3~5
II	$\left(\dfrac{2}{3} \sim 1\right)H$	$\left(\dfrac{1}{3} \sim \dfrac{2}{3}\right)H$										

镗模支架应有足够的强度和刚度，在结构上应考虑有较大的安装基面和设置必要的加强肋，而且不能在镗模支架上安装夹紧机构，以免夹紧反力使镗模支架变形，影响镗孔的精度。如图 7.15(a)所示的设计是错误的，应采用如图 7.15(b)所示的结构，夹紧反力由镗模底座承受。

镗模底座上要安装各种装置和工件，并承受切削力、夹紧力，因此要足够的强度和刚度，并有较好的精度稳定性。其典型结构和尺寸如表 7.3 所示。

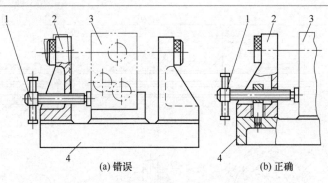

(a) 错误　　　　　　　　(b) 正确

图 7.15　不允许镗模支架承受夹紧反力

1—夹紧螺钉；2—镗模支架；3—工件；4—镗模底座

表 7.3　镗模底座典型结构和尺寸

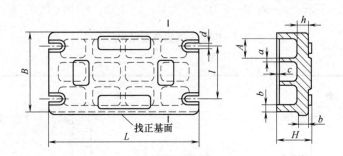

单位：mm

L	B	H	A	a	b	c	h
按工件大小定	$\left(\frac{1}{6}\sim\frac{1}{8}\right)$	$(1\sim 1.5)H$	10～26	20～30	5～8		20～30

镗模底座上应设置加强肋，常采用十字形肋条。镗模底座上安放定位元件和镗模支架等的平面应铸出高度为 3～5 mm 的凸台，凸台需要刮研，使其对底面(安装基准面)有较高的垂直度或平行度。镗模底座上还应设置定位键或找正基面，以保证镗模在机床上安装时的正确位置。找正基面与镗套中心线的平行度应在 300∶0.01 之内。底座上应设置多个耳座，用来将镗模紧固在机床上。大型镗模的底座上还应设置手柄或吊环，以便搬运。

7.3　回到工作场景

通过第 1、2 章的学习，学生应掌握了专用机床夹具定位和夹紧方案的确定和设计原则。通过 7.2 节内容的学习，学生应该掌握了专用镗床夹具的主要类型，掌握了镗床夹具设计的要点。下面将回到 7.1 节中介绍的工作场景中，完成工作任务。

7.3.1　项目分析

完成项目任务需要学生掌握机械制图、公差与配合、机械设计基础、金属工艺学等相关专业基础课程,必须对机械加工工艺相关知识有一定的理解。在此基础上还需要掌握如下知识。

(1) 专用镗床夹具类型的确定。
(2) 专用机床夹具设计的定位原理和夹紧。
(3) 专用镗床夹具镗套的选择和设计。
(4) 专用镗床夹具镗杆和浮动接头的设计。
(5) 专用镗床夹具支架和底座的设计。

7.3.2 项目工作计划

在项目实训过程中,结合创设情境、观察分析、现场参观、讨论比较、案例对照,评估总结等活动,充分调动学生学习的主动性和积极性,让学生自主地学习、主动地学习。各小组协同制订实施计划及执行情况表,如表 7.4 所示,共同解决实施过程中遇到的困难;要相互监督计划执行与完成情况,保证项目完成的合理性和正确性。

表 7.4 支架壳体零件镗孔镗床夹具计划及执行情况

序 号	内 容	所用时间	要 求	教学组织与方法
1	研讨任务		看懂零件加工工序图,分析工序基准,明确任务要求,分析完成任务需要掌握的知识	分组讨论,采用任务引导法教学
2	计划与决策		到企业参观实习,项目实施准备,制订项目实施详细计划,学习项目有关的基础知识	分组讨论、集中授课,采用案例法和示范法教学
3	实施与检查		根据计划,学生分组确定支架壳体零件镗孔镗床夹具的类型、定位方案、夹紧方案、镗套和镗杆的类型和设计、镗杆与机床主轴的连接等,填写项目实施记录表	分组讨论教师点评
4	项目评价与讨论		评价任务完成的合理性与可行性;根据企业的要求,评价夹具设计的规范性与可操作性;在项目实施中评价学生职业素养和团队精神的表现	项目评价法实施评价

7.3.3 项目实施准备

(1) 结合工序卡片,准备支架壳体零件样品。
(2) 常用定位元件和夹紧装置模型准备。
(3) T68 卧式铣镗床模型或图片准备,加工用镗杆和镗刀图片或模型准备。
(4) 机床夹具设计常用手册和资料图册准备。
(5) 相关镗床夹具模型准备。

(6) 相似零件生产现场参观。

7.3.4 项目实施与检查

(1) 分组确定支架壳体零件镗孔镗床夹具的类型。

根据支架壳体零件镗孔工序的加工特点,支架壳体零件镗孔镗床夹具采用前后双支承镗模。支架壳体零件镗孔镗床夹具使用的机床是 T68 卧式铣镗床,如图 7.16 所示。

T68 卧式铣镗床的主要技术参数如下。

① 主轴直径:85 mm。
② 主轴最大许用扭转力矩:110 kg·m。
③ 主轴内孔锥度:莫氏 5 号。
④ 主轴最大行程:600 mm。
⑤ 最经济镗孔直径:240 mm。
⑥ 主轴中心线距工作面距离:最大为 800 mm,最小为 30 mm。
⑦ 工作台行程:纵向为 1140 mm,横向为 850 mm。
⑧ 工作台面积:950 mm×1150 mm。
⑨ 工作台 T 形槽:数目为 7,宽度为 22 mm,中心距为 115 mm。

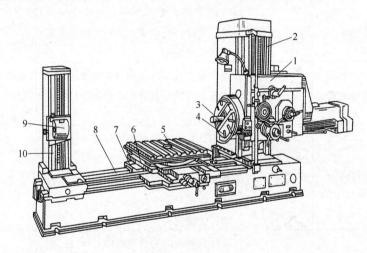

图 7.16 T68 卧式铣镗床

1—主轴箱;2—前立柱;3—镗杆;4—平旋盘;5—工作台;
6—上滑座;7—下滑座;8—床身;9—后立架;10—后立座

(2) 分组分析讨论确定支架壳体零件镗孔镗床夹具的定位方案。

按照基准重合原则,选择 a、b、c 三面(见图 7.1)作为定位基准。如图 7.17 所示,a 面为主要定位基准。定位元件选用两块带侧立面的支承板限制工件的五个自由度,挡销限制一个自由度,从而实现完全定位。

讨论问题:

① 支架壳体零件镗孔的工序要求是什么?工序基准分别是什么?
② 保证支架壳体零件镗孔加工工序要求应限制哪些自由度?

③ 确定的定位方案中定位元件分别限制哪些自由度？

④ 支架壳体零件镗孔镗床夹具的主要定位元件采用带侧立面的支承板，该如何设计？带侧立面的支承板如何与夹具体固定？

⑤ 加工中，$2\times\phi20H7$ 孔轴线和 $\phi35H7$ 孔与 $\phi40H7$ 孔公共轴线中心距为 $82_{0}^{+0.2}$ mm 是如何保证的？与工件定位有没有关系？

(3) 分组讨论支架壳体零件镗孔镗床夹具的夹紧方案。

如图 7.17 所示，夹紧力的方向指向主要定位基准面 a，为装卸工件方便，采用四块开槽压板，用螺栓螺母手动夹紧。

讨论问题：

① 支架壳体零件镗孔镗床夹具的夹紧力应朝向哪个表面？

② 支架壳体零件镗孔镗床夹具的夹紧力大小如何确定？

③ 螺旋压板机构有哪些种类？支架壳体零件镗孔镗床夹具采用的是什么类型螺旋压板机构？

(4) 分组讨论支架壳体零件镗孔镗床夹具的镗套设计。

由于切削速度不大，同时为了易于保证 $\phi35H7$ 孔与 $\phi40H7$ 孔及 $2\times\phi20H7$ 孔同轴度公差和 $2\times\phi20H7$ 孔轴线对 $\phi35H7$ 孔和 $\phi40H7$ 孔公共轴线的平行度公差，加工 $\phi35H7$ 和 $\phi40H7$ 孔采用固定式镗套。加工 $2\times\phi20H7$ 孔时，因须钻、扩、铰，故采用快换式钻套和铰套。

讨论问题：

① 支架壳体零件镗孔镗床夹具的镗套采用什么类型？为什么？

② 为了减轻支架壳体零件镗孔镗床夹具的镗套与镗杆工作表面磨损有哪些措施？

③ 标准镗套的国家标准是什么？镗套和衬套的材料和热处理有哪些？

④ 镗套的主要技术要求是什么？

(5) 分组讨论支架壳体零件镗孔镗床夹具的镗杆、浮动接头、支架和底座等。

支架壳体零件镗孔镗床夹具的浮动接头锥柄锥度采用莫氏 5 号，与 T68 卧式铣镗床主轴孔锥度相同。

为了使镗模在镗床上安装方便，底座上加工出找正基面 D。镗模底座下部采用多条十字加强肋，以增强刚度。为了起吊镗模，底座上还设计了四个起吊螺栓。

讨论问题：

① 支架壳体零件镗孔镗床夹具的镗杆和 T68 铣镗床主轴是如何连接的？支架壳体零件镗孔精度与机床有何关系？

② 浮动接头设计时尺寸如何确定？

③ 镗杆的直径尺寸如何确定？

④ 镗杆的轴向尺寸如何确定？

⑤ 镗杆的主要技术要求是什么？

⑥ 镗刀种类有哪些？镗刀与镗杆如何安装？

⑦ 支架壳体零件镗孔镗床夹具的支架采用的是典型结构形式的Ⅰ型还是Ⅱ型？

⑧ 如何保证镗模在机床上定向的准确性以及便于找正位置？

⑨ 对于镗模底座上安装定位元件和镗模支架的平面有什么要求？

(6) 分组讨论支架壳体零件镗孔镗床夹具装配总图的绘制顺序以及总图中相关尺寸和公差的确定方法。

如图 7.17 所示为支架壳体零件镗孔镗床夹具的装配总图。

支架壳体零件镗孔镗床夹具的装配总图应标注的主要尺寸和公差如下。

① 标注配合尺寸：$\phi 38 \dfrac{H7}{n6}$，$\phi 56 \dfrac{H7}{n6}$。

② 定位联系尺寸：(53±0.05) mm，(12±0.03) mm，$\phi 82_{-0.07}^{-0.13}$ mm。

③ 导向尺寸：$\phi 18H6$ mm，$\phi 25H6$ mm。

④ 标注夹具轮廓尺寸：560 mm×238 mm×220 mm。

⑤ 标注位置公差：镗套轴线与侧面找正面的平行度为 0.01 mm；前后镗套轴线同轴度为 0.005 mm；前后钻套轴线同轴度为 0.005 mm；钻套轴线与前后镗套轴线的平行度为 0.01 mm。

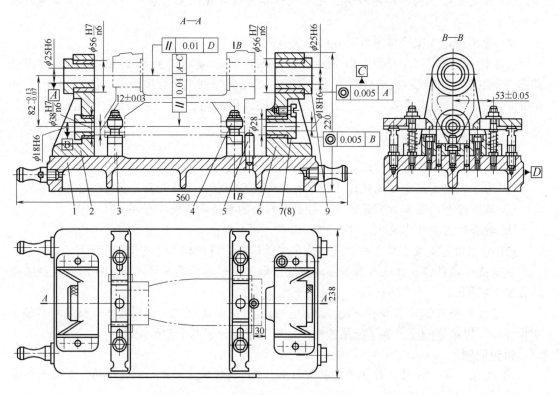

图 7.17 支架壳体零件镗孔镗床夹具的装配总图

1—夹具体；2、6—支架；3—支承板；4—压板；5—挡销；7、8—钻套、铰套；9—镗套

讨论问题：

① 支架壳体零件镗孔镗床夹具装配总图的绘制顺序是怎样的？

② 支承板侧面至镗套中心距离以及钻套中心至支承板底面距离尺寸和公差该如何确定？

③ 镗套与镗杆、镗套采用的衬套与镗模支架孔、钻套采用的衬套与镗模支架孔分别采用什么配合方式？为什么？

④ 支架壳体零件镗孔镗床夹具的相关位置公差如何确定？

⑤ 支架壳体零件镗孔镗床夹具有哪些技术要求？

(7) 分组讨论支架壳体零件镗孔镗床夹具的加工精度。

影响 ϕ35H7 mm 与 ϕ40H7 mm 两孔同轴度 ϕ0.01 mm 的加工精度的分析如下。

① 定位误差ΔD：两孔同轴度与定位方式无关，$\Delta D=0$。

② 导向误差ΔT：镗套和镗杆的配合为 $\phi 25 \dfrac{\text{H6}(^{+0.013}_{0})}{\text{h5}(^{0}_{-0.009})}$，其最大间隙为

$$X_{\max}=(0.013+0.009)\ \text{mm}=0.022\ \text{mm}$$

两镗套间最大距离为 440 mm，$\tan\alpha=\dfrac{0.022}{440}$ mm=0.000 05 mm。

被加工孔的长度为 40 mm。由于镗套与镗杆的配合间隙所产生的导向误差为

$$\Delta T_1=2\times 40\times 0.000\ 05\ \text{mm}=0.004\ \text{mm}$$

由于前后两镗套孔轴线的同轴度公差 0.005 mm 产生的导向误差为

$$\Delta T_2=0.005\ \text{mm}$$

故

$$\Delta T=\Delta T_1+\Delta T_2=(0.004+0.005)\ \text{mm}=0.009\ \text{mm}$$

③ 夹具位置误差ΔA：因两孔同时镗削，且镗杆由两镗套支承，则两孔同轴度与夹具位置误差无关。

④ 加工方法误差ΔG：

$$\Delta G=\dfrac{1}{3}\delta_{\text{K}}=0.003\ 3\ \text{mm}$$

总加工误差为

$$\begin{aligned}\sum\Delta &=\sqrt{\Delta D^2+\Delta T^2+\Delta A^2+\Delta G^2}\\ &=\sqrt{0.009^2+0.003\ 3^2}\ \text{mm}\\ &=0.009\ 6\ \text{mm}\end{aligned}$$

所以，工件的该项精度要求能做保证。

7.3.5 项目评价与讨论

该项任务实施检查与评价的主要内容如表 7.5 所示。

表 7.5 任务实施检查与评价表

任务名称：

学生姓名： 　学号： 　班级： 　组别：

序号	检查内容	检查记录	自评	互评	点评	分值比例
1	定位方案设计：工序图分析是否正确；定位要求(限制自由度)判断是否正确；定位元件设计是否合理；项目讨论题是否正确完成；项目实施表是否认真记录					20%

续表

序号	检查内容	检查记录	自评	互评	点评	分值比例
2	夹紧方案设计：夹紧方案确定是否合理；夹紧元件设计是否规范；项目讨论题是否正确完成；项目实施表是否认真记录					20%
3	镗套、镗杆等设计：镗套的选择和设计是否明确；镗杆的设计是否明确；镗杆与机床主轴的连接方式是否明确；镗模支架、底座设计是否明确；项目讨论题是否正确完成；项目实施表是否认真记录					20%
4	装配图和零件绘制：装配图中的定位、夹紧、安装、视图表达、尺寸、公差、技术条件、明细表、序号、标题栏表达是否正确合理；非标零件图中的视图表达、尺寸和公差、表面粗糙度、技术条件、结构工艺性、形位公差、标题栏填写、图面质量等是否正确合理；项目讨论题是否正确完成；项目实施表是否认真记录					20%
5	遵守时间：是否不迟到，不早退，中途不离开现场					5%
6	职业素养 / 5S：理论教学与实践教学一体化教室布置是否符合 5S 管理要求；设备、计算机是否按要求实施日常保养；刀具、工具、桌椅、模型、参考资料是否按规定摆放；地面、门窗是否干净					5%
7	团结协作：组内是否配合良好；是否积极地投入本项目中，积极地完成本任务					5%
8	语言能力：是否积极地回答问题；声音是否洪亮；条理是否清晰					5%
总评：		评价人：				

根据评价结果，提出后续学习的有效措施，并在评价的基础上引导学生对以下几个问题进行进一步讨论。

(1) 支架壳体零件镗孔镗床夹具的夹紧机构能不能将四块开槽螺旋压板改为联动式压板？如何设计？

(2) 如图 7.18 所示为箱体盖零件工序简图，如图 7.19 所示为立式镗床夹具，如图 7.20 所示为立式镗床夹具立体图。分析在立式镗床上加工箱体盖上两个平行 $\phi100H9$ 孔的镗床夹具结构。

第 7 章 典型镗床夹具设计

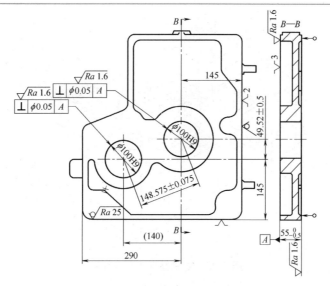

图 7.18 箱体盖零件工序简图

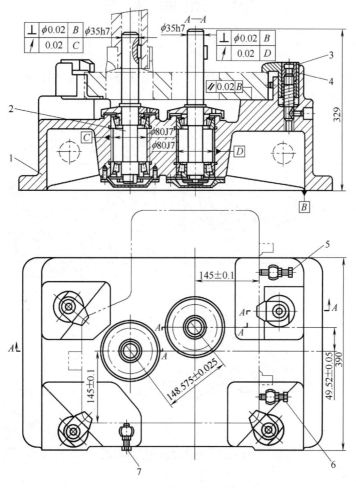

图 7.19 立式镗床夹具

1—夹具体；2—导向轴；3—钩形压板；4—螺母；5，6，7—支承钉

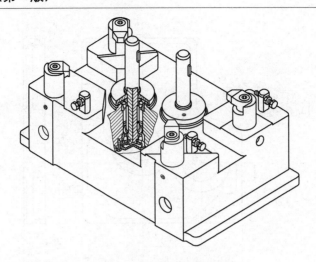

图 7.20 立式镗床夹具立体图

7.4 拓展实训

1. 实训任务

如图 7.21 所示为箱体零件的工序简图。本工序需要镗削 $\phi 40H7$ mm 孔,其余表面均已加工合格。工件材料为 HT250,毛坯为铸件,年产量为 1000 件。

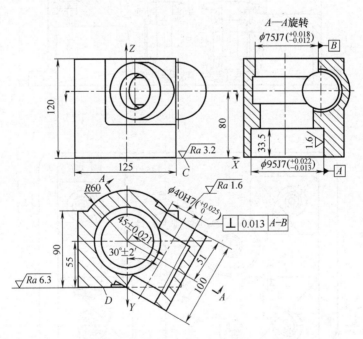

图 7.21 箱体零件的工序简图

【加工要求】

(1) 保证孔径尺寸 $\phi 40H7(^{+0.025}_{0})$ mm。

(2) ϕ40H7 孔中心到底面 C 的高度尺寸 80 mm。

(3) 被加工孔 ϕ40H7 与 ϕ95J7 孔轴线间的尺寸为 (45 ± 0.021)mm。

(4) 被加工孔 ϕ40H7 与 ϕ95J7 孔中心线间的角度为 $30°\pm2'$，垂直度公差为 0.013 mm。

本任务是设计箱体零件镗削 ϕ40H7($^{+0.025}_{0}$)孔的镗床夹具。

2. 实训目的

通过箱体零件镗削 ϕ40H7($^{+0.025}_{0}$)mm 孔的镗床夹具设计，使学生进一步对专用镗床夹具的设计步骤等有所理解和体会，增强学生的学习兴趣，提高学生解决工程技术问题的自信心，使学生体验成功的喜悦；通过项目任务教学，培养学生互助合作的团队精神。

3. 实训过程

(1) 确定箱体零件镗削 ϕ40H7 孔的镗床夹具类型。

根据箱体零件镗削 ϕ40H7 孔工序的加工特点，箱体零件镗孔的镗床夹具采用前后双支承镗模。

(2) 分组分析讨论箱体零件镗削 ϕ40H7 孔镗床夹具的定位方案。

根据加工要求(见图 7.22)，工件应在夹具中完全定位。按基准选择原则，以工件的底面 C、ϕ95J7 孔及端面 D 为组合定位基准，用支承板 10、短定位销 9、斜楔定位元件 7 分别定位箱体的底面 C、ϕ95J7 孔及端面 D。支承面 J_1 限制工件的 $\bar{z}$、$\hat{x}$、$\hat{y}$ 三个自由度，短定位销 9 限制工件的 $\bar{x}$、$\bar{y}$ 两个自由度。斜楔定位元件 7 限制工件的 $\hat{z}$ 一个自由度，使工件在夹具中实现完全定位。采用斜楔定位元件 7 可以消除尺寸 55 mm 的误差对加工精度 30°±2′的影响。无论一批工件的 55 mm 尺寸如何变化，定位时，在斜楔作用下，均能保证一批工件的 D 面与镗套轴线间的夹角为 60°。

讨论问题：

① 箱体零件镗削 ϕ40H7 孔的工序要求是什么？工序基准分别是什么？

② 箱体零件镗削 ϕ40H7 孔时为什么要完全定位？

③ 斜楔定位元件限制工件的 $\hat{z}$ 自由度有什么优点？能否采用其他方法限制 $\hat{z}$ 自由度？

④ 支承板的支承面 J_1 和短定位销 9 的轴线如何保证垂直度要求？

(3) 分组讨论箱体零件镗削 ϕ40H7 孔镗床夹具的夹紧方案。

如图 7.22 所示，箱体定位后，借助螺母 6、开口垫圈 5、双头螺柱 4 实现夹紧。斜楔对工件也具有夹紧作用。

讨论问题：

① 箱体零件镗削 ϕ40H7 孔镗床夹具的夹紧力大小该如何确定？

② 箱体零件镗削 ϕ40H7 孔镗床夹具能否采用机动夹紧装置？

(4) 分组讨论箱体零件镗削 ϕ40H7 孔镗床夹具的镗套和镗杆的设计。

该镗模是采用装配在支架 2 上的前、后镗套 3 来引导镗杆实现 ϕ40H7 孔的镗削加工的。由于镗套相对定位元件及夹具的安装面具有一定的精度，从而可以保证箱体零件的加工精度。

讨论问题：
① 箱体零件镗削 ϕ40H7 孔镗床夹具采用什么类型的镗套？为什么？
② 如何保证前、后镗套的轴线与底面 B 的平行度以及与 E 面的垂直度要求？
③ 如何采取措施减轻镗套与镗杆工作表面的磨损？

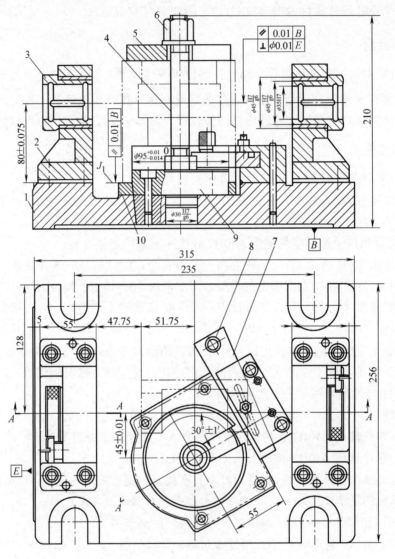

图 7.22 镗床夹具装配总图
1—镗模底座；2—支架；3—镗套；4—双头螺柱；5—开口垫圈；
6—螺母；7—斜楔定位元件；8—手柄；9—短定位销；10—支承板

(5) 分组讨论箱体零件镗削 ϕ40H7 孔镗床夹具的支架和底座的设计。

安装镗模时，使镗模底座 1 的底面与机床工作台可靠接触后，再找正工艺面 E 与机床工作台运动方向垂直，最后用螺钉紧固镗模。

讨论问题：
① 箱体零件镗削 ϕ40H7 孔镗床夹具采用什么类型的支架？支架有什么要求？
② 安装镗模找正时是如何操作的？找正工艺面 E 有什么要求？

③ 底座上两侧耳座中心距尺寸是如何确定的？如何提高镗模底座的刚度？

(6) 绘制箱体零件镗削 ϕ40H7 孔镗床夹具装配总图和标注尺寸、公差等。

如图 7.22 所示为镗床夹具装配总图，主要标注了如下尺寸和技术要求。

① 最大轮廓尺寸 S_L：315 mm，256 mm，210 mm。

② 影响工件定位精度的尺寸和公差 S_D。定位销与工件的配合尺寸为 $\phi 95^{+0.010}_{-0.014}$，前、后镗套轴线到定位支承面 J_1 的距离为 (80±0.075)mm。定位销轴线和前、后镗套轴线的距离为 (45±0.01)mm，定位销轴线和前、后镗套轴线的夹角为 30°±1′。

③ 影响导向精度的尺寸和公差 S_T。镗套内径尺寸为 ϕ35H7。

④ 影响夹具精度的尺寸和公差 S_J。前、后镗套轴线对安装基面 B 的平行度为 0.01 mm；前、后镗套轴线对找正基面 E 的垂直度为 ϕ0.01 mm；支承板的支承面 J_1 对安装基面 B 的平行度为 0.01 mm。

⑤ 其他重要尺寸。固定衬套与支架孔的配合尺寸为 $\phi 55 \dfrac{H7}{g6}$，衬套与镗套的配合尺寸为 $\phi 45 \dfrac{H7}{g6}$ 等。

7.5 工程实践案例

1. 案例任务分析

尾座零件是某机床股份有限公司制造的新型多功能机床的一个零件，年产量一般在 1000 件左右，零件材料为 HT250。本案例的任务是设计第八道工序精镗 $\phi 60^{+0.03}_{0}$ mm 孔的镗床夹具，前面工序已将底面、底面上的槽面、侧面等加工完毕，如图 7.23 所示为工序图，该工序的主要加工要求如下。

(1) $\phi 60^{+0.03}_{0}$ mm 孔轴线至尾座底面的距离为 168.8 mm。

(2) $\phi 60^{+0.03}_{0}$ mm 孔轴线与尾座底面的平行度为 0.03 mm。

(3) $\phi 60^{+0.03}_{0}$ mm 孔内表面的粗糙度为 Ra 0.8 μm。

(4) $\phi 60^{+0.03}_{0}$ mm 孔内表面圆柱度为 0.008 mm。

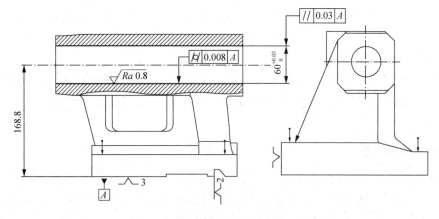

图 7.23 工序图

2. 案例实施过程

1) 分析零件的工艺过程和本工序的加工要求,明确设计任务

本工序的加工在 T616 卧式镗床上进行,采用的刀具为 YG6 硬质合金镗刀,生产类型为中批量。主要工序尺寸为 $\phi60^{+0.03}_{0}$ mm 孔轴线至尾座底面的距离为 168.8 mm、$\phi60^{+0.03}_{0}$ mm 孔轴线与尾座底面的平行度为 0.03 mm,$\phi60^{+0.03}_{0}$ mm 孔内表面圆柱度为 0.008 mm。技术部门一般向工装设计人员下达工艺装备设计任务书。

2) 拟定本工序镗床夹具的结构方案

夹具的结构方案包括以下几个方面。

(1) 定位方案的确定。

根据本工序的加工要求,尾座零件定位时须限制五个自由度(通孔轴线方向的移动自由度可以不限制)。在本工序加工时,底面、底面上的槽面、侧面等已由上面工序加工到相关尺寸。依据基准重合和基准统一原则在工序图上已经标明工件的定位基准和夹紧位置,即以尾座底面为主要定位基准面限制工件的三个自由度(一个移动自由度和两个转动自由度),以尾座底面上的槽侧面作为定位基准限制一个移动自由度和一个转动自由度,以尾座侧面作为定位基准限制一个移动自由度,实现工件的完全定位。

(2) 定位元件的设计。

夹具装配图如图 7.24 所示,根据上述定位方案,定位元件由带侧立面支承板 8、支承板 11 和支承钉 19 组成。尾座零件底面与带侧立面支承板 8、支承板 11 水平面接触限制三个自由度,尾座底面上的槽侧面与带侧立面支承板 8 的侧立面接触限制两个自由度,支承钉 19 限制一个自由度。支承板平面至镗套轴线的距离必须控制在(168.8±0.05) mm。带侧立面支承板 8 和支承板 11 在夹具上安装以后还必须同时磨削以保证高度一致。

(3) 夹紧方案的确定。

夹具装配图如图 7.24 所示,本镗床夹具采用前后两套联动式钩形压板机构朝向底面夹紧工件,钩形压板结构紧凑、使用方便,采用联动方式可有效提高生产率。

(4) 其他结构方案的确定。

精镗 $\phi60^{+0.03}_{0}$ mm 孔的镗床夹具是前后双支承镗床夹具,采用浮动接头与 T616 卧式镗床主轴连接,浮动接头锥柄锥度采用莫氏 5 号。

本工序切削速度为 75.5m/mm,进给量为 0.4 mm,年生产量为 1000 件,本镗床夹具在企业生产现场采用固定式镗套,固定式镗套一般摩擦面线速度 $v<0.3$ m/s,本工序是精加工,应采用回转式镗套比较适宜。

为了使镗床夹具在镗床上安装准确方便,底座上加工出找正基面 B,前后镗套轴线要控制同轴度要求,前后镗模支架中心轴线须与找正基面 B 和底面 A 控制平行度误差在 0.01 mm 之内。

3. 常见问题解析

1) 采用镗床夹具镗孔时孔的尺寸有偏差

(1) 首先分析镗床夹具定位方案是否合理,是否遵循基准重合原则,是否合理选择了主要定位基准;其次分析定位元件精度、强度和刚度是否足够。

第 7 章 典型镗床夹具设计

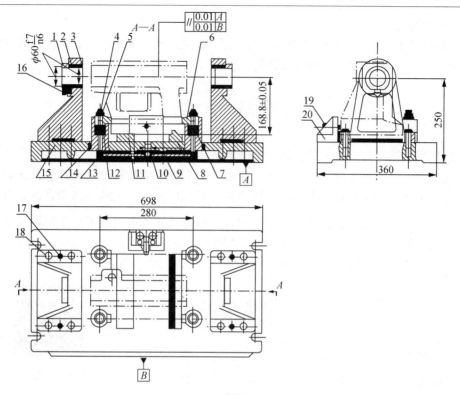

图 7.24 精镗 $\phi 60^{+0.03}_{\ 0}$ mm 孔的镗床夹具

1—镗套；2—衬套；3—镗模支架；4—双头螺栓；5—六角螺母；6—钩形压板；7—弹簧；
8—带侧立面支承板；9—铰链压板；10—球头支承；11—支承板；12—套筒；13—连接螺钉；
14—销；15—夹具体；16—镗套用螺钉；17—圆锥销；18—螺栓；19—支承钉；20—支架

(2) 分析镗床夹具的夹紧力是否保证在镗削过程中工件不发生位移和较大的夹紧变形；分析夹紧力是否选择了正确的夹紧部位和着力点，使夹紧变形处于最小状态。

(3) 分析加工时是否尽量使工艺系统的刚度处于最大的状态。

(4) 分析镗刀的安装是否正确，单刃镗刀安装时，是否设置了正确的安装角。

(5) 分析粗、精镗的切削用量选择是否合理。

(6) 分析工人操作是否符合工艺规程。

2) 采用镗床夹具加工时零件的形位精度超差

(1) 分析定位方案是否合理，定位元件精度、强度和刚度是否有保证，定位元件的装配是否符合要求。

(2) 分析镗床夹具的夹紧力是否合理，是否会产生较大的夹紧变形。

(3) 分析镗套精度和镗模支架精度是否有保证，安装是否正确。

(4) 分析镗杆的精度是否有保证，与机床主轴的连接是否合理可靠。

(5) 分析镗床夹具安装时是否采取定位键或者找正措施，保证镗床夹具与机床工作台处于正确位置。

(6) 分析镗刀安装是否正确，镗刀的安装高度是否合理。

(7) 分析机床和刀具精度是否有保证。

(8) 分析镗削加工时切削用量的选择是否合理。
(9) 分析机床工作台的旋转精度是否有保证，单支承镗模机床的主轴精度是否有保证。
(10) 分析工人操作是否符合操作规程。

本 章 小 结

本章介绍了镗床夹具的主要类型、镗套的选择和设计、镗杆和浮动连接的设计、镗模支架和底座的设计等基本内容。学生通过完成支架壳体零件镗孔镗床夹具的设计和箱体零件镗削 $\phi 40H7(^{+0.025}_{0})$ mm 孔镗床夹具的设计两项工作任务，应达到巩固和掌握专用夹具定位和夹紧、专用镗床夹具设计等相关知识的目的；并且通过项目任务教学，培养学生互助合作的团队精神。在工作实训中要注意培养学生分析问题和解决问题的能力，培养学生查阅设计手册和资料的能力，逐步提高学生处理实际工程技术问题的能力。

思 考 与 练 习

第七章典型镗床夹具设计测验试卷

一、填空题

1. 镗套的结构形式分为_____和_____两类。
2. 双支承镗模的镗杆与镗床主轴是_____连接的，孔的_____精度主要由镗模的精度保证。
3. 回转式镗套分为_____和_____。
4. 镗模导向装置的布置方式有_____和_____。
5. 当镗杆导向部分直径 $d>50$ mm 时，常采用_____结构。
6. _____型固定式镗套带油杯和油槽，使镗杆和镗套之间能充分地润滑。

二、简答题

1. 镗模的镗套有哪几种布置方式？各有何特点？
2. 镗套分哪几种？各有何特点？
3. 怎样避免镗杆与镗套之间出现"卡死"现象？
4. 设计镗模支架时，应注意什么问题？
5. 镗杆的直径和轴向尺寸是如何确定的？
6. 镗模底座设计有什么要求？
7. 为了减轻镗套与镗杆工作表面的磨损，可以采取哪些措施？
8. 浮动接头结构主要由哪些组成？如何与机床主轴连接？

三、综合题

如图 7.25 所示为减速箱体工序简图，在卧式镗床上加工减速箱体上两组相互垂直的孔系。分析如图 7.26 所示的前后双支承镗床夹具结构，指出各定位元件、夹紧元件、导向装置(镗套和镗模支架等)。

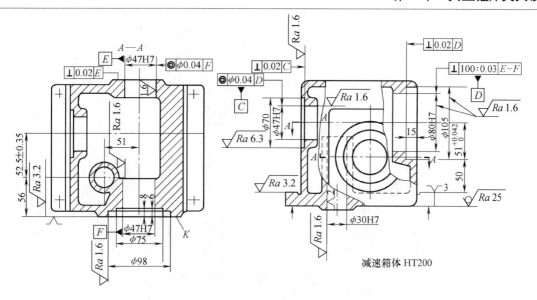

图 7.25 减速箱体工序简图

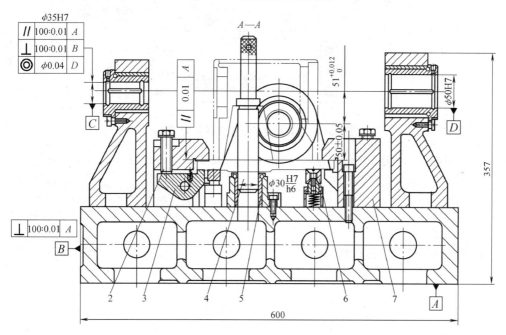

图 7.26 前后双支承镗床夹具结构

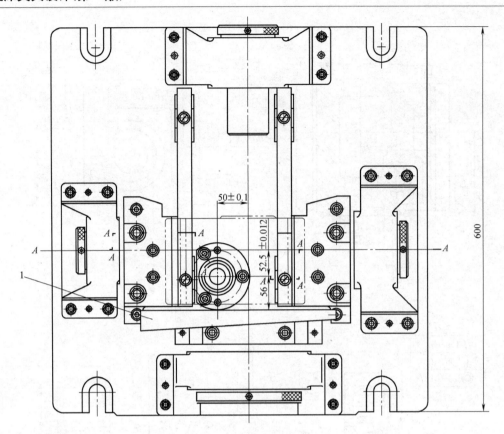

图 7.26 前后双支承镗床夹具结构(续)

1—斜楔；2—螺钉；3—压板；4—可卸心轴；5—定位套；6—支承挡板；7—定位块

第 8 章 专用夹具的设计方法

本章要点

- 专用机床夹具设计的基本要求。
- 专用机床夹具设计的步骤。
- 机床夹具装配图的绘制步骤和装配总图尺寸、公差和技术要求的标注。
- 夹具体的基本要求和类型。
- 工件在夹具中加工的精度分析。
- 夹具的制造及工艺性。

技能目标

- 掌握机床夹具装配图的绘制步骤。
- 掌握机床夹具总图尺寸、公差配合与技术要求的标注方法。
- 根据机床夹具的结构特点正确设计夹具体。
- 根据夹具定位方案正确分析加工精度。

8.1 工作场景导入

中国机床行业

【工作场景】

如图 8.1 所示，杠杆零件在本工序中需钻、扩、铰 ϕ10H9 mm 孔以及钻 ϕ11 mm 孔。工件材料为 45 钢，毛坯为模锻件，中批量生产。

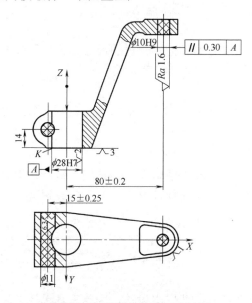

图 8.1 杠杆零件钻孔工序简图

【加工要求】

(1) ϕ10H9 mm 孔和 ϕ28H7 mm 孔的中心距为(80±0.20)mm。
(2) ϕ10H9 mm 孔轴线和 ϕ28H7 mm 孔轴线平行度允差为 ϕ0.30 mm。
(3) ϕ11 mm 孔对 ϕ28H7 mm 孔的中心距为(15±0.25)mm。

本任务设计杠杆零件钻、扩、铰 ϕ10H9 mm 孔以及钻 ϕ11 mm 孔的钻床夹具。

【引导问题】

(1) 仔细阅读图 8.1，分析零件加工要求以及各工序尺寸的工序基准是什么。
(2) 回忆已学过的工件定位、夹紧和钻床夹具设计方面的知识有哪些。
(3) 专用机床夹具设计的基本要求是什么？
(4) 专用机床夹具设计的步骤是什么？机床夹具装配图的绘制步骤是什么？
(5) 夹具体的基本要求和类型是什么？
(6) 工件在机床夹具上加工时的精度是如何分析的？

8.2 基 础 知 识

第 8 章专用夹具的设计方法

【学习目标】了解专用机床夹具设计的基本要求，掌握专用机床夹具设计的步骤，掌握机床夹具装配图的绘制步骤，掌握夹具体的类型和基本要求，掌握装配总图尺寸、公差和技术要求的标注，掌握工件在夹具上加工时的精度分析，了解夹具的制造及工艺性。

8.2.1 夹具设计的基本要求、方法和步骤

1. 对专用夹具的基本要求

在夹具设计时，应满足以下几方面的要求。

1) 保证工件的加工精度

专用夹具应有合理的定位方案，标注合适的尺寸、公差和技术要求，并进行必要的精度分析，以确保夹具能满足工件的加工精度要求。

2) 提高生产效率

应根据工件生产批量的大小设计不同复杂程度的高效夹具，以缩短辅助时间、提高生产效率。

3) 工艺性好

专用夹具的结构应简单、合理，便于加工、装配、检验和维修。专用夹具的制造属于单件生产。当最终精度由调整或修配保证时，夹具上应设置调整或修配结构，如设置适当的调整间隙、采用可修磨的垫片等。

4) 使用性好

专用夹具的操作应简便、省力、安全可靠，排屑应方便，必要时可设置排屑机构。

5) 经济性好

目前世界各国相当重视夹具的低成本设计，因此夹具设计要尽量选用标准化元件，特

别应选用商品化的标准元件,以缩短夹具制造周期、降低夹具成本。用户应根据生产纲领对夹具方案进行必要的经济分析,以提高夹具在生产中的经济效益。

以上要求有时是相互矛盾的,故应在全面考虑的基础上,处理好主要矛盾,使之达到较好的效果。例如,在钻模设计中,通常侧重于生产率的要求;镗模等精加工用的夹具则侧重于加工精度的要求等。

2. 夹具设计的方法

夹具设计主要是绘制所需的图样,同时制订有关的技术要求。夹具设计是一种相互关联的工作,它的涉及的知识面很广。通常设计者在参阅有关典型夹具图样的基础上,按加工要求构思出设计方案,再经修改,最后确定夹具的结构。其设计过程如图 8.2 所示。

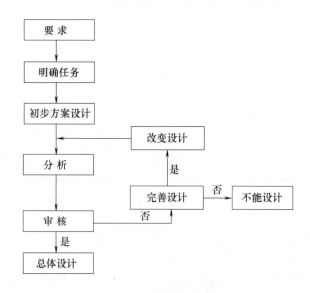

图 8.2 夹具的设计过程

显然,在夹具设计的过程中存在着许多重复劳动。近年来,迅速发展的机床夹具计算机辅助设计(Computer Aided Design,CAD)为克服传统设计方法的缺点提供了新的途径。

3. 专用夹具设计的步骤

1) 明确设计任务与收集设计资料

(1) 分析产品零件图及装配图,分析零件的作用、形状、结构特点、材料和技术要求。

(2) 分析零件的加工工艺规程,特别是本工序半成品的形状、尺寸、加工余量、切削用量和所使用的工艺基准。

(3) 分析工艺装备设计任务书,对任务书所提出的要求进行可行性研究,以便发现问题,及时与工艺人员进行磋商。

如表 8.1 所示为一种工艺装备设计任务书,其中规定了使用工序、使用机床、装夹件数、定位基准、工艺公差和加工部位等。任务书对工艺要求也做了具体说明,并用简图表示工件的装夹部位和形式。

表8.1 工艺装备设计任务书

编号

产品件号		装夹件数	
工具号		合用件号	
工具名称		参考形式	
使用工序		制造套数	
使用机床		完工日期	
定位基面及工艺公差:		加工部位:	

工艺要求及示意图:

工艺员	产品工艺员	工艺组长	
年　月　日	年　月　日	年　月　日	年　月　日

(4) 了解所使用机床的规格、性能、精度以及与夹具连接部分结构的联系尺寸(如附表12～附表15所示)。

(5) 了解所使用刀具的规格,如附表7～附表9所示。

(6) 了解零件的生产纲领以及生产组织等有关问题。

(7) 收集有关设计资料,其中包括国家标准、部颁标准和企业标准等资料以及典型夹具资料。

(8) 熟悉本厂工具车间的制造工艺。

2) 方案设计

方案设计是夹具设计的重要阶段。在分析各种原始资料的基础上,应完成下列设计工作。

(1) 工件的定位方案设计。根据六点定位原则确定工件的定位方式,选择合适的定位元件。

(2) 确定工件的夹紧方案,设计合适的夹紧装置,使夹紧力与切削力静力平衡,并注意缩短辅助时间。

(3) 确定对刀或导向方案,设计对刀或导向装置。

(4) 确定夹具与机床的连接方式,设计连接元件及安装基面。

(5) 确定和设计其他装置及元件的结构形式,如分度装置、预定位装置及吊装元件等。

(6) 确定夹具总体布局和夹具体的结构形式,并处理好定位元件在夹具体上的位置。

(7) 绘制夹具方案设计图,并标注尺寸、公差及技术要求。

(8) 进行必要的分析计算。

工件的加工精度较高时,应进行工件加工精度分析。有动力装置的夹具,需计算夹紧力。当有几套夹具方案时,可进行经济分析,选择经济效益较高的方案。

3) 审查方案与改进设计

夹具草图画出后,应征求有关人员的意见,并送有关部门审查,然后根据反馈的意见对夹具方案做进一步修改。方案设计审核包括下列内容。

(1) 夹具的标志是否完整。
(2) 夹具的搬运是否方便。
(3) 夹具与机床的连接是否牢固和正确。
(4) 定位元件是否可靠、精确。
(5) 夹紧装置是否安全、可靠。
(6) 工件的装卸是否方便。
(7) 夹具与有关刀具、辅具、量具之间的协调关系是否良好。
(8) 加工过程中切屑的排除是否良好。
(9) 操作的安全性是否可靠。
(10) 加工精度能否符合工件图样所规定的要求。
(11) 生产率能否达到工艺要求。
(12) 夹具是否具有良好的结构工艺性和经济性。
(13) 夹具的标准化审核。

4) 夹具总装配图设计

夹具总装配图应按国家标准绘制,绘制时还应注意以下事项。

(1) 尽量选用1∶1的比例,以使所绘制的夹具具有良好的直观性。
(2) 尽可能选择面对操作者的方向作为主视图,同样应符合视图最少原则。
(3) 总图应把夹具的工作原理、结构和各种元件间的装配关系表达清楚。
(4) 用双点划线绘制工件外形轮廓、定位基准面、夹紧表面和加工表面。
(5) 合理标注尺寸、公差和技术要求如附表3所示。
(6) 合理选择材料,如附表2所示。

绘图的步骤如下。

(1) 用双点划线将工件的外形轮廓、定位基面、夹紧表面及加工表面绘制在各个视图的合适位置上。在总图中,工件可看作透明体,不遮挡后面夹具上的线条。
(2) 绘制定位元件的详细结构。
(3) 绘制对刀导向元件。
(4) 绘制夹紧装置。
(5) 绘制其他元件或装置。
(6) 绘制夹具体。
(7) 标注视图符号、尺寸和技术要求。
(8) 编制夹具明细表及标题栏。
(9) 绘制夹具零件图。

夹具中的非标准零件均要画零件图,并按夹具总图的要求,确定零件的尺寸、公差及技术要求。

8.2.2 夹具体的设计

1. 夹具体的基本要求

夹具上的各种装置和元件通过夹具体连接成一个整体。因此,夹具体的形状及尺寸取决于夹具上各种装置的布置及夹具与机床的连接。

在加工过程中,夹具体要承受工件重力、夹紧力、切削力、惯性力和振动力的作用,所以夹具体应具有足够的强度、刚度和抗振性,以保证工件的加工精度。对于大型精密夹具来说,由于刚度不足引起的变形和残余应力产生的变形,应予以足够的重视。

夹具设计应符合以下基本要求。

1) 有适当的精度和尺寸稳定性

夹具体上的重要表面,如安装定位元件的表面、安装对刀或导向元件的表面以及夹具体的安装基面(与机床相连接的表面)等,应有适当的尺寸和形状精度,它们之间应有适当的位置精度。

为使夹具体尺寸稳定,铸造夹具体要进行时效处理,焊接和锻造夹具体要进行退火处理。

2) 有足够的强度和刚度

在加工过程中,夹具体要承受较大的切削力和夹紧力。为保证夹具体不产生不允许的变形和振动,夹具体应有足够的强度和刚度,因此夹具体需有一定的壁厚。铸造和焊接夹具体常设置加强肋,或在不影响工件装卸的情况下采用框架式夹具体,如图 8.3(c)所示。

3) 结构工艺性好

夹具体应便于制造、装配和检验。铸造夹具体上安装各种元件的表面应铸出 3~5 mm 高的凸面,以减少加工面积。铸造夹具体壁厚要均匀,转角处应有 $R3 \sim R5$ mm 的圆角。夹具体结构形式应便于工件的装卸,如图 8.3 所示。

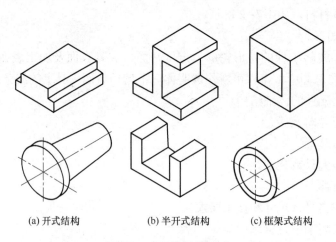

(a) 开式结构　　(b) 半开式结构　　(c) 框架式结构

图 8.3 夹具体结构形式

需机械加工的各表面要有良好的工艺性。如图 8.4(a)所示为焊接件局部结构的正误对比。如图 8.4(b)所示为局部加工工艺性的正误对比。如图 8.4(c)所示为铸造夹具体的正误对比。

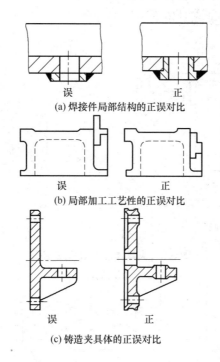

图 8.4 夹具体的结构工艺性对比

4) 要有适当的容屑空间和良好的排屑性能

对于切削时产生切屑不多的夹具,可加大定位元件工作表面与夹具之间的距离或增设容屑沟槽(见图 8.5),以增加容屑空间;对于加工时产生大量切屑的夹具,可设置排屑缺口或斜面。如图 8.6(a)所示,在夹具体上开排屑槽;如图 8.6(b)所示,在夹具体下部设置排屑斜面,斜角可取 30°~50°。

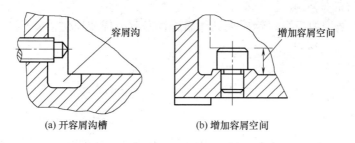

图 8.5 容屑空间

5) 在机床上安装稳定可靠

夹具在机床上的安装都是通过夹具体上的安装基面与机床上相应表面的接触或配合实现的。当夹具在机床工作台上安装时,夹具的重心应尽量低,重心越高则支承面应越大;夹具底面四边应凸出,使夹具体的安装基面与机床的工作台面接触良好。夹具体安装基面的形式如图 8.7 所示。如图 8.7(a)所示为周边接触,如图 8.7(b)所示为两端接触,如图 8.7(c)所示为四脚接触。接触边或支脚的宽度应大于机床工作台梯形槽的宽度,应一次加工出来,并保证一定的平面精度;当夹具在机床主轴上安装时,夹具安装基面与主轴相应表面应有较高的配合精度,并保证夹具体安装稳定可靠。

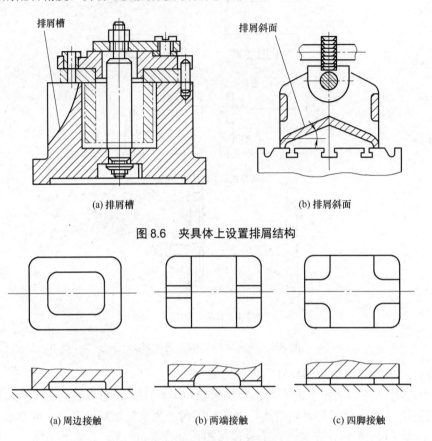

(a) 排屑槽　　　　　　　　　　　　(b) 排屑斜面

图 8.6　夹具体上设置排屑结构

(a) 周边接触　　　　　(b) 两端接触　　　　　(c) 四脚接触

图 8.7　夹具体安装基面的形式

6) 要有较好的外观

夹具体外观造型要新颖,钢质夹具体需进行发蓝处理或退磁,铸件未加工部位必须清理,并涂油漆。

7) 打印夹具编号

在夹具适当部位用钢印打出夹具编号,以便于工装的管理。

2. 夹具体毛坯的类型

夹具体毛坯的类型有铸造夹具体、焊接夹具体和锻造夹具体等,如图 8.8 所示。

1) 铸造夹具体

如图 8.8(a)所示,铸造夹具体的优点是工艺性好,可铸出各种复杂形状,具有较好的抗压强度、刚度和抗振性,但生产周期长,需进行时效处理,以消除内应力。常用的材料为灰铸铁(如 HT200),要求强度高时用铸钢(如 ZG270~ZG500),要求质量轻时用铸铝(如 ZL104)。目前铸造夹具体应用较多。如图 8.9 所示为钻模角铁式夹具体设计示例,如图 8.10 所示为角铁式车床夹具体设计示例,它们的特点是夹具体的基面 A 和夹具体的装配面 B 相垂直。由于车床夹具体为旋转型,故还设置了校正圆 C,以确定夹具旋转轴线的位置。设计铸造夹具体需注意合理选择壁厚、肋、铸造圆角及凸台等。

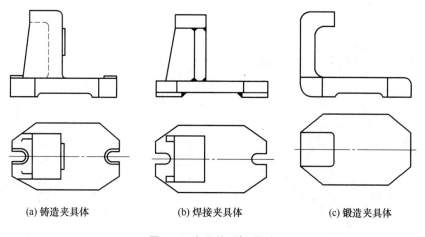

(a) 铸造夹具体　　(b) 焊接夹具体　　(c) 锻造夹具体

图 8.8　夹具体毛坯类型

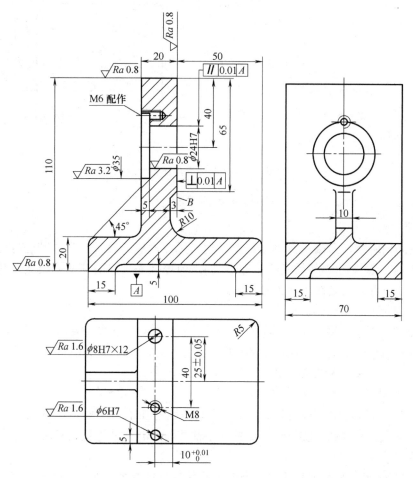

图 8.9　钻模角铁式夹具体设计示例

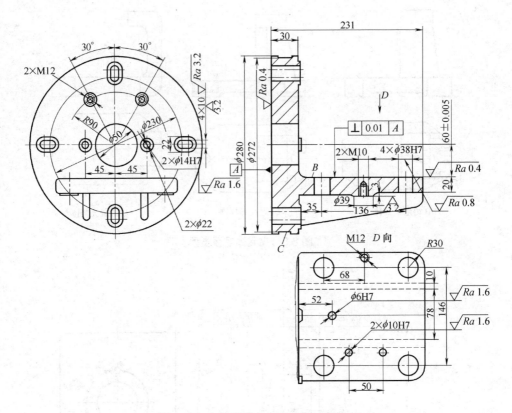

图 8.10　角铁式车床夹具体设计示例

A—夹具体基面；B—装配面；C—校正圆

2) 焊接夹具体

如图 8.8(b)所示，焊接夹具体由钢板、型材焊接而成，这种夹具体制造方便、生产周期短、成本低、质量轻(壁厚比铸造夹具体薄)。但焊接夹具体的热应力较大，易变形，需经退火处理，以保证夹具体尺寸的稳定性。

3) 锻造夹具体

如图 8.8(c)所示，锻造夹具体适用于形状简单、尺寸不大，要求强度和刚度大的场合。这类夹具体常用优质碳素结构钢 40 钢，合金结构钢 40Cr、38CrMoAlA 等经锻造后酌情采用调质、正火或回火制成。这类夹具体的应用较少。

4) 型材夹具体

小型夹具体可以直接用板料、棒料、管料等型材加工装配而成。这类夹具体取材方便、生产周期短、成本低、质量轻，如各种心轴类夹具的夹具体及钢套钻模夹具体。

5) 装配夹具体

如图 8.11 所示，装配夹具体由标准的毛坯件、零件及个别非标准件通过螺钉、销钉连接、组装而成。标准件由专业厂生产。这类夹具体具有制造成本低、周期短、精度稳定等优点，有利于夹具标准化、系列化，也便于夹具的计算机辅助设计。

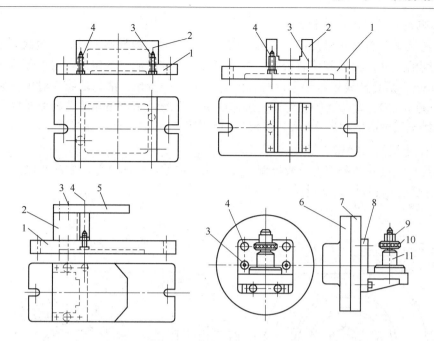

图 8.11 装配夹具体

1—底座；2—支承；3—销钉；4—螺钉；5—钻模板；6—过渡盘；
7—花盘；8—角铁；9—螺母；10—开口垫圈；11—定位心轴

8.2.3 夹具总图上尺寸、公差和技术要求的标注

1. 夹具总图上应标注的尺寸和公差

1) 最大轮廓尺寸 S_L

若夹具上有活动部分，则应用双点划线画出最大活动范围，或标出活动部分的尺寸范围。如图 8.12 所示的最大轮廓尺寸 S_L 为 84 mm、ϕ70 mm 和 60 mm。在如图 8.13 所示的车床夹具中，S_L 标注为 D 及 H。

2) 影响定位精度的尺寸和公差 S_D

影响定位精度的尺寸和公差主要是指工件与定位元件及定位元件之间的尺寸、公差，如图 8.12 中标注的定位基面与限位基面的配合尺寸 $\phi 20 \dfrac{H7}{f6}$；图 8.13 中标注的圆柱销及菱形销的尺寸 d_1、d_2 及销间距 $L \pm \delta_L$。

3) 影响对刀精度的尺寸和公差 S_T

影响对刀精度的尺寸和公差主要是指刀具与对刀或导向元件之间的尺寸、公差，如图 8.12 中标注的钻套导向孔的尺寸 $\phi 5F7$。

4) 影响夹具在机床上安装精度的尺寸和公差 S_A

影响夹具在机床上安装精度的尺寸和公差主要是指夹具安装基面与机床相应配合表面之间的尺寸、公差，如图 8.13 中标注的安装基面 A 与车床主轴的配合尺寸 D_1H_7 及找正孔 K 相对车床主轴的同轴度 $\phi \delta_{t2}$。在图 8.12 中，钻模的安装基面是平面，可不必标注。

5) 影响夹具精度的尺寸和公差 S_J

影响夹具精度的尺寸和公差主要是指定位元件、对刀或导向元件、分度装置及安装基面相互之间的尺寸、公差和位置公差。如图 8.12 中标注的钻套轴线与限位基面间的尺寸 (20 ± 0.03)mm、钻套轴线相对于定位心轴的对称度 0.03 mm、钻套轴线相对于安装基面 B 的垂直度 60∶0.03、定位心轴相对于安装基面 B 的平行度 0.05 mm；又如图 8.13 中标注的限位平面到安装基准的距离 $a\pm\delta_a$、限位平面相对安装基面 B 的垂直度 δ_{t1}。

6) 其他重要的尺寸和公差

其他重要的尺寸和公差为一般机械设计中应标注的尺寸和公差，如图 8.12 中标注的配合尺寸 $\phi14\frac{H7}{n6}$、$\phi40\frac{H7}{n6}$、$\phi10\frac{H7}{n6}$。

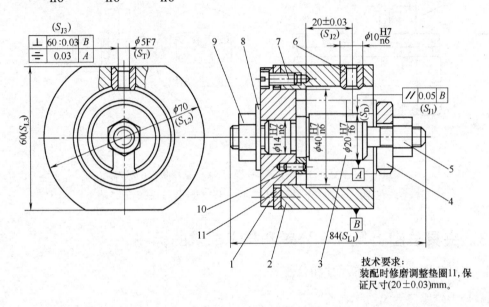

图 8.12 型材夹具体钻模

1—盘；2—套；3—定位心轴；4—开口垫圈；5—夹紧螺母；
6—固定钻套；7—螺钉；8—垫圈；9—锁紧螺母；10—防转销；11—调整垫圈

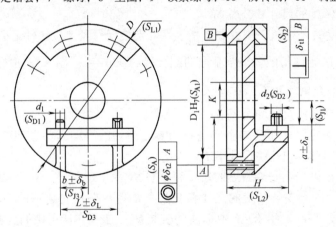

图 8.13 车床夹具尺寸标注示意

2. 夹具总图上应标注的技术要求

夹具总图上无法用符号标注而又必须说明的问题，可作为技术要求用文字写在总图上。其主要内容有：夹具的装配、调整方法，如几个支承钉装配后应修磨达到等高、装配时调整某元件或临床修磨某元件的定位表面等，以保证夹具精度；某些零件的重要表面应一起加工，如一起镗孔、一起磨削等；工艺孔的设置和检测；夹具使用时的操作顺序；夹具表面的装饰要求等。如图 8.12 中的标注：装配时修磨调整垫圈 11，保证尺寸为(20±0.03)mm。

3. 夹具总图上公差值的确定

夹具总图上标注公差值的原则是：在满足工件加工要求的前提下，尽量降低夹具的制造精度。

1) 直接影响工件加工精度的夹具公差 δ_J

夹具总图上标注的第 2～5 类尺寸的尺寸公差和位置公差均直接影响工件的加工精度。取夹具总图上的尺寸公差或位置公差为

$$\delta_J = (1/2 \sim 1/5)\delta_K$$

式中：δ_K 为与 δ_J 相应的工件尺寸公差或位置公差。

当工件批量大、加工精度低时，δ_J 取小值，因为这样可以延长夹具的使用寿命，又不增加夹具的制造难度；反之，取大值。

如图 8.12 中的尺寸公差、位置公差均取相应工件公差的 1/3 左右。

对于直接影响工件加工精度的配合尺寸，在确定了配合性质后，应尽量选用优先配合，如图 8.12 中的 $\phi 20 \dfrac{H7}{f6}$。

工件的加工尺寸未注公差时，工件加工尺寸公差 δ_K 视为 IT12～IT14，夹具上相应的尺寸公差按 IT9～IT11 标注；工件上的位置要求未注公差时，工件位置公差 δ_K 视为 9～11 级，夹具上相应的位置公差按 7～9 级标注；工件上加工角度未注公差时，工件加工尺寸公差 δ_K 视为 $\pm 30' \sim \pm 10'$，夹具上相应的角度公差标为 $\pm 10' \sim \pm 3'$（相应边长为 10～400 mm 时，边长短时取大值）。

2) 夹具上其他重要尺寸的公差与配合

这类尺寸的公差与配合的标注对工件的加工精度有间接影响。在确定配合性质时，应考虑减小其影响，其公差等级可参照相关"夹具手册"或"机械设计手册"标注。它们是图 8.12 中的 $\phi 40 \dfrac{H7}{n6}$、$\phi 14 \dfrac{H7}{n6}$、$\phi 10 \dfrac{H7}{n6}$。

8.2.4 工件在夹具上加工的精度分析

1. 影响加工精度的因素

用夹具装夹工件进行机械加工时，其工艺系统中影响工件加工精度的因素很多。与夹具有关的因素如图 8.14 所示，有定位误差 ΔD、对刀误差 ΔT、夹具在机床上的安装误差 ΔA 和夹具误差 ΔJ。在机械加工工艺系统中，影响加工精度的其他因素综合称为加工方法误差 ΔG。上述各项误差均导致刀具相对工件的位置不精确，从而形成总的加工误差 $\sum \Delta$。

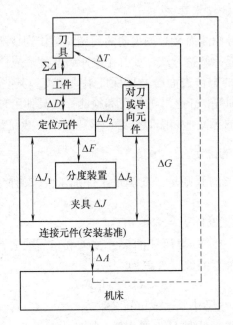

图 8.14 工件在夹具上加工时影响加工精度的主要因素

(1) 定位误差 ΔD。它包括基准不重合误差和基准位移误差。

(2) 对刀误差 ΔT。因刀具相对于对刀或导向元件的位置不精确而造成的加工误差,称为对刀误差。

(3) 夹具的安装误差 ΔA。因夹具在机床上的安装不精确而造成的加工误差,称为夹具的安装误差。

(4) 夹具误差 ΔJ。因夹具上定位元件、对刀或导向元件、分度装置及安装基准之间的位置不精确而造成的加工误差,称为夹具误差。如图 8.14 所示,夹具误差 ΔJ 主要包含定位元件相对于安装基准的尺寸或位置误差 ΔJ_1;定位元件相对于对刀或导向元件(包含导向元件之间)的尺寸或位置误差 ΔJ_2;导向元件相对于安装基准的尺寸或位置误差 ΔJ_3;若有分度装置时,还存在分度误差 ΔF。以上几项共同组成夹具误差 ΔJ。

(5) 加工方法误差 ΔG。因机床精度、刀具精度、刀具与机床的位置精度、工艺系统的受力变形和受热变形等因素造成的加工误差,统称为加工方法误差。因该项误差影响因素多,又不便于计算,所以常常根据经验为它留出工件公差 δ_K 的 1/3,计算时可设 $\Delta G = \delta_K/3$。

2. 保证加工精度的条件

工件在夹具中加工时,总加工误差 $\sum \Delta$ 为上述各项误差之和。由于上述误差均为独立随机变量,应用概率法叠加。因此,保证工件加工精度的条件是:

$$\sum \Delta = \sqrt{(\Delta D)^2 + (\Delta T)^2 + (\Delta A)^2 + (\Delta J)^2 + (\Delta G)^2} \leqslant \delta_K$$

即工件的总加工误差 $\sum \Delta$ 应不大于工件的加工尺寸公差 δ_K。

为保证夹具有一定的使用寿命,防止夹具因磨损而过早报废,在分析计算工件加工精度时,需留出一定的精度储备量 J_c。因此将上式改写为

$$\sum \Delta \leqslant \delta_K - J_c$$

或

$$J_c = \delta_K - \sum \Delta \geq 0$$

当 $J_c \geq 0$ 时,夹具能满足工件的加工要求。J_c 值的大小还表示夹具使用寿命的长短以及夹具总图上各项公差值 δ_K 确定得是否合理。

8.2.5 夹具的制造及工艺性

1. 夹具的制造特点

夹具通常是单件生产,且制造周期很短。为了保证工件的加工要求,很多夹具要有较高的制造精度。企业的工具车间有多种加工设备,如加工孔系的坐标镗床、加工复杂形面的万能铣床、精密车床和各种磨床等,都具有较好的加工性能和加工精度。夹具制造中,除了生产方式与一般产品不同外,在应用互换性原则方面也有一定的限制,以保证夹具的制造精度。

2. 保证夹具制造精度的方法

对于与工件加工尺寸直接有关的且精度较高的部位,在夹具制造时常用修配法和调整法来保证夹具精度。

1) 修配法的应用

对于需要采用修配法的零件,可在其图样上注明"装配时精加工"或"装配时与××件配作"字样等。如图 8.15 所示,支承板和支承钉装配后,与夹具体合并加工定位面,以保证定位面对夹具体基面 A 的平行度公差。

如图 8.16 所示为一钻床夹具保证钻套孔距尺寸 $(10+0.02)$mm 的方法。在夹具体 2 和钻模板 1 的图样上注明"配作"字样,其中钻模板上的孔可先加工至留 1 mm 余量的尺寸,待测量出正确的孔距尺寸后,即可与夹具体合并加工出销孔 B。显然,图 8.16 上的 A_1、A_2 尺寸已被修正。这种方法又称"单配"。如图 8.17 所示为标准圆轴线对夹具体找正面 A 的平行度公差。

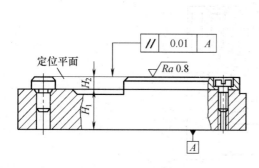

图 8.15 支承板和支承钉保证位置精度的方法

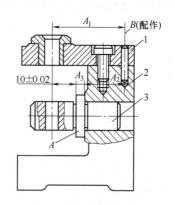

图 8.16 钻模的修配法
1—钻模板;2—夹具体;3—定位轴

车床夹具的误差 ΔA 较大,对于同轴度要求较高的加工,即可在所使用的机床中加工出定位面来。如车床夹具的测量工艺孔和校正圆的加工，可通过过渡盘和所使用的车床连接后直接加工出来，从而使这两个加工面的中心线和车床主轴中心重合，获得较精确的位置精度。又如图 8.18 所示为采用机床自身加工的方法。加工时需夹持一个与装夹直径相同的试件(夹紧力也相似)，然后车削软爪即可使三爪自定心卡盘达到较高的精度。注意：卡盘重新安装时，需重新加工卡爪的定位面。

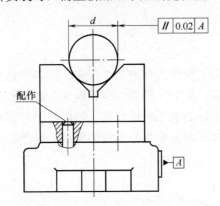
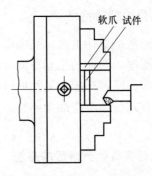

图 8.17　铣床夹具保证位置精度的方法　　　图 8.18　三爪自定心卡盘的修配法

镗床夹具也常采用修配法。例如，将镗套的内孔与使用的镗杆的实际尺寸配合间隙在 0.008～0.01 mm 之间，即可使镗模具有较高的导向精度。

夹具的修配法都涉及夹具体的基面，从而不致使各种误差累积，能够达到预期的精度要求。

2) 调整法的应用

调整法与修配法相似，在夹具上通常可设置调整垫圈、调整垫板、调整套等元件来控制装配尺寸。这种方法较简易，调整件选择得当即可补偿其他元件的误差，从而提高夹具的制造精度。

例如，将图 8.16 所示的钻模改为调整结构，则只要增设一个支承板(见图 8.19)，待钻模板装配后再按测量尺寸修正支承板的尺寸 A 即可。

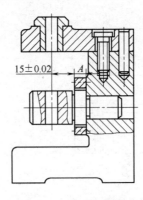

图 8.19　钻模的调整法

3. 结构工艺性

夹具的结构工艺性主要表现为夹具零件制造、装配、调试、测量和使用等方面的综合性能。夹具零件的一般标准和铸件的结构要素等，均可查阅有关手册进行设计。以下就夹具零部件的加工、维修、装配和测量等工艺性进行分析。

1) 注意加工和维修的工艺性

夹具主要元件的连接定位采用螺钉和销钉。如图 8.20(a)所示的销钉孔制成通孔，以便于维修时能将销钉压出；如图 8.20(b)所示的销钉则可以利用销钉孔底部的横向孔拆卸；如图 8.20(c)所示为常用的带内螺纹的圆锥销国家标准(GB 118—2000)。

如图 8.21 所示为两种可维修的衬套结构，它们在衬套的底部设计有螺孔或缺口槽，以便使用工具将其拔出。

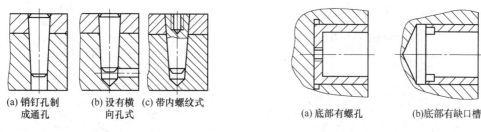

图 8.20　销孔连接的工艺性　　　　　图 8.21　衬套连接的工艺性

如图 8.22 所示为几种螺纹连接结构。其中，图 8.22(a)所示为螺孔太长，图 8.22(d)所示为螺钉太长且凸出外表面，在设计时这两种情况都要避免。

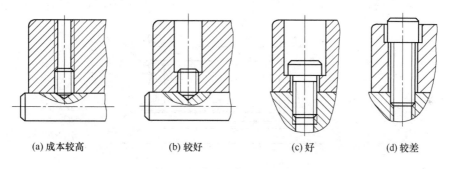

图 8.22　螺纹连接的工艺性

2) 注意装配测量的工艺性

夹具的装配测量是夹具制造的重要环节。无论是修配法装配或调整法装配，还是用检具检测夹具精度时，都应处理好基准问题。

为了使夹具的装配、测量具有良好的工艺性，我们应遵循基准统一原则，以夹具体的基面为统一的基准，以便于装配、测量时保证夹具的制造精度。

如图 8.23 所示为用数显高度游标尺测量钻模孔距的方法。由于盖板钻模没有夹具体，故直接以钻模板及定位元件为测量基准。

如图 8.24 所示为用检验棒和量块测量 V 形块标准圆的中心高尺寸和平行度的方法。

如图 8.25 所示为用检验棒测量镗模导向孔平行度的方法。装配时可通过修刮支架的底面来保证镗模的中心高尺寸和平行度要求。

当夹具体的基面不能满足上述要求时，可设置工艺孔或工艺凸台。如图 8.26 所示为两种常用的工艺方法。如图 8.26(a)所示为测量 V 形架中心位置的工艺凸台，可控制其尺寸

A。当尺寸较复杂时，可用工艺孔控制，如图 8.26(b)所示的测量定位销座位置的工艺孔 k。当工件中心高尺寸为 44 mm 时，可先设定工艺孔至定位座底面的高度尺寸为 (60 ± 0.05)mm，则工艺孔水平方向的尺寸 x 为

$$x=(60-44)/\tan30° \text{ mm}=27.71 \text{ mm}$$

如图 8.26(c)所示为测量钻套位置的工艺孔，图中 l、α 为已知数，L 为设定尺寸，则

$$x=\left(l-\frac{L}{\tan\alpha}\right)\sin\alpha$$

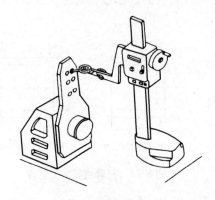

图 8.23 盖板式钻模的测量

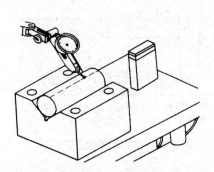

图 8.24 测量 V 形块的精度

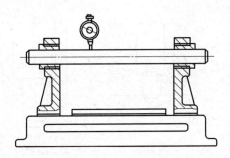

图 8.25 镗模导向孔精度的检测

工艺孔的直径一般为 ϕ6H7、ϕ8H7、ϕ10H7 等。使用工艺孔或工艺凸台可以解决上述装配、测量中的问题。

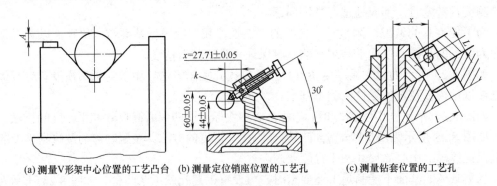

(a) 测量V形架中心位置的工艺凸台　(b) 测量定位销座位置的工艺孔　(c) 测量钻套位置的工艺孔

图 8.26 工艺凸台和工艺孔的应用

8.3 回到工作场景

通过前面几章的学习，学生应该掌握了专用机床夹具定位和夹紧方案的确定和设计原则，掌握了典型机床夹具的设计要点。通过 8.2 节的学习，应该掌握了专用夹具的设计方法，包括夹具设计的步骤、夹具体设计、夹具总图尺寸和公差配合标注、技术要求标注、加工精度分析等知识要点。下面将回到 8.1 节所介绍的工作场景中，完成工作任务。

8.3.1 项目分析

完成项目任务需要学生掌握机械制图、公差与配合、机械设计基础、金属工艺学等相关专业基础课程，必须对机械加工工艺相关知识有一定的理解，在此基础上还需要掌握如下知识。

(1) 专用机床夹具设计的定位原理。
(2) 专用机床夹具设计的夹紧机构。
(3) 专用机床夹具设计的基本要求和设计步骤。
(4) 夹具体的设计。
(5) 机床夹具装配图的绘制和尺寸、公差、技术要求的标注。

8.3.2 项目工作计划

在项目实训过程中，结合创设情境、观察分析、现场参观、讨论比较、案例对照、评估总结等活动，充分调动学生学习的主动性和积极性，让学生自主地学习、主动地学习。各小组协同制订实施计划及执行情况表，如表 8.2 所示，共同解决实施过程中遇到的困难；要相互监督计划的执行与完成情况，保证项目完成的合理性和正确性。

表 8.2 杠杆零件钻、扩、铰 ϕ10H9 mm 孔和钻 ϕ11 mm 孔钻床夹具的设计计划及执行情况

序 号	内 容	所用时间	要 求	教学组织与方法
1	研讨任务		看懂零件加工工序图，分析工序基准，明确任务要求，分析完成任务需要掌握的知识	分组讨论，采用任务引导法教学
2	计划与决策		项目实施准备，制订项目实施详细计划，项目基础知识的学习	分组讨论、集中授课，采用案例法和示范法教学
3	实施与检查		根据计划，分组确定杠杆零件钻、扩、铰 ϕ10H9 mm 孔和钻 ϕ11 mm 孔钻床夹具的类型、定位方案、夹紧方案、导向方案和夹具体，绘制夹具装配图和标注相关尺寸、公差、技术要求等，填写项目实施记录表	分组讨论、教师点评

序号	内容	所用时间	要求	教学组织与方法
4	项目评价与讨论		评价任务完成的合理性与可行性；根据企业的要求，评价夹具设计的规范性与可操作性；项目实施中评价学生的职业素养和团队精神表现	项目评价法、实施评价

8.3.3 项目实施准备

(1) 结合工序卡片，准备杠杆零件的成品和工序成品。
(2) 准备典型钻床夹具装配图例以及主要非标准零件图例。
(3) 准备机床夹具设计常用手册和资料图册。
(4) 准备相关钻床夹具模型。
(5) 准备相似的零件生产现场进行参观。

8.3.4 项目实施与检查

1. 分组讨论明确设计任务、收集分析原始资料

1) 加工工件的零件图

杠杆零件图如图 8.27 所示。

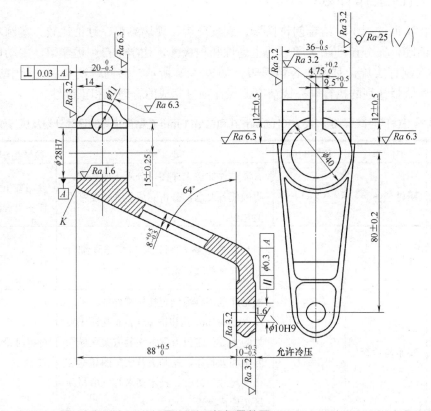

图 8.27 杠杆零件图

2) 主要加工工艺过程

杠杆工件的主要加工工艺过程如表8.3所示。

表8.3 杠杆工件的主要加工工艺过程

序 号	工序内容	使用设备
010	铣 ϕ28H7 孔的两端面	X5032
020	钻、扩、铰 ϕ28H7 孔并刮端面 K	Z5135
030	铣 ϕ10H9 孔的两端面	X6132A
040	钻、扩、铰 ϕ10H9 孔和钻 ϕ11 mm 孔	Z5125
050	铣 ϕ11 mm 孔的两端台阶面	X6132A
060	铣 $9.5_{0}^{+0.5}$ mm 槽	X6132A

3) 设计任务书

设计任务书的主要内容如表8.4所示。

表8.4 设计任务书

工件名称	杠杆	夹具类型	钻床夹具
材 料	45 钢	生产类型	中批生产
机床型号	Z5125	同时装夹工件数	1

4) 工序简图

本夹具设计第四道工序钻、扩、铰 ϕ10H9 孔和钻 ϕ11 mm 孔的钻床夹具。本工序加工要求如图 8.1 所示。

5) 分析原始资料

分析原始资料主要从以下几方面进行。

(1) 工件毛坯为模锻件，精度较高，这可以使工件粗加工时定位较可靠。

(2) 工件的轮廓尺寸较小，质量轻，但刚性差，结构较复杂，这就要求夹紧力应确定得合理，以防止工件变形。

(3) 本工序前已加工的表面有如下两个。

① ϕ28H7 孔及两端面。其中 K 面与 ϕ28H7 孔是在一次安装中完成加工的，因而 K 面与 ϕ28H7 孔轴线的垂直度误差比 0.03 mm 小。由图 8.1 可知，该孔及其端面 K 为本工序的定位基准。

② ϕ10H9 孔的两端面也已加工，其位置尺寸为 $88_{0}^{+0.5}$ mm 和 $10_{-0.5}^{+0.3}$ mm；ϕ10H9 孔的两端面与 ϕ28H7 孔轴线的垂直度误差属"未注公差"范畴，所以其加工精度不高。

(4) 本工序所使用的机床为 Z5125 立式钻床，刀具为通用标准刀具。

(5) 生产类型为中批生产。

由设计任务书及图 8.1 可知，工件加工要求较低，生产批量不大，因此所设计的夹具结构不宜过于复杂，应在保证工件加工精度和适当提高生产率的前提下，尽可能地简化夹具的结构，以缩短夹具设计与制造周期，降低设计与制造成本，获得良好的经济效益。

2. 分组讨论确定夹具结构方案

1) 根据六点定位规则确定工件的定位方式

由图 8.11 可知，该工序限制了工件的六个自由度。现根据加工要求来分析其必须限制的自由度数目及其基准选择的合理性。

根据工件的结构特点，其定位基准的选择方案有以下两种。

(1) 以 ϕ28H7 孔及组合面(端面 K 和 ϕ10H9 孔的一个端面组合而成)为定位面，限制工件的五个自由度($\bar{x}$、$\bar{y}$、$\bar{z}$、$\hat{x}$、$\hat{y}$)；以 ϕ10H9 孔外缘毛坯一侧为防转定位面，限制工件的$\hat{z}$转动自由度。如图 8.28(a)所示为杠杆零件钻孔定位夹紧方案一。这一定位方案，由于尺寸 $88_{0}^{+0.5}$ mm 的公差大，很难实现两端面同时与定位元件的工作面接触，因此定位不稳定，且定位误差较大。

(2) 以 ϕ28H7 孔及端面 K 定位，限制工件的五个自由度($\bar{x}$、$\bar{y}$、$\bar{z}$、$\hat{x}$、$\hat{y}$)；以 ϕ10H9 孔外缘定位，限制工件的$\hat{z}$转动自由度。为增加刚性，在 ϕ10H9 孔的端面增设一辅助支承，如图 8.28(b)所示。由于定位精度不受尺寸 $88_{0}^{+0.5}$ mm 的影响，因此定位误差较图 8.28(a)所示的方案要小，定位也较稳定。

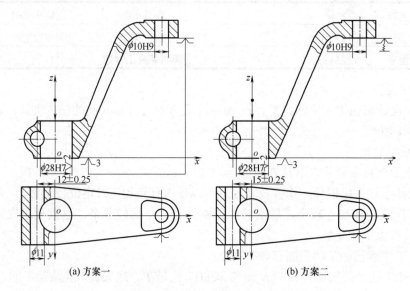

图 8.28 杠杆零件钻孔定位夹紧方案

2) 选择定位元件，设计定位装置

根据已确定的定位基面结构形状，确定定位元件的类型和结构尺寸。

(1) 选择定位元件。选用带台阶面的定位销，作为以 ϕ28H7 孔及端面 K 定位的定位元件。以 ϕ10H9 孔外缘一侧为防转定位向，限制工件的$\hat{z}$转动自由度，可采用的定位元件有两种形式。

① 支承钉。支承钉与工件外缘接触，限制了$\hat{z}$转动自由度，其结构如图 8.29(a)所示。用这种定位元件定位时，ϕ10H9 孔加工后与毛坯外缘的对称度将受毛坯精度的影响。因此应采用可调支承，以便根据每批毛坯的精度进行调整。另外根据生产类型，可调支承采用螺旋式。

② 可移动 V 形块。如图 8.29(b)所示，采用沿 x 方向可移动的 V 形块，以限制工件的$\bar{z}$转动自由度。由于 V 形块定位有良好的对中性，所以可使 ϕ10H9 孔加工后的位置不受毛坯精度的影响，而处于毛坯外缘的对称平面内。但此定位装置结构复杂，受夹具结构的限制，很难布置。此外，V 形块除定位外，尚有夹紧作用，若操作不慎，就可能破坏定位方式。

由于 ϕ10H9 孔对毛坯外缘的对称度要求较低(属"未注公差")，而所确定的毛坯为模锻件，精度比较高，同时，又采用了可调支承定位等，所以确定选用如图 8.29(a)所示的方案为最终方案。可调支承的结构与尺寸按《机床夹具设计手册》中的"定位元件"国家标准选用 M10。

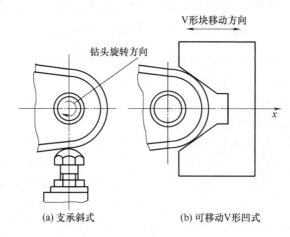

图 8.29　ϕ10H9 外缘定位元件的不同结构

(2) 确定定位元件尺寸及配合公差。工件定位孔 ϕ28H7 与定位圆柱采用间隙配合，参考夹具设计资料选为 $\phi 28 \dfrac{H7}{g6}$，因此定位圆柱的尺寸与公差为 $\phi 28 g6 = \phi 28_{-0.020}^{-0.007}$ mm。

3) 分析计算定位误差

这里主要是计算本工序要保证的位置精度的定位误差，以判别所设计的定位方案能否满足加工要求。

(1) 计算加工 ϕ10H9 孔至 ϕ28H7 轴心线距离尺寸(80±0.2)mm 的定位误差。由图 8.28(b)可知，定位基准与设计基准重合，所以$\Delta B=0$。

$$\Delta Y = X_{\max} = 0.021 - (-0.020) \text{ mm} = 0.041 \text{ mm}$$

因此

$$\Delta D = \Delta B + \Delta Y = (0+0.041) \text{ mm} = 0.041 \text{ mm}$$

定位误差的允许值$\Delta D_{允}$为

$$\Delta D_{允} = \frac{1}{3} \delta_G = \frac{1}{3} \times 0.4 \text{ mm} \approx 0.133 \text{ mm}$$

由于$\Delta D < \Delta D_{允}$，因而此定位方案能满足尺寸(80±0.2)mm 的加工要求。

(2) 计算 ϕ10H9 孔轴线与 ϕ28H7 孔轴线平行度公差 0.3 mm 的定位误差。同理$\Delta D = \Delta Y + \Delta B$。尽管加工 ϕ10H9 孔时的定位基准是 ϕ28H7 孔，基准重合，但由于用短圆柱销定位，没有限制对此平行度公差有影响的$\hat{y}$自由度($\hat{y}$自由度是由台阶端面限制的)，因此

ΔB=0.03 mm。ΔY 是定位圆柱销与台阶端面的垂直度误差。由于这两个内孔表面是在一次装夹中加工的，其误差很小，可忽略不计，故 ΔY=0。这样，此项定位误差 ΔD=ΔB+ΔY=0.03 mm。

定位误差的允许值 $\Delta D_\text{允}$ 为

$$\Delta D_\text{允}=\frac{1}{3}\delta_\text{G}=\frac{1}{3}\times 0.3 \text{ mm}=0.1 \text{ mm}$$

由于 $\Delta D<\Delta D_\text{允}$，因此该定位方案也能满足两孔轴线平行度 0.3 mm 的加工要求。

(3) 加工 ϕ11 mm 孔，要求保证其轴线与 ϕ28H7 孔轴线距离尺寸精度(15±0.25)mm 的定位误差。同上计算：$\Delta D=\Delta Y+\Delta B$，$\Delta B$=0。而 ΔY 值与加工 ϕ10H9 孔相同，只是方向沿加工尺寸 15 mm 的方向。因此，ΔY=0.041 mm，$\Delta D=\Delta Y$=0.041 mm。定位误差允许值 $\Delta D_\text{允}$ 为

$$\Delta D_\text{允}=\frac{1}{3}\delta_\text{G}=\frac{1}{3}\times 0.5 \text{ mm}=0.167 \text{ mm}$$

由于 $\Delta D<\Delta D_\text{允}$，因此该定位方案能满足尺寸(15±0.25)mm 的加工要求。

由以上分析与计算可知，该定位方案是可行的。

4) 确定工件的夹紧装置

确定工件的夹紧装置的步骤如下。

(1) 确定夹具类型。由图 8.1 可知，本工序所加工的两孔位于互成 90°角的平面内，由于孔径不大、工件质量轻、轮廓尺寸小及生产批量不大等，可采用翻转式钻模。

(2) 确定夹紧方式。参考已有类似夹具资料，初步选 M12 螺杆，在 ϕ28H7 孔的上端面夹紧工件，如图 8.28 所示。这样在加工 ϕ10H9 孔时，钻削力方向与夹紧力方向一致，可减小夹紧力；同时，夹紧力方向指向主定位面，使定位可靠。钻削力还可通过辅助支承由夹具来承受，这样也有助于减小所需的夹紧力。在加工 ϕ11 mm 孔时，钻削轴向力 F_x 有使工件转动的趋势，因而仅采用 ϕ28H7 孔上方一处夹紧能否满足要求，有待进一步分析。为使夹具结构简单，操作方便，暂以此夹紧方式作为初步设计方案，待进行夹紧力核算后，再最终确定该方案是否可行。

(3) 夹紧机构。由于生产批量不大，加工精度要求较低，此夹具的夹紧结构不宜太复杂，所以可采用螺旋式夹紧方式。螺栓直径暂采用 M12。为操作方便，缩短装卸工件的时间，可采用开口垫圈。

(4) 估算夹紧的可靠性。如图 8.30 所示，加工 ϕ10H9 孔时，工件受到的钻削轴向力 F_x 与夹紧力 F 同向，作用于定位支承面上，而工件受到的钻削力偶矩 T 又使工件紧靠于可调支承上，所用钻头直径(ϕ9.8)不大，且小于加工另一个 ϕ11 mm 孔的钻头直径。因此，对加工此孔来说，夹紧是可靠的，不必进行夹紧力验算。

如图 8.31 所示，加工 ϕ11 mm 孔时，工件受到的钻削轴向力 F_y，有使工件绕 z 轴旋转的趋势，而工件受到的钻削力偶矩 T，有使工件翻转的趋势。为防止上述两种情况的发生，夹具夹紧机构应具有足够的夹紧力及摩擦力矩，为此需要对夹紧力进行验算。

① 计算钻削轴向力 F_y。由《金属切削用量手册》查知：

$$F_y=9.81 C_\text{F} d_0^{Z_\text{F}} f^{Y_\text{F}} K_\text{F}$$

式中：C_F 为实验加工条件系数；Z_F、Y_F 为直径和进给量对钻削力影响系数；K_F 为不同加工条件时对主切削力影响的系数值。

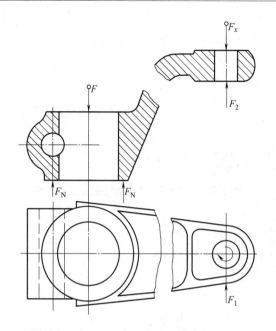
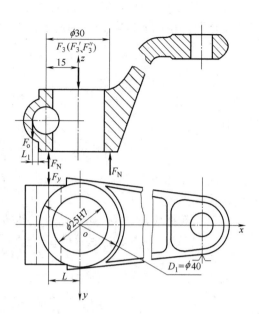

图 8.30　加工 ϕ10H9 孔时工件受力图　　　图 8.31　加工 ϕ11 mm 孔时工件受力图

查《金属切削用量手册》可知，C_F=61.2，Z_F=1，Y_F=0.7，K_F=0.866。

已知 d_0=11 mm，取 f=0.25 mm/r，其余各参数值可由切削用量手册查出，代入上式得
$$F_y = (9.81 \times 61.2 \times 11 \times 0.25^{0.7} \times 0.866) = 2167.15(\text{N})$$

② 确定钻削力偶矩。
$$T = 9.81 C_T d_0^{Z_T} f^{Y_T} K_T$$

式中：C_T 为实验加工条件系数；Z_T、Y_T 为直径和进给量对钻削力影响系数；K_T 为不同加工条件时对钻削分力矩系数值。

查《金属切削用量手册》可知，C_T=0.0311，Z_T=2，Y_T=0.8，K_T=0.866。

将已知数值及由《金属切削用量手册》查得的各参数代入上式得：
$$T = (9.81 \times 0.0311 \times 11^2 \times 0.25^{0.8} \times 0.866)\ \text{N·m} = 10.546\ \text{N·m}$$

③ 确定使工件转动的转矩 T' 和使工件翻转的力矩 M_o。由图 8.31 可知：
$$T' = F_y L$$
$$M_o = F_o L_1$$

式中：F_o 为翻转力，其中，$F_o = \dfrac{T}{d_0}$；L 为 F_y 至翻转力 F_o 的旋转中心的力臂；L_1 为翻转力 F_o 至翻转中心的力臂。

$$L_1 = L + \dfrac{d_0}{2} - \dfrac{D_1}{2}$$

式中：D_1 为支承直径，m。

由图 8.31 可知，L=0.015 m，d_0=0.011 m，D_1=0.040 m，代入得
$$T' = F_y L = 2167.15 \times 0.015\ \text{N·m} \approx 32.51\ \text{N·m}$$
$$M_o = F_o L_1 = \dfrac{T}{d_0}\left(L + \dfrac{d_0}{2} - \dfrac{D_1}{2}\right) = \dfrac{10.546}{0.011} \times \left(0.015 + \dfrac{0.011}{2} - \dfrac{0.040}{2}\right)\ \text{N·m} \approx 0.48\ \text{N·m}$$

④ 计算阻止工件转动所需的夹紧力 F_3' 和阻止工件翻转所需的夹紧力 F_3''。根据力矩平衡原理，由图 8.31 可知，为使工件不发生转动或翻转，夹紧力必须满足下列不等式：

$$F_3'fr' + 2F_N fr' \geq kT'$$

$$F_3''\frac{D}{2} \geq kM_0$$

式中：F_3' 为防止工件转动所需的夹紧力；F_3'' 为防止工件翻转所需的夹紧力；r' 为摩擦圆半径，其中，

$$r' = \frac{1}{3} \times \frac{D_1^3 - D^3}{D_1^2 - D^2} = \frac{1}{3} \times \frac{0.04^3 - 0.028^3}{0.04^2 - 0.028^2} \text{ m} \approx 0.018 \text{ m}$$

F_N 为支承力，由图 8.31 知，$2F_N = F_3'$；k 为安全因数，$k=1.5$；f 为摩擦系数，$f=0.15$；D 为定位孔直径。

将已知数据代入上式，可得防止工件转动所需的夹紧力为

$$F_3' \geq \frac{kT'}{2fr'} = \frac{1.5 \times 32.51}{2 \times 0.15 \times 0.018} \text{ N} \approx 9030.56 \text{ N}$$

防止工件翻转所需的夹紧力为

$$F_3'' \geq \frac{2kM_0}{D} = \frac{2 \times 1.5 \times 0.48}{0.028} \text{ N} \approx 51.43 \text{ N}$$

由于 $F_3' > F_3''$，现以 F_3' 为验算夹紧机构夹紧力的依据。

⑤ 确定夹紧机构产生的夹紧力 F_3。根据初步验算，选用螺栓的直径为 M12，由资料查得，用 M12 螺栓。当端面为环形面时，许用夹紧力 F_3 的值为 5800 N。由于 $F_3=5800$ N $< F_3' =9030.56$ N，因而初选的 M12 螺栓不能满足夹紧要求，为此重新选用 M16 螺栓。经查资料可知，其许用夹紧力 F_3 的值为 10500 N，这时，$F_3 > F_3'$，因而 M16 螺栓可以满足夹紧要求。同时，M16 螺母的最大外径也小于 $\phi 28$H7 定位孔的尺寸，不妨碍工件装卸。

5) 确定引导元件

确定引导元件主要是钻套的结构类型和主要尺寸。

(1) 对 $\phi 10$H9 孔，为适应钻、扩、铰选用快换钻套，钻套结构应根据《机械夹具设计手册》中的机械行业标准《机床夹具零件及部件技术要求》(JB/T 8044—1999)来选取，主要尺寸按下面的方法确定。

① 钻头直径为 $\phi 9.0_{-0.022}^{0}$ mm，扩孔钻直径为 $\phi 9.8_{-0.022}^{0}$ mm，铰刀直径为 $\phi 10_{+0.017}^{+0.030}$ mm。钻套内径为 $\phi 9.0$F8，即 $\phi 9.0_{+0.013}^{+0.035}$ mm；扩孔钻套内径为 $\phi 9.8$F8，即 $\phi 9.8_{+0.013}^{+0.035}$ mm；铰套内径为 $\phi (10+0.030)$G7，即 $\phi 10.03_{+0.006}^{+0.024}$ mm$=\phi 10_{+0.036}^{+0.054}$ mm。

② 外径均为 $\phi 15_{+0.001}^{+0.012}$ mm。

③ 衬套内径为 $\phi 15_{+0.014}^{+0.034}$ mm，外径为 $\phi 22_{+0.016}^{+0.028}$ mm。

④ 钻套端面至加工面间的距离一般为 $(0.3 \sim 1)d$（d 为钻头直径），取为 8 mm。

(2) 对于 $\phi 11$ mm 孔，钻套类型本应选用固定式钻套，但为维修方便，也可采用可换钻套。其结构仍按照《机床夹具设计手册》中的"夹具零件及部件"国家标准来选取。其主要尺寸如下：

① 钻头直径为 $\phi 11_{-0.027}^{0}$ mm，钻套内径为 $\phi 11$F8，即 $\phi 11_{+0.016}^{+0.043}$ mm；钻套外径为 $\phi 18_{+0.001}^{+0.012}$ mm。

② 衬套内径为 $\phi 18^{+0.034}_{+0.016}$ mm，外径为 $\phi 26^{+0.028}_{+0.015}$ mm。

③ 钻套端面至加工面间的距离选取原则同上。因加工精度要求低，为排屑方便，取 12 mm。

④ 各引导元件至定位元件间的位置尺寸，按有关夹具设计资料确定，分别取为 (15±0.03)mm 和(80±0.05)mm，各钻套轴线对基面的垂直度为 0.02 mm。

6) 确定其他结构

为便于排屑，辅助支承采用螺旋套筒式。为便于夹具制造、调试与维修，钻模板与夹具的连接采用装配式。夹具体采用开式，使加工、观察、清理切屑都比较方便。

3. 绘制结构草图

按前面介绍的绘制结构草图的方法，在完成夹具各部分结构的设计后，便可绘制出夹具结构的草图。

4. 夹具精度分析

由图 8.1 可知，所设计的夹具需保证的加工要求有：尺寸(15±0.25)mm、尺寸(80±0.2)mm、尺寸 14 mm 及 ϕ10H9 孔和 ϕ28H7 孔轴线间的平行度公差 0.30 mm。除尺寸 14 mm 因其属"未注公差"以及加工 ϕ11 mm 孔时，基准重合，定位误差为零，不必进行验算外，其余各项精度要求均需验算(验算过程略)。

5. 绘制夹具总装图

根据已绘制的夹具结构草图，经检查、修改、审核后，按夹具总装图绘制的方法及程序，绘制正式的钻床夹具总装图，如图 8.32 所示。

6. 确定夹具技术要求和有关尺寸以及公差配合

夹具技术要求和有关尺寸以及公差配合是根据教材和有关资料、手册规定的原则和方法确定的，本夹具的技术要求和公差配合如下。

1) 技术要求

(1) 定位元件与夹具底面的垂直度误差允许值为 0.03 mm。

(2) 导向元件与夹具底面的垂直度误差允许值为 0.05 mm。

(3) 导向元件衬套 10 与夹具底面(D)的平行度误差允许值为 0.02 mm。

2) 公差配合

(1) ϕ10H9 孔钻套、衬套、钻模板上内孔之间的配合代号及精度分别为

$$\phi 26 \frac{\text{H7}}{\text{n6}} (\text{衬套—钻模板}) \qquad \phi 18 \frac{\text{H7}}{\text{g6}} (\text{钻套—衬套})$$

(2) ϕ11 mm 孔钻套、衬套、钻模板上内孔之间的配合代号及精度分别为

$$\phi 26 \frac{\text{H7}}{\text{n6}} (\text{衬套—钻模板}) \qquad \phi 18 \frac{\text{H7}}{\text{g6}} (\text{钻套—衬套})$$

(3) 其余部位的公差配合代号及精度如图 8.32 所示。

7. 绘制夹具零件图

夹具总装图绘制完后，应绘出夹具中的所有非标准零件。绘制夹具中的非标准零件图

时，应按照机械零件设计要求进行。绘出零件图后，对结构、形状复杂的零件，要着重对其结构工艺性进行分析，分析在现有的条件下，能否将这些零件方便地制造出来，是否经济。另外还要检查零件图的尺寸标注，尤其是相互位置精度与表面粗糙度的标注。

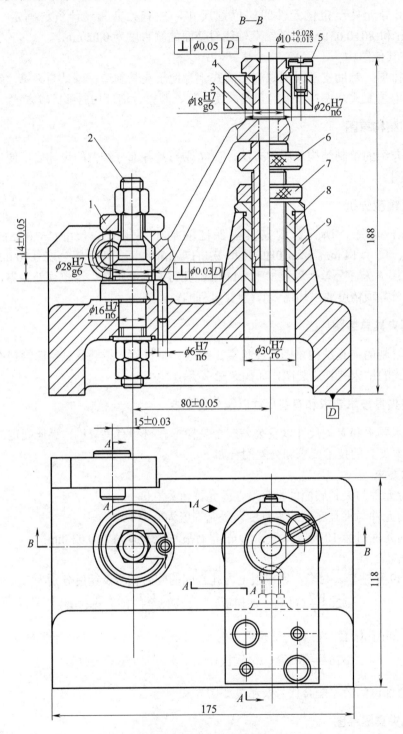

图 8.32 钻床夹具总装图

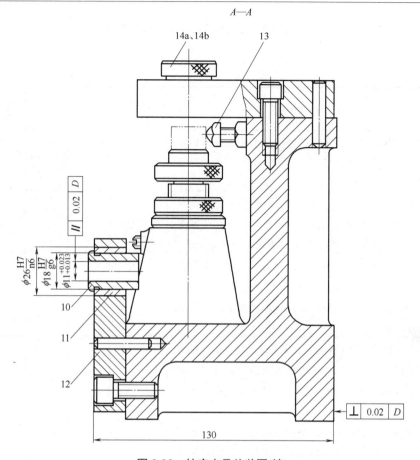

图 8.32 钻床夹具总装图(续)

1—开口垫圈；2—定位销；3，12—钻模板；4，11—衬套；5—钻套螺钉；6—辅助支承；
7—锁紧螺母；8—支承套；9—夹具体；10—钻套；13—可调支承；14a，14b—快换钻套

8. 编写设计说明书

按照编写设计说明书包括的内容，将此夹具设计的过程内容加以整理后，编写出设计说明书。

8.3.5 项目评价与讨论

该项任务实施检查与评价的主要内容如表 8.5 所示。

根据评价结果，提出后续学习的有效措施，并在评价的基础上引导学生进一步讨论以下几个问题。

(1) 在设计夹具方案时，要考虑哪些主要问题？夹具设计的步骤是什么？

(2) 夹具总装图上应标注哪些尺寸和位置公差？如何确定尺寸公差？

表 8.5 任务实施检查与评价表

任务名称：
学生姓名：　　　学　号：　　　班　级：　　　组　别：

序　号	检查内容	检查记录	自评	互评	点评	分值比例
1	定位装置设计：工序图分析是否正确；定位要求(限制自由度)判断是否正确；定位元件设计是否合理；项目实施表是否认真记录					20%
2	夹紧装置设计：夹紧力的方向和作用点确定是否合理；夹紧力估算、校核是否正确；夹紧元件的设计是否规范；项目实施表是否认真记录					20%
3	导向装置和夹具体设计：导向装置设计是否合理；导向元件的主要尺寸和公差确定是否正确；夹具体设计是否正确；项目实施表是否认真记录					10%
4	夹具尺寸、公差配合和技术要求标注：夹具的有关尺寸、公差配合确定是否正确；夹具技术要求的标注是否全面合理；项目实施表是否认真记录					10%
5	装配图和零件绘制：装配图中的定位、夹紧、安装、视图表达、明细表、序号、标题栏表达是否正确合理；非标零件图中的视图表达、尺寸和公差、表面粗糙度、技术条件、结构工艺性、形位公差、标题栏填写、图面质量等是否正确合理；项目实施表是否认真记录					20%
6	职业素养	遵守时间：是否不迟到、不早退，中途不离开现场				5%
7		5S：理论教学与实践教学一体化教室布置是否符合 5S 管理要求；设备、计算机是否按要求实施日常保养；刀具、工具、桌椅、模型、参考资料是否按规定摆放；地面、门窗是否干净				5%
8		团结协作：组内是否配合良好；是否积极地投入本项目中，积极地完成本任务				5%
9		语言能力：是否积极地回答问题；声音是否洪亮；条理是否清晰				5%

总　评：　　　　　　　　　　　　　　　　　　评价人：

8.4 拓展实训

1. 实训任务

如图 8.33 所示为连杆零件的铣槽工序简图，零件材料为 45 钢，生产类型为成批生产，所用机床为 X62W。工件两孔 $\phi 42.6_{0}^{+0.1}$ mm 和 $\phi 15.3_{0}^{+0.1}$ mm 及厚度为 $14.3_{-0.1}^{0}$ mm 的两个端面均已在先行工序中加工完毕，两孔的中心距为 (57 ± 0.06) mm，两端面间的平行度公差为 0.03/100，本工序要求铣工件两端面处的八个槽。

【加工要求】

(1) 槽宽 $10_{0}^{+0.2}$ mm，槽深 $3.2_{0}^{+0.4}$ mm，表面粗糙度 Ra 为 6.3 μm。

(2) 槽的中心线与两孔中心连线的夹角为 $45°\pm 30'$，且通过孔 $\phi 42.6_{0}^{+0.1}$ 的中心。

如何设计连杆零件铣宽 $10_{0}^{+0.2}$ mm 槽的铣床夹具？

2. 实训目的

熟悉机床夹具的设计原则、步骤和方法，能够根据零件加工工艺的要求，拟定夹具设计方案，进行必要的定位误差计算，最终设计出符合工序加工要求、使用方便、经济实用的夹具。同时增强学生的学习兴趣，提高学生解决工程技术问题的自信心，使学生体验成功的喜悦；通过项目任务教学，培养学生互助合作的团队精神。

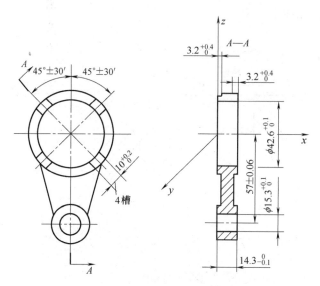

图 8.33 连杆零件的铣槽工序图

3. 实训过程

1) 分析零件的工艺过程和本工序的加工要求，明确设计任务

本工序的加工在 X62W 卧式铣床上用三面刃盘铣刀进行。所以，槽宽由铣刀宽度保证，槽深和角度位置要通过夹具保证。

工序规定了该工件将通过四次安装加工完成八个槽，每次安装的基准都用两个孔和一个端面，并在大孔端面上进行夹紧。

2) 拟定夹具的结构方案

夹具的结构方案包括以下几个方面。

(1) 定位方案的确定。

根据连杆零件铣槽工序的尺寸、形状和位置精度要求，工件定位时需限制六个自由度。工件的定位基准和夹紧位置虽然在工序图上已经规定，但在拟定定位夹紧方案时，仍需要对其进行分析研究，考察定位基准的选择能否满足工件位置精度的要求，夹具的结构能否实现。在连杆铣槽的工序中，工件在槽深方向的工序基准是和槽相连的端面，若以此端面为平面定位基准，可以达到与工序基准相重合。但是，由于要在此面上开槽，那么夹具的定位面就势必要设计成朝下的，这样就会给定位和夹紧带来麻烦，夹具结构也比较复杂。如果选择与所加工槽相对的另一端面为定位基准，则会引起基准不重合误差，其大小等于工件端面之间联系尺寸的公差 0.1 mm。考虑到槽深的公差较大(为 0.4 mm)，因此完全可以保证加工精度的要求。同时，这样又可以使定位夹紧可靠，操作方便，所以应选择工件底面为定位基准，采用支承板作定位元件。

在保证角度尺寸 45°±30′方面，工序基准是两孔的中心线，以两孔为定位基准，不仅可以做到基准重合，而且操作方便。为了避免发生不必要的过定位现象，采用一个圆柱销和一个菱形销作定位元件。由于被加工槽的角度位置是以大孔的中心为基准的，槽的大孔应通过大孔的中心，并与两孔的连线成 45°角，因此应将圆柱销放在大孔上，菱形销放在小孔上，如图 8.34 所示。工件以一面二孔为定位基准，定位元件采用一面两销，分别限制工件的六个自由度，属完全定位。

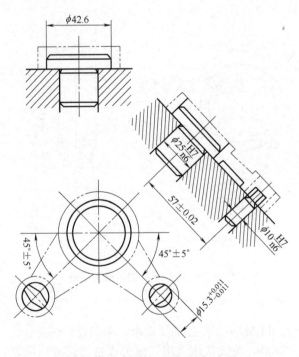

图 8.34 定位元件结构及其布置

(2) 定位元件的结构尺寸及其在夹具中位置的确定。

由上可知,定位元件由支承板、圆柱销和菱形销组成。

① 两定位销中心距的确定:

$$L \pm \frac{\delta L_d}{2} = L \pm \left(\frac{1}{2} - \frac{1}{5}\right)\frac{\delta L_d}{2} = 57 \pm \left(\frac{1}{2} - \frac{1}{5}\right) \times 0.06$$

取:$L \pm \frac{\delta L_d}{2} = (57 \pm 0.02)$mm

② 圆柱销尺寸的确定。

取定位孔 $\phi 42.6_0^{+0.1}$ mm 直径的最小值为圆柱销的基本尺寸,销与孔按 H7/g6 配合,则圆柱销的直径和公差为 $\phi 42.6_{-0.025}^{-0.009}$ mm。

③ 菱形销尺寸的确定。

查阅《夹具设计手册》,取 $b=4$,$B=13$,经计算可得菱形销的直径 $d_2=15.258$ mm。

直径公差按 h6 确定,可得:$d_2 = \phi 15.258_{-0.011}^{0} = \phi 15.3_{-0.053}^{-0.042}$ mm。

两销与夹具体连接选用过渡配合 H7/n6 或 H7/r6。

④ 分度方案的确定。

由于连杆零件每一面各有两对成 90°角完全相同的槽,为提高加工效率,应在一道工序中完成,这就需要按工件正反面分别加工,而且在加工任一面时,一对槽加工完成后,还必须变更工件在夹具中的位置。实现这一目的的方法有两种:一种是采用分度盘,工件装夹在分度盘上,当加工完一对槽后,将工件与分度盘一起转过 90°,再加工另一对槽;另一种为在夹具上装两个相差 90°的菱形销(见图 8.34),加工完一对槽后,卸下工件,将工件转过 90°角套在另一个菱形销上,重新进行夹紧后再加工另一对槽。显然,第一种方案工件不用重新装夹,定位精度较高,效率也较高,但要转动分度盘,而且分度盘也需要锁紧,夹具结构较为复杂;第二种方案夹具结构简单,但工件需要进行两次装夹。考虑该产品生产批量不大,因此选择第二种方案较好。

(3) 夹紧方案的确定。

根据工件的定位方案,考虑夹紧力的作用点及方向,采用如图 8.35 所示的方式较好。因它的夹紧点选在大孔端面,接近被加工面,从而增加了工件的刚度,切削过程中不易产生振动,工件的夹紧变形也小,夹紧可靠。但要对夹紧机构的高度加以限制,以防止和铣刀杆相碰。

由于该工件较小,批量又不大,为使夹具结构简单,采用了手动的螺旋压板夹紧机构。

(4) 对刀方案的确定。

本工序被加工槽的精度一般,主要保证槽深和槽中心线通过大孔($\phi 42.6_0^{+0.1}$ mm)中心等要求。夹具中采用直角对刀块及塞尺的对刀装置来调整铣刀相对夹具的位置。其中,利用对刀块的铅垂对刀面及塞尺调整铣刀,使其宽度方向的对称面通过圆柱销的中心,从而保证零件加工后,两槽中心对称线通过 $\phi 42.6_0^{+0.1}$ mm 大孔中心。利用对刀块水平对刀面及塞尺调整铣刀圆周刃口位置,从而保证槽深尺寸 $3.2_0^{+0.4}$ mm 的加工要求。对刀块采用销钉定位、螺钉紧固的方式与夹具体连接,具体结构参见图 8.35。

(5) 夹具在机床上的安装方式。

考虑本工序工件加工精度一般,因此夹具可通过定向键与机床工作台 T 形槽的配合实现在铣床上的定位，并通过T形槽螺栓将夹具固定在工作台上，如图8.36所示。

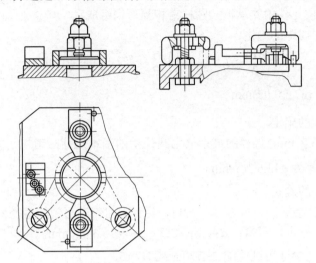

图8.35　夹紧和对刀装置

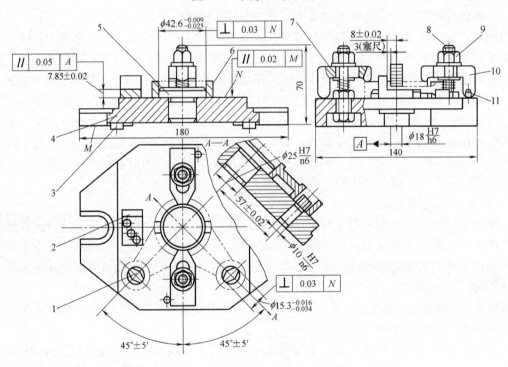

图8.36　连杆零件铣槽夹具总装图

1—菱形销；2—对刀块；3—定位键；4—夹具体；5—圆柱销；
6—连杆工件；7，10—移动压板；8—螺钉；9—螺母；11—挡销

(6) 夹具体及总体设计。

夹具体的设计应通盘考虑，使各组成部分通过夹具体有机地联系起来，形成一个完整的夹具。从夹具的总体设计考虑，由于铣削加工的特点，在加工中易引起振动，故要求夹具体及其上面组成部分的所有元件的刚度、强度要足够大。夹具体及夹具总体结构

参见图 8.36。

3) 夹具总图设计

在绘制夹具结构草图的基础上，绘出夹具总装图并标注有关的尺寸、公差配合和技术要求。夹具总装图参见图 8.36。

(1) 夹具总图上应标注的尺寸及公差配合。

① 夹具的外轮廓尺寸为 180 mm×140 mm×70 mm。

② 两定位销的尺寸为 $\phi 42.6_{-0.025}^{-0.009}$ mm 与 $\phi 15.3_{-0.034}^{-0.016}$ mm，两定位销的中心距尺寸为 (57±0.02)mm 等。

③ 两菱形销之间的方向位置尺寸为 45°±5′。

④ 对刀块工作表面与定位元件表面间的尺寸为 (7.85±0.02)mm 和 (8±0.02)mm。

⑤ 其他配合尺寸。圆柱销及菱形销与夹具体装卸孔的配合尺寸为 $\phi 25\dfrac{H7}{n6}$ 和 $\phi 10\dfrac{H7}{n6}$。

⑥ 夹具定位键与夹具体的配合尺寸为 $\phi 18\dfrac{H7}{h6}$。

(2) 夹具总装图上应标注的技术要求。

① 圆柱销、菱形销的轴心线相对定位面 N 的垂直度公差为 0.03 mm。

② 定位面 N 相对夹具底面 M 的平行度公差为 0.02 mm。

③ 对刀块与对刀工作面相对定位键侧面的平行度公差为 0.05 mm。

4) 夹具精度的校核

(1) 槽深精度的校核。

影响槽深精度的主要因素如下。

① 定位误差 ΔD。其中，基准不重合误差 $\Delta B=0.1$ mm，基准位移偏差 $\Delta Y=0$，所以 $\Delta D=\Delta B=0.1$ mm。

② 对刀误差 ΔT。槽深的对刀误差等于塞尺厚度的公差。塞尺为 3h8，即公差为 0.014 mm。

③ 夹具的安装误差 ΔA。由于夹具定位面 N 和夹具底面 M 间的平行度误差等会引起工件的倾斜，使被加工槽的底面和端面不平行，而影响槽深的尺寸精度。夹具技术要求规定为不大于 0.03/100，故工具安装误差影响值为 0.015 mm。

④ 加工方法误差 ΔG。根据实际生产经验，这方面的误差一般可控制在被加工工件公差的 1/3 范围内，这里取为 0.15 mm。

不考虑夹具误差 ΔJ，则工件加工总误差为

$$\sum \Delta = \sqrt{(\Delta D)^2 + (\Delta T)^2 + (\Delta A)^2 + (\Delta J)^2 + (\Delta G)^2}$$
$$= \sqrt{0.1^2 + 0.014^2 + 0.015^2 + 0.15^2}$$
$$= 0.181 \leqslant 0.4$$

(2) 角度尺寸 45°±30′ 的校核。

① 定位误差。由于工件定位孔与夹具定位销之间的配合间隙会造成基准位移误差，有可能导致工件两定位孔中心连线对规定位置的倾斜，其最大转角误差为

$$\Delta\alpha = \arctan\frac{\delta_{D1}+\delta_{d1}+X_{1\min}+\delta_{D2}+\delta_{d2}+X_{2\min}}{2L}$$

$$=\arctan\frac{0.1+0.016+0.009+0.1+0.018+0.016}{2\times 57}$$

$$=\arctan 0.002\,27 = 7.8'$$

即倾斜对工件 45° 角的最大影响量为±7.8′。

② 夹具上两菱形销分别和大圆柱销中心连线的角向位置误差为±5′，这会影响工件的 45°角。

③ 与加工方法有关的误差。主要是机床纵向走刀方向与工作台 T 形槽方向的平行度误差，查阅机床夹具设计手册，一般为 0.03/100，经换算相当于角度误差为±1′。

综合以上三项误差，其最大角度误差为±(7.8′+5′+1′)=±13.8′(应用概率法叠加计算最大角度误差值更小)，此值远小于工序要求的角度公差±30′。

结论：从以上所进行的分析和计算来看，本夹具能满足连杆零件铣槽工序的精度要求，因此可以应用。

4. 实训总结

通过上述机床夹具设计的实训过程可以看出，进行机床夹具设计是一项实践性很强的工作，需要熟练地掌握机床夹具的设计原则、步骤和方法。在机床夹具设计过程中，特别要注意以下几点。

(1) 机床夹具是为零件加工服务的，零件加工质量的保证是第一位的。要想做到这一点，首先，必须明确相应工序的加工要求，条件允许的情况下，可多考虑几种方案，再进行必要的计算，最终确定能满足定位精度要求的、合理的定位和夹紧方案；其次，必须明白定位与夹紧是相辅相成的，仅有正确的定位，没有合理的夹紧装置(夹紧力的大小和方向要合理)，同样无法保证加工质量。

(2) 机床夹具是在机床上使用的，要想保证零件与机床刀具之间的正确位置，除了夹具本身的结构设计外，还必须了解各种机床的结构特点，注意夹具与机床的连接方式，保证夹具在机床上的准确定位。

(3) 夹具的设计，除了要保证工序的加工质量外，还必须做到能够提高生产效率，易于工人操作，否则会被操作工人束之高阁。

8.5 知识拓展

8.5.1 概述

计算机辅助设计(CAD)是一个正在发展的技术领域。世界上有许多设计系统已经在运行或者正在研究开发之中。传统的机床夹具设计需要检索许多资料，并花费许多绘图时间，而设计的效率低且成本高。同时，机床夹具设计往往还需借助于设计者的经验。机床夹具 CAD 技术的开发和应用，既可缩短设计周期，又能促进机床夹具的标准化和系列化。如图 8.37 所示为 CAD 工作站的计算机图形显示系统和绘图仪。机床夹具的 CAD 软件包括夹具结构软件和夹具绘图软件等。设计时，按工件形状尺寸绘出轮廓(见

图 8.38(a)），然后绘制定位和夹紧装置(见图 8.38(b))的相关视图。通常在计算机数据库中还可存放典型元件和装置的图形、数据以及相关的标准、资料等数据。

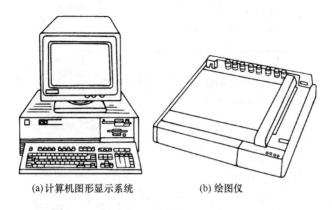

(a) 计算机图形显示系统　　(b) 绘图仪

图 8.37　CAD 工作站计算机图形显示系统和绘图仪

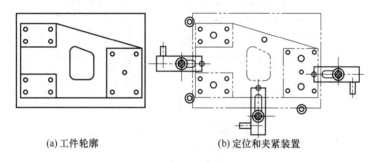

(a) 工件轮廓　　(b) 定位和夹紧装置

图 8.38　机床夹具 CAD 实例

如图 8.39 所示为一种计算机辅助设计系统框图，这是一种人机对话式程序，可完成定位元件、夹紧装置、夹具体和总体设计。程序先按工件的加工要求和材料，确定所使用的机床；用切削用量和有关系数计算切削力，选择夹紧螺钉的参数和夹紧机构；然后再设计定位元件和夹具体等。

夹具计算机辅助设计有如下特点。
(1) 提高效率，缩短夹具设计的周期，以适应市场经济的要求。
(2) 设计的水平不依赖于设计人员的技术水平，有利于夹具设计水平的提高。
(3) 有利于夹具结构设计的优化和标准化。
(4) 夹具计算机辅助设计是现代制造技术自动化的发展需要。

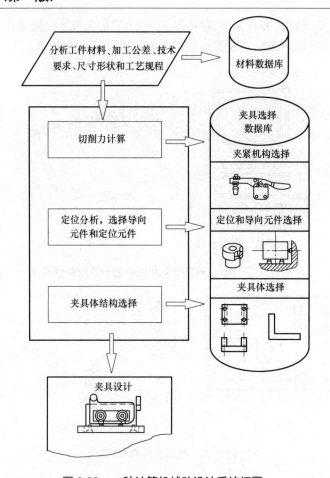

图 8.39 一种计算机辅助设计系统框图

8.5.2 夹具计算机辅助设计的类型和基本模块

1. 夹具计算机辅助设计的类型

夹具计算机辅助设计有四种类型：变异型、创成型、综合型和交互型。

(1) 变异型是利用成组技术，将夹具的典型定位、夹紧装置存入数据库中，以便选用。

(2) 创成型由设计决策模块对夹具结构进行一系列决策，从无到有地生成夹具结构，适用于设计专用夹具。

(3) 综合型是变异型与创成型的合成，是目前使用较为广泛的一种计算机辅助夹具设计类型。综合型可用于设计专用夹具、成组夹具等。

(4) 交互型以人机对话的方式完成夹具设计，如图 8.39 所示。

2. 夹具计算机辅助设计的基本模块

夹具计算机辅助设计包括以下基本模块。

(1) 控制模块，用于协调控制各模块的运行，也是人机交互的窗口。

(2) 零件信息模块，用此模块可输入零件有关的信息。

(3) 相似性判别模块，用于选择相似的夹具结构单元。

(4) 修改模块。

(5) 设计策划模块，为创成模块，其中包括定位元件、对刀导向元件、夹紧装置及夹具体的设计。

(6) 输出模块，输出夹具图样和文件。

夹具计算机辅助设计框图如图 8.40 所示。

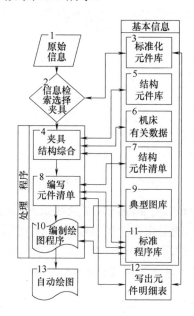

图 8.40　夹具计算机辅助设计框图

8.5.3　夹具计算机辅助设计的数据库和零件的信息描述及输入

1. 夹具计算机辅助设计的数据库

夹具计算机辅助设计的数据库包括下列七个部分。

(1) 材料及切削力计算数据库。

(2) 刀具数据库。

(3) 机床资料数据库。

(4) 夹具体结构元素数据库。

(5) 定位元件元素数据库。

(6) 夹紧机构元素数据库。

(7) 对刀导向元件数据库。

数据库结构要标准化、规格化和典型化。

2. 夹具计算机辅助设计的零件的信息描述及输入

零件的信息描述及输入应有利于编码输入和自动生成夹具总图。

1) 零件信息的描述

零件分类的描述可采用要素描述法和拓扑描述法两种方法。其中，拓扑描述法将三维的几何体分解成有限量的点、线、面、体的一组单元，因此可详尽地描述几何体的形状。

数据的结构有多种，包括线性结构、队列结构、数组结构、树状结构，分别如下。

（1）数据的线性结构，是有限个元素的有序集合，可采用顺序存储法存入，用于查找一些标准数据。

（2）数据的队列结构用于绘制线段、圆弧等。

（3）数据的数组结构，常用于描述机床数据等。顺序存储法使用高级程序语言 C、BASIC、FORTRAN 数据的图的逻辑结构，如图 8.41 所示。

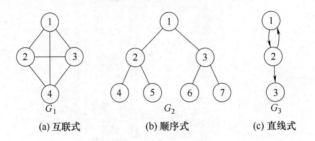

图 8.41　图的逻辑结构

（4）数据的树状结构，用于描述非线性数据及决定夹具的定位元件结构及其位置。如图 8.42 所示为树的图形表示。树是由多个结点组成的层次结构，且结点间由线相连，结点的连线称为边。树中结点最大的层次称为树的深度。树中结点的直接前驱称为其双亲，直接后继称为其孩子，以一孩子的结点为根又可以构成子树。

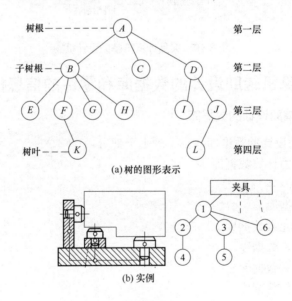

图 8.42　树的图形表示及实例

2）信息输入

要输入的信息有零件的结构、尺寸、加工精度要求、生产批量、刀具、机床及基准种类等。零件信息包括两个方面的内容：零件的几何信息和工艺信息。这些信息是夹具设计的依据。数量数据可直接输入，工艺和几何参数则要经过转换方可输入，转换常用编码法。如表 8.6 所示为平面支承编码，表示平面支承的各种结构及有关工艺信息。上述信息可采用综合零件工艺信息输入。

表8.6 平面支承编码表

校核条件	采用支承				
	001 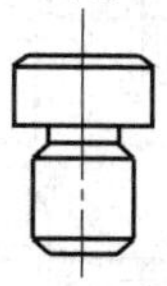	002 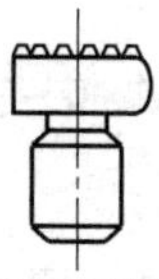	003 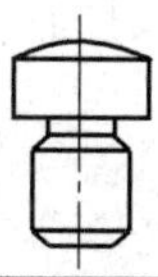	004 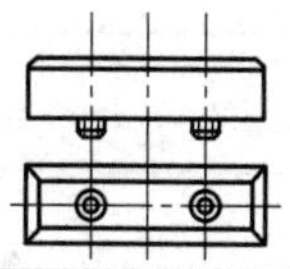	006 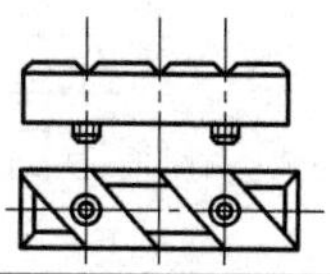
$M=$	200；202；205；207；208；301；309	200；202；205；207；208；301	200；205；208；301；309；310	200；207；208；301；309；310	200；205；207；208；301；310
$\delta=$	20；21；22	21；22	20；21；22	21；22	20
$Q=$	3～9	0～3	0～2	4～9	4～9
$G>$	0.01	0.01	0.01	—	20
$G<$	30	25	30	—	60
$F\geqslant$	1 000	3 000	1 000	10 000	20 000
$F<$	100 000	100 000	100 000	200 000	250 000
$J=$	—	20～24；60～63	—	—	—

注：M—定位表面种类；δ—定位表面的工艺特征编码；Q—表面粗糙度；G—工件重量；F—定位表面面积(mm^2)；J—加工种类(例如钻削时$J=20$～24)。

8.5.4 夹具结构的数学模型

夹具结构的数学模型是夹具结构元素的集合，其中，每个结构都有其几何的、物理的、功用的、结构的和工艺的特征。

夹具的结构元素可以用相对应的编码表示，其数学模型可写成：

$$S(x)=\{N,\ A,\ \Psi\}$$

式中：N是指不用转换的信息，如名称、符号、尺寸、技术资料等；A是指完成辅助功能的信息；Ψ是指夹具的结构信息，包括夹具定位元件及其位置等元素。其中，Ψ表示的夹具结构信息是夹具在空间直角坐标中的三个坐标值(x、y、z)和三个角度值(α、β、γ)，其数学模型为

$$\Psi=\{x_i、y_i、z_i,\ \alpha_i、\beta_i、\gamma_i\}$$

夹具结构是多种多样的，采用综合型计算机辅助设计可满足夹具典型结构和非典型结构的设计要求。如图8.43(a)所示为数据和树状数据结构图示例。如图8.43(b)所示为综合型计算机辅助设计所输出的夹具总图示例。

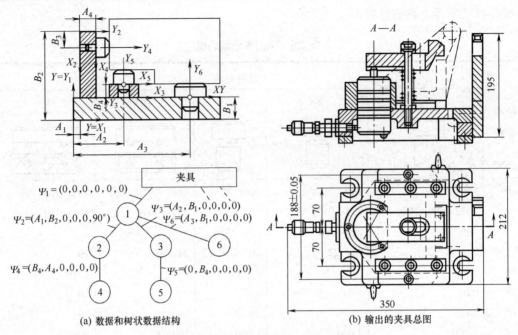

(a) 数据和树状数据结构　　　　　(b) 输出的夹具总图

图 8.43　数据结构及输出的夹具总图

本 章 小 结

本章介绍了专用机床夹具设计的基本要求和设计步骤、装配总图的绘制步骤、装配总图尺寸和公差及技术要求的标注、夹具体的基本要求和类型、工件在夹具中加工的精度分析、夹具的制造及工艺性等基本内容。学生通过完成杠杆零件钻、扩、铰 $\phi10H9$ mm 孔及钻 $\phi11$ mm 孔的钻床夹具设计和连杆零件铣宽 $10_0^{+0.2}$ mm 槽的铣床夹具设计两项工作任务，应达到掌握专用机床夹具设计方法的目的。在工作实训中要注意培养学生分析问题和解决问题的能力，培养学生查阅设计手册和资料的能力，逐步提高学生处理实际工程技术问题的能力。

思 考 与 练 习

第八章专用夹具的设计方法测验试卷

一、简答题

1. 夹具设计有哪些要求？
2. 在设计夹具方案时，要考虑哪些主要问题？试述夹具设计的步骤。
3. 绘制夹具装配图时应注意哪些事项？
4. 夹具总图上应标注哪些尺寸和位置公差？如何确定尺寸公差？
5. 影响加工精度的因素有哪些？保证加工精度的条件是什么？何为精度储备？
6. 夹具体上哪些表面之间应有尺寸和位置精度要求？
7. 夹具体的结构形式有哪几种？

8. 夹具体毛坯有哪些类型？如何选用？
9. 什么叫夹具的结构工艺性？
10. 保证夹具制造精度的方法有哪些？
11. 在夹具计算机辅助设计框图中，一般有哪些内容？
12. 夹具计算机辅助设计由哪些模块组成？

二、综合题

1. 按如图 8.44(a)所示的工序加工要求，验证钻模简图所标注的有关技术要求能否保证加工要求(见图 8.44(b))。

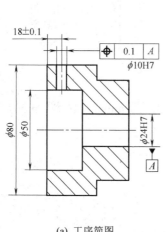
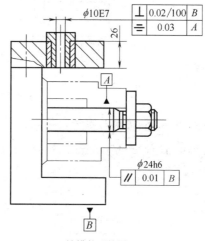

(a) 工序简图　　　　　　　　　(b) 钻模装配简图

图 8.44　题二(1)图

2. 根据如图 8.45 所示的短轴零件简图和加工的位置精度要求，分析夹具结构和位置公差的标注是否合理，如图 8.46 所示。

(1) $\phi16H9$ 孔对 $\phi50h7$ 外圆轴线的垂直度公差为 0.10/100。
(2) $\phi16H9$ 孔对 $\phi50h7$ 外圆轴线的对称度公差为 0.1 mm。

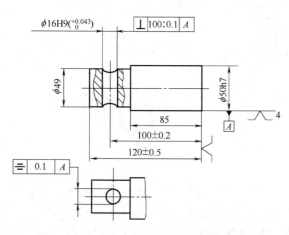
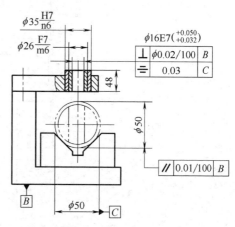

图 8.45　短轴零件简图　　　　图 8.46　钻床夹具位置公差标注示例

3. 如图 8.47 所示的夹具，在 A 处补绘平衡块，在 B 处补绘分度对定销，在 C 处补绘过渡盘(C620-1 型车床)。

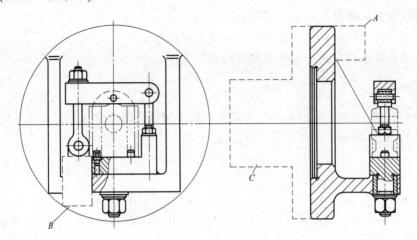

图 8.47 题二(3)图

4. 如图 8.48 所示的零件，按大批量生产要求（$\phi32_0^{+0.027}$ mm、$\phi16_0^{+0.019}$ mm 及端平面为已加工表面），设计一铣宽 6 mm 槽的铣床夹具。

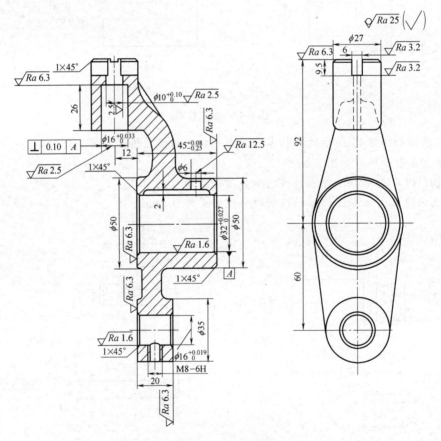

图 8.48 题二 4 图

第 9 章　现代机床夹具

本章要点

- 现代机床夹具的发展方向。
- 通用可调夹具。
- 成组夹具。
- 组合夹具。
- 随行夹具和自动化夹具。
- 数控机床夹具。

技能目标

- 根据零件类的加工特点，掌握通用可调夹具和成组夹具的设计。
- 根据零件工序的加工要求，掌握组合夹具的安装和调整。

9.1　工作场景导入

国产复合性机床

【工作场景】

如图 9.1 所示，拨叉和拨叉体类零件在使用时都需要在拨叉轴上定位，本工序要在垂直于零件轴向孔轴线的方向钻削径向定位小孔(定位孔径随产品型号的不同在 $\phi 6 \sim \phi 12$ mm 之间变动)，拨叉和拨叉体类零件轴向长度尺寸相差较大(25～100 mm 之间)。

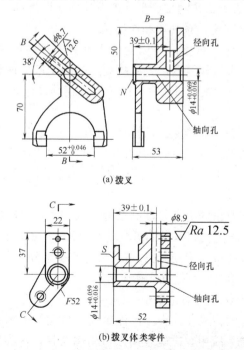

图 9.1　拨叉零件组车圆弧及其端面工序简图

本任务是设计钻径向定位孔的成组夹具。

【引导问题】

(1) 回忆已学过的工件定位和夹紧方面的知识有哪些?
(2) 通用可调夹具的特点是什么?
(3) 成组夹具的特点、设计原理和组成结构是什么?
(4) 组合夹具的特点、类型和工作原理是什么?
(5) 企业生产参观实习。
① 生产现场成组夹具有什么特点?
② 生产现场通用可调夹具有什么特点?
③ 生产现场组合夹具是如何组装的?

9.2 基 础 知 识

第九章现代机床夹具PPT

【学习目标】 了解现代机床夹具的发展方向,掌握通用可调夹具和成组夹具的设计方法,掌握组合夹具的设计和组装方法,了解随行夹具和自动化夹具,了解数控机床夹具。

9.2.1 现代机床夹具的发展方向

随着科学技术的迅猛发展、市场需求的变化多端和商品竞争的日益激烈,机械产品更新换代的周期越来越短,小批量生产的比例越来越高,同时,对机械产品质量和精度的要求越来越高,数控机床和柔性制造系统的应用越来越广泛,机床夹具的计算机辅助设计(CAD)也日趋成熟,机床夹具必须随生产形式的变化而不断地向前发展。

1) 推行机床夹具的标准化、系列化和通用化

提高机床夹具的"三化"程度,可以变机床夹具零部件的单件生产为专业化批量生产,可以提高机床夹具的质量和精度,大大缩短产品的生产周期和降低成本,使之适应现代制造业的需要,同时有利于实现机床夹具的计算机辅助设计。

2) 发展可调夹具

在多品种小批量生产中,可调夹具(通用可调和成组夹具)具有明显的优势。它们可用于同一类型多种工件的加工,具有良好的通用性,可缩短生产周期,大大地减少专用夹具数量,降低生产成本。在现代生产中,这类夹具已逐步得到广泛应用。

3) 提高机床夹具的精度

随着对机械产品精度要求的提高以及高精度机床和数控机床的使用,促进了高精度机床夹具的发展。例如,车床上精密卡盘的圆跳动在 $\phi 0.05 \sim \phi 0.01$ mm 范围内;采用高精度的球头顶尖加工轴,圆跳动可小于 $\phi 0.01 \mu m$;高精度端齿分度盘的分度精度可达±0.1″;孔系组合夹具基础板上孔距公差可达几个微米等。

4) 提高机床夹具高效化和自动化水平

为实现机械加工过程的自动化,在生产流水线、自动线上需配置随行夹具;在数控机床、加工中心等柔性制造系统中也需配置高效自动化夹具。这类夹具常装有自动上、下料机构及独立的自动夹紧单元,大大地提高了工件装夹的效率。

9.2.2 通用可调夹具

可调夹具分为通用可调夹具和成组夹具(也称专用可调夹具)两类。它们的共同特点是：只要更换或调整个别定位、夹紧或导向元件，即可用于多种零件的加工，从而使多种零件的单件小批生产变为一组零件在同一夹具上的"成批生产"。产品更新换代后，只要属于同一类型的零件，就可在此夹具上加工。由于可调夹具具有较强的适应性和良好的继承性，所以使用可调夹具可大大地减少专用夹具的数量，缩短生产准备周期，降低成本。

1. 通用可调夹具的特点

通用可调夹具是在通用夹具的基础上发展的一种可调夹具，它的加工对象较广，有时加工对象不确定。如滑柱式钻模，只要更换不同的定位、夹紧、导向元件，便可用于不同类型工件的钻孔；又如可更换钳口的台虎钳、可更换卡爪的卡盘等，均适用于不同类型工件的加工。其主要特点如下。

(1) 通用可调夹具适应的加工范围更广。
(2) 通用可调夹具可用于不同的生产类型。
(3) 调整的环节较多，调整较费时间。

2. 通用可调夹具的典型结构

通用可调夹具常见的结构有：通用可调虎钳、通用可调三爪自定心卡盘、通用可调钻模等。

如图 9.2(a)所示为采用机械增力机构的通用可调气动虎钳。当气源压力为 0.45MPa 时，夹紧力达 1270N。夹紧时活塞 7 左移，使杠杆 6 作逆时针方向摆动，并经活塞杆 5、螺杆 4、活动钳口 3 夹紧工件。活动钳口可作小角度摆动，以补偿毛坯面的误差。钳口夹紧范围为 20～100 mm，最大加工长度为 200 mm。按照工件的不同形状可更换调整件 1、2。更换调整件部分为 T 形槽结构。如图 9.2(b)和图 9.2(c)所示为两种更换调整件，供设计时参考。

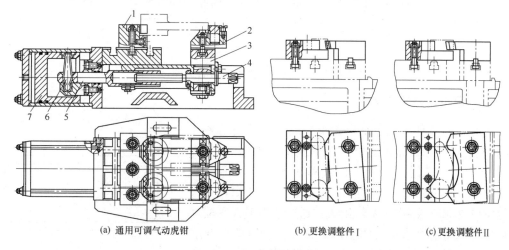

(a) 通用可调气动虎钳　　(b) 更换调整件Ⅰ　　(c) 更换调整件Ⅱ

图 9.2　通用可调气动虎钳

1，2—更换调整件；3—活动钳口；4—螺杆；5—活塞杆；6—杠杆；7—活塞如图 9.3 所示为在轴类零件上钻径向孔的通用可调夹具。该夹具可加工一定尺寸范围内的各种轴类工件上的 1~2 个径向孔，加工零件如图 9.4 所示。图 9.3 中夹具体 2 的上、下两面均设有 V 形槽，适用于不同直径工件的定位。支承钉板 KT1 上的可调支承钉用作工件的端面定位。夹具体的两个侧面都开有 T 形槽，通过 T 形螺栓 3、十字滑块 4，使可调钻模板 KT2、KT3 及压板座 KT4 作上、下、左、右调节。压板座上安装杠杆压板 1，用以夹紧工件。

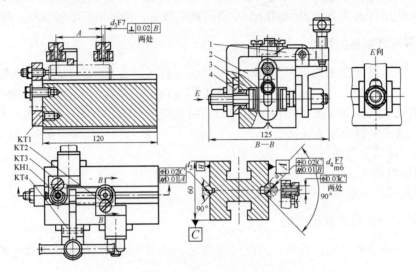

图 9.3 在轴类零件上钻径向孔的通用可调夹具

1—杠杆压板；2—夹具体；3—T 形螺栓；4—十字滑块；KH1—快换钻套；
KT1—支承钉板；KT2，KT3—可换钻模板；KT4—压板座

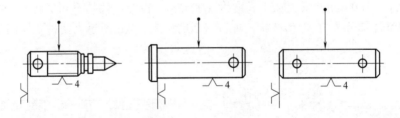

图 9.4 钻径向孔的轴类零件简图

3. 通用可调夹具的调整

通用可调夹具常采用复合调整方式。它是利用多种通用调整元件的组合和变位实现调整的。如图 9.5 所示为一实例，其钳口可使工件装夹在 Ⅰ、Ⅱ 两个工位上。如图 9.6 所示通用虎钳的调整件主要由 V 形块 1、定位钳口 2 和夹紧钳口 3 等组成。通过适当组合变位，工件便可获得五个工位。如图 9.7 所示为一种典型的组合化复合可调螺旋压板机构，主要调整参数有 H_1、H_2、L 等。钩形螺杆 6 由衬套 7 与压板 10 连接，另一端与连

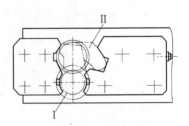

图 9.5 二工位复合调整

接杆 4 连接，将连接套 5、3 按箭头方向提升，即可更换不同尺寸的连接杆 4。支承杆 13 有几种尺寸，供调整时使用。基础板 15 由两个半工字形键块 1 组合成 T 形键与机床 T 形槽连接。

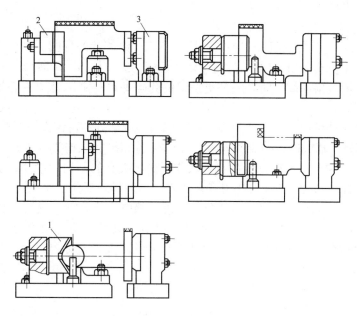

图 9.6　五工位复合调整

1—V 形块；2—定位钳口；3—夹紧钳口

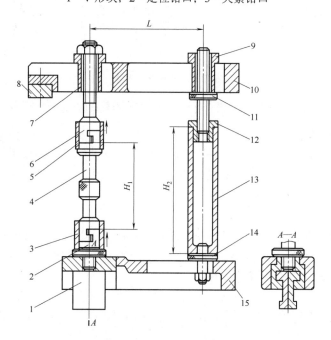

图 9.7　复合可调螺旋压板

1—半工字形键块；2—钩形件；3，5—连接套；4—连接杆；6—钩形螺杆；7，9—衬套；
8—压块；10—压板；11—螺杆；12—螺套；13—支承杆；14—螺钉；15—基础板

9.2.3 成组夹具

1. 成组夹具的结构及特点

1) 成组夹具的结构

如图 9.8 所示为一种成组车床夹具,用于车削一组阀片的外圆。多件阀片以内孔和端面为定位基准在定位套 4 上定位,由气压传动拉杆,经滑柱 5、压圈 6、快换垫圈 7 使工件夹紧。加工不同规格的阀片时,只需更换定位套 4 即可。定位套 4 与心轴体 1 按 H6/h5 配合,由键 3 紧固。

成组夹具是一种可调夹具,成组夹具的结构由基础部分和可调部分组成。

(1) 基础部分。基础部分包括夹具体、动力装置和控制机构等。基础部分是一组工件共同使用的部分。因此,基础部分的设计决定了成组夹具的结构、刚度、生产效率和经济效果。图 9.8 中的件 1、2、5 及气压夹紧装置等,均为基础部分。

(2) 可调部分。成组夹具的可调部分包括可调整的定位元件、夹紧元件和导向、分度装置等。按照加工需要,这一部分可做调整,是成组夹具中的专用部分。图 9.8 中的件 3、4、6 均为可调整元件。可调整部分是成组夹具的重要特征标志之一,它直接决定了夹具的精度和效率。

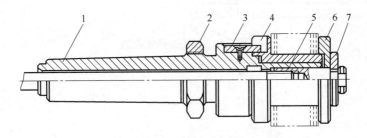

图 9.8 成组车床夹具

1—心轴体;2—螺母;3—键;4—定位套;5—滑柱;6—压圈;7—快换垫圈

2) 成组夹具的特点

成组夹具使加工工件的种类从一种发展到多种,因此有较高的技术经济效益。如我国航空系统某厂,仅用 14 套成组夹具便代替了 509 套专用夹具,使设计时间减少了 88%,制造时间减少了 64%,材料消耗减少了 73%。

成组夹具的主要特点如下。

(1) 由于成组夹具能适用于一组工件的加工需要,因此可大幅度降低夹具的设计、制造成本,降低工件的单件生产成本,特别适合在数控机床上使用。

(2) 缩短产品制造的生产准备周期。

(3) 更换工件时,只需对夹具的部分元件进行调整,从而减少总的调整时间。

(4) 对于新投产的工件,夹具只需填制较少的调整元件,从而节约大量金属材料,减少夹具的库存量。

通用可调夹具与成组夹具的区别是:前者的加工对象不是很确定(例如滑柱钻模),可更换调整部分的结构设计往往要考虑有较大适应性,故通用范围大;成组夹具是专门为成组加工工艺中一组零件而设计的,加工对象十分明确,可调范围也只限于本组内的零件,因此后者也称为专用可调夹具。

2. 成组夹具的设计原理

成组夹具是在成组工艺基础上，针对一组工件的一个或几个工序，按相似性原理专门设计的可调整夹具。

1) 工件的相似性原理

(1) 工艺相似。工艺相似是指工件加工工艺路线相似，并能使用成组夹具等工艺装备。工艺相似程度不同的工件组，所用的机床也不相同。工艺相似程度较高的工件组使用多工位机床进行加工；工艺相似程度较低的工件组，则使用通用机床或单工序专用机床进行加工。

(2) 装夹表面相似。因为夹紧力一般应与主要定位基准垂直，因此定位基准的位置是确定成组夹具夹紧机构的重要依据之一。

(3) 形状相似。形状相似包括工件的基本形状要素(外圆、孔、平面、螺纹、圆锥、槽和齿形等)，如几何表面位置的相似。显而易见，工件的形状要素是成组夹具定位元件设计的依据。

(4) 尺寸相似。尺寸相似是指工件之间的加工尺寸和轮廓尺寸相近。工件的最大轮廓尺寸决定了夹具基体的规格尺寸。

(5) 材料相似。材料相似包括工件的材料种类、毛坯形式和热处理条件等。考虑到企业对有色金属切屑的回收，一般不宜将非同种材料的工件安排在同一成组夹具上加工。对具有不同力学性能的材料，则要求夹具设置为夹紧力可调的动力装置。

(6) 精度相似。精度相似是指工件对应表面之间公差等级相近。为了保持成组夹具的稳定精度，不同精度的工件不应划入同一成组夹具加工。

2) 工件的分类归族

设计前，要先按相似性原理将工件分类归族和编码，建立加工工件组并确定工件组的综合工件。

(1) 工件组是一组具有相似性特征的工件群，或称"族"。它们原分别属于各种不同种类的产品工件。如图 9.9 所示就是按相似性建立的两个拨叉工件组。图 9.9(a)和图 9.9(b)两个工件组在外形上的主要差异是叉臂的宽窄不同和叉臂是否弯曲。工艺相似特征为：铣端面，钻、铰孔，铣叉口平面，铣叉口圆弧面，钻、攻螺孔。用于这类工件的成组夹具，其调整方式较有规则。

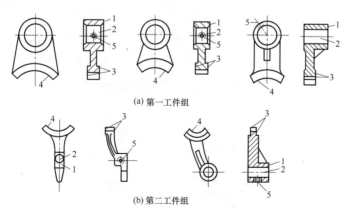

图 9.9 拨叉工件组

1—铣端面；2—钻、铰孔；3—铣叉口平面；4—铣叉口圆弧面；5—钻、攻螺孔

(2) 综合工件又称合成工件或代表工件。综合工件可以是工件组中一个具有代表性的工件，也可以是一个人为假想的工件，它们都必须包含工件组内所有工件的相似特征要素，假想的综合工件则需另行绘制工件图。如图 9.10 所示为拨叉第一工件组的综合工件图，将其划分为四个定位夹紧调整组(Ⅰ、Ⅱ、Ⅲ、Ⅳ)，实现铣端面、粗铣叉口平面、钻孔、精铣叉口平面、铰孔、镗叉口圆弧面六工位加工。

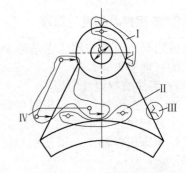

图 9.10 拨叉第一工件组的综合工件图

3. 成组夹具的结构设计

1) 基础部分设计

基础部分的主要元件是夹具体，设计时应注意结构的合理性和稳定性，应保证在零件族内加工轮廓尺寸较小的工件时，结构不会太笨重；而加工轮廓尺寸较大的工件时，要有足够的刚度。成组夹具的刚度不足往往是影响加工精度的主要原因之一。因此，夹具体应采用刚度较好的结构。

基础部分的动力装置一般制成内装式。根据我国工艺技术的发展要求，应优先采用液压装置。

调整件与夹具体连接的五种结构形式如图 9.11 所示。图 9.11(a)为 T 形槽结构，其优点是更换调整迅速，用定位键定位可保证调整件的准确位置；缺点是尺寸较大，会增加夹具体的厚度。图 9.11(b)为坐标螺孔结构，调整费时，定位精度较低，清除切屑困难，但结构较紧凑。图 9.11(c)的网格螺孔与定位槽结构可弥补上述两种结构的部分缺点。图 9.11(d)的短 T 形槽和图 9.11(e)的燕尾槽结构较紧凑，但工艺性较差。

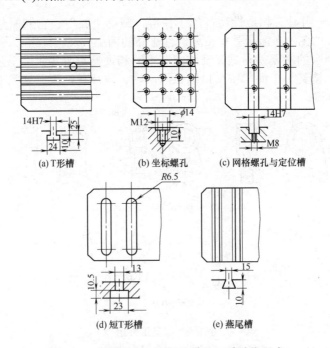

图 9.11 调整件与夹具体连接的五种结构形式

2) 调整部分设计

为了保证调整元件快速、正确地更换和调节,对调整元件的设计提出以下要求。

(1) 结构简单,调整方便可靠,元件使用寿命长,操作安全。

(2) 调整件应具有良好的结构工艺性,能迅速装拆,满足生产率的要求。

(3) 定位元件的调整应能保证工件的加工精度和有关的工艺要求。

(4) 提高调整件的通用化和标准化程度,减少调整件的数量,以便于成组夹具的使用和管理。

(5) 调整件必须具有足够的刚度,尤其要注意提高调整件与夹具体间的接触刚度。

成组夹具的调整方法有下列四种。

(1) 连续调节式调整。这种方式是使调整件在导孔或导轨中移位调节。这种方法的调整时间较长,调整误差较大,一般适宜于局部的小调整。

(2) 分段调节式调整。这种方式通常是使调整件在网络孔系中相对定位调整,常用于基准尺寸相同且结构形状相似的工件组。

(3) 更换式调整。这种方式常用于相似性较差的工件组的定位调整,即将定位点集中在一个调整件上,该调整件相当于一个子夹具的功能,能稳定地保证工件的加工精度。

(4) 综合式调整。综合式调整是上述方法的综合,调整要求较高。

为了减少调整时间,可酌情采用如图 9.12 所示的快速更换调整结构。如图 9.12(a)所示为钥匙孔式快速更换调整结构。更换件 1 与基础板 3 由螺钉 2 连接,更换时拧松螺钉 2,再将更换件 1 右移即可卸下。如图 9.12(b)所示为人字形心棒式快速更换调整结构,可换钳口 6 制成人字形花键孔,并由钢球 4 保持其对压块 5 的工作位置。更换时拧松螺母将钳口 6 回转 60°即可。如图 9.12(c)所示为可调压板式快速更换调整结构,压板 7 的高度由齿条板 10 控制,并可由连接杆 11 更换调整。弹簧 9 使调整部分的齿块 8 嵌入齿条板 10 的齿纹中。调整时将压板 7 转一角度,齿块 8 即退出齿纹,调节至所需高度使齿块复位即可。该结构设计得紧凑,调整较为方便。如图 9.12(d)所示为楔块式快速更换调整结构,定位销 15 由楔块 13 紧固在衬套 14 中,更换时只需放松内六角螺钉即可。

4. 成组夹具的设计步骤

1) 建立成组夹具设计的资料系统

设计成组夹具的资料主要包括:工件分类、分组资料以及工件加工组清单;工件组的全部图样;工件组的成组工艺规程;成组夹具所使用的机床和刀具资料;成组夹具图册和有关标准资料;同类型新产品工件资料及成组夹具设计任务书等。

2) 确定综合工件

在对同组工件结构工艺分析的基础上确定的综合工件必须符合两个基本要求:①有相同的装夹方式;②工件的被加工面位置相同。通过对组内工件的定位夹紧分析,确定综合工件的定位、夹紧方案。

3) 确定夹具形式

确定夹具形式包括确定成组的形式和使用的机床。考虑到机床负荷和夹具规格的大小,可对工件尺寸进行分段。尺寸范围较大且批量较大的工件组可分解成几个小工件组,以使夹具结构紧凑。

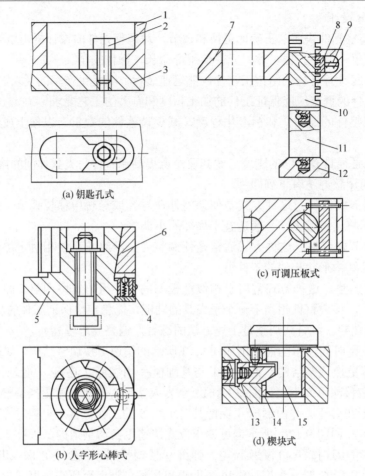

图 9.12　快速更换调整机构

1—更换件；2—螺钉；3—基础板；4—钢球；5—压块；6—钳口；7—压板；8—齿块；
9—弹簧；10—齿条板；11—连接杆；12—支块；13—楔块；14—衬套；15—定位销

4) 结构设计

结构设计主要包括以下六个方面的内容。

(1) 确定夹具调整部分的结构。

(2) 确定夹具基础部分的结构。

(3) 夹具的精度分析和夹紧力计算。

(4) 绘制夹具总体结构草图。

(5) 绘制夹具总图。

(6) 成组夹具工艺审查。

下面用两例通用机床使用的成组夹具来说明成组夹具的设计。

如图 9.13 所示为杠杆类工件组，工件以平面为主要定位基准，其他基准有三种：双孔（见图 9.13(a)）、一孔一外圆弧面(见图 9.13(b))、一外圆面(见图 9.13(c))。经分析选择如图 9.13(a)所示的杠杆为综合工件。工件组被加工孔径 D 的尺寸范围为$\phi 10 \sim \phi 25$ mm，拟在通用立式钻床上加工，采用手动夹紧。如图 9.14 所示为杠杆类工件的成组钻模，分五个调整组：第Ⅰ调整组以定位销 2 和 T 形滑块 1 在 T 形基础板 3 上移位调整。第Ⅱ调整组采用更换式调整，压爪 5 与工件接触时通过锥面锁紧定心，注意更换压爪可满足多种定位夹紧要求。第Ⅲ调整组采用可移位的菱形销 7 限制如图 9.13(a)所示工件的一个自由度。第Ⅳ调整组用于加工如图 9.13(c)所示的工件。第Ⅴ调整组为导向件调整，更换不同钻套可钻削不同的孔径。操作标准滑柱夹紧机构 9 的手柄 11，带动齿轮使齿条滑柱 10 向下压紧工件。

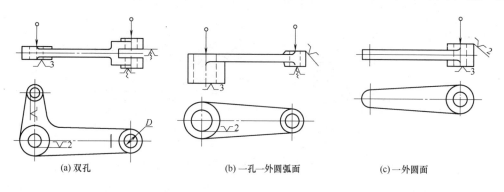

(a) 双孔　　　　　　(b) 一孔一外圆弧面　　　　　(c) 一外圆面

图 9.13　杠杆类工件组

如图 9.15 所示为支架类工件组，用如图 9.16 所示的成组车床夹具车削支架的支承孔径。压紧组件 11 中的压块可更换并可调整夹紧高度。定位组件 10 通过 $\phi20h6$ 和 $\phi12h6$ 两圆销安装在角铁 7 上。定位组件采用更换调整。角铁 7 由螺杆 5 调整，在固定测量座之间可按工件所需中心距，垫上测量块进行调整。调整的中心距 $H=20\sim80$ mm。

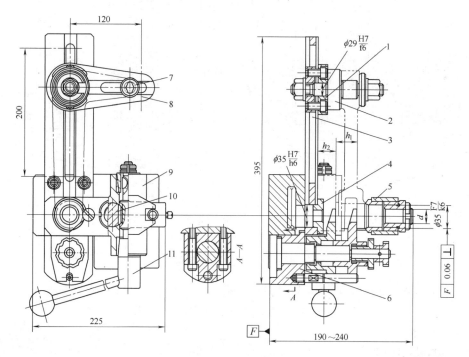

图 9.14　成组钻模

1—T 形滑块；2—定位销；3—T 形基础板；4—支承圈；5—压爪；6—支架；7—菱形销；
8—悬臂板；9—滑柱夹紧机构；10—齿条滑柱；11—手柄

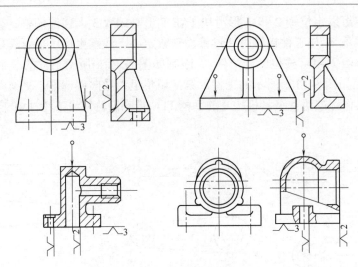

图 9.15 支架类工件组

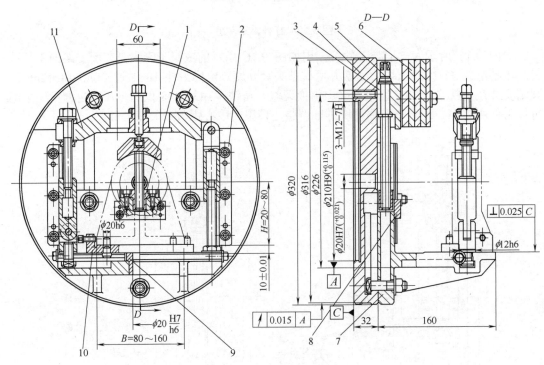

图 9.16 成组车床夹具

1—螺母；2—导向块；3，8—固定测量座；4—夹具体；5—螺杆；6—平衡块；
7—角铁；9—定位衬套；10—定位组件；11—压紧组件

9.2.4 组合夹具

1. 组合夹具的特点

组合夹具是机床夹具中一种标准化、通用化程度很高的新型工艺装

组合夹具

备，它由一套预先制造好的各种不同几何形状、不同尺寸规格、有完全互换性和高耐磨性的标准元件及合件组成。使用组合夹具时可根据不同工件的加工要求，采用组合方式，把标准元件和合件选择后组装成所需夹具。使用完后，可以拆散、清洗、油封后归档保存，待需要时再重新组装。因此，组合夹具是把专用夹具从设计、制造、使用、报废的单向过程改变为设计、组装、使用、拆散、再组装、再使用的循环过程。组合夹具的元件一般使用寿命为 15～20 年，所以选用得当，可成为一种很经济的夹具。如图 9.17 所示为车削管状工件的组合夹具，组装时选用 90°圆形基础板 1 为夹具体，以长、圆形支承 4、6、9 和直角槽方支承 2、简式方支承 5 等组合成夹具的支架。工件在长、圆形支承 10、9 和 V 形支承 8 上定位，用螺钉 3、11 夹紧。各主要元件由平键和槽通过方头螺钉紧固连接成刚体。

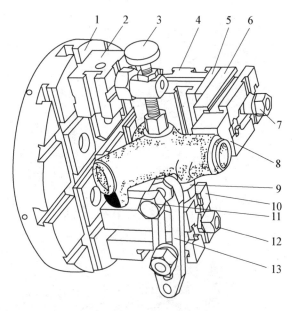

微课一组合夹具的拼装

图 9.17　车削管状工件的组合夹具

1—90°圆形基础板；2—直角槽方支承；3，11—螺钉；4，6，9，10—长、圆形支承；
5—简式方支承；7，12—螺母；8—V 形支承；13—连接板

与专用夹具相比，组合夹具具有如下特点。

(1) 万能性好，适用范围广。组合夹具装夹工件的外形尺寸范围为 200～600 mm，工件形状的复杂程度可不受限制。

(2) 可大幅度缩短生产准备周期。通常一套中等复杂程度的夹具，从设计到制造约需一个月的时间，而组装一套同等复杂程度的组合夹具，仅需几个小时。在新产品试制过程中，组合夹具有明显的优越性。

(3) 降低夹具的成本。由于组合夹具的元件可重复使用，而且没有(或极少有)机械加工的问题，因此可节省夹具制造的材料、设备、资金，从而降低夹具制造成本。

(4) 组合夹具便于保存管理。组合夹具的元件可按用途编号存放，所占的库房面积为一定值。而专用夹具按产品保存，随着产品不断改型，夹具数量也就越多，若不及时处理，所占的库房面积将随之扩大。

(5) 刚性差。组合夹具外形尺寸较大，结构笨重，各元件配合及连接较多，因此刚性较差。

2. 槽系组合夹具

组合夹具根据连接组装基面的形状可分为槽系和孔系两大类。槽系组合夹具的组装基面为 T 形槽，夹具元件由键、螺栓等定位，紧固在 T 形槽内。根据 T 形槽的槽距、槽宽、螺栓直径有大、中、小型三种系列，以适应不同尺寸的工件。孔系组合夹具的组装基面为圆形孔和螺孔，夹具元件的连接通常用两个圆柱销定位，螺钉紧固，根据孔径、孔距、螺钉直径分为不同系列，以适应不同的加工工件。

如图 9.18 所示为槽系组合夹具，展示了组合成的回转式钻模及拆开分解图。

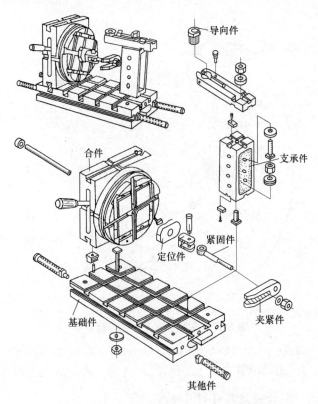

图 9.18 槽系组合夹具的组装与分解

槽系组合夹具的元件，按其用途可分为如下八类。

(1) 基础件。基础件是组合夹具中最大的元件，是各类元件组装的基础，可作为夹具体，外形有圆形、方形、矩形、基础角铁等。如图 9.19 所示，方形、矩形基础件除了各面均有 T 形槽供组装其他元件外，底面还有一条平行于侧面的槽，可安装定位键，以使夹具与机床连接有定位基准。圆形基础件连接面上的 T 形槽有 90°、60°、45° 三种角度排列，中心部位有一基准圆柱孔和一个能与机床主轴法兰配合的定位止口。

(2) 支承件。支承件是组合夹具中的骨架元件，起承上启下作用，即把其他元件通过支承件与基础件连接在一起，用于不同高度、角度的

蓝系组合夹具—万能夹具组合平台

支承。它的形状和规格较多，如图 9.20 所示的只是其中的几种结构。当组装小夹具时，也可把它作为基础件。

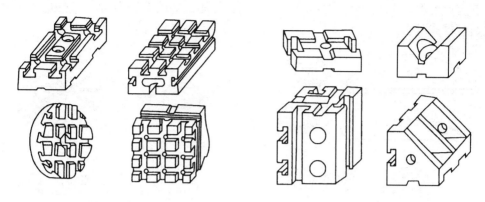

图9.19　基础件　　　　　　　　　图9.20　支承件

(3) 定位件。定位件主要用于确定组合元件之间的相对位置及工件的定位，并保证各元件的使用精度、组装强度和夹具的刚度。如图 9.21 所示为几种定位件结构。

(4) 导向件。导向件主要用于确定刀具和工件的相对位置，并起引导刀具的作用，如图 9.22 所示的各种规格的钻套、钻模板等。

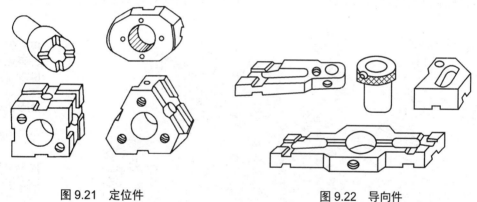

图9.21　定位件　　　　　　　　　图9.22　导向件

(5) 夹紧件。夹紧件主要用于夹紧工件，如图 9.23 所示的各种结构的压板。

(6) 紧固件。紧固件主要用于连接各元件及紧固工件，如图 9.24 所示，包括各种螺母、垫圈、螺钉等。紧固件主要承受较高的拉应力，为保证夹具的刚性，螺栓采用 40Cr 材料的细牙螺纹。

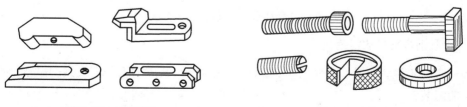

图9.23　夹紧件　　　　　　　　　图9.24　紧固件

(7) 其他件。除上述六类元件以外，其他的各种起辅助用途的单一元件称为其他件，如图9.25所示的手柄、弹簧、平衡块等。

(8) 合件。合件是指由若干个零件装配而成的在组装时不拆散使用的独立部件。主要合件有定位合件、支承合件、分度合件、导向合件等，如图9.26所示。合件能使组合夹具在组装时更省时省力。

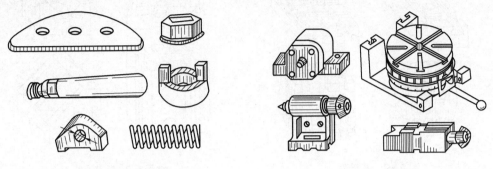

图9.25　其他件　　　　　　　　　图9.26　合件

3. 孔系组合夹具

孔系组合夹具元件的连接用两个圆柱销定位，一个螺钉紧固。它比槽系组合夹具有更高的组合精度和刚度，且结构紧凑。如图9.27所示为我国近年制造的KD型孔系组合夹具。其定位孔径为$\phi16.01H6$，孔距为(50 ± 0.01)mm，定位销为$\phi16k5$，用M16的螺钉连接。

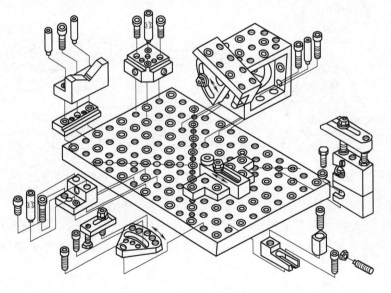

钻削组合夹具1

钻削组合夹具2

图9.27　KD型孔系组合夹具

4. 槽系组合夹具的组装

按一定的步骤和要求，把组合夹具的元件和合件组装成加工所需夹具的过程，称为组合夹具的组装。

组合夹具的组装本质上与设计和制造一套专用夹具相同，也是一个设计(构思)和制造(组装)的过程，但是在具体的实施过程中，又有自己的特点和规律。正确的组装一般按下列步骤进行。

1) 熟悉技术资料

组装人员在组装前，必须熟悉有关该工件加工的各种原始资料，如工件图纸、工艺技术要求和工艺规程等。

(1) 工件：①熟悉工件的材料，不同材料具有不同的切削性能与切削力；②熟悉加工部位和加工方法，以便选用相应的元件；③熟悉工件形状及轮廓尺寸，以确定选用元件的型号与规格；④熟悉加工精度与技术要求，以便优选元件；⑤熟悉定位基准及工序尺寸，以便选择定位方案及调整；⑥熟悉前后工序的要求，研究夹具与工序间的协调；⑦熟悉加工批量及生产率的要求，以确定夹具的结构方案。

(2) 机床及刀具：①熟悉机床型号及主要技术参数，如机床主轴、工作台的安装尺寸，加工方式等；②熟悉可供使用刀具的种类、规格和特点；③熟悉刀具与辅具所要求的配合尺寸。

(3) 夹具使用部门：①熟悉使用部门的现场条件；②熟悉操作工人的技术水平。

2) 构思结构方案

(1) 局部结构构思：①根据工艺要求拟定定位方案和定位结构；②构思夹具的夹紧方案和夹紧结构；③确定有特殊要求的方案。

(2) 整体结构构思：①根据工艺要求拟定基本结构形式，确定采用调整式或固定形式等；②局部结构与整体结构的协调；③有关尺寸的计算分析，包括工序尺寸、夹具结构尺寸、角度及精度分析，受力情况分析等；④选择元件的品种；⑤确定调整与测量方法。

3) 试装结构

根据构思方案，用元件摆出夹具结构，以验证试装方案是否能满足工件的加工要求。

(1) 工件的定位夹紧是否合理可靠。

(2) 夹具与使用刀具是否协调。

(3) 夹具结构是否轻巧、简单，装卸工件是否方便。

(4) 夹具的刚性能否保证安全操作。

(5) 夹具在机床上安装对刀是否便利。

4) 确定组装方案

针对试装时可能出现的问题，采取相应的修改措施，有时甚至需要将方案重新拟定，重新试装，直到满足工件加工的各项技术要求，方案才算最后确定。

5) 选择元件，组装、调整与固定

方案确定后，即可进行组装、调整工件。一般的组装顺序是：基础部分→定位部分→导向部分→压紧部分。按照此顺序，在元件结合的位置上组装一定数量的定位键，用螺栓、螺母组装在一起。在组装过程中，对有关尺寸进行调整。组装与调整交替进行。每次调整好的局部结构都要及时紧固。

组合夹具的尺寸调整工作十分重要，调整精度将直接影响到工件的加工精度。夹具上有关尺寸的公差，通常取工件相应公差的 1/5～1/3，若工件相应尺寸为自由公差，则夹具尺寸公差可取±0.05 mm，角度公差可取±5′。尺寸调整后应及时固定有关元件。

6) 检验

在夹具交付使用之前要对夹具进行全面检验，以保证夹具满足使用要求。检查项目主要有：尺寸精度要求，工件定位合理，夹紧操作方便，各种连接安全可靠，夹具的最大外形轮廓尺寸不得超过使用机床的相关极限尺寸，车床夹具还要检查是否平衡。

7) 整理和积累组装技术资料

积累组装技术资料是总结组装经验、提高组装技术及进行技术交流的重要手段。积累资料的方法有：照相、绘制结构图、记录计算过程、填写元件明细表、保存专用件图纸等。一套组合夹具的完整资料，不但对减轻组装劳动量和加快组装速度有利，而且操作人员能从中归纳总结出一些新的组装方法和组装经验。

下面将利用如图9.28所示的组装实例来说明组装过程。

(1) 组装前的准备。如图9.28(a)所示为工件支承座的工序图。工件为一小尺寸的板块状零件。工件的 $2\times\phi 10H7$ 孔及平面 C 为已加工表面，本工序是在立式钻床上钻铰 $\phi 20H7$ 孔，表面粗糙度值 Ra 为 $0.8\mu m$，保证孔距尺寸为 $(75\pm 0.2)mm$、$(55\pm 0.1)mm$，孔轴线对 C 平面的平行度为 $0.05mm$。

(2) 确定组装方案。根据支承座的工序图，按照定位基准与工序基准重合原则，可采用工件底面 C 和 $2\times\phi 10H7$ 孔为定位基准(一面二孔定位方式)，以保证工序尺寸 $(75\pm 0.2)mm$、$(55\pm 0.1)mm$ 及 $\phi 20H7$ 孔轴线对平面的平行度公差为 $0.05mm$ 的要求，选择 d 平面为夹紧面，使夹紧可靠，避免加工孔处的变形。

(3) 试装。选用方形基础板及基础角铁作为夹具体，为了便于调整 $2\times\phi 10H7$ 孔的间距 $100mm$ 尺寸，将定位圆柱销和削边销分别装在兼作定位件的两块中孔钻模板上。按工件的孔距尺寸 $(75\pm 0.2)mm$、$(55\pm 0.1)mm$ 组装导向件，在基础角铁 3 的 T 形槽上组装导向板 11，并选用 $5mm$ 宽腰形钻模板 10 安装其上，以便于组装尺寸的调整。

(4) 连接。对组合夹具连接可按如下顺序进行。

① 组装基础板 1 和基础角铁 3，如图9.28(b)所示。在基础板上安装 T 形键 2，并从基础板的底部贯穿螺栓将基础角铁紧固。

② 在中孔钻模板上组装 $\phi 10mm$ 圆柱销 6，然后把中孔钻模板 4 用定位键 5 及紧固件装夹在基础角铁上，如图9.28(c)所示。

③ 组装 $\phi 10mm$ 的菱形销 9 及中孔钻模板 8。用标准量块及百分表检测 $(100\pm 0.02)mm$ 及两销与 C 面的垂直度，然后紧固中孔钻模板 8，如图9.28(d)所示。

④ 组装导向件。导向板 11 用定位键 12 定位装至基础角铁 3 上端，再在导向板 11 上装入 $5mm$ 宽的腰形钻模板 10。在钻模板 10 的钻套孔中插入量棒 14，借助标准量块及百分表调整中心距 $(55\pm 0.02)mm$ 及 $(75\pm 0.04)mm$，如图9.28(e)所示。

⑤ 组装压板。从基础角铁 3 上固定两块压板，作用在 d 面上，指向 C 面压紧。

⑥ 检测。检测组装后的夹具精度。可根据工件的工序尺寸精度要求确定检测项目。

在上述实例中，可检测 $(55\pm 0.025)mm$、$(100\pm 0.02)mm$、$(75\pm 0.05)mm$ 尺寸及中孔钻模板支承面对基础板 1 底平面的垂直度公差 $0.013mm$（夹具元件尺寸公差取工件公差的 $1/4$）。

组合夹具的精度由元件精度和组装精度两部分组成。组合夹具元件精度很高，配合面精度一般为 IT6～IT7，主要元件的平行度、垂直度公差为 $0.01mm$，槽距公差为 $0.02mm$，表面粗糙度 Ra 为 $0.4\mu m$。为了提高组合夹具的精度，可以从提高组装精度的方面考虑，利用元件互换法来提高精度或利用补偿法来提高精度。

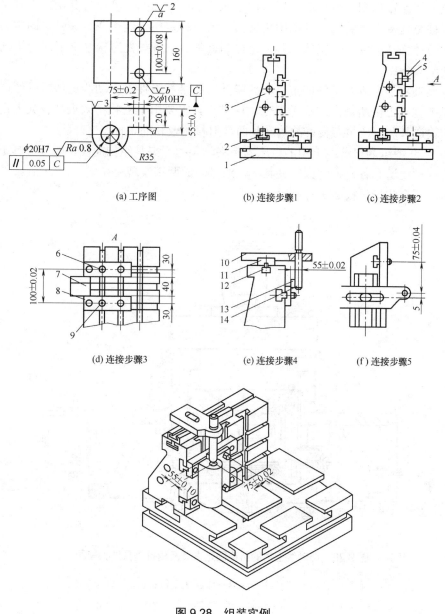

图 9.28 组装实例

1—基础板；2—T形键；3—基础角铁；4,8—中孔钻模板；5,12—定位键；
6—圆柱销；7,13—标准量块；9—菱形销；10—钻模板；11—导向板；14—量棒

9.2.5 随行夹具和自动化夹具

1. 随行夹具

自动线是由多台自动化单机借助工件自动传输系统、自动线夹具和控制系统等组成的一种加工系统。常见的自动线夹具有固定夹具和随行夹具。

固定夹具，即夹具固定在机床某一部位上，不随工件的输送而移动。这类夹具主要用

于箱体类形状比较规则，且具有良好定位基面和拖送基面的工件。按其用途不同又可分为两种：一种是直接用于装夹工件的固定夹具；另一种是用于装夹随行夹具的固定夹具，即将工件和随行夹具作为一个整体在其上定位和夹紧。二者虽然直接装夹的对象不同，但具有相同的结构特点。

随行夹具除了完成对工件的定位和夹紧外，还带着工件沿自动线运送，以便通过自动线各台机床完成工件所规定的加工工艺。这类夹具主要用于形状不太规则且又无良好的定位基面和输送基面，或虽有良好的输送基面，但材质较软的工件。

如图 9.29 所示为自动线上用的机床固定夹具及随行夹具结构简图。随行夹具 1 由步伐式输送带依次运送到各机床的固定夹具上，通过一面两销实现完全定位。油缸 6 通过浮动杠杆 7 带动四个钩形压板 2 进行夹紧。

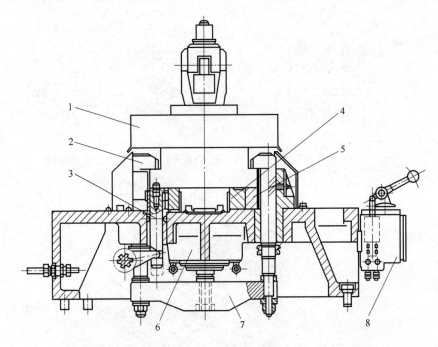

图 9.29　自动线上用的机床固定夹具及随行夹具结构简图

1—随行夹具；2—钩形压板；3—伸缩式定位销；4—输送支承；
5—定位支承板；6—油缸；7—浮动杠杆；8—气动润滑油泵

这类夹具在结构设计上应注意：在沿工件输送的方向上，其结构应是敞开的，其定位夹紧机构的动作应全部自动化并与自动线的其他动作连锁，以保证各动作过程的可靠性及安全性，同时应采取必要的防屑、排屑措施和提供良好的润滑条件，以保证各运动部件动作灵活，准确可靠。

设计随行夹具时主要应考虑以下几方面的问题。

1) 工件在随行夹具中的装夹问题

工件在随行夹具中的定位与在一般夹具中的定位相同，但对工件的夹紧则要求具有更高的可靠性，故一般多采用夹紧力大、自锁性能好的螺旋夹紧机构进行夹紧，以防止工件在输送过程中因振动等引起松动。

当工件尺寸小、重量轻时，也可使工件在随行夹具中只定位不夹紧，待输送到加工工位后，再将工件连同随行夹具一起夹紧在机床固定夹具上。如图 9.30 所示为活塞加工自动线的随行夹具，活塞以其裙部端面和内壁两个半圆孔在随行夹具上定位。当其沿 T 形导轨输送至加工工位并定位后，便由机床固定夹具上的夹紧机构从活塞顶部将工件和随行夹具一起压紧。

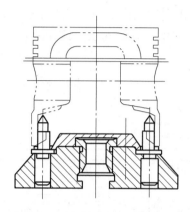

图 9.30　活塞加工自动线随行夹具

2) 随行夹具的输送问题

随行夹具的输送问题包括两个方面：一是选择输送面，输送基面可与定位基面合一以简化结构，但因基面容易磨损，从而会影响定位精度。因此，当加工精度要求高时，应将定位基面与输送基面分开，各自使用一个表面。二是随行夹具在输送过程中的导向，特别是当其进入机床的固定夹具中时，应保证能准确地与定位机构对准。在机床固定夹具上设置侧限位板导向，可使结构简单，但对机床排屑不利。在图 9.30 中，随行夹具沿 T 形导轨输送，导轨侧面即起导向作用；在图 9.31 中，在随行夹具 2 的底面安装导向块 3 后，不仅可以导向，而且具有良好的防屑性能。

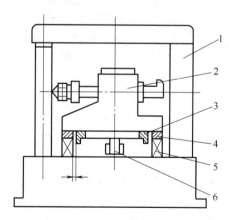

图 9.31　带导向块的随行夹具导向方法

1—机床夹具；2—随行夹具；3—导向块；
4—随行夹具支承板；5—机床夹具支承板；6—输送带

3) 随行夹具在机床固定夹具上的定位和夹紧

随行夹具在固定夹具上的定位一般采用一面二孔定位，在其底板上设计有一个定位平面和两个定位销孔。固定夹具上的两定位销应采用伸缩式，如图9.32所示。

随行夹具的夹紧方式有三种：一是夹紧在随行夹具的底板上(见图 9.29)；二是从上方夹在工件上(见图 9.30)或随行夹具的某部位上；三是由下向上夹紧，如图 9.32 所示即为这种夹紧方式的结构原理图。当由定位机构 2 进行插销定位后，四个夹紧油缸 3 推动斜楔滑柱机构 4 将随行夹具 7 夹紧在支承导向板 6 上，这种夹紧方式可使定位基面与运输基面分开，且防屑性能好。

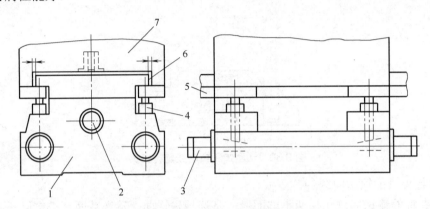

图 9.32　由下向上夹紧的结构原理图

1—机床夹具；2—定位机构；3—夹紧油缸；4—斜楔滑柱机构；
5—随行夹具支承板；6—支承导向板；7—随行夹具

4) 随行夹具的精度

与一般固定夹具相比，由于增加了随行夹具在机床固定夹具上的定位误差，相应的加工精度降低。因此，当加工精度要求较高而又必须采用随行夹具加工时，应进行仔细分析，看其能否保证加工精度要求，并采取相应措施，如提高工件定位基面以及随行夹具的制造精度，将输送基面与定位基面分开、粗精定位销孔分开等。

2. 自动化夹具

自动化夹具是指在自动机床上使用的带有自动上、下料机构的专用夹具和可调夹具。按照自动上下料装置的自动化程度，可分为自动化夹具及半自动化夹具。半自动化夹具的工件需人工定向，上料机构简单，用得较多；自动化夹具用于形状简单、重量不大但批量很大、生产率要求很高、机动时间很短的工件。

如图 9.33 所示为气动偏心夹紧半自动化钻夹具示意图。圆柱形工件由人工定向放入料仓 3 中，在推杆 2 的作用下，使料仓中最下一个工件沿夹具体 1 上的 V 形槽滑动至待加工位置，而已加工完毕的工件被推出 V 形槽。随着气缸 9 推动定位挡板 10 使工件轴向定位，且夹紧凸轮 7 在气缸 4 的作用下将工件夹紧，然后推杆 2 退出，料仓中的工件自动下落至 V 形槽中。与此同时，钻床主轴 5 下降进行钻孔。加工完之后，主轴上升，气缸 9 使定位挡板 10 后退，气缸 4 上升松开凸轮。接着推杆前进开始下一个工作循环。

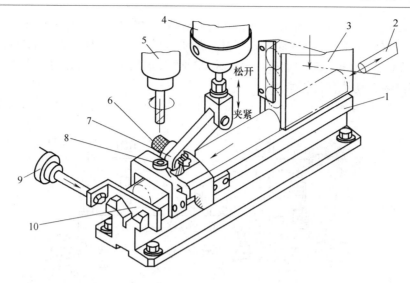

图 9.33 气动偏心夹紧半自动化钻夹具示意图

1—夹具体；2—推杆；3—料仓；4，9—气缸；5—钻床主轴；
6—偏心轴；7—夹紧凸轮；8—导向装置；10—定位挡板

该夹具拆去导向装置 8 也可用于铣削加工，改变带花键的偏心轴 6 的方位，可调整凸轮夹紧力的大小。

9.2.6 数控机床夹具

现代自动化生产中，数控机床的应用已越来越广泛。数控机床夹具必须适应数控机床的高精度、高效率、多方向同时加工、数字程序控制及单件小批量生产的特点。数控机床夹具主要采用可调夹具、组合夹具、拼装夹具和数控夹具。这里主要介绍拼装夹具。

如图 9.34 所示为镗箱体孔的数控机床夹具，需在工件 6 上镗削 A、B、C 三孔。工件在液压基础平台 5 及三个定位销钉 3 上定位；通过基础平台内两个液压缸 8、活塞 9、拉杆 12、压板 13 将工件夹紧；夹具通过安装在基础平台底部的两个连接孔中的定位键 10 在机床 T 形槽中定位，并通过两个螺旋压板 11 固定在机床工作台上。可选基础平台上的定位孔 2 作为夹具的坐标原点，它与数控机床工作台上的定位孔 1 的距离分别为 X_0、Y_0。三个加工孔的坐标尺寸可用机床定位孔 1 作为零点进行计算编程，称为固定零点编程；也可选夹具上的某一定位孔作为零点进行计算编程，称为浮动零点编程。

拼装夹具是在成组工艺基础上，用标准化、系列化的夹具零部件拼装而成的夹具。它有组合夹具的优点，比组合夹具具有更好的精度和刚性、更小的体积和更高的效率，因而较适合柔性加工的要求，常用作数控机床夹具。

拼装夹具主要由以下元件和合件组成。

1. 基础元件和合件

如图 9.35(a)所示为普通矩形平台，只有一个方向的 T 形槽 1，使平台有较好的刚性。平台上布置了定位销孔 2，如 B—B 剖视图所示，可用于工件或夹具元件定位，也可作为数控编程的起始孔。$D—D$ 剖面为中央定位孔。基础平台侧面设置紧固螺纹孔 3，用于拼装元件和合件。两个孔 $4(C—C$ 剖面)为连接孔，用于基础平台和机床工作台的连接定位。

如图 9.34 中的液压基础平台 5，比普通基础平台增加了几个液压缸，用作夹紧机构的动力源，使拼装夹具具有高效能。

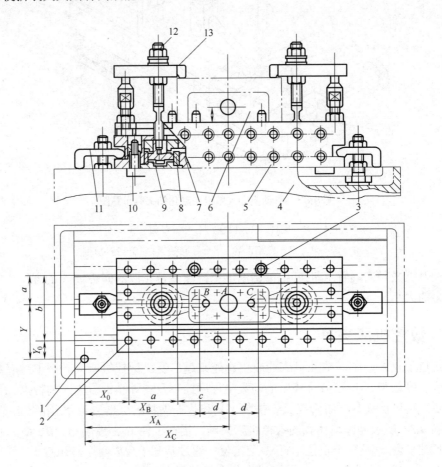

图 9.34　镗箱体孔的数控机床夹具

1，2—定位孔；3—定位销钉；4—数控机床工作台；5—液压基础平台；6—工件；
7—通油孔；8—液压缸；9—活塞；10—定位键；11—螺旋压板；12—拉杆；13—压板

如图 9.35(b)所示为液压圆形平台，中央 $E—E$ 剖面为液压缸 10；$F—F$ 剖面为定位槽；另设多条 T 形槽 1；在侧面的安装平台 9 上设置两个定位销孔 2 及两个紧固螺纹孔 3，用于拼装元件和合件；平台底部有两个定位销孔 2，与数控机床工作台连接定位。

如图 9.35(c)所示为弯板支承，可扩大基础平台的使用范围，也可作支承用。

2. 定位元件和合件

如图 9.36 所示为定位支承板，可用作定位板或过渡板。

如图 9.37(a)所示为平面安装可调支承钉；如图 9.37(b)所示为 T 形槽安装可调支承钉；如图 9.37(c)所示为侧面可调支承钉。

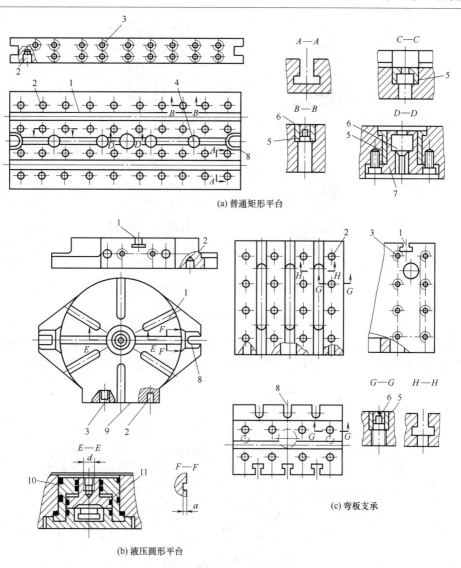

(a) 普通矩形平台

(b) 液压圆形平台

(c) 弯板支承

图 9.35 基础元件与合件

1—T 形槽；2—定位销孔；3—紧固螺纹孔；4—连接孔；5—高强度耐磨衬套；
6—防尘罩；7—可卸法兰盘；8—耳座；9—安装平台；10—液压缸；11—通油孔

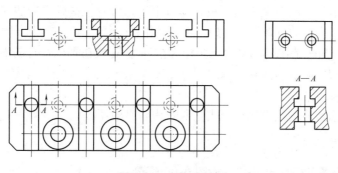

图 9.36 定位支承板

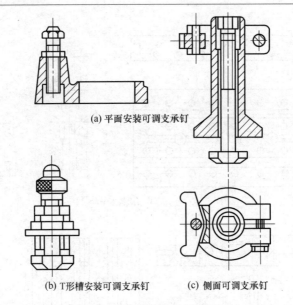

图 9.37　可调定位支承

如图 9.38 所示为可调 V 形块，以一面两销在基础平台上定位、紧固，两个左、右活动 V 形块 4、5 可通过左、右螺纹螺杆 3 调节，以实现不同直径工件 6 的定位。

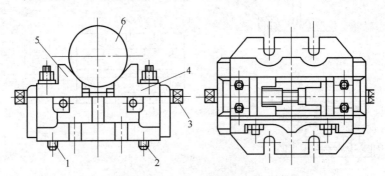

图 9.38　可调 V 形块合件

1—圆柱销；2—菱形销；3—左、右螺纹螺杆；4，5—左、右活动 V 形块；6—工件

3. 夹紧元件和合件

如图 9.39 所示为手动可调夹紧压板，均可用 T 形螺钉在基础平台的 T 形槽内连接。

如图 9.40 所示为机动可调组合钳口，由活动钳口(见图 9.40(a))及固定钳口(见图 9.40(b))组成，两者都以一面两销在基础平台上定位，推杆 1 连接在基础平台的液压缸活塞杆上，通过杠杆 5、调整块 4 带动活动钳口 3 夹紧工件，钳口的前表面设置定位槽和定位销 2，可安装夹紧元件和合件。

如图 9.41 所示为液压组合压板，夹紧装置中带有液压缸。

4. 回转过渡花盘

用于车、磨夹具的回转过渡花盘如图 9.42 所示。

第 9 章 现代机床夹具

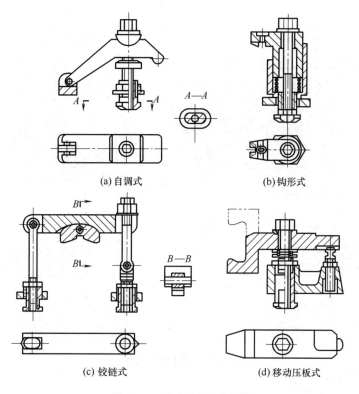

(a) 自调式　　(b) 钩形式

(c) 铰链式　　(d) 移动压板式

图 9.39　手动可调夹紧压板

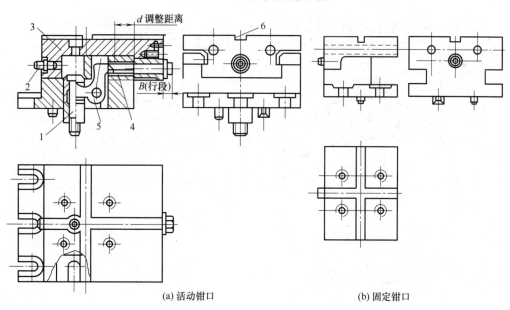

(a) 活动钳口　　(b) 固定钳口

图 9.40　机动可调组合钳口

1—推杆；2—定位销；3—活动钳口；4—调整块；5—杠杆；6—定位槽

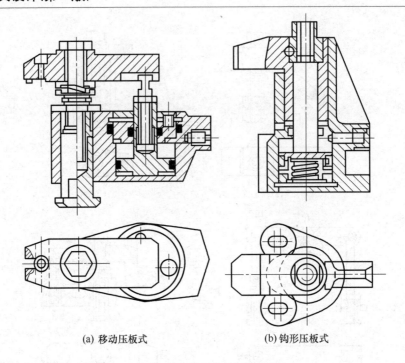

(a) 移动压板式   (b) 钩形压板式

图 9.41　液压组合压板

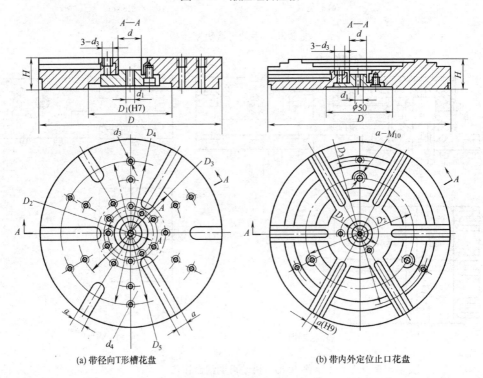

(a) 带径向T形槽花盘   (b) 带内外定位止口花盘

图 9.42　回转过渡花盘

9.3 回到工作场景

通过第 1、2 章的学习，学生应该掌握了专用机床夹具定位和夹紧方案的确定和设计原则。通过 9.2 节的学习，学生应该掌握了成组夹具、通用可调夹具和组合夹具等现代机床夹具设计的基本要点。下面将回到 9.1 节所介绍的工作场景中，完成工作任务。

9.3.1 项目分析

完成项目任务需要学生掌握机械制图、公差与配合、机械设计基础、金属工艺学等相关专业基础课程，必须对机械加工工艺相关知识有一定理解，在此基础上还需要掌握如下知识。

(1) 机床夹具设计的定位原理。
(2) 机床夹具设计的夹紧机构。
(3) 通用可调夹具设计的基本知识。
(4) 成组夹具设计的基本知识。
(5) 组合夹具设计的基本知识。

9.3.2 项目工作计划

在项目实训过程中，结合创设情境、观察分析、现场参观、讨论比较、案例对照、评估总结等活动，充分调动学生学习的主动性和积极性，让学生自主地学习、主动地学习。各小组协同制订实施计划及执行情况如表 9.1 所示，共同解决实施过程中遇到的困难；要相互监督计划的执行与完成情况，保证项目完成的合理性和正确性。

表9.1 拨叉和拨叉体类零件钻径向定位孔成组夹具设计计划及执行情况表

序 号	内 容	所用时间	要 求	教学组织与方法
1	研讨任务		看懂拨叉和拨叉体类零件简图，分析工序基准，明确任务要求，分析完成任务需要掌握的知识	分组讨论，采用任务引导法教学
2	计划与决策		企业参观实习，项目实施准备，制订项目实施详细计划，项目基础知识的学习	分组讨论、集中授课，采用案例法和示范法教学
3	实施与检查		根据计划，分组确定拨叉和拨叉体类零件钻径向孔成组夹具的定位方案、夹紧方案、夹具形式、夹具基础部分、夹具调整部分等，填写项目实施记录表	分组讨论，教师点评
4	项目评价与讨论		评价任务完成的合理性与可行性；根据企业的要求，评价夹具设计的规范性与可操作性；项目实施中评价学生的职业素养和团队精神的表现	项目评价法，实施评价

9.3.3 项目实施准备

(1) 结合工序卡片,准备拨叉组零件的成品和工序成品。
(2) 准备常用定位元件和夹紧装置模型。
(3) 准备机床夹具设计常用手册和资料图册。
(4) 准备相关成组夹具、可调夹具、组合夹具模型。
(5) 准备相似零件生产现场参观。

9.3.4 项目实施与检查

(1) 分组讨论拨叉和拨叉体类零件的加工工序要求和零件分组。

如图 9.1 所示,拨叉和拨叉体类零件钻径向孔直径分别为 $\phi 8.7$ mm 和 $\phi 8.9$ mm,孔轴线到端面距离为 (39 ± 0.1) mm,径向孔轴线与轴向孔 $\phi 14_{+0.016}^{+0.059}$ mm 的周向角度为 $38°$。

拨叉和拨叉体类零件在使用时都需要在拨叉轴上定位,因此,常常在垂直于零件轴向孔轴线的方向钻削径向定位小孔(定位孔径随产品型号不同在 $\phi 6 \sim \phi 12$ mm 之间变动)。由于该类零件品种繁多,轴向长度尺寸相差较大(25~100 mm),外形也各有差异,因此在设计钻径向孔成组夹具时,为兼顾夹具的通用性和经济性,按孔的轴向尺寸分为两组:轴向尺寸大于 50 mm 的为第Ⅰ组,小于 50 mm 的为第Ⅱ组;在每组内再把使用机床、安装方式、加工内容相同的零件挑选出来,形成所需要的工序组。

讨论问题:
① 拨叉和拨叉体类零件钻径向定位孔采用成组夹具加工有什么优点?
② 拨叉和拨叉体类零件钻径向定位孔的工序要求是什么?
③ 设计拨叉和拨叉体类零件成组夹具时零件是如何分组的?

(2) 分组讨论拨叉和拨叉体类零件钻孔成组夹具的定位基准与定位元件。

以图 9.1 所示拨叉体类零件为例,径向孔轴线与 S 端面和轴向孔 $\phi 14_{+0.016}^{+0.059}$ mm 存在相对位置关系,因此,选择零件的轴向孔 $\phi 14_{+0.016}^{+0.059}$ mm 和端面 S 为定位基准,以心轴作为定位元件来实现零件在夹具中的安装,这样可以保证定位基准和设计基准的统一,以减少定位误差。

讨论问题:
① 拨叉和拨叉体类零件钻径向定位孔的工序基准是什么?
② 拨叉和拨叉体类零件成组夹具定位方案中的定位元件分别限制哪些自由度?
③ 定位心轴与定位孔 $\phi 14_{+0.016}^{+0.059}$ mm 采用何种配合方式?为什么?

(3) 分组讨论拨叉和拨叉体类零件钻孔成组夹具的夹紧方案。

如图 9.43 所示,为防止零件在加工中沿定位心轴移动,故采用端面螺旋杆夹紧方式。虽然夹紧力的方向与切削力成 $90°$,但由于在加工中切削力主要由心轴来平衡,因此这种夹紧方式是可靠的,既保证了工件的正确位置,又能满足成组夹具的要求。

(4) 分组讨论拨叉和拨叉体类零件钻孔成组夹具的夹具体及其他基本件设计。

夹具体是成组夹具的基础,除应保证结构合理外,还应保证有足够的刚度,而且其外轮廓尺寸应足以能保证加工组内全部零件。其他基本件应根据组内各工件的形状、尺寸、精度等统筹考虑，确定其形状和尺寸，以满足加工组内所有零件的要求。

讨论问题：

① 拨叉和拨叉体类零件钻孔成组夹具的夹具体的主要尺寸是如何确定的？

② 拨叉和拨叉体类零件钻孔成组夹具的基础部分主要有哪些？

(5) 分组讨论拨叉和拨叉体类零件钻孔成组夹具的结构并绘制装配图。

用于加工拨叉、拨叉体类零件的成组夹具装配图如图 9.43 所示。

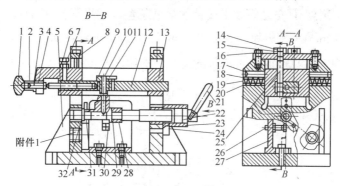

图 9.43　夹具装配图

1—把手；2—销；3—螺杆；4—衬套；5—夹具体；6，7，14，16，18，24，26，30—螺栓；
8—支承板；9—钻套；10—衬套；11—钻套螺钉；12—钻模板；13—可移板；15—螺母；
17—销；19—弹簧；20—钢球；21—长把手；22—压紧杆；23—支承套；25—螺杆；
27—支承弯板；28—固定套；29—活动套；31—定位心轴；32—心轴衬套

该夹具钻模板 12 在水平和垂直两个方向上可柔性调整，以适应组内各工件径向孔的轴向位置和孔深的不同。水平方向通过调整把手 1 带动螺杆 3 来实现，并靠螺栓 6 固定；垂直方向通过调整螺母 15 带动螺杆 25 来实现，且钻模板在垂直方向有三个高度位置靠钢球定位。采用调整螺栓 26 来保证径向小孔的周向位置，在支承弯板 27 上钻有多个预留孔，可更换螺栓 26 以适应不同工件。拆去支承弯板 27 及相关件，更换上附件 1 可用于拨叉零件加工，在夹具体的左立板上同样加工出多个预留孔，根据不同工件更换相应附件，即可进行加工。

讨论问题：

① 拨叉和拨叉体类零件钻孔成组夹具的调整件与夹具体是如何连接的？

② 拨叉和拨叉体类零件钻孔成组夹具采用什么类型的调整方法？

③ 拨叉和拨叉体类零件钻孔成组夹具的调整件主要有哪些？

(6) 分组讨论拨叉和拨叉体类零件钻孔成组夹具的定位误差。

拨叉和拨叉体类零件的径向孔位置有两项精度要求：第一项为孔轴线到端面的距离；第二项为径向孔轴线相对于轴向孔 $\phi 14_{+0.016}^{+0.059}$ mm 的周向位置，一般为自由公差(25′)。

① 拨叉体定位误差分析。

从夹具结构可以看出，拨叉体类零件的第一项精度要求可以通过调整钻模板 12 的水平位置得到保证；第二项要求则可通过调整螺栓 26 来实现。考虑到调整误差，可均采用螺纹无级调整来满足要求。

② 拨叉定位误差分析。

以图 9.1(a)所示的拨叉为例,第一项要求同拨叉体,可通过调整钻模板 12 得到保证;第二项要求就必须利用拨叉的叉口来确定径向孔的周向位置。如图 9.44 所示,决定拨叉叉口位置的是附件 1,当拨叉叉口尺寸因加工误差而发生变化时,拨叉就会绕定位心轴 31 转动,使叉口中心与理想位置发生偏移,由于重力的影响,叉口上沿始终靠在附件 1 的 $\phi 52_{-0.029}^{-0.01}$ mm 定位外圆母线上,当安装附件 1 的孔位加工到误差最大(位置度为 $\phi 0.3$ mm)且在最低极限位置时,附件 1 安装后处于设计的最低位置。如果附件 1 的定位外圆 $\phi 52_{-0.029}^{-0.01}$ mm 处在下差($\phi 51.971$ mm)而叉口尺寸 $\phi 52_{0}^{+0.046}$ mm 处在上差($\phi 52.046$ mm),则此时拨叉安装后处于极限位置,绕定位心轴轴线的转动量最大,累计误差也最大,如图 9.45 所示。

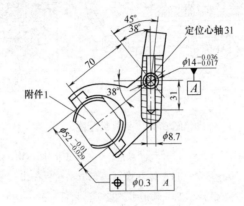

图 9.44 拨叉定位

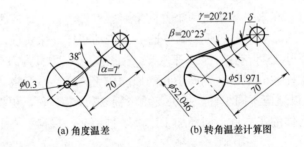

(a) 角度温差 (b) 转角温差计算图

图 9.45 误差分析

当附件 1 处于销孔的下限位置时,图 9.45(a)中的角度误差为

$$\alpha = \tan^{-1}\left(\frac{0.15}{70}\right) = 7'$$

当附件 1 定位外圆 $\phi 52_{-0.029}^{-0.01}$ mm 处在下差(即 $\phi 51.971$ mm)时:

$$\gamma = \tan^{-1}\left(\frac{51.971/2}{70}\right) = 20°21'$$

当叉口尺寸 $\phi 52_{0}^{+0.046}$ mm 处在上差(即 $\phi 52.046$ mm)时:

$$\beta = \tan^{-1}\frac{52.046/2}{70} = 20°23'$$

由图 9.45(b)可知:

$$\delta = \beta - \gamma = 20°23' - 20°21' = 2'$$

累计转角误差为

$$\delta_{max}=7'+2'=9'<25'$$

由此可见,在累计误差最大的情况下,也不超过零件所要求的自由公差的 1/2,因此,该成组夹具的设计是可靠的。

9.3.5 项目评价与讨论

该项任务实施检查与评价的主要内容如表 9.2 所示。

表9.2 任务实施检查与评价表

任务名称:

学生姓名: 学 号: 班 级: 组 别:

序号	检查内容		检查记录	自评	互评	点评	分值
1	成组夹具的设计原理:工件的相似性原理是否明确;成组夹具的零件分组是否正确;项目讨论题是否正确完成;项目实施表是否认真记录						10%
2	成组夹具定位方案设计:零件组加工工艺分析是否正确;定位要求(限制自由度)判断是否正确;定位元件设计是否合理;项目讨论题是否正确完成;项目实施表是否认真记录						20%
3	成组夹具夹紧方案设计:夹紧力的方向和作用点的确定是否正确;夹紧元件设计是否规范;项目讨论题是否正确完成;项目实施表是否认真记录						20%
4	成组夹具的结构设计:成组夹具基础部分(夹具体)设计是否正确;成组夹具调整部分设计是否正确;夹具总图绘制是否规范;项目讨论题是否正确完成;项目实施表是否认真记录						20%
5	定位误差分析:成组夹具定位误差原因是否明确;拨叉和拨叉体类零件钻径向孔成组夹具的定位误差的计算是否正确;项目实施表是否认真记录						10%
6	职业素养	遵守时间:是否不迟到、不早退,中途不离开现场					5%
7		5S:理论教学与实践教学一体化教室布置是否符合 5S 管理要求;设备、计算机是否按要求实施日常保养;刀具、工具、桌椅、模型、参考资料是否按规定摆放;地面、门窗是否干净					5%

续表

序号	检查内容		检查记录	自评	互评	点评	分值
8	职业素养	团结协作：组内是否配合良好；是否积极地投入本项目中，积极地完成本任务					5%
9		语言能力：是否积极回答问题；声音是否洪亮；条理是否清晰					5%
总 评			评价人：				

根据评价结果，提出后续学习的有效措施，并在评价的基础上引导学生进一步讨论以下几个问题。

(1) 分析如图 9.46 所示拨叉零件组车圆弧及其端面简图，讨论拨叉零件组车圆弧及其端面成组夹具的结构，如图 9.47 所示。

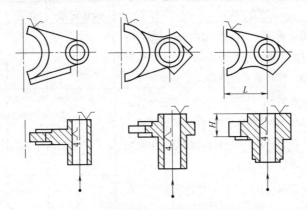

图 9.46 拨叉零件组车圆弧及其端面简图

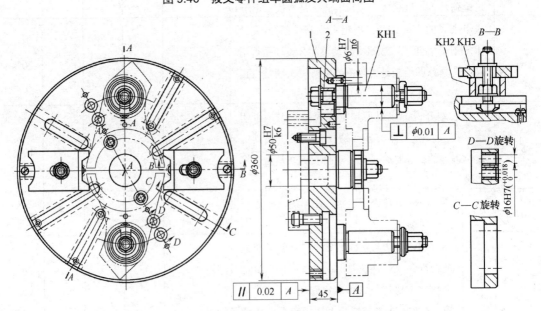

图 9.47 拨叉零件组车圆弧及其端面成组夹具

1—夹具体；2—定位套；KH1—可换定位轴；KH2—可换垫套；KH3—可换压板

(2) 成组夹具如何保证具有良好的可调性?拨叉和拨叉体类零件钻孔成组夹具的调整机构的设计有无改进之处?

(3) 假如零件生产量较大,拨叉和拨叉体类零件钻孔成组夹具如何采用气动等机动装置?

9.4 拓 展 实 训

1. 实训任务

如图 9.48 所示为双臂曲柄工件钻孔工序简图。这个工序的加工内容是钻、铰两个 $\phi 10_0^{+0.03}$ mm 的孔。工件上 $\phi 25_0^{+0.01}$ mm 孔及其他平面在本工序前都已加工完毕,本任务需要完成此工序所需组合夹具的安装与调整。

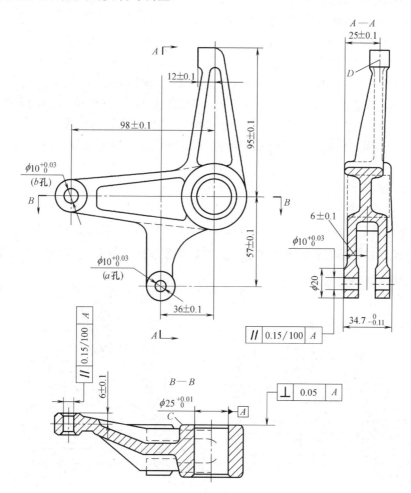

图 9.48 双臂曲柄工件钻孔工序简图

2. 实训目的

通过双臂曲柄工件钻孔工序组合夹具的安装与调整,使学生对组合夹具的特点和组装步骤等有所理解和体会,增强学生的学习兴趣,提高学生解决工程技术问题的自信心,使学生体验成功的喜悦；通过项目任务教学，培养学生互助合作的团队精神。

3. 实训过程

1) 确定组装方案

(1) 确定定位面。因 $\phi 25_{0}^{+0.01}$ mm 孔中心线是两个 $\phi 10_{0}^{+0.03}$ mm 孔中心线的设计基准，根据基准重合原则，确定工件的定位基面为端面 C、平面 D 及 $\phi 25_{0}^{+0.01}$ mm 孔，工件可得到完全定位。

(2) 选定基础件。根据工件尺寸和钻模板的安排位置(见图 9.49(a))，选用 240 mm×120 mm 的长方形基础板，并在 T 形槽十字相交处装 $\phi 25$ mm 的定位销和相配的定位盘。为使工件装得高一些，便于在 a、b 孔的附近装可调辅助支承，定位盘和定位销可装在 60 mm×60 mm×20 mm 的方形支承块上。

(3) 夹紧工件。用螺旋压板机构将工件夹紧。

(4) 安装钻、铰 b 孔钻模板及方形支承。将钻、铰 b 孔用的钻模板及方形支承装在 $\phi 25$ mm 定位销右侧的纵向 T 形定位槽内，使之能方便地调整尺寸(98±0.1)mm。

(5) 组装钻 a 孔的钻模板。在基础板后侧面 T 形槽中接出方形支承，组装钻 a 孔的钻模板，用方形支承垫起，使之达到所需高度，并控制坐标尺寸(57±0.1)mm 和(36±0.1)mm。调整钻套下端面与工件表面的距离，保持在 0.5～1 倍钻孔直径的位置上。

(6) 组装 D 面定位板。在基础板前侧面 T 形槽内装上方形支承和伸长板，保证 D 面定位。

2) 连接、调整和紧固各元件(见图 9.49(b))

(1) 擦洗已选定的各元件。

(2) 组装 $\phi 25_{0}^{+0.01}$ mm 孔和 C 端面的定位元件。把方形支承、定位盘和 $\phi 25_{0}^{+0.01}$ mm 定位销组装在一起，并从基础板的下面将螺栓紧固，调整 $\phi 25_{0}^{+0.01}$ mm 定位销的轴心线与 T 形槽对称，装入可调辅助支承。

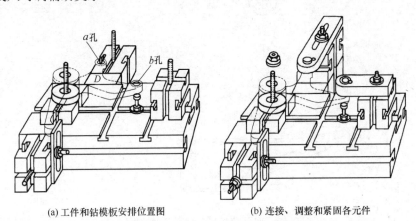

(a) 工件和钻模板安排位置图　　(b) 连接、调整和紧固各元件

图 9.49　双臂曲柄工件钻孔夹具的组装

(3) 组装钻 b 孔的钻模板。在与 $\phi 25_{0}^{+0.01}$ mm 定位销同心的 T 形槽中放入定位键，装上适当高度的方形支承板，在其上放入长定位键，装上钻模板，调整与 $\phi 25_{0}^{+0.01}$ mm 定位销的

轴心线距离(98±0.1)mm，然后用螺钉、垫圈、螺母紧固。

(4) 组装钻 a 孔的钻模板。把方形支承装在基础板后侧面的 T 形槽中，在其上装上可调支承钉，再装上高度适当的方形支承和钻模板，它们都由键定位，用螺钉及垫圈、螺母紧固。调整时，先移动方形支承，控制与 $\phi25_0^{+0.01}$ mm 定位销轴心线的坐标尺寸为(36±0.1)mm，然后固定方形支承。移动钻模板，控制尺寸为(57±0.1)mm，由螺钉固定。

(5) 组装 D 面的定位件。将方形支承装在基础板的前侧面 T 形槽中，先移动方形支承，控制与 $\phi25_0^{+0.01}$ mm 定位销轴心线的坐标尺寸为(12±0.1)mm，然后在其右侧面装上伸长板，调整伸长板与 $\phi25_0^{+0.01}$ mm 定位销的中心距离为(95±0.1)mm，由螺钉紧固。

3) 检验

检验各元件的夹紧情况，a、b 孔与 $\phi25_0^{+0.01}$ mm 定位销轴心线的坐标尺寸：(98±0.1)mm、(36±0.1)mm、(57±0.1)mm；D 面与 $\phi25_0^{+0.01}$ mm 定位销轴心线的坐标尺寸为(12±0.1)mm 以及二钻套中心线与 $\phi25_0^{+0.01}$ mm 定位销轴心线的平行度为 0.0015 mm。将检验测量数据记录在表 9.3 中。

表 9.3 检验测量数据处理表 单位：μm

加工表面	加工要求	检测结果	定位元件	限制的自由度
$\phi10_0^{+0.03}$ mm (a 孔)	(36±0.1)mm			
	(57±0.1)mm			
$\phi10_0^{+0.03}$ mm (b 孔)	(98±0.1) mm			
$\phi10_0^{+0.03}$ mm 两孔轴线对 $\phi25_0^{+0.01}$ mm 孔轴线的平行度	0.0015 mm			

4) 绘图

绘制组合夹具总装图，标注技术要求。

9.5 工程实践案例

1. 案例任务分析

B 型联轴器是某工程机械股份有限责任公司制造的升降机中传动装置的一个零件，年产量一般在 2000 件左右，零件材料为 45 钢。本案例的任务是设计数控加工 $\phi80$ mm 外圆及其端面、$\phi210$ mm 梅花形结构爪轮廓、$\phi210$ mm 台阶表面及相关倒角，加工 3-M10 螺纹孔，加工 4-$\phi16$ mm 孔的 PLC 控制的多工序气动夹具。如图 9.50 所示为 B 型联轴器零件工程图及三维实体图。

2. 案例实施过程

1) 分析零件的工艺过程和本工序的加工要求，明确设计任务

B 型联轴器零件的工艺分析如下。

该零件是以 $\phi35$ mm 孔中心线为主的回转体零件，且有 6-$\phi40$ mm 的花键；零件一个

端面具有四个均匀分布的梅花形结构爪,每个梅花结构爪上有 $\phi16$ mm 孔,除此之外还有 3-M10 螺纹孔均匀分布在 $\phi60$ mm 的等分线上;另一端面为长 10 mm 的 $\phi120$ mm 圆柱;以及零件各处不同的倒角。总体分析,零件结构形状并不复杂,但梅花形结构爪部分需要数控铣削加工,其他部位分别涉及车(镗)削、钻削、铰削和拉削等,可能涉及车、铣、钻和拉四种型号机床,以及铣床和钻床两种专用夹具设计问题。

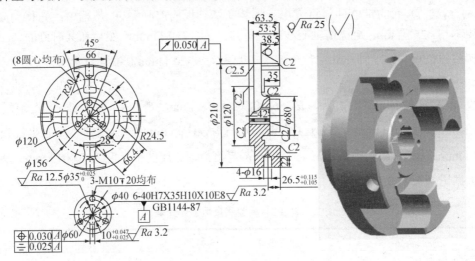

图 9.50 B 型联轴器零件工程图及三维实体图

联轴器零件传统加工工艺是按工序分散原则设计的,如表 9.4 所示。其工艺路线长,机床设备和夹具装备量多,同时生产场地面积大和操作人员多,这就是按工艺分散原则设计的工艺方案的缺陷。

表 9.4 工序分散原则的联轴器零件加工工艺方案

工序	工序内容	机床设备	夹具装备
10	车削 $\phi210$ 左端外圆 25 mm 处,$\phi120$ 外圆柱面、端面及相关倒角	车床	三爪卡盘
20	车削 $\phi210$ 右端余下的外圆表面	车床	三爪卡盘
30	镗(粗镗、半精镗)$\phi35$ 圆	车床	三爪卡盘
40	拉 6-$\phi40$ 花键	拉床	拉床夹具
50	粗、精铣 $\phi80$ 外圆及其端面、倒角	铣床	V 口虎钳
60	粗、精铣 $\phi210$ 梅花形结构爪轮廓,$\phi210$ 右台阶面及相关倒角	铣床	V 口虎钳
70	钻、攻 3-M20 螺纹孔	钻床	钻夹具
80	钻、铰加工 4-$\phi60$ 孔	钻床	钻夹具

数控加工工艺是按工序集中原则设计的。对照工序分散原则的工艺设计方案,表 9.4 中工序 10 至工序 30 所用机床设备和夹具装备相同,可合并为一道工序(记为工序Ⅰ),分两次装夹;工序 40 是一道独立的工序,在拉床上完成加工(记为工序Ⅱ);工序 50 至工序 80 合并为一道工序(记为工序Ⅲ),这道工序需要设计程控气动夹具来完成联轴器零件的装夹。总体分析,在数控加工工序集中原则下,联轴器零件的整个加工工艺过程被划分为三道工序,即工序Ⅰ为车削加工,工序Ⅱ为拉削加工,工序Ⅲ为铣钻削加工。

第9章 现代机床夹具

联轴器零件数控加工工序Ⅲ在 VCL1100C 立式加工中心完成,包括粗、精铣 ϕ80 外圆及其端面、倒角;粗、精铣 ϕ210 梅花形结构爪轮廓、ϕ210 右台阶面及相关倒角;钻、攻 3-M20 螺纹孔;钻、铰加工 4-ϕ60 孔等加工内容。针对本工序的数控加工要求,需设计一套能实现转位、分度的自动化气动夹具。

2) 拟定本工序钻床夹具的结构方案

夹具的结构方案包括以下几个方面。

(1) 定位方案的确定。

根据本工序的加工要求,联轴器零件四个梅花形结构爪面及其上 3-M10 孔、圆柱面等多工序与 4-ϕ16 多个工位在数控加工中整合为一道工序Ⅲ。经分析工序Ⅲ需采用完全定位方式,即必须将六个自由度全部限制。在本工序加工时,工序Ⅰ、Ⅱ已将 ϕ120 外圆柱面和端面、ϕ210 外圆表面、6-ϕ40 花键等加工完毕。依据基准重合和基准统一原则其定位基准应为"ϕ120 端面+ϕ120 圆柱面+ϕ40 花键"组合,即以 ϕ120 端面为主要定位基准面限制工件三个自由度(一个移动和两个转动自由度),以 ϕ120 圆柱面作为定位基准限制两个移动自由度,以 ϕ40 花键槽面作为定位基准限制一个转动自由度,实现工件的完全定位。

(2) 定位元件的设计。

气动夹具结构简图如图 9.51 所示,根据上述定位方案,定位元件由定位支承板 9、半圆定位套 7 和定位键 11 组成。联轴器 ϕ120 端面与定位支承板 9 接触限制三个自由度,ϕ120 圆柱面与半圆定位套 7 接触限制两个自由度,定位键 11 与 ϕ40 花键内槽面接触限制一个自由度。除四工位分度盘 6、旋转轴 10 以外其他元件和组件(包括定位元件、夹紧元件等)都可采用标准元件或组合夹具元件,从而降低了气动夹具的元组件制造成本,同时也有效地解决了联轴器零件加工对高成本数控机床的高柔性需求,通过采用组合标准元件,本气动自动化数控夹具还可以加工 A 型联轴器,以及具有可夹持圆柱部位的各种法兰等零件。

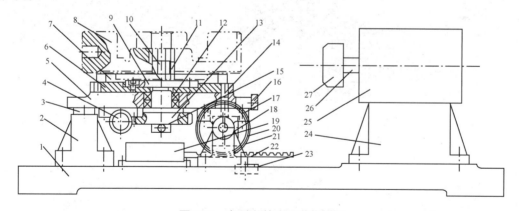

图 9.51 气动数控夹具结构简图

1—夹具体;2,24—支架;3—铣削翻转定位挡块;4—四工位驱动气缸;5—翻转板;
6—四工位分度盘;7—半圆定位套;8—联轴器零件;9—定位支承板;10—旋转轴;
11—定位键;12—轴承;13—分度齿轮;14—插拨杆销;15—销;16—钻孔翻转定位块;
17—连接座;18—四工位插销气缸;19—翻转驱动气缸;20—翻转圆齿轮;21—轴承座;
22—翻转齿条;23—钻孔翻转定位挡块;25—夹紧气缸;26—气缸杆;27—压块

(3) 夹紧机构的设计。

气动夹具结构简图如图 9.51 所示，采用与定位元件 7 配合的 V 形夹紧块(图 9.51 中未示)对联轴器零件 8 的 $\phi120$ 圆柱面进行夹紧，加工四个梅花形结构爪面及其上 3-M10 孔、圆柱面等。然后夹具顺时针 90°翻转，夹紧气缸 25 驱动气缸杆 26 使压块 27 夹压 $\phi80$ 端面，依次加工 4-$\phi16$ 孔。

(4) 分度与翻转机构设计。

气动夹具结构简图如图 9.51 所示，联轴器零件 8 定位夹紧以后，此时气缸 18 驱动插拨杆销 14 插入分度盘 6 的分度定位孔中(注：分度盘有四个均匀分布的定位孔)，确保零件 8 在数控铣床上的正确位置，该位置可完成粗、精铣 $\phi80$ 外圆及其端面、倒角；粗、精铣 $\phi210$ 梅花形结构爪轮廓、$\phi210$ 右台阶面及相关倒角；钻、攻 3-M20 螺纹孔等工序加工任务。然后由翻转驱动气缸 19 驱动翻转齿条 22、翻转圆齿轮 20 带动图中元件 4 和 18 顺时针翻转 90°，翻转后由夹紧气缸 25 驱动气缸杆 26 使压块 27 夹紧零件，确保钻孔稳定。四工位驱动气缸 4 和四工位插销气缸 18 通过 PLC 控制程序实现四工位的分度工作，保证 4-$\phi16$ 的顺序加工。当 4-$\phi16$ 工位转位时，PLC 控制气缸 25 使压块 27 松开，待转到正确工位后，气缸 25 驱动夹紧，直至零件 8 在机床上完成孔加工后，所有气缸动作复位返回图 9.51 所示的位置。

(5) 夹具气动控制方案设计。

根据夹具顺序动作的要求，确定由气缸驱动和齿轮齿条机构控制的气动控制回路，如图 9.52 所示。

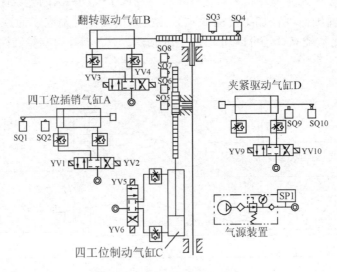

图 9.52　夹具气动控制原理图

(6) 气动夹具顺序动作流程设计。

根据联轴器零件加工工序集中时夹具顺序动作要求，设计夹具的 PLC 程控流程如图 9.53 所示，夹具从图 9.51 所示位置，经 PLC 控制进而完成翻转和工位旋转等装夹动作。

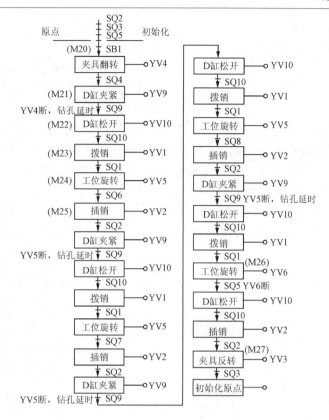

图 9.53　夹具 PLC 控制流程图

3. 常见问题解析

1) 组合夹具组装精度低，不能满足加工要求

影响组合夹具组装精度的因素很多，如元件的制造误差、组装积累误差、元件变形、元件间的配合间隙、元件的磨损、夹具结构的合理性、夹具的刚性及测量误差等。这些误差因素在一套夹具中有时表现为系统误差，有时表现为随机误差，必须根据具体情况进行分析，找出提高组装精度的方法。

(1) 用选配元件的方法提高组装精度。

① 为了使元件定位稳定，必须减少它们之间的配合间隙。如键与键槽之间应选择组装，使其间隙最小。孔与轴、钻模板与导向支承之间的间隙都可根据具体要求进行选配。

② 成对使用的元件应对它们的高度、宽度进行选配，使其一致。例如，用两块基础板组装角度结构时，应使它们的宽度选择一致。需加宽、加长基础板时，应选择宽度、厚度一致的基础板进行组装。当元件本身误差选配不能满足要求时，可以采取垫合适的铜片或纸片来调整误差。

③ 组装分度回转夹具时，应检查圆盘的端面跳动量，在跳动量超过要求时，应变换组装方向，仍不能达到要求时，应更换圆盘，直至端面跳动量满足要求为止。

(2) 减少组成元件，压缩积累误差。

组合夹具由许多元件组合而成，它的组装精度与其数量有关，选用元件数量越多，组装后夹具的误差就越大。因此，应减少组装元件的数量，减少尺寸链，以压缩积累误差。

(3) 采用合理的结构形式。

① 采用过定位的方法加强稳定性来提高组装精度。

② 缩小比例,采用大分度盘加工小工件的方法。分度盘本身的精度是固定的,即孔的额定位置在本分度盘中是恒定的。当采用大分度盘来加工小工件时,如工件孔的额定误差为分度盘误差的 1/2,此时额定误差就相应地减少了。

③ 合理组装夹具结构。应尽量采用"自身压紧"的结构,即从某元件上伸出螺栓,夹紧力和支撑力都作用在该元件上。应尽量避免采用从外部加力顶压定位元件的结构。

如图 9.54 所示,工件在支承件与基础板上定位后,在基础板侧面组装连接板,用螺钉压块顶紧工件,工件与支承受力后,一起产生图示的变形,产生工件在夹紧时的误差。

④ 当为同心度较高的两孔工件,或工件两孔距离较远时,应尽可能用前后引导或上下引导的方法,以增加刀具导向的准确性,提高工件的加工精度,如图 9.55 所示。

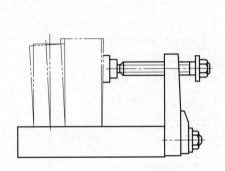

图 9.54 组装夹具结构不合理产生工件在夹紧时的误差

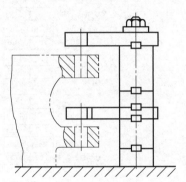

图 9.55 用前后引导或上下引导提高工件的加工精度

不能采用上下引导的工件,可以用两块钻模板组装在一起,以增加刀具的引导长度,通过提高刀具对刀的准确性来提高工件的加工精度,如图 9.56 所示。这种结构常用于因工件尺寸太小,钻模板无法从两孔之间伸入,而工件在底部又有凸台面等几何形状,不适合在组装翻转式钻模结构时采用。

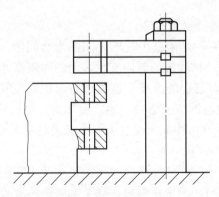

图 9.56 用两块钻模板组装在一起提高工件的加工精度

⑤ 钻、铰套下端与工件间的距离对工件加工精度的影响较大,在保证顺利排屑的情况下,钻、铰套下端与工件的距离应尽量小,一般为孔径的 1~1.5 倍。若钻孔的部位为斜

面或弧面时，应使钻套下端面与加工部位的形状相吻合。

(4) 提高测量精度。

组装精度决定于测量精度，要提高测量精度，应具备相应的量具与测量技术，并分别根据各类组合夹具的特点，选用合理的测量和调整方法。

① 直接测量。在测量中，尽量使测量基准和夹具的定位基准一致，避免利用元件本身的尺寸参数，以免造成积累误差。

② 边组装边测量。对精度要求较高的夹具，在组装部分元件后，应测量其平行度与垂直度及位置尺寸，以达到最后的组装精度。

2) 为保证成组夹具使用推广具有良好的效果，在设计实践时应注意的地方

(1) 设计成组夹具者应具有成组技术知识，成组夹具的提出、设计和使用三方人员应密切合作。

(2) 设计成组夹具应具有良好的可调性。这表现在成组夹具的调整应简易可行，并能保证同组各零件有确定的安装位置，有时采用专用的调整校正元件来达到调整迅速而精确的目的。此外，可调整元件、部件设计应尽量做到件数最少、简便可靠、调整时间短。实践表明，可调整元件、部件的设计对加工精度、效率影响很大，其中尤以定位件设计为关键。

(3) 夹具结构应紧凑。在零件组内零件品种多、尺寸又分散的情况下，应将零件组划分为若干尺寸组(调整组)，按尺寸组分别设计成结构相近而大小不等的若干套成组夹具，以保证负荷均衡、结构紧凑、使用方便，防止零件过于集中和结构庞大、笨重。

(4) 成组夹具应具有继承性和适应性。要考虑过去、现在和将来，合理确定参数变动范围，尤其是成组夹具的基本部分，以适应产品不断更新换代、新的零件品种增多的需要。这样可以延长成组夹具的使用期，加速新产品的投产。

(5) 应保证同组零件的加工技术要求。设计的成组夹具应使零件组内任一种零件均能迅速、可靠地安装，并能保证同组零件的加工质量。因此，应全面分析全组零件的加工技术要求和加工受力情况，并以零件组中零件的最高加工技术要求和最不利条件为依据。

(6) 设计的成组夹具与零件组的成组生产量要相适应。考虑到成组生产时，在符合经济性条件下，应尽可能地提高成组夹具的使用性能和效率。因此，可采用先进结构和高效装置，如气动、液压、气液压联动等各种机动装置，以及各种快速联动机构和快换结构等。

(7) 夹具设计应标准化。在保证精度的前提下，尽量采用标准化的夹具元部件及结构和装置，改善加工和装配的工艺性。同时及时总结设计经验，逐步建立完整的标准设计资料——结构要素、零件、元件、部件、夹具体以及调整方法等。

本 章 小 结

本章介绍了现代机床夹具的发展方向、通用可调夹具、成组夹具、组合夹具、数控机床夹具、随行夹具和自动化夹具等基本内容。学生通过完成拨叉和拨叉体类零件钻径向定位孔成组夹具的设计和双臂曲柄工件钻孔工序组合夹具的安装与调整两项工作任务，应达到掌握成组夹具和组合夹具设计等相关知识的目的。通过项目任务教学，培养学生互助合

作的团队精神。在工作实训中要注意培养学生分析问题和解决问题的能力，培养学生查阅设计手册和资料的能力，逐步提高学生处理实际工程技术问题的能力。

思考与练习

第九章现代机床夹具测验试卷

一、填空题

1. 可调夹具分为_____和_____两类。
2. 通用可调夹具的常见结构有：_____、_____和_____。
3. 成组夹具的结构有：_____和_____。
4. 工件的相似性原理主要有_____、_____、_____、_____和_____。
5. 工件组是一组具有相似性特征的_____，或称_____。
6. 成组夹具的调整方法有_____、_____、_____和_____。
7. 常见的自动线夹具有_____和_____。
8. 数控机床夹具主要采用_____、_____、_____和_____。
9. 组合夹具组装连接基面的形状，可将其分为_____和_____两大类。
10. 按T形槽系组合夹具元件功能要素的不同可分为_____、_____、_____、_____、_____、_____、_____和_____。

二、简答题

1. 现代制造业对机床夹具有何要求？
2. 可调夹具有何特点？何谓通用可调夹具？何谓成组夹具？
3. 试述组合夹具的特点。T形槽系组合夹具由哪几部分组成？各组成部分有何功能？
4. 什么叫夹具的柔性化？
5. 什么叫成组夹具？成组夹具由哪几部分组成？各组成部分有何功能？
6. 成组夹具的调整方法有哪几种？
7. 工件分类归族的主要内容包括哪些方面？
8. 什么叫通用可调夹具？它有何特点？
9. 试述组合夹具的组装步骤。若组装车床夹具，工件两孔间的距离误差可达多少？
10. 什么叫拼装夹具？它有何特点？

三、综合题

1. 按如图9.57所示的要求，试设计用于立式加工中心的拼装夹具。加工内容为全部圆柱孔和螺孔。

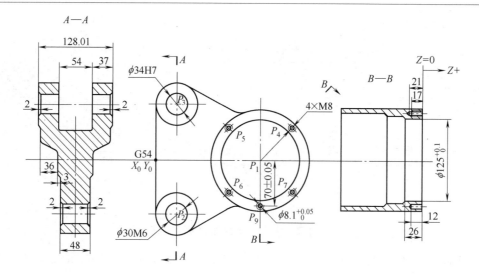

图 9.57 题三(1)图

2. 分析如图 9.58 所示的拨叉零件组加工简图和拨叉叉脚平面铣成组夹具(见图 9.59),指出定位元件、夹紧元件和调整件等。

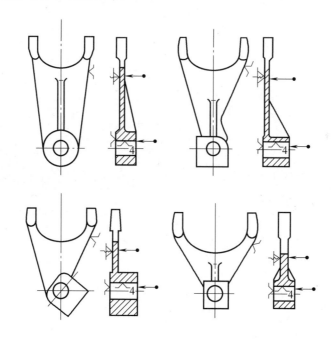

图 9.58 拨叉零件组加工简图

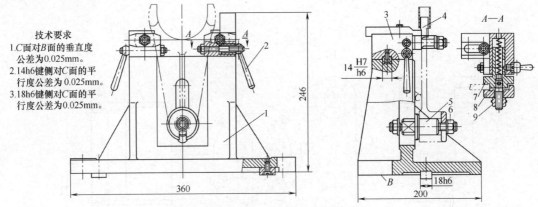

图 9.59 拨叉叉脚平面铣成组夹具

1—夹具体；2—手柄；3—支架；4—对刀块；5—定位销；6，9—螺母；7—锁紧辅助支承；8—压板

附　　录

附录的具体内容请扫描下方二维码。

参 考 文 献

[1] 薛源顺. 机床夹具设计[M]. 北京：机械工业出版社，2007.
[2] 肖断德，陈宁平. 机床夹具设计[M]. 北京：机械工业出版社，1997.
[3] 刘登平. 机械制造工艺及机床夹具设计[M]. 北京：北京理工大学出版社，2008.
[4] 兰建设. 机械制造工艺与夹具[M]. 北京：机械工业出版社，2004.
[5] 周学世. 机械制造工艺与夹具[M]. 北京：北京理工大学出版社，2006.
[6] 孙庆群. 机械工程综合实训[M]. 北京：机械工业出版社，2005.
[7] 倪小丹，杨继荣. 机械制造技术基础[M]. 北京：清华大学出版社，2007.
[8] 吴雄彪. 机械制造技术课程设计[M]. 浙江：浙江大学出版社，2004.
[9] 倪森寿. 机械制造工艺与装备[M]. 北京：化学工业出版社，2002.
[10] 苏珉. 机械制造技术[M]. 北京：人民邮电出版社，2006.
[11] 崇凯. 机械制造技术基础课程设计指南[M]. 北京：化学工业出版社，2006.
[12] 周宏甫. 机械制造技术基础[M]. 北京：高等教育出版社，2004.
[13] 魏康民. 机械制造技术基础[M]. 重庆：重庆大学出版社，2004.
[14] 张国政，等. PLC控制的多工序气动夹具设计[J]. 机床与液压，2012(5).
[15] 李华. 机械制造技术[M]. 北京：高等教育出版社，2005.
[16] 孙丽媛. 机械制造工艺及专用夹具设计指导[M]. 北京：冶金工业出版社，2003.
[17] 孟宪栋. 机床夹具图册[M]. 北京：机械工业出版社，1992.
[18] 孙已德. 机床夹具图册[M]. 北京：机械工业出版社，1983.
[19] 张龙勋. 机械制造工艺学课程设计指导书及习题[M]. 北京：机械工业出版社，1999.
[20] 南京机械研究所. 金属切削机床夹具图册(下册)(专用夹具)[M]. 北京：机械工业出版社，1984.
[21] 中华人民共和国机械行业标准 JB/T 8044—1999. 机床夹具零件及部件技术要求[S]. 北京：中国标准出版社，1990.
[22] 钟江静. 基于CAXA三维设计的镗床夹具实体造型[J]. 中国制造业信息化，2007(9).
[23] 田佩林. 镗床夹具对定误差的分析计算[J]. 机床与液压，2003(3).
[24] 孙杰，等. 钻削壳体类零件轴向孔系的成组夹具设计[J]. 机械工人，2007(6).
[25] 李月琴，等. 拨叉、拨叉体零件钻径向孔成组夹具设计[J]. 工具技术，2005(39).
[26] 李月琴，等. Pro/E三维技术在成组夹具设计中的应用[J]. 机械设计与制造，2005(4).
[27] 孙厚芳，等. 一种标识夹具的新标准——机械加工夹具分类代码系统(WJ/2319—93)[J]. 机械工艺师，1996(5).
[28] EDWARD G. HOFFMAN. Jig and Fixture Design[M]. New York: Litton Educational Publishing Inc., 1980.
[29] William E. Boyes. Jigs and Fixtures[J]. Society of Manufacturing Engineering, 1982.